普通高等教育“十二五”规划教材

工 程 力 学

主编　齐　威　贺向东
参编　金　艳　靳永强

机 械 工 业 出 版 社

本书由刚体静力学和材料力学基础两部分组成。本书的特点是：精选内容，注重对工程力学的基本概念、基本理论和基本方法的介绍，重点突出，易于理解和掌握。

本书可作为高等工科院校本科各专业力学基础课程教材，也可供专科及高等职业技术院校的学生、自学者及广大工程技术人员参考。

图书在版编目（CIP）数据

工程力学/齐威，贺向东主编. —北京：机械工业出版社，2015.7（2022.8 重印）

普通高等教育“十二五”规划教材

ISBN 978-7-111-50575-4

Ⅰ.①工… Ⅱ.①齐…②贺… Ⅲ.①工程力学—高等学校—教材 Ⅳ.①TB12

中国版本图书馆 CIP 数据核字（2015）第 135922 号

机械工业出版社（北京市百万庄大街 22 号 邮政编码 100037）

策划编辑：姜 凤 责任编辑：姜 凤 任正一 版式设计：赵颖喆

责任校对：肖 琳 封面设计：张 静 责任印制：郜 敏

北京富资园科技发展有限公司印刷

2022 年 8 月第 1 版第 5 次印刷

169mm×239mm · 16.25 印张 · 330 千字

标准书号：ISBN 978-7-111-50575-4

定价：29.00 元

凡购本书，如有缺页、倒页、脱页，由本社发行部调换

电话服务

服务咨询热线：010-88379833

读者购书热线：010-88379649

网络服务

机 工 官 网：www.cmpbook.com

机 工 官 博：weibo.com/cmp1952

教育服务网：www.cmpedu.com

金 书 网：www.golden-book.com

前　言

我们依据教育部力学基础课程教学指导分委员会最新制定的《理论力学课程教学基本要求》与《材料力学课程教学基本要求》，总结多年的教学实践经验，并汲取兄弟院校教材的精华编写了这本《工程力学》教材。

本书的主要内容包括刚体静力学基础、平面力系、空间力系、材料力学的基本概念、轴向拉压变形、圆轴的扭转变形、梁的弯曲变形、组合变形、应力状态与强度理论以及压杆的稳定等，大约需要60学时，可作为机械类和近机械类专业力学基础必修课程教材。

本书在满足教学基本要求的前提下，力求做到提高起点、精选内容、合理组织结构，注重对工程力学的基本概念、基本理论和基本方法的介绍，注重概念的完整性，同时兼顾其应用性。

本书在编写过程中尽量做到符合学生的认知特点和教学规律，合理选择和安排例题和习题。

本书由大连工业大学机械工程与自动化学院力学教研室齐威、贺向东担任主编，参加本书编写的还有大连工业大学机械工程与自动化学院力学教研室金艳、大连四方电泵有限公司靳永强。

限于编者水平，书中欠妥之处在所难免，恳请广大读者批评指正。

编　者

目　录

绪　论

第一节　工程力学的任务

力学是研究物质宏观机械运动的学科。所谓“机械运动”，是指物体空间位置的改变、物体的移动和变形、气体和流体的流动等。所谓“宏观”，是指不涉及分子、原子、电子等内部结构或机制，是与“微观”相对的。自然界以及工程技术过程都包含着这种最基本的运动。力学研究自然界以及各种工程中机械运动最普遍、最基本的规律，用以指导人们认识自然界，科学地从事工程技术工作。力学的研究为揭示自然界中与机械运动有关的规律提供了有效的工具，力学也是近代工程技术的重要理论基础之一，是沟通自然科学基础理论与工程实践的桥梁。

工程力学是将力学定理应用于有工程实际意义的结构系统的一门学科。其目的是为了弄清工程结构的力学行为并为其设计提供合理的设计准则。结构系统的受力情况、变形情况、破坏情况等，都是工程师们需要了解的工程结构的力学行为。只有认识了这些力学行为，才能够制定合理的设计准则、规范，使结构系统等按设计要求承受载荷，控制它们不发生影响使用功能的变形、失稳，更不能发生破坏。

第二节　工程力学发展概述

工程力学是一门历史悠久、实践性很强的学科，它的建立和发展经历了漫长的历史时期，由于篇幅有限，这里仅简要地给出与工程力学的建立和发展相关的一些情况。

中国春秋时期（前770—前476），墨翟及其弟子的著作《墨经》中，就有关于力的概念、杠杆平衡、重心、浮力、强度和刚度的叙述。古希腊哲学家亚里士多德（Aristotle，前384—前322）的著作中也有关于杠杆和运动的见解。为静力学奠定基础的是著名的古希腊科学家阿基米德（Archimedes，前287—前212）。

文艺复兴时期，工程力学发展最为迅速。其中，最为典型的代表人物之一就是画出了那幅不朽之作《蒙娜丽莎》的达·芬奇（Leonardo da Vinci，1452—1519）。达·芬奇在其手稿里介绍了测定材料强度的试验过程。除此之外，达·芬奇还最早提出了力矩的概念。伽利略（Galileo，1564—1642）于1638年发表的《关于两门新科学的谈话和数学证明》，通常被认为是材料力学学科的开端，开辟了试验与理论计算的新途径。牛顿（Newton，1643—1727）是力学发展史上另一位伟大人物，他于1687年发表了科学史上最伟大的一部著作《自然哲学的数学原理》，给出了牛顿运动三定律。牛顿运动定律的建立，是力学发展史上重要的里程碑。

18世纪是一个广泛应用科研成果的时期。同时，出于工程实际的需要，对各类工程材料作了许多力学性能试验。18世纪后期开始的工业革命，以及后来一直延续下来的科学技术进步，为工程力学的应用与发展提供了许多新的领域。蒸汽机、内燃机、铁路、桥梁、船舶、航空航天、汽车等领域的发展与进步，不断地向工程力学的理论与应用提出新的要求。随着新知识的不断补充与积累，以及新知识与一直以来人类所积累的知识的不断结合，工程力学的知识体系逐渐得以完善。

在工程力学发展史上，有关工程实践对工程力学理论的巨大推动的例子非常多，其中最有影响力的有法国著名科学家纳维（Navier，1785—1838）和圣维南（Saint Venant，1797—1886）。纳维是世界上第一本《材料力学》的作者，这本书出版于1826年。1821年和1823年法国政府两次派纳维去英国研究建造悬索桥技术。悬索桥这一工程实际对纳维的学术影响是非常巨大的，他在正式出版《材料力学》时，不仅纠正了力学界一直存在的几处错误，而且有了新的研究发现。圣维南研究了柱体的扭转和一般梁的弯曲问题，提出了著名的圣维南原理，这为工程力学应用于工程实际提供了重要的理论基础。

纵观力学发展史和世界科技发展史，不难发现，20世纪以前推动近代社会和科学进步的各项技术，都是在工程力学知识的不断累积、应用和完善的基础上逐步形成和发展起来的。20世纪后产生的诸多高新技术，更是在工程力学知识的指导下得以实现和不断完善的。因此，伴随着新材料、新技术、新理论的涌现，工程力学仍然是一个具有广阔应用前景的领域，并将对现代工业技术的发展发挥更大的作用。

第三节 力学的分类

力学一般分为静力学、运动学和动力学三部分。

静力学研究力系或物体的平衡问题，不涉及物体的运动；**运动学**研究物体如何运动，不讨论运动与受力的关系；**动力学**则讨论力与运动的关系。

力学也可按照其所研究的对象分为一般力学、固体力学和流体力学三个分支。

一般力学的研究对象是质点、质点系、刚体以及刚体系统等，研究力及其与运动的关系。一般力学包括理论力学、分析力学、多体动力学等。**固体力学**的研究对象是可变形固体，研究在外力作用下，物体内部各质点所产生的位移、应力、应变及破坏等的规律。固体力学包括材料力学、结构力学、弹性力学、塑性力学、疲劳力学等。**流体力学**的研究对象是气体和液体，研究在力的作用下，流体本身的静止状态、运动状态及流体和固体间有相对运动时的相互作用和流动规律等。流体力学包括水力学、空气动力学、环境流体力学等。

现代力学的主要研究手段包括理论分析、实验研究和数值计算三个方面。因此，力学还有实验力学、计算力学两个方面的分支。

力学在各工程技术领域的应用也形成了诸如飞行力学、船舶结构力学、岩土力学、建筑结构力学、生物力学、爆炸力学等各种应用力学分支。

第四节 工程力学的研究内容

本课程研究物体处于平衡状态的问题，称为工程静力学问题。工程静力学的基本研究内容包括以下两部分：

（1）刚体静力学　研究物体的平衡与力之间的关系，包括受力分析及静力平衡条件。

（2）材料力学　研究工程构件的变形和破坏规律，包括研究构件的内力、应力、应变问题以及解决构件的强度、刚度和稳定性问题。

在研究力的时候，应当建立物体平衡时所应满足的条件。在研究物体变形的时候，应当建立物体局部变形与整体变形之间的协调关系。在研究力与变形之间关系的时候，应当考虑材料的力学性能。力的平衡条件、变形的几何协调关系以及材料的物理关系，是研究工程静力学问题的核心内容和主线。

第一章　刚体静力学基础

刚体静力学是研究力系的简化以及刚体在力系作用下的平衡条件的学科。所谓**力系**，是对作用于同一物体或物体系上的一群力的总称。所谓**平衡**，是指物体相对于地面保持静止或做匀速直线运动的状态。所谓**平衡力系**，是能使刚体维持平衡的力系。作用于物体上的力系使物体处于平衡所应当满足的条件，称为力系的平衡条件。刚体静力学的研究对象是刚体。刚体静力学主要研究以下三方面内容：

(1) 受力分析，分析作用在物体上的各种力，弄清被研究对象的受力情况。

(2) 力系的简化，用最简单的力系等效替换一个复杂的力系。

(3) 平衡条件，建立物体处于平衡状态时，作用在其上各力组成的力系所应满足的条件。

第一节　力和刚体

一、力

力是物体间相互的机械作用，这种作用使物体的机械运动状态发生变化，或者使物体发生变形。力使物体的运动状态发生变化的作用效应，称作力的**外效应**；而使物体发生变形的效应，则称作力的**内效应**。

使1kg质量的物体产生1m/s^2加速度的力，在国际单位制中就定义为1N。力的常用单位为N或kN。

力是矢量。力不仅有大小，还有方向。力对物体的作用效果，取决于力的大小、方向和作用点，这称为**力的三要素**。

二、刚体

所谓**刚体**，是指在力的作用下不变形的物体，即在力的作用下其内部任意两点的距离永远保持不变的物体。这是一种理想化的力学模型。事实上，在受力状态下不变形的物体是不存在的。不过，当物体的变形很小，在所研究的问题中把它忽略不计时，如果并不会对问题的性质带来本质的影响，该物体就可以近似看作刚体。刚体是在一定条件下研究物体受力和运动规律时的科学抽象，这种抽象不仅使问题大大简化，也能得出足够精确的结果，因此，静力学又称为刚体静力学。但是，在需要研究力对物体的内部效应时，这种理想化的刚体模型就不适用，而应采用变形体模型。

第二节　静力学公理

公理 1　力的平行四边形法则

作用在物体的同一点上的两个力的合力仍作用在该点上，其大小和方向由两个力组成的平行四边形的对角线表示，如图 1-1a 所示。或者说，合力矢等于这两个力矢的矢量和，即

$$\boldsymbol{F}_{\mathrm{R}} = \boldsymbol{F}_1 + \boldsymbol{F}_2$$

推论 1　力三角形法则

也可另作一力三角形来求两汇交力合力矢的大小和方向，即依次将 $\boldsymbol{F}_1$ 和 $\boldsymbol{F}_2$ 首尾相接画出，最后由第一个力的起点至第二个力的终点形成三角形的封闭边，即为此二力的合力矢 $\boldsymbol{F}_{\mathrm{R}}$，如图 1-1b 所示，称为力的三角形法则。

推论 2　力多边形法则

图 1-1c 中，作用线汇交于同一点的若干个力组成的力系，称为汇交力系或共点力系。利用力三角形，将各力逐一相加，可得到从第一个力到最后一个力首尾相接的多边形，如图 1-1d 所示，则多边形的封闭边即为该汇交力系的合力。用力多边形求汇交力系的合力时，合力的指向是从第一个力的起点指向最后一个力的终点。

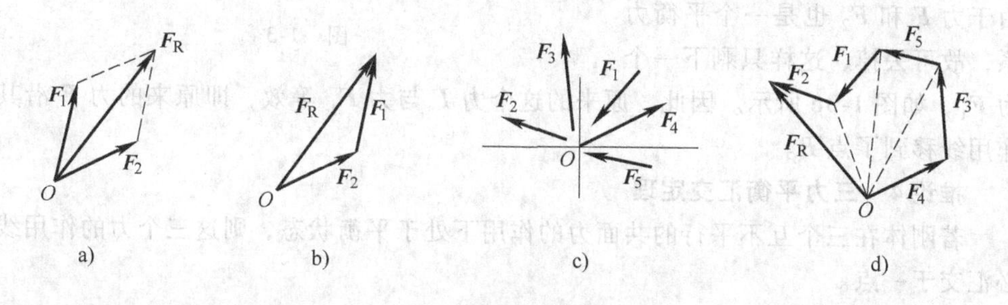

图　1-1

公理 2　二力平衡公理

要使刚体在两个力作用下维持平衡状态的充要条件是这两个力大小相等、方向相反、沿同一直线作用，如图 1-2a 所示，称为二力平衡公理。

反之，若刚体在且仅在两个力的作用下处于平衡，则此二力必大小相等、方向

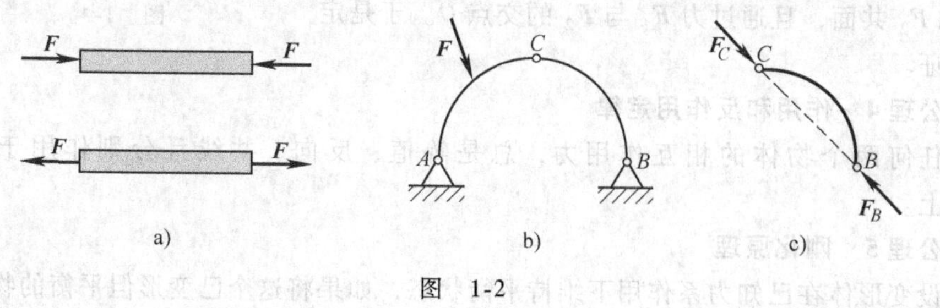

图　1-2

相反、且作用在两受力点的连线上。

图 1-2b 中的三铰拱在力 $\boldsymbol{F}$ 的作用下处于平衡状态，杆 AC、CB 两部分也是处于平衡的。假如不考虑杆的自重，则 CB 杆是受二力作用而处于平衡的，故 C、B 处的两个力必作用在两受力点 C、B 的连线上，且大小相等、方向相反，如图 1-2c 所示。这类只在两点受力的无重杆，通常被称为**二力杆或二力构件**。

公理 3　加减平衡力系公理

在作用于刚体的力系上任意加上或减去一个平衡力系不改变原力系对刚体的作用效果。

推论 3　力在刚体上的可传性原理

作用于刚体上的力，其作用点可以沿作用线在该刚体内前后任意移动，而不改变它对该刚体的作用效果。

证　设有力 $\boldsymbol{F}$ 作用在刚体上的点 A，如图 1-3a 所示。根据加减平衡力系公理，可在力的作用线上任取一点 B，并加上两个相互平衡的力 $\boldsymbol{F}_1$ 和 $\boldsymbol{F}_2$，并且 $F_1 = F_2 = F$，如图 1-3b 所示。由于力 $\boldsymbol{F}$ 和 $\boldsymbol{F}_2$ 也是一个平衡力系，故可去掉，这样只剩下一个力 $\boldsymbol{F}_1$，如图 1-3c 所示。因此，原来的这个力 $\boldsymbol{F}$ 与力 $\boldsymbol{F}_1$ 等效，即原来的力 $\boldsymbol{F}$ 沿其作用线移到了点 B。

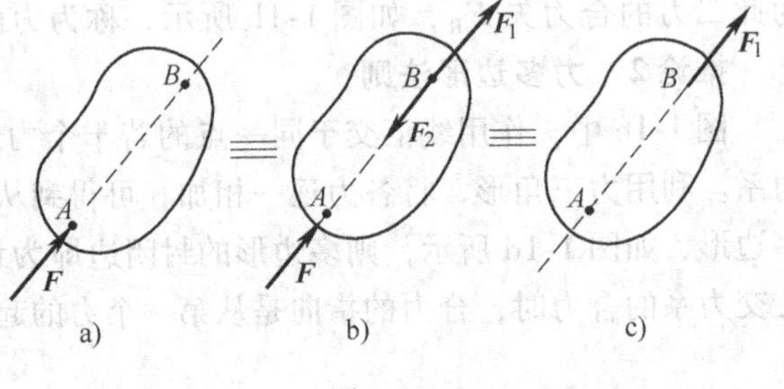

图　1-3

推论 4　三力平衡汇交定理

若刚体在三个互不平行的共面力的作用下处于平衡状态，则这三个力的作用线必汇交于一点。

证　如图 1-4 所示，在刚体的 A、B、C 三点上，分别作用三个相互平衡的力 $\boldsymbol{F}_1$、$\boldsymbol{F}_2$、$\boldsymbol{F}_3$。根据力的可传性，将力 $\boldsymbol{F}_1$ 和 $\boldsymbol{F}_2$ 移到汇交点 O，然后根据力的平行四边形法则，得合力 $\boldsymbol{F}_{12}$，则力 $\boldsymbol{F}_3$ 应与 $\boldsymbol{F}_{12}$ 平衡。由于两个力平衡必须共线，所以力 $\boldsymbol{F}_3$ 必定与力 $\boldsymbol{F}_1$ 和 $\boldsymbol{F}_2$ 共面，且通过力 $\boldsymbol{F}_1$ 与 $\boldsymbol{F}_2$ 的交点 O。于是定理得证。

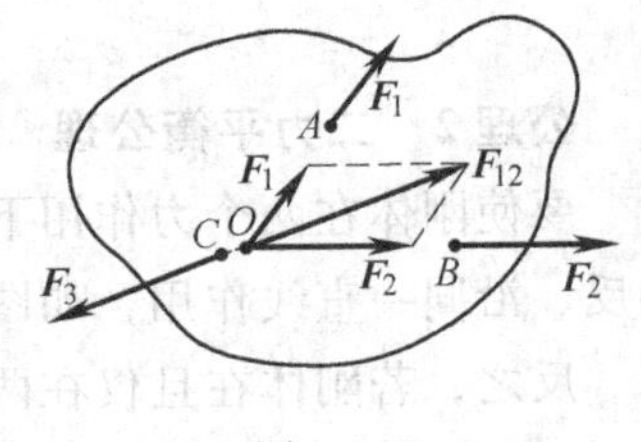

图　1-4

公理 4　作用和反作用定律

任何两个物体的相互作用力，总是等值、反向、共线且分别作用于两个物体上。

公理 5　刚化原理

设变形体在已知力系作用下维持平衡状态，如果将这个已变形但平衡的物体变成刚体（刚化），则其平衡不受影响。

这个公理提供了把变形体看作刚体模型的条件。此公理建立了刚体平衡条件与变形体平衡条件之间的关系，即关于刚体的平衡条件，对于变形体的平衡来说，也必须满足。但是，满足了刚体的平衡条件，变形体不一定平衡。例如，一段绳索在等值、反向、共线的两个拉力作用下处于平衡，如果将绳索刚化成刚体，其平衡状态保持不变。若绳索在两个等值、反向、共线的压力作用下并不能平衡，这时绳索就不能刚化为刚体。但刚体在上述两种力系的作用下都是平衡的。

第三节　约束和约束力

工程中的机器或结构，总是由许多零部件组成的。这些零部件按照一定的方式相互连接。因此，它们的运动必然互相牵连和限制。如果从中取出一个物体作为研究对象，则它的运动当然也会受到与它连接或接触的周围其他物体的限制。也就是说，它是一个运动受到限制或约束的物体，称为**被约束体**。

在静力学中所研究的物体大都处于平衡状态，这正是它们受到约束的结果。因此，它们都是被约束体。

限制被约束体运动的周围物体称为**约束**。

例如，图 1-5 中，圆柱形滚子静止在水平路面上。取滚子为研究对象，则它是一个被约束体，而路面就是它的一个约束。

再如，图 1-6 中，重物由绳索挂在空中。取重物作为研究对象，则它是一个被约束体，而绳索是它的一个约束。

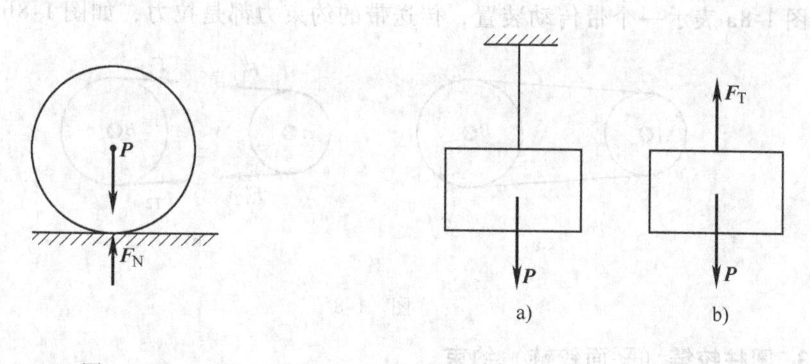

图　1-5　　　　图　1-6

约束限制被约束体的运动，是因为在被约束体给约束一个作用力时，约束对被约束体也施加了一个反作用力。约束对被约束体的反作用力称为**约束力**。

在对物体进行受力分析时，最重要的是如何确定约束力的方向。显然，约束力的方向应当与它所能限制的被约束体的运动方向相反。这是确定约束力方向的基本原则。

至于约束力的大小和作用点，前者一般未知，需要利用平衡条件来求。后者，即约束力的作用点，是在被约束体与约束的接触处。若被约束体是刚体，则只需确定约束力的作用线位置即可。

为以后应用方便起见，下面把工程上常见的一些约束进行分类，并分析其约束力的特点。

1. 理想光滑表面约束

在约束与被约束的接触面较小且比较光滑的情况下，忽略摩擦因素，就得到了理想光滑表面约束。如车轮与轨道的接触面、图 1-5 中所示的与滚子接触的路面，都可以认为是理想光滑表面约束。

这类约束起着阻碍物体沿接触面的公法线向约束内部运动的作用。因此，其约束力的方向沿接触面公法线指向被约束体，故称为**法向约束力**。图 1-5 中路面对滚子约束力 $\boldsymbol{F}_{\mathrm{N}}$ 就是法向约束力。

图 1-7 所示直杆放在槽中，它在 A、B、C 三处受到槽的约束，这种约束称为尖端支承约束，此时可将尖端支承处看作小圆弧与直线相切，则约束力仍是法向约束力。

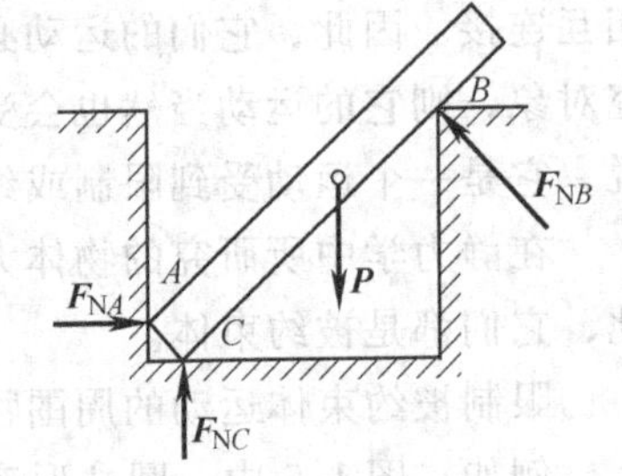

图 1-7

2. 柔性约束

这类约束一般由柔软的绳索、链条或皮带等构成。由于这些物体只能承受拉力，故这类约束的约束力只能是拉力。图 1-6 中吊住重物的绳索就是一个柔性约束，其约束力为拉力 $\boldsymbol{F}_{\mathrm{T}}$。

图 1-8a 表示一个带传动装置，传送带的约束力都是拉力，如图 1-8b 所示。

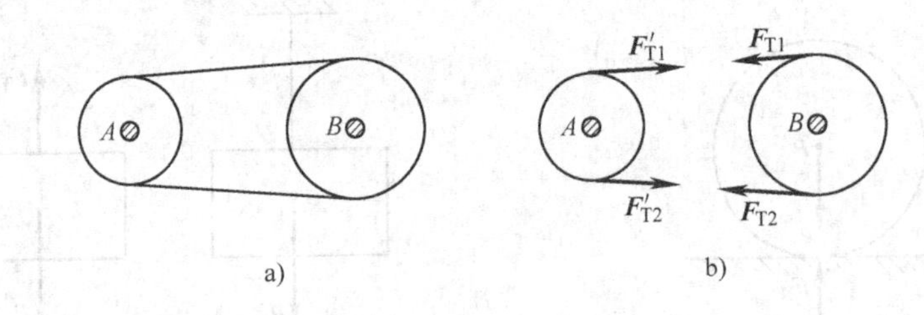

图 1-8

3. 圆柱铰链（平面铰链）约束

为了将两个构件 A 与 B 连接在一起，可以在 A、B 上各钻一个圆孔，然后用圆柱形销钉将它们串起来，如图 1-9 所示。这种约束称为**圆柱铰链**。

一般认为销钉与构件光滑接触，所以这也是一种理想光滑表面约束，约束力 $\boldsymbol{F}_{\mathrm{N}}$ 应通过接触点 K 沿公法线方向（通过销钉中心）指向构件，如图 1-10a 所示。但实际上预先很难确定接触点 K 的位置，因此约束力 $\boldsymbol{F}_{\mathrm{N}}$ 的方向无法确定。为克服这一困难，通常用一对互相垂直的分力 $\boldsymbol{F}_x$ 与 $\boldsymbol{F}_y$ 表示约束力 $\boldsymbol{F}_\mathrm{N}$，待根据平衡条件计算出 $\boldsymbol{F}_x$ 与 $\boldsymbol{F}_y$ 的大小后，再根据需要用平行四边形规则求得合力 $\boldsymbol{F}_\mathrm{N}$ 的大小和方向，如图 1-10b 所示。

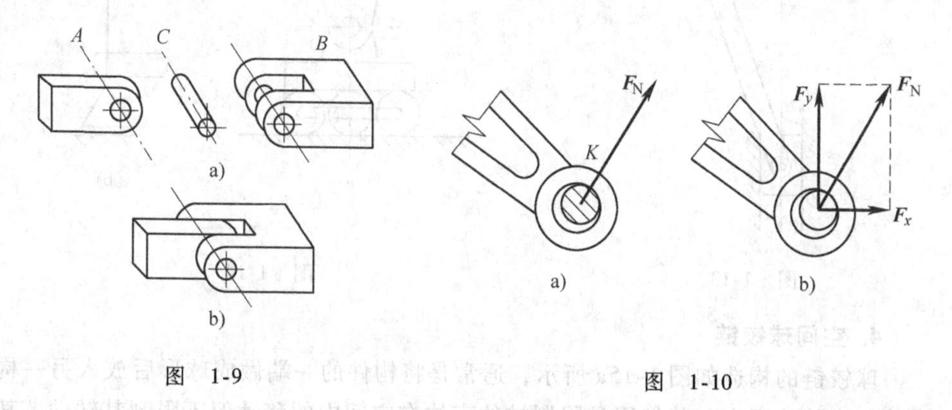

图　1-9　　　图　1-10

由于这种铰链限制构件在垂直于销钉的平面内的相对移动，故亦称为平面铰链。

这种约束在工程上有广泛应用，见下面的例子：

（1）固定铰支座　用以将构件和基础连接，桥梁的一端与桥墩的连接常用这种约束，图 1-11a、b 所示是这种约束的简图。

（2）向心滚动轴承　轴颈处的向心滚动轴承，如图 1-12 所示。

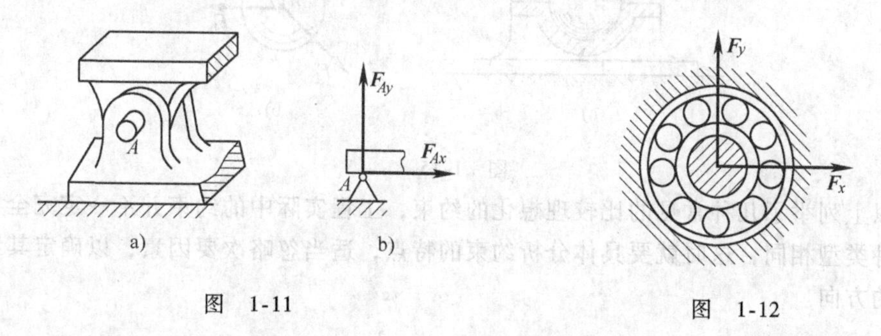

图　1-11　　　图　1-12

（3）连接铰链　用来连接两个可以相对转动但不能移动的构件，如曲柄连杆机构中的曲柄与连杆、连杆与滑块的连接。通常在两个构件的连接处用一小圆圈来表示铰链，如图 1-13 所示。

（4）滚动铰支座　这是一种特殊的平面铰链，通常与固定铰支座配对，分别装在桥梁的两端。与固定铰支座不同的是，它不限制被约束的梁端在水平方向的位移。这样，当桥梁由于温度变化而产生伸缩变形时，梁端可以自由移动而不会在梁中引起温度应力。这种铰链的约束力只能在滚轮与地面接触面的公法线方向，如图 1-14a 所示，而图 1-14b 是其简图。

值得强调的是：圆柱铰链约束不能限制构件之间绕销钉轴的相对转动。

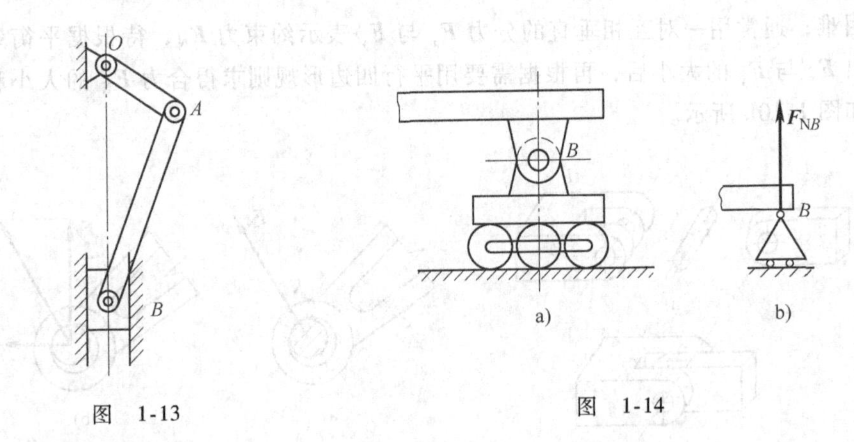

图 1-13

图 1-14

4. 空间球铰链

球铰链的构造如图 1-15a 所示，通常是将构件的一端做成球形后放入另一构件或基础中的球窝中。其作用是限制被约束体在空间中的移动但不限制其转动。某些电视机上的天线下端与天线座的连接就是球铰链约束。其约束力一般由三个互相垂直的分力 $\boldsymbol{F}_{Ax}$、$\boldsymbol{F}_{Ay}$、$\boldsymbol{F}_{Az}$表示，如图 1-15b 所示。

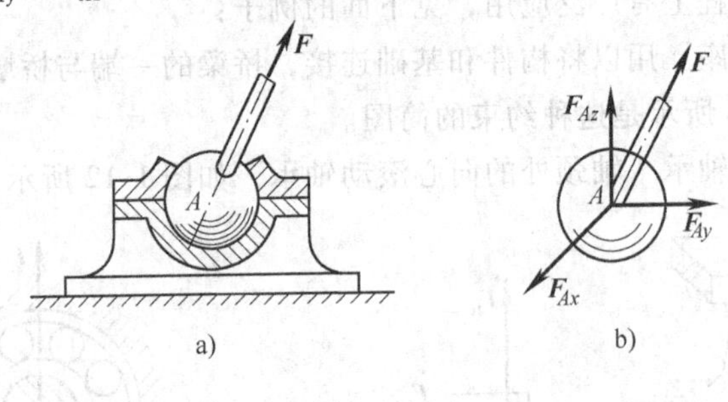

图 1-15

以上列举了几种常见的比较理想化的约束，工程实际中的约束并不一定完全与这几种类型相同，这时就要具体分析约束的特点，适当忽略次要因素，以确定其约束力的方向。

第四节　物体的受力分析与受力图

所谓受力分析，是指分析所要研究的物体（称为研究对象）上受力多少、各力大小（已知或未知）和方向的过程。受力分析是解决力学问题的第一步，准确、熟练地做好研究对象的受力分析，是静力学学习的基本要求。

工程中物体的受力可分为两类。一类称为**主动力**，如工作载荷、构件自重、风力等，这类力一般是已知的或可以测量的。另一类就是**约束力**。进行受力分析，就是要具体分析构件上所受这些力的大小和方向，而分析结果通常是表示在所研究物体的简图上。表示物体受力分析结果的简图称为**受力图**。

做受力图的一般步骤是：

1）取研究对象并画出简图。

2）先画上主动力。

3）逐个分析约束，画出约束力。

做受力图的主要工作是对约束力进行分析。一般来说，约束力的大小是未知的，需要利用平衡条件来求出，但其方向是已知的或者可以通过某种方式表示出来（如圆柱铰链的约束力可以用一对互相垂直的分力表示）。用受力图清楚、准确地表达物体的受力情况，是静力学中不可缺少的基本功训练之一。

下面举例说明受力图的做法及注意事项。

例 1-1　重力为 $\boldsymbol{P}$ 的圆球放在板 AC 与墙壁 AB 之间，如图 1-16a 所示。设板 AC 重力不计，试做出板与球的受力图。

解　先取球做为研究对象，做出简图。球上主动力有 $\boldsymbol{P}$，约束力有 $\boldsymbol{F}_{ND}$ 和 $\boldsymbol{F}_{NE}$，均属于理想光滑面约束的法向约束力，其受力如图 1-16b 所示。

再取板作为研究对象。由于板的自重不计，故只有 A、C、E' 处的约束力。其中 A 处为固定铰支座，其约束力可用一对正交分力 $\boldsymbol{F}_{Ax}$、$\boldsymbol{F}_{Ay}$ 表示；C 处为柔性约束，其约束力为拉力 $\boldsymbol{F}_{T}$；E'处的约束力为法向约束力 $\boldsymbol{F}'_{NE}$，要注意该约束力与球在 E 处所受约束力 $\boldsymbol{F}_{NE}$ 为作用力与反作用力关系，其受力如图 1-16c 所示。

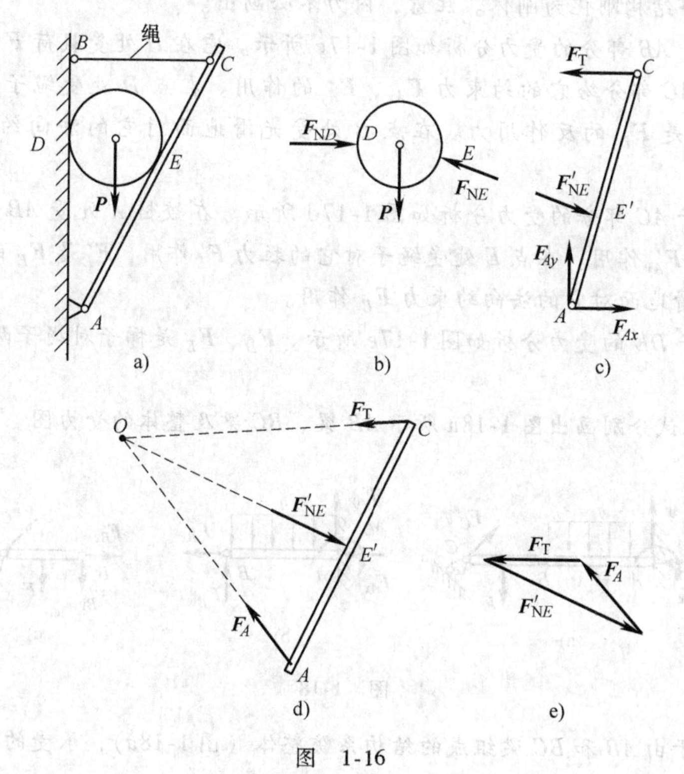

图　1-16

另外，注意到板 AC 上只有 A、E'、C 处三个约束力，并且板处于平衡状态。因此，可以利用三力平衡汇交定理确定出 A 处约束力的方向，即先由力 $\boldsymbol{F}_{\mathrm{T}}$ 与 $\boldsymbol{F}'_{NE}$ 的作用线延长后求得汇交点 O，再由点 A 向 O 连线，则 $\boldsymbol{F}_{\mathrm{A}}$ 的方向必沿着 AO 方向，受力图如图 1-16d 所示。

至于 $\boldsymbol{F}_{\mathrm{A}}$ 的指向，可以由平面汇交力系平衡的几何条件，即力多边形自行封闭的矢序规则定出；其力多边形（在此例中为三角形）如图 1-16e 所示。

例 1-2 如图 1-17a 所示，梯子 AB 和 AC 在点 A 处铰接，又在 D、E 两点处用绳连接。梯子放在光滑水平面上，不考虑其自重，在 AB 上的 H 处作用一铅垂力 $\boldsymbol{F}$。试分别画出整个系统、DE、AB 以及 AC 的受力图。

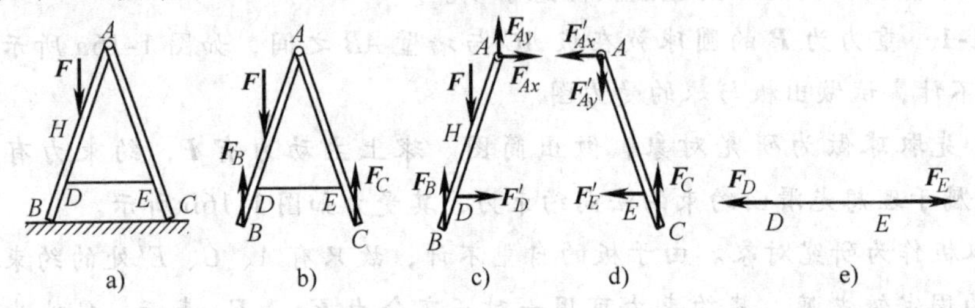

图 1-17

解 (1) 整体的受力分析如图 1-17b 所示。当选整个系统为研究对象时，可把平衡的整个结构刚化为刚体。注意，内力不必画出。

(2) 梯子 AB 部分的受力分析如图 1-17c 所示。它在 H 处受载荷 $\boldsymbol{F}$ 的作用，在铰链 A 处受 AC 部分给它的约束力 $\boldsymbol{F}_{Ax}$、$\boldsymbol{F}_{Ay}$ 的作用。在点 D 处受绳子对它的拉力 $\boldsymbol{F}'_D$ 作用，$\boldsymbol{F}'_D$ 是 $\boldsymbol{F}_D$ 的反作用力。在点 B 处受光滑地面对它的法向约束力 $\boldsymbol{F}_B$ 的作用。

(3) 梯子 AC 部分的受力分析如图 1-17d 所示。在铰链 A 处受 AB 部分对它的作用力 $\boldsymbol{F}'_{Ax}$、$\boldsymbol{F}'_{Ay}$ 作用。在点 E 处受绳子对它的拉力 $\boldsymbol{F}'_E$ 作用，$\boldsymbol{F}'_E$ 是 $\boldsymbol{F}_E$ 的反作用力。在 C 处受光滑地面对它的法向约束力 $\boldsymbol{F}_C$ 作用。

(4) 绳子 DE 的受力分析如图 1-17e 所示。$\boldsymbol{F}_D$、$\boldsymbol{F}_E$ 是梯子对绳子两端 D、E 的拉力。

例 1-3 试分别画出图 1-18a 所示 AB 梁、BC 梁及整体的受力图。

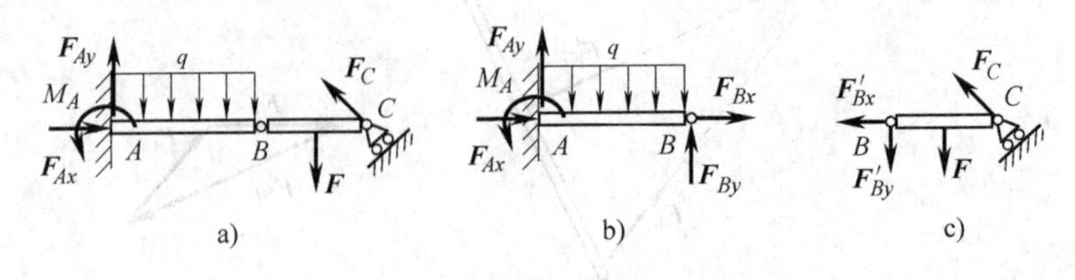

图 1-18

解 对于由 AB 和 BC 梁组成的结构系统整体（图 1-18a），承受的外载荷是 AB

梁上的均匀分布载荷 q 和 BC 段上的集中力 $\boldsymbol{F}$。A 端的约束是插入端（固定端）约束，其两个约束力和一个约束力偶分别用 $\boldsymbol{F}_{Ax}$、$\boldsymbol{F}_{Ay}$ 和 $\boldsymbol{M}_A$ 表示，方向假设如图 1-18a 所示。C 端为活动铰支支座，约束力 $\boldsymbol{F}_C$ 的作用线垂直于支承面且通过铰链 C 的中心。

梁 AB 的受力如图 1-18b 所示。梁上作用着均匀分布载荷 q。插入端（固定端）A 处约束力的表示应与图 1-18a 一致，即有 $\boldsymbol{F}_{Ax}$、$\boldsymbol{F}_{Ay}$ 和 $\boldsymbol{M}_A$。B 处中间铰链约束力用 $\boldsymbol{F}_{Bx}$ 和 $\boldsymbol{F}_{By}$ 表示。

图 1-18c 中梁 BC 受外力 $\boldsymbol{F}$ 作用，由作用力与反作用力关系可将 B 处中间铰对梁 BC 的约束力表示为 $\boldsymbol{F}'_{Bx}$ 和 F'_{By}。C 处约束力即图 1-18a 中的 $\boldsymbol{F}_C$。

习 题

1-1 简答题

(1) 什么是力的三要素？如何用图表示？

(2) 作用力与反作用力是一对平衡力吗？

(3) 什么是约束？工程上常见的约束有哪几种类型？确定约束力方向的基本原则是什么？

(4) 只受两个力作用的构件称为二力构件，这种说法对吗？

(5) 二力平衡公理、加减平衡力系原理能否用于变形体？试简要说明原因。

(6) 等式 $\boldsymbol{F}_R=\boldsymbol{F}_1+\boldsymbol{F}_2$ 与 $F_R=F_1+F_2$ 有何区别？

1-2 选择题

(1) 加减平衡力系原理适用于下列哪种情况？________。

(A) 单一刚体　(B) 单一变形体　(C) 刚体系统　(D) 变形体系统

(2) 二力平衡公理适用于下列哪种情况？________。

(A) 单一刚体　(B) 单一变形体　(C) 刚体系统　(D) 变形体系统

(3) 力的可传性原理适用于下列哪种情况？________。

(A) 单一刚体　(B) 单一变形体　(C) 刚体系统　(D) 变形体系统

(4) 作用力与反作用力定律适用于下列哪种情况？________。

(A) 只适用于刚体　(B) 只适用于变形体

(C) 只适用于平衡状态的物体　(D) 任何物体

(5) 三力平衡汇交定理适用于下列哪种情况？________。

(A) 在三个互不平行的共面力的作用下处于平衡状态的刚体

(B) 在三个共面力的作用下处于平衡状态的刚体

(C) 在三个互不平行的力的作用下处于平衡状态的刚体

(D) 在三个互不平行的共面力的作用下的刚体

(6) 若等式 $\boldsymbol{F}_R=\boldsymbol{F}_1+\boldsymbol{F}_2$ 成立，下列哪种情况成立？________。

(A) 必有 $F_R=F_1+F_2$　(B) 不可能有 $F_R=F_1+F_2$

(C) 必有 $F_R>F_1$、$F_R>F_2$　(D) 可能有 $F_R>F_1$、$F_R>F_2$

1-3 试用几何法求图 1-19 所示平面汇交力系的合力。

1-4 试画出图 1-20a、b 中各物体的受力图，并加以比较。

1-5 画出图 1-21 中各物体 AB 的受力图。设各接触面都是光滑的。

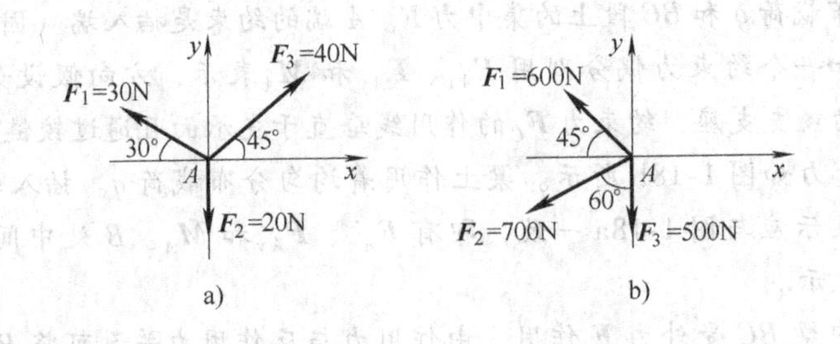

图 1-19

图 1-20

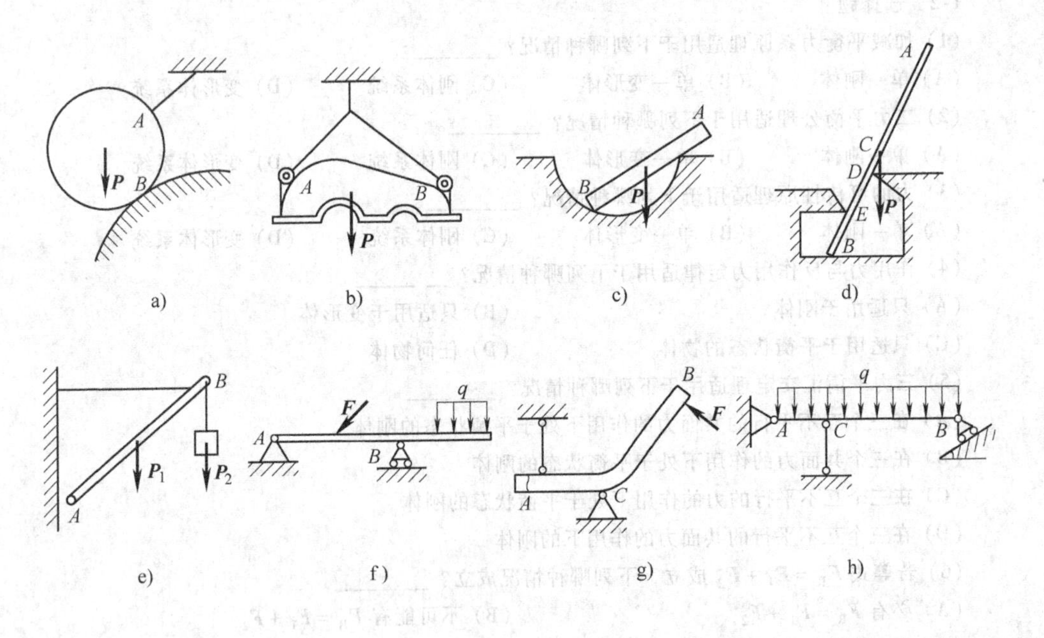

图 1-21

1-6 作出图 1-22 所示物体系中各个刚体的受力图。设接触面都是光滑的，没有画重力的物体都不计重力。

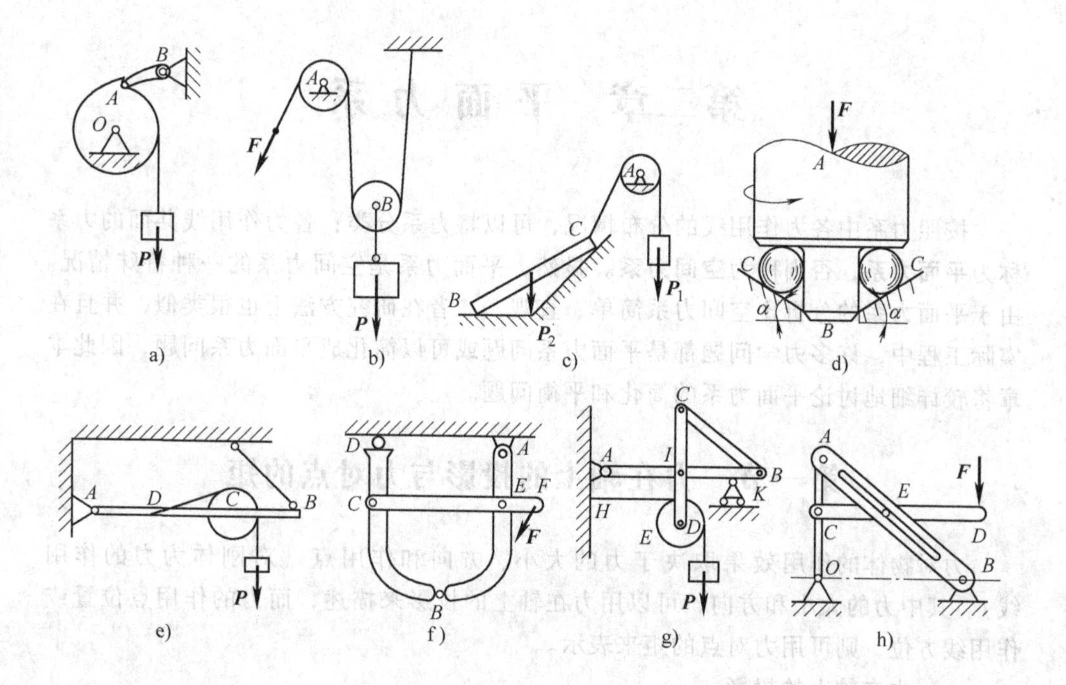
B
A
O
P
a)
A
F
B
P
b)
A
C
B
P2
P1
c)
F
A
C
C
α
α
B
d)
A
D
C
B
P
e)
D
A
C
E
F
F
B
f)
C
A
I
B
K
H
E
D
P
g)
A
F
E
C
D
O
B
h)

图 1-22

第二章 平面力系

按照力系中各力作用线的分布情况，可以将力系分类：各力作用线共面的力系称为**平面力系**，否则称为**空间力系**。显然，平面力系是空间力系的一种特殊情况。由于平面力系的分析比空间力系简单、直观，二者在研究方法上也很类似，并且在实际工程中，许多力学问题都是平面力系问题或可以简化成平面力系问题，因此本章将较详细地讨论平面力系的简化和平衡问题。

第一节 力在轴上的投影与力对点的矩

力对物体的作用效果取决于力的大小、方向和作用点（对刚体为力的作用线）。其中力的大小和方向，可以用力在轴上的投影来描述，而力的作用点位置或作用线方位，则可用力对点的矩来表示。

一、力在轴上的投影

已知力 $\boldsymbol{F}$ 与轴 x 如图 2-1 所示，称力 $\boldsymbol{F}$ 与轴 x 的单位向量 $\boldsymbol{i}$ 的数量积为力 $\boldsymbol{F}$ 在轴 x 上的投影，记为 F_x。于是有

$$F_x = \boldsymbol{F} \cdot \boldsymbol{i} = F\cos\alpha \tag{2-1}$$

从几何上看，F_x 是过力矢的起点 A 和终点 B 分别向轴 x 引垂线所得到的有向线段 $\overrightarrow{ab}$ 的长度。

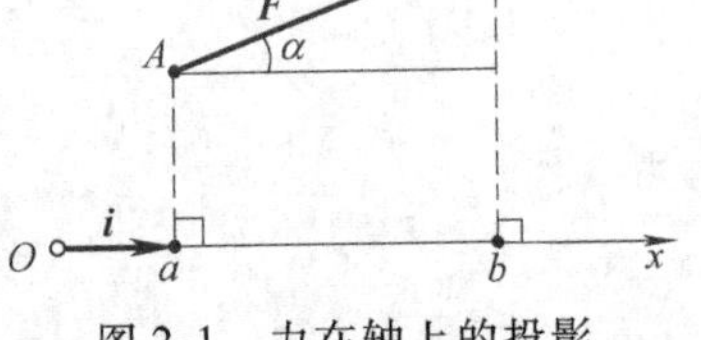

图 2-1 力在轴上的投影

力在轴上的投影是一个代数量，其正负号可由力 $\boldsymbol{F}$ 与轴 x 的正向夹角来反映。由式（2-1）知

当 $-\pi/2 < \alpha < \pi/2$ 时，$F_x > 0$；

当 $\pi/2 < \alpha < 3\pi/2$ 时，$F_x < 0$。

也可以从几何上判断其正负号，如图 2-1 所示。当有向线段 $\overrightarrow{ab}$ 与 x 轴正向一致时，F_x 为正，反之为负。

力在轴上的投影在两种情况下等于零：①力等于零；②力与轴垂直，即当 $\alpha = \pm\pi/2$ 时，$F_x = 0$。

为了计算上的方便，经常取力在平面直角坐标轴上的投影，如图 2-2 所示。此时有

$$F_x = F\cos\alpha$$
$$F_y = F\sin\alpha$$

反之，若已知力 $\boldsymbol{F}$ 在一对直角坐标轴上的投影 F_x 与 F_y，就可由它们来表示力 $\boldsymbol{F}$ 的大小与方向。即

$$\left.\begin{aligned} F &= \sqrt{(F_x)^2 + (F_y)^2} \\ \cos\alpha &= \frac{F_x}{\sqrt{(F_x)^2 + (F_y)^2}} \\ \cos\beta &= \frac{F_y}{\sqrt{(F_x)^2 + (F_y)^2}} \end{aligned}\right\} \tag{2-2}$$

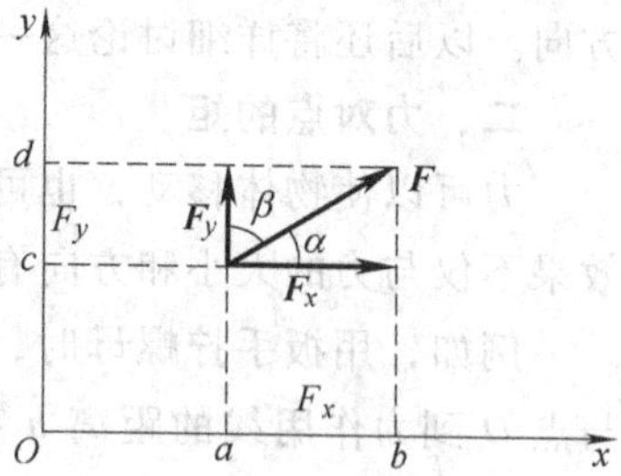

式中，α 与 β 分别表示力 $\boldsymbol{F}$ 与 x 轴和 y 轴间的夹角。

图 2-2 力在直角坐标轴上的投影

显而易见，力在平面直角坐标轴上的投影与力沿这两个方向的分力的大小在数值上是相等的。

力既然是矢量，自然满足矢量运算的一般规则。根据合矢量投影规则，可以得到一个重要的结论，即

合力投影定理 力系的合力在某轴上的投影等于各分力在该轴上的投影的代数和。

设一平面力系由 $\boldsymbol{F}_1$，$\boldsymbol{F}_2$，…，$\boldsymbol{F}_n$ 组成，其合力记为 $\boldsymbol{F}_{\mathrm{R}}$。称 $\boldsymbol{F}'_{\mathrm{R}} = \sum\limits_{i=1}^{n} \boldsymbol{F}_i$ 为该力系的主矢。注意：力系的合力 $\boldsymbol{F}_{\mathrm{R}}$ 与主矢 $\boldsymbol{F}'_{\mathrm{R}}$ 是有区别的，以后可以看到这一点。但是可以证明：合力 $\boldsymbol{F}_{\mathrm{R}}$ 的大小和方向与主矢 $\boldsymbol{F}'_{\mathrm{R}}$ 是相同的。从而，$\boldsymbol{F}_{\mathrm{R}}$ 与 $\boldsymbol{F}'_{\mathrm{R}}$ 在任一轴上的投影相等。根据合力投影定理，可得

$$\left.\begin{aligned} F_{\mathrm{R}x} &= F'_{\mathrm{R}x} = \sum_{i=1}^{n} F_{ix} \\ F_{\mathrm{R}y} &= F'_{\mathrm{R}y} = \sum_{i=1}^{n} F_{iy} \end{aligned}\right\} \tag{2-3}$$

从而有

$$\left.\begin{aligned} F_{\mathrm{R}} &= F'_{\mathrm{R}} = \sqrt{\left(\sum_{i=1}^{n} F_{ix}\right)^2 + \left(\sum_{i=1}^{n} F_{iy}\right)^2} \\ \cos\alpha &= \frac{\sum\limits_{i=1}^{n} F_{ix}}{\sqrt{\left(\sum\limits_{i=1}^{n} F_{ix}\right)^2 + \left(\sum\limits_{i=1}^{n} F_{iy}\right)^2}} \\ \cos\beta &= \frac{\sum\limits_{i=1}^{n} F_{iy}}{\sqrt{\left(\sum\limits_{i=1}^{n} F_{ix}\right)^2 + \left(\sum\limits_{i=1}^{n} F_{iy}\right)^2}} \end{aligned}\right\} \tag{2-4}$$

式中，α 与 β 分别表示合力 $\boldsymbol{F}_{\mathrm{R}}$ 与 x 轴和 y 轴间的夹角。

利用式（2-4），可以从原始力系出发，直接计算力系的合力及主矢的大小和

方向。以后还将详细讨论这一点。

二、力对点的矩

力可以使物体移动，也可以使物体绕某一点转动。由经验知，力使物体转动的效果不仅与力的大小和方向有关，还与力作用点（或作用线）的位置有关。

例如，用扳手拧螺母时，螺母的转动效果除与力 $\boldsymbol{F}$ 的大小和方向有关外，还与点 O 到力作用线的距离 h 有关。距离 h 越大，转动效果就越明显，反之亦然，如图 2-3 所示。

可以用**力对点的矩**这样一个物理量来描述力使物体转动的效果。

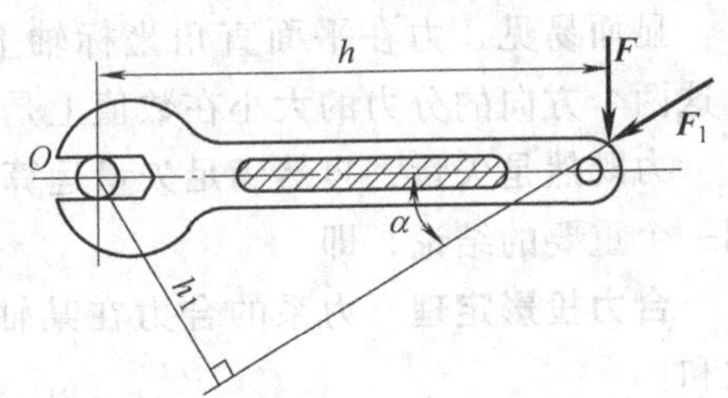

图 2-3 力对物体的转动效果

力 $\boldsymbol{F}$ 对某点 O 的矩等于力的大小与点 O 到力的作用线的距离 h 的乘积，并冠以适当的正、负号。记作

$$M_O(\boldsymbol{F}) = \pm Fh \tag{2-5}$$

式中，点 O 称为矩心；h 称为力臂；Fh 表示力使物体绕点 O 转动效果的大小；正、负号则表示：M_O（$\boldsymbol{F}$）是一个代数量，可以用它来描述物体的转动方向。通常规定：使物体逆时针方向转动的力矩为正，反之为负。

根据定义，图 2-3 所示的力 $\boldsymbol{F}_1$ 对点 O 的矩为

$$M_O(\boldsymbol{F}_1) = -F_1h_1 = -F_1h\sin\alpha$$

由定义知：力对点的矩与矩心的位置有关，同一个力对不同点的矩是不同的。因此，对力矩要指明矩心。

从几何上看，力 $\boldsymbol{F}$ 对点 O 的矩在数值上等于 $\triangle OAB$ 面积的两倍，如图 2-4 所示。

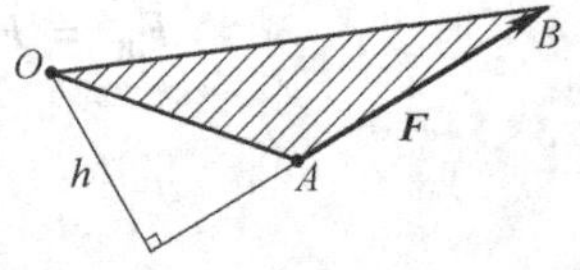

图 2-4 力对点的矩的几何意义

力对点的矩在两种情况下等于零：①力为零；②力臂为零，即力的作用线通过矩心。

力沿作用线移动，不改变力对点之矩的数值与正负号。

在计算力系的合力对某点的矩时，常用到所谓**合力矩定理**，即：

平面力系的合力对某点 O 之矩等于各分力对同一点之矩的代数和。

设平面力系由 $\boldsymbol{F}_1$，$\boldsymbol{F}_2$，…，$\boldsymbol{F}_n$ 组成，该力系合力为 $\boldsymbol{F}_{\mathrm{R}}$，则有

$$M_O(\boldsymbol{F}_{\mathrm{R}}) = \sum_{i=1}^{n} M_O(\boldsymbol{F}_i) \tag{2-6}$$

合力矩定理的证明将在以后给出。

利用该定理，有时可以给力矩的计算带来方便。如果计算力 $\boldsymbol{F}$ 对点 O 的矩，

如图 2-5 所示，由合力矩定理，有

$$M_O(\boldsymbol{F}) = M_O(\boldsymbol{F}_x) + M_O(\boldsymbol{F}_y) = -yF_x + xF_y \tag{2-7}$$

这样，只要已知力在轴上的投影和力作用点 A 的位置坐标，就可以计算力 $\boldsymbol{F}$ 对点 O 之矩了。式（2-7）称为力对点之矩的解析表达式。

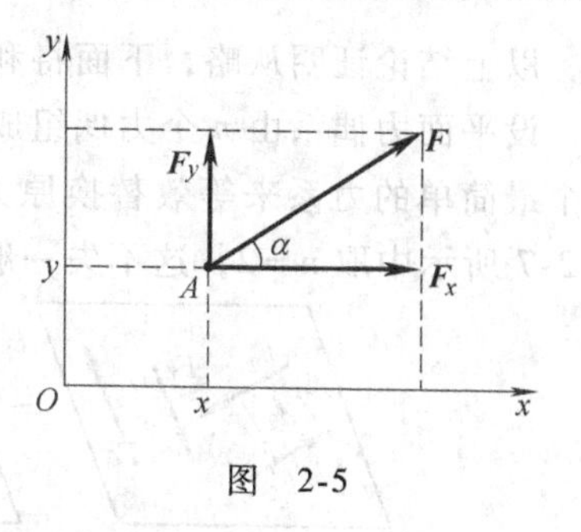

图 2-5

第二节 力偶矩 平面力偶系的简化

力偶是由一对等值、反向、不共线的平行力组成的特殊力系。它对物体的作用效果是使物体转动。为了量度力偶使物体转动的效果，可以考虑力偶中的两个力对物体内某点之矩的代数和，这就建立了力偶矩的概念。

力偶中的两个力对其作用面内某点之矩的代数和，称为该力偶的**力偶矩**，记为 M（$\boldsymbol{F}$，$\boldsymbol{F}'$），简记为 M。

图 2-6 中，力 $\boldsymbol{F}$ 与 $\boldsymbol{F}'$ 组成一个力偶，两力之间的距离 d；称为**力偶臂**。在力偶作用面内任选一点 O，设点 O 到力 $\boldsymbol{F}'$ 的距离为 a；按定义，该力偶的力偶矩 M（$\boldsymbol{F}$，$\boldsymbol{F}'$）为

$$M(\boldsymbol{F},\boldsymbol{F}') = F(d + a) - Fa = Fd$$

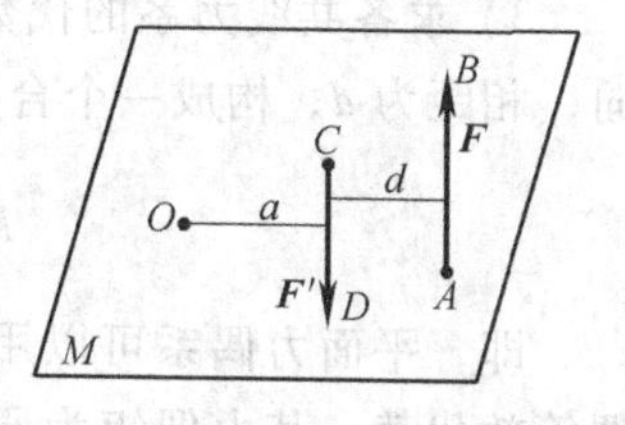

图 2-6

由上面的计算知，力偶矩与点 O 的位置无关，即力偶对平面内任意一点的矩都等于力与力偶臂的乘积，并按逆时针方向为正、反之为负的原则冠以正负号。

力偶矩与矩心无关，这是力偶矩区别于力对点的矩的一个重要特性。正是由于这一点，写力偶矩时不必写出矩心，只记作 M（$\boldsymbol{F}$，$\boldsymbol{F}'$）或 M 即可，于是有

$$M = M(\boldsymbol{F},\boldsymbol{F}') = \pm Fd \tag{2-8}$$

力偶中两个力在任意轴上的投影的代数和都为零，这也是力偶所特有的性质。由此还可推知：力偶不能与单个力等效，也不能与单个力相平衡，因此，力和力偶是静力学中的两个基本要素。

根据力偶的特性，可以得到一个重要的结论，即同平面内力偶的等效定理：

同一平面内的两个力偶等效的唯一条件是其力偶矩相等。

该定理等价于下列事实：

1）力偶矩是唯一量度力偶作用效果的量。

2）在力偶矩不变的前提下，可以在作用面内任意移动和转动力偶。

3）在力偶矩不变的前提下，可以同时改变力偶中力的大小和力偶臂的长短。

以上结论证明从略，下面将利用这些结论来讨论平面力偶系的简化问题。

设平面力偶系由 n 个力偶组成，其力偶矩分别为 M_1，M_2，…，M_n。现在想用一个最简单的力系来等效替换原力偶系。为此，采取下述步骤（为方便起见，在图 2-7 所示中取 $n=2$，这不失一般性）：

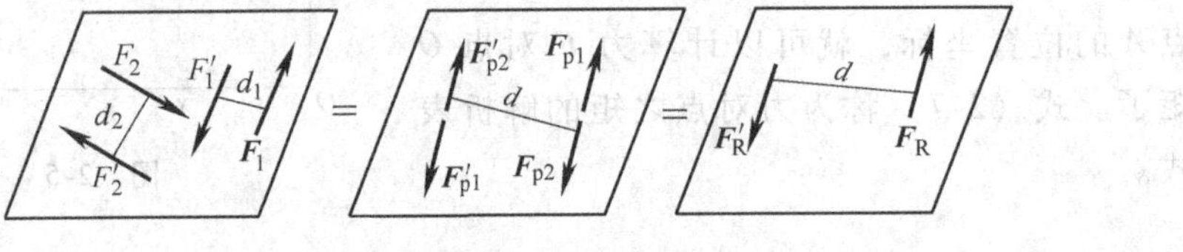

图 2-7 平面力偶系的简化

1）保持各力偶矩不变，同时调整其力与力偶臂，使它们有共同的臂长 d。

由于 $M_i=F_i d_i=F_{pi}d$，所以有

$$F_{pi}=F_i\frac{d_i}{d}\quad(i=1,2,\cdots,n)\tag{2-9}$$

这是调整后各力的大小。

2）将各力偶在平面内移动和转动，使各对力的作用线分别共线。

3）求各共线力系的代数和，每个共线力系得一合力，而这两个合力等值、反向，相距为 d，构成一个合力偶，其力偶矩为

$$M=F_R d=\sum_{i=1}^{n}F_{pi}d=\sum_{i=1}^{n}M_i\tag{2-10}$$

即，平面力偶系可以用一个力偶等效代替，其力偶矩为原来各力偶矩的代数和。

最后说明一点：由于力偶矩是唯一量度力偶作用效果的量，故以后图示力偶，也可以采用图 2-8 所示的简化记号。

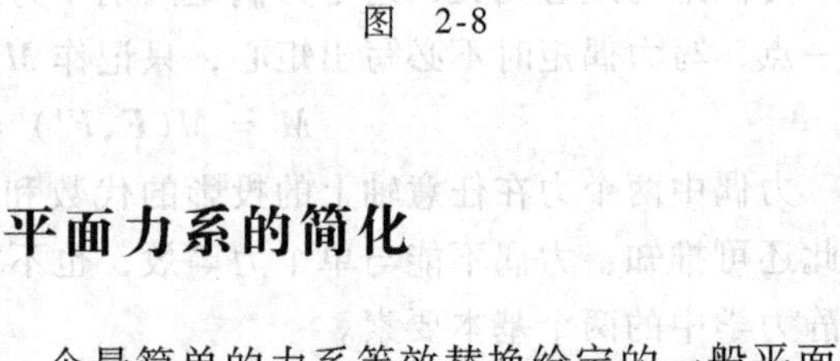

图 2-8

第三节 平面力系的简化

研究平面力系的简化，就是要用一个最简单的力系等效替换给定的一般平面力系。作为准备，先给出力线的平移定理，它是力系简化的工具。

一、力线平移定理

作用在刚体上 A 点处的力 $\boldsymbol{F}$，可以平移到刚体内任一点 B，但必须同时附加一个力偶，其力偶矩等于原来的力 $\boldsymbol{F}$ 对新作用点 B 的矩。这就是力线平移定理，如图 2-9 所示。

证 设刚体上 A 点处作用着一个力 $\boldsymbol{F}$，在刚体内任选 B 点，现在把力 $\boldsymbol{F}$ 平移

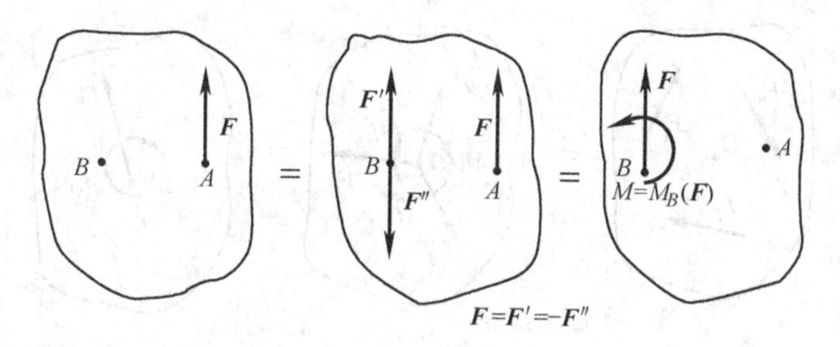

图　2-9

到 B 点。根据加减平衡力系公理，在 B 点处加上一对平衡力 $\boldsymbol{F}'$、$\boldsymbol{F}''$，使得 $\boldsymbol{F}'=-\boldsymbol{F}''=\boldsymbol{F}$；又注意到 $\boldsymbol{F}$ 与 $\boldsymbol{F}''$构成一个力偶，其力偶矩 $M=M_B(\boldsymbol{F})$，这样，将 $\boldsymbol{F}$ 与 $\boldsymbol{F}''$所构成的力偶改用力偶符号表示，从而 A 点处的力 $\boldsymbol{F}$ 就由 B 点处的力 $\boldsymbol{F}'=\boldsymbol{F}$ 及附加力偶等效代替了，而且该力偶的力偶矩 M 等于原来的力 $\boldsymbol{F}$ 对新作用点 B 的矩。这就证明了力线平移定理。

力线平移定理在理论上和实践上都有重要意义：在理论上，它建立了力与力偶这两个基本要素之间的联系。在实践上，应用力线平移定理，可以很方便地简化一个复杂的力系。另外，应用这个定理也可以直接解释一些实际问题，如攻螺纹用的铰杠丝锥，如图 2-10 所示。正确的使用方法是：操作者在两边手柄上同时加上一对基本上等值、反向的平行力，使其构成一个力偶，以转动丝锥，如图 2-11a 所示。而不正确的操作方法则是在一边手柄上加上一个两倍于前者的力。这样虽然同样能使丝锥转动，但常常会造成丝锥的损坏，如图 2-11b 所示。这里，导致丝锥破坏的原因就可以用力线平移定理来解释。请读者自行分析。

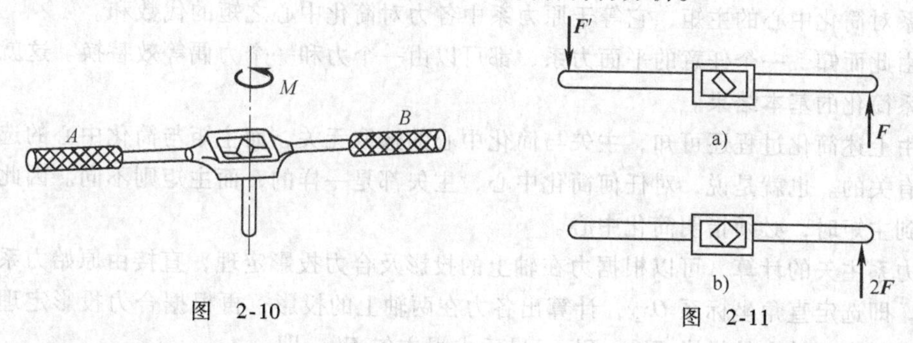

图　2-10　　　图　2-11

二、平面力系的简化　主矢与主矩

设刚体上作用着一个平面力系 $\boldsymbol{F}_1$，$\boldsymbol{F}_2$，…，$\boldsymbol{F}_n$，如图 2-12 所示。所谓对该力系进行简化，就是要用一个最简单的力系来等效地替换原来的力系。其作法是：

1）在平面力系内任选一点 O，称为**简化中心**。应用力的可传性原理和力的平移定理，把原力系中的各个力都移动到 O 点。这样，在简化中心 O 处得到了一个平面汇交力系（各力作用线汇交于一点）和一个附加的平面力偶系（该力偶系是由在平移各个力的过程中出现的附加力偶组成的，故称之为附加的平面力偶系）。

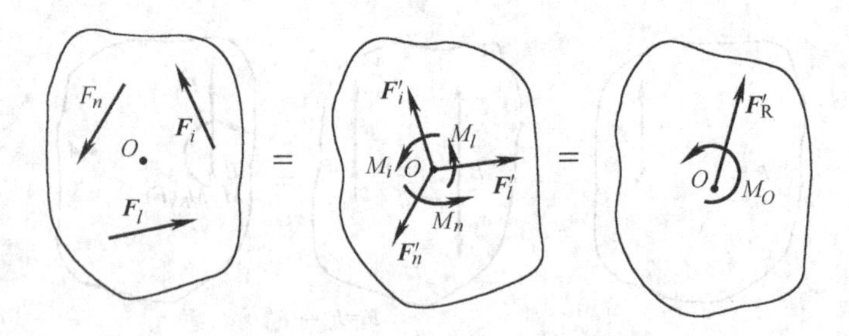

图 2-12

2）将平面汇交力系中的各个力作矢量和，得到一个合力矢，称为原力系的**主矢**，记为 $\boldsymbol{F}_R'$。由简化过程知

$$\boldsymbol{F}_R' = \sum_{i=1}^{n} \boldsymbol{F}_i' = \sum_{i=1}^{n} \boldsymbol{F}_i \tag{2-11}$$

3）附加的平面力偶系中各力偶的力偶矩由力线平衡定理知

$$M_i = M_O(\boldsymbol{F}_i) \quad (i = 1,2,\cdots,n) \tag{2-12}$$

于是该平面力偶系可以进一步简化为一个力偶，其力偶矩记为 M_O，称为原力系的**主矩**，它等于各力偶矩的代数和，也等于原力系中各力对简化中心 O 点的矩的代数和，即

$$M_O = \sum_{i=1}^{n} M_i = \sum_{i=1}^{n} M_O(\boldsymbol{F}_i) \tag{2-13}$$

综上所述，可得如下结论：平面力系向作用面内任意一点简化，可以得到一个力和一个力偶；力称为原力系的主矢，它等于原力系中各力的矢量和；力偶矩称为原力系对简化中心的主矩，它等于原力系中各力对简化中心之矩的代数和。

由此而知，一个任意的平面力系，都可以由一个力和一个力偶等效替换。这就是力系简化的基本结果。

由上述简化过程还可知，主矢与简化中心的选取无关，而主矩与简化中心的选取是有关的。也就是说，对任何简化中心，主矢都是一样的，而主矩则不同。因此在提到主矩时，必须指明简化中心。

力系主矢的计算，可以根据力在轴上的投影及合力投影定理，直接由原始力系得出。即选定直角坐标系 Oxy，计算出各力在两轴上的投影，再根据合力投影定理得到主矢在两轴上的投影 F_{Rx}'、F_{Ry}'，最后求得主矢 $\boldsymbol{F}_R'$，即

$$F_R' = \sqrt{(F_{Rx}')^2 + (F_{Ry}')^2} = \sqrt{\left(\sum_{i=1}^{n} F_{ix}\right)^2 + \left(\sum_{i=1}^{n} F_{iy}\right)^2} \tag{2-14}$$

$$\left.\begin{aligned} \cos\alpha &= \frac{F_{Rx}'}{F_R'} \\ \cos\beta &= \frac{F_{Ry}'}{F_R'} \end{aligned}\right\} \tag{2-15}$$

式中，α 和 β 分别是 F'_R 与 x 轴和 y 轴间的夹角。而主矩的计算，只需在选定简化中心后，将各力对简化中心取矩，再求其代数和即可。

作为上述力系简化理论的一个例子，在此介绍一种新的约束——**固定端**（插入端）**约束**。它是使被约束体插入约束内部，被约束体一端与约束成为一体而完全固定，既不能移动也不能转动的一种约束形式。

例如，夹紧在刀架上的车刀，与刀架完全固定成为一体，车刀受到的约束就是固定端约束，如图 2-13a 所示。

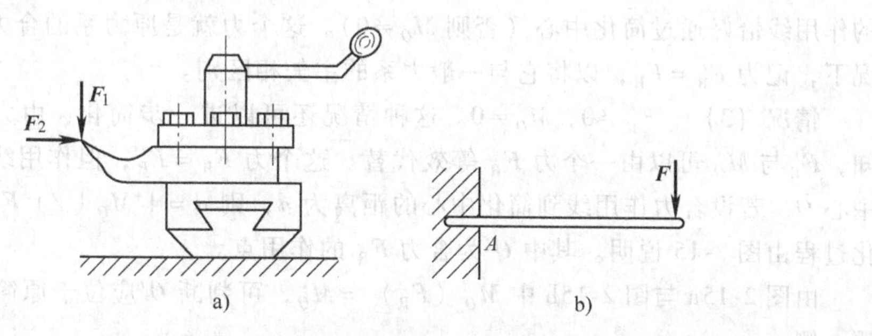

图　2-13

再如，梁的一端自由，另一端插入墙壁，它所受到的约束也是固定端约束。这种梁称为**悬臂梁**，如图 2-13b 所示。

固定端约束的约束力是由约束与被约束体紧密接触而产生的一个分布力系。当外力为平面力系时，约束力所构成的这个分布力系也是平面力系。由于其中各个力的大小与方向均难以确定，因而可将该力系向 A 点简化，得到的主矢用一对正交分力表示，而将主矩用一个约束力偶矩来表示，这就是固定端约束的约束力，如图 2-14 所示。

特别需要指出的是：固定端约束与平面铰链约束中的固定铰链是有本质区别的。从约束效果上看，固定端约束既限制被约束体移动又限制其转动，而平面铰链约束则只限制被约束体移动，并不限制其转动；从约束力的表示方法上看，固定端约束除与铰链约束一样，用一对正交分力表示约束力的主矢之外，还必须加上一个约束力偶，正是这个约束力偶起着限制转动的作用。

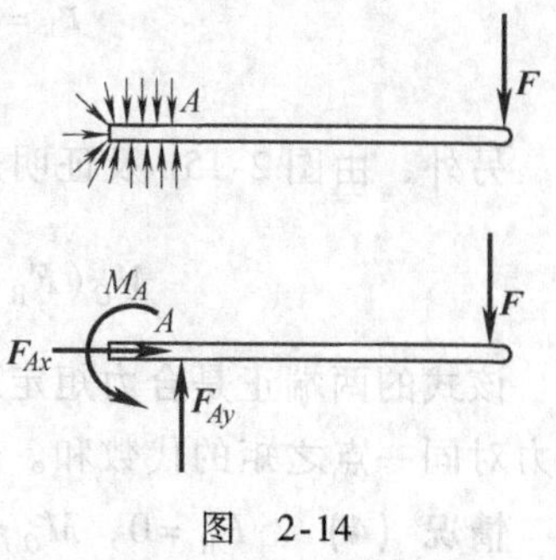

图　2-14

三、简化结果的进一步讨论　合力矩定理的证明

对平面力系向作用面内一点简化后得到的主矢和主矩做进一步分析后，可能出现以下四种情况：

（1）$F'_R=0$，$M_O\neq0$；

（2）$F'_R\neq0$，$M_O=0$；

(3) $F'_R \neq 0$，$M_O \neq 0$；

(4) $F'_R = 0$，$M_O = 0$。

分别讨论这些情况，可以得到力系简化的最终结果和一些有用的结论。

情况（1） 由于 $F'_R = 0$，$M_O \neq 0$，说明该力系无主矢，而最终简化为一个力偶，其力偶矩就等于力系的主矩。值得指出：当力系简化为一个力偶时，主矩与简化中心的选取无关。

情况（2） $F'_R \neq 0$，$M_O = 0$。说明原力系的简化结果是一个力，而且这个力的作用线恰好通过简化中心（否则 $M_O \neq 0$）。这个力就是原力系的合力。在这种情况下，记为 $F'_R = F_R$，以将它与一般力系的主矢相区别。

情况（3） $F'_R \neq 0$，$M_O \neq 0$。这种情况还可以进一步简化：由力的平移定理知，$\boldsymbol{F}'_R$ 与 M_O 可以由一个力 $\boldsymbol{F}_R$ 等效代替。这个力 $F_R = F'_R$，但作用线不通过简化中心 O，若设合力作用线到简化中心的距离为 d，则 $d = |M_O| / |\boldsymbol{F}'_R|$。上述简化过程由图 2-15 说明。其中 O' 为合力 $\boldsymbol{F}_R$ 的作用点。

由图 2-15a 与图 2-15b 中 $M_O(\boldsymbol{F}_R) = M_O$，可判断 O' 应位于原简化中心 O 的哪一侧。

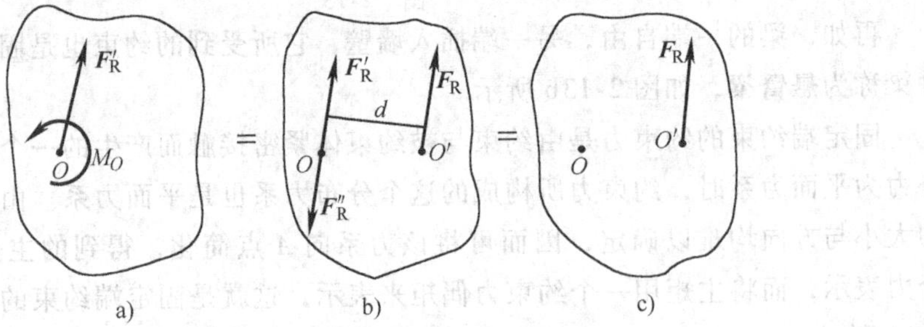

a) b) c)

$\boldsymbol{F}_R = \boldsymbol{F}'_R = -\boldsymbol{F}''_R \quad M(\boldsymbol{F}_R, \boldsymbol{F}''_R) = M_O$

图 2-15

另外，由图 2-15b 及证明过程知

$$M_O(\boldsymbol{F}_R) = F_R d = M_O = \sum_{i=1}^{n} M_O(\boldsymbol{F}_i) \tag{2-16}$$

该式的两端正是合力矩定理，即平面力系的合力对作用面内任一点的矩等于各分力对同一点之矩的代数和。这就是合力矩定理的证明。

情况（4） $F'_R = 0$，$M_O = 0$。表明该力系对刚体总的作用效果为零。根据牛顿惯性定律，此时物体将处于静止或匀速直线运动状态，即物体处于平衡状态。

第四节 平面力系的平衡条件与平衡方程式

由上节的讨论知：若平面力系的主矢及对任意一点的主矩都是零，则该力系是平衡力系；反之，若某平面力系使刚体处于平衡状态，那么它对刚体的作用效果必定是零，从而有该力系的主矢和对任意一点的主矩都等于零。于是得出结论：平面力系平衡的充分和必要条件是力系的主矢及对作用面内任意一点的主矩同时为零。

根据上述平衡条件，将它表示成解析的形式，就可以得到平面力系的平衡方程式。

由主矢为零，即

$$F'_R = \sqrt{\left(\sum_{i=1}^{n} F_{ix}\right)^2 + \left(\sum_{i=1}^{n} F_{iy}\right)^2} = 0$$

得

$$\left.\begin{aligned}\sum_{i=1}^{n} F_{ix} = 0\\ \sum_{i=1}^{n} F_{iy} = 0\end{aligned}\right\} \tag{2-17a}$$

而由主矩为零，即有

$$M_O = \sum_{i=1}^{n} M_O(\boldsymbol{F}_i) = 0 \tag{2-17b}$$

综合以上两式，并采用简写记号：以 F_x、F_y 代表力在轴上的投影，以 M_O 表示力对点 O 的矩，并省略求和指标，最后可得

$$\left.\begin{aligned}\sum F_x = 0\\ \sum F_y = 0\\ \sum M_O = 0\end{aligned}\right\} \tag{2-18}$$

方程式（2-18）就是平面力系平衡方程式的基本形式，它由两个投影式和一个力矩式组成，即平面力系平衡的充分和必要条件是各力在作用面内一对正交坐标轴上的投影之代数和以及各力对作用面内任意点 O 之矩的代数和同时为零。

用解析表达式表示平衡条件的方式不是唯一的。平衡方程式的形式还有二矩式和三矩式两种：

二矩式平衡方程为

$$\left.\begin{aligned}\sum M_A = 0\\ \sum M_B = 0\\ \sum F_x = 0\end{aligned}\right\} \tag{2-19}$$

式中，AB 连线不得与 x 轴相垂直。

方程式（2-19）也完全表达了力系的平衡条件：由 $\sum M_A = 0$ 知，该力系不能与力偶等效，只能简化为一个作用线过矩心 A 的合力，或者平衡；又由 $\sum M_B = 0$

知，若该力系有合力，则合力必通过 A、B 连线。最后，由 $\sum F_x=0$知：若有合力，则它必垂直于 x 轴；而据限制条件，A、B 连线不垂直于 x 轴，故该力系不可能简化为一个合力，从而所研究的力系必为平衡力系，如图 2-16 所示。

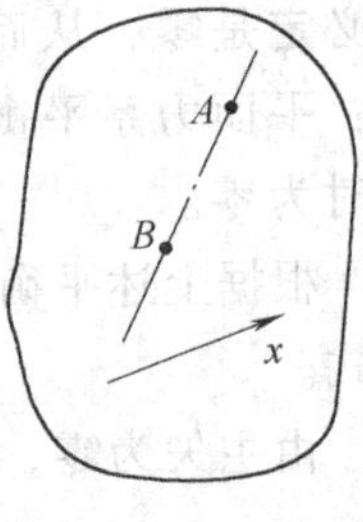

图 2-16

三矩式平衡方程为

$$\left.\begin{aligned}\sum M_A &= 0\\ \sum M_B &= 0\\ \sum M_C &= 0\end{aligned}\right\} \tag{2-20}$$

其中，A、B、C 三点不得共线。

由 $\sum M_A=0$，$\sum M_B=0$ 知，该力系只可能有作用线过 A、B 两点的合力或是平衡力系；而由式 $\sum M_C=0$，且 C 点不在 AB 连线上知，该力系无合力，为平衡力系，如图 2-17 所示。

由以上讨论还可注意到：用三个代数方程式就可以充分表达平面力系的平衡条件。也就是说，给定一个平衡的平面力系，只能列出三个独立的平衡方程式，从而最多可以求解三个未知量。从这个意义上看，三种形式的平衡方程是等价的。但是，要特别注意，应用方程式（2-19）或式（2-20）时，不得违背其限制条件，否则会得到不独立的方程式，仍然不能求得三个未知量。

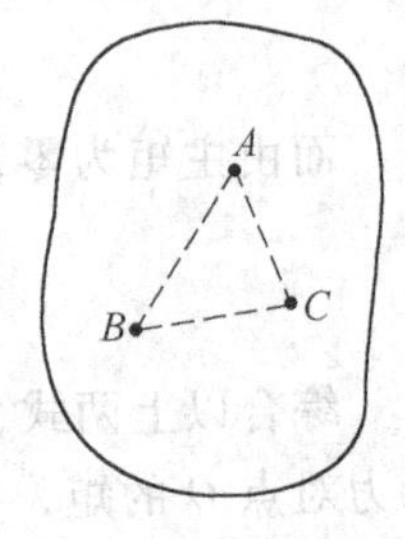

图 2-17

以上我们讨论了最一般的平面力系的平衡条件和平衡方程，在这个基础上，我们可以很方便地导出某些特殊的平面力系的平衡方程式。

例如，对于平面汇交力系，即各力作用线共面且汇交于一点的力系，假定各力线汇交于点 O，则取 O 点为简化中心，这时由于不必进行力线的平衡，也就不会产生附加的平面力偶系，从而只要主矢为零，该力系就平衡。其平衡方程式为

$$\left.\begin{aligned}\sum F_x &= 0\\ \sum F_y &= 0\end{aligned}\right\} \tag{2-21}$$

这正是式（2-18）的前两式，而其第三式被自然满足了，如图 2-18 所示。

再如，对于平面平行力系（各力作用线共面且平行的力系），该力系简化后其主矢必与各力平行从而方向已知，这时可取两个投影轴分别与该力系平行和垂直，则与该力系垂直的轴上的投影方程总是自然满足的，故其平衡方程式为

$$\left.\begin{aligned}\sum F_y &= 0\\ \sum M_O &= 0\end{aligned}\right\} \tag{2-22}$$

这正是式（2-18）的后两式，而其第一式被自然满足了，如图 2-19 所示。

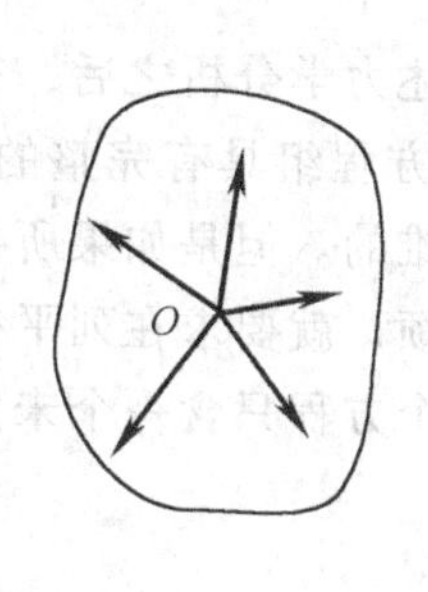

图　2-18

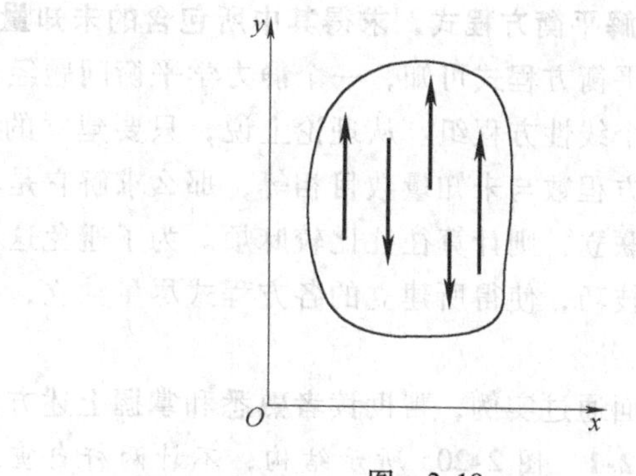

图　2-19

平面平行力系的平衡方程式还可以写成其他形式，请读者自行思考。

最后，对于平面力偶系，由于它简化后为一个合力偶，而力偶在任何轴上的投影都是零，因此，式（2-18）中的前两式自然满足。所以，平面力偶系的平衡方程为

$$\sum M_O = 0 \tag{2-23}$$

上述几种特殊的平面力系，由于力系本身已经满足了某些条件，因此，其独立的平衡条件就减少了，所以，相应的平衡方程式数目也随之减少。

至此，基本上完成了平面力系的简化及其平衡条件的讨论，以下将应用上述结果即平面力系的平衡方程式来解决平面力系的实际问题。

第五节　平面力系平衡方程式的应用举例

应用平衡方程式求解平衡问题的方法，称为**解析法**。它是求解平衡问题的主要方法。这种解题方法包含以下步骤：

1. 选取研究对象，进行受力分析

所谓研究对象，是指为了解决问题而选择的分析主体。选取研究对象的原则是：要使所取物体上既包括已知条件，又包括待求的未知量。选取之后，要对它进行受力分析，画出其受力图。

2. 建立平衡方程式

这是解决问题的主要步骤。在这个步骤中，为了顺利地建立起平衡方程式，可采取以下三个小步骤：

1）选择平衡方程式的类别（如汇交力系、平行力系、一般力系等）和形式（如基本式、二矩式、三矩式等）。

2）建立投影轴，列投影方程式。投影轴的选取，原则上是任意的，不一定非取水平或铅垂方向，应根据具体问题，从解题方便入手去考虑。

3）取矩心，列力矩方程。矩心的选取也要从解题方便的角度加以考虑。

3. 解平衡方程式，求得其中所包含的未知量

由平衡方程式可知，一个静力学平衡问题经过上述力学分析之后，往往归结于求解一个线性方程组。从理论上说，只要建立的平衡方程组具有完整的定解条件，如独立方程数与未知量数目相等，那么求解它是不困难的。但是如果所要解的方程组互相联立，则计算往往比较麻烦。为了避免这种麻烦，就要求在列平衡方程时运用一些技巧，使得所建立的各方程式尽量独立，即每个方程只含一个未知量，以方便求解。

下面通过实例，帮助读者熟悉和掌握上述方法。

例 2-1 图 2-20a 所示结构，不计两杆自重。杆 *AB* 上作用有力偶，已知 $M=5\text{kN}\cdot\text{m}$，$l=0.5\text{m}$，求 *A* 点和 *C* 点处的约束力。

解 (1) 取 BC 为研究对象。*BC* 为二力杆，其受力分析如图 2-20b 所示。

(2) 取 *AB* 为研究对象。其受力分析如图 2-20c 所示。

列平衡方程 $\sum M_A = 0$：

$$F'_B \times \cos45° \times 3l + F'_B \times \sin45° \times l - M = 0$$

从而可求得

$$F'_B = 3.54\text{kN}$$

所以

$$F_A = F_C = F_B = 3.54\text{kN}$$

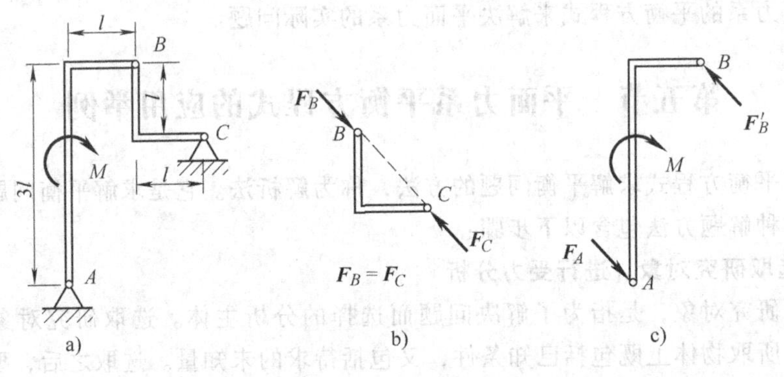

图 2-20

例 2-2 悬臂梁 *AB* 如图 2-21 所示。梁上作用均布载荷（包括自重），载荷集度（单位长度梁上的载荷）$q=2\text{kN/m}$，梁自由端处受集中力 $F=20\text{kN}$，集中力偶矩 $M=12\text{kN}\cdot\text{m}$，梁长 $l=3\text{m}$，求固定端 *A* 处的约束力。

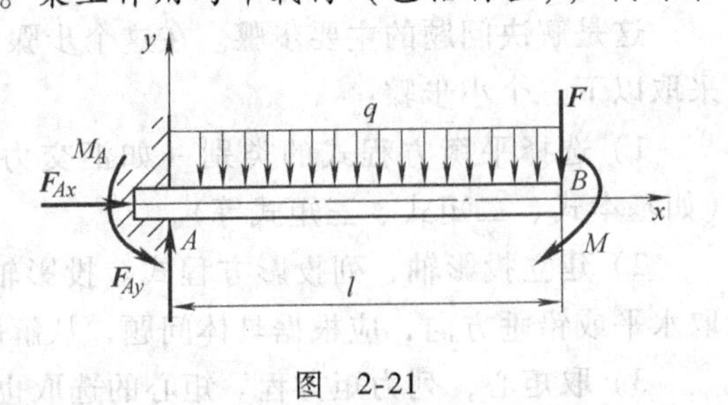

图 2-21

解 (1) 取梁为研究对象，做受力图。为简单起见，固定端处的整体约束力就画在题图上。注意固定端的

约束力用 $\boldsymbol{F}_{Ax}$、$\boldsymbol{F}_{Ay}$、M_A 三个分量表示。

（2）列平衡方程。显然，该力系为平面一般力系，故有三个方程式，可解出三个未知约束力。选用基本形式的平衡方程式（2-18），坐标系如图 2-21 所示。

由

$$\left.\begin{aligned}\sum F_x &= 0\\ \sum F_y &= 0\\ \sum M_A &= 0\end{aligned}\right\}$$

得

$$\left.\begin{aligned}F_{Ax} &= 0\\ F_{Ay} - F - ql &= 0\\ M_A - M - Fl - ql\frac{l}{2} &= 0\end{aligned}\right\}$$

其中，第三式中 $-ql\dfrac{l}{2}$ 是用合力矩定理求得的均布载荷 q 对 A 点之矩。

（3）由上面的方程组解得

$$F_{Ax} = 0, F_{Ay} = F + ql = (20 + 2 \times 3)\text{kN} = 26\text{kN}$$

$$M_A = M + Fl + \frac{ql^2}{2} = \left(12 + 20 \times 3 + \frac{1}{2} \times 2 \times 3^2\right)\text{kN} \cdot \text{m} = 81\text{kN} \cdot \text{m}$$

其中，$F_{Ax}=0$ 是显然的。因为该结构所有外力都没有沿 x 方向的分量。

例 2-3　求图 2-22 所示结构中铰链 A、B 处的约束力。

解　（1）取系统整体为研究对象。画受力图，如图 2-22 所示。

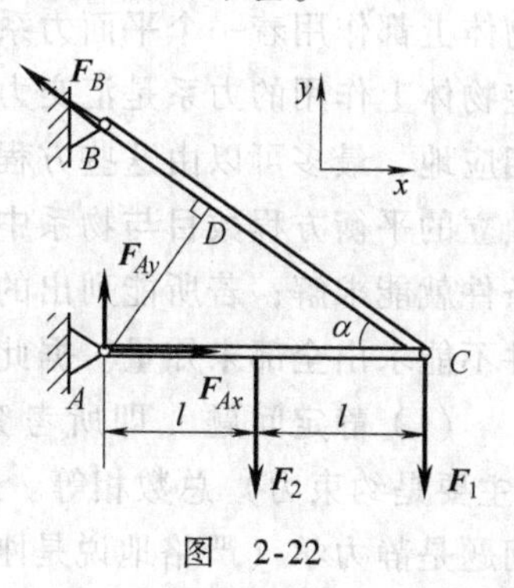

图　2-22

固定铰链 A 处约束力用 $\boldsymbol{F}_{Ax}$、$\boldsymbol{F}_{Ay}$ 表示。这里 BC 为二力构件，固定铰链约束力 $\boldsymbol{F}_B$ 的作用线沿 BC 两点连线，其指向假设如图 2-22 中所示。

（2）列平衡方程，有

由 $\sum F_x = 0$：　$F_{Ax} - F_B\cos\alpha = 0$

由 $\sum F_y = 0$：　$F_{Ay} + F_B\sin\alpha - F_1 - F_2 = 0$

由 $\sum M_A(F) = 0$：$2F_B l\sin\alpha - 2F_1 l - F_2 l = 0$

（3）解上述方程组，得

$$F_B = \frac{F_1 + F_2/2}{\sin\alpha},\ F_{Ax} = \frac{F_1 + F_2/2}{\tan\alpha},\ F_{Ay} = \frac{F_2}{2}$$

以上各例介绍了简单平衡问题的求解步骤和基本作法，这些步骤和作法，也是求解较复杂的物体系统的平衡问题的基础。

第六节　物系的平衡　静定与超静定的概念

所谓**物系**，是指由若干个部件按一定方式组合而成的机构或结构。这里构成物系的部件主要是刚体，因此也称为**刚体系统**。

若物系中的每个物体和物系整体都处于平衡状态，则称该物系处于平衡状态。

研究物系平衡问题的主要要求是：

1）求外界对物系整体的约束力。

2）求物系内各物体之间相互作用的内力。

3）求机构平衡时主动力与工作阻力之间的关系。

既然物系平衡，那么其中任何一部分都平衡，因此求解这类问题时，应当根据题目的具体要求（无外乎上述三种要求），适当地选取研究对象，逐步进行求解。求解物系平衡问题的关键，在于正确分析、适当选取研究对象，最好在解题之前，先建立一个清晰的解题思路，或称作解题计划，再按计划依次选取研究对象进行求解。

另外还必须指出，在给定一个力系之后，按照平衡条件所能写出的独立平衡方程的数目是一定的。如一个平面力系，最多有三个独立的平衡方程式，因此，从中最多可以求出三个未知量。对于物系问题也是这样：设物系由 n 个物体组成，每个物体上都作用着一个平面力系，则最多可能有 $3n$ 个独立的平衡方程式。若其中某些物体上作用的力系是汇交力系、平行力系等，则独立的平衡方程数目还会减少，相应地，最多可以由这些方程中求得 $3n$ 个未知量。这就是说，若物系所能列出的独立的平衡方程数目与物系中所包含的未知量数目相同，则这样的问题仅用静力学条件就能求解；若所能列出的独立的平衡方程数少于未知量总数，则仅用静力学条件不能求出全部未知量。据此分析，可以把物系的平衡问题分成两类：

（1）静定问题　即所考察的问题中所包含的独立的平衡方程数目与未知量（主要是约束力）总数相等。这样仅依靠静力平衡条件就可求得全部未知量。静定问题是静力学（严格地说是刚体静力学）研究的主要问题。

（2）超静定问题　即问题中包含的独立的平衡方程数少于未知量数。这类问题仅用静力学条件不能求得所有的未知量，这时就要考虑物体的变形，从而列出补充方程，使方程数与未知量总数相等，以求出全部未知量。可见，超静定次数问题的求解已经超出刚体静力学的研究范围，需要在材料力学、结构力学

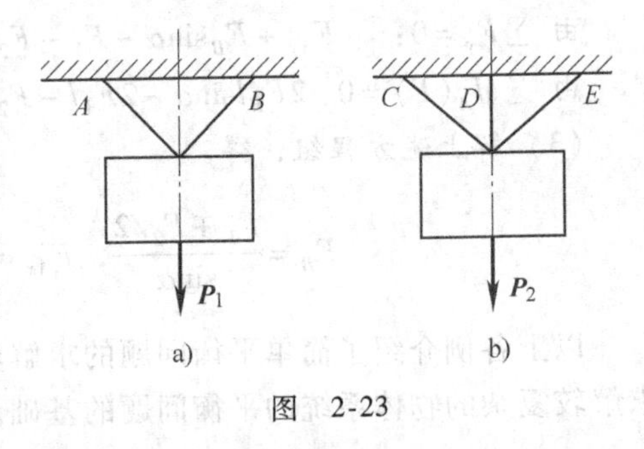

图 2-23

等课程中讨论。

超静定问题也称为静不定问题，其未知量总数与独立的平衡方程总数之差，称为该问题的超静定次数或静不定次数。

下面给出几个超静定问题的例子。

图2-23a、b分别表示由两根和三根绳索吊起一个重物。其中图2-23a为静定问题，而图2-23b为超静定问题。因为该问题为一个平面汇交力系，只能列出两个独立的平衡方程，从而只能求解两个未知约束力。但现有三根绳索，故不能求得全部三个约束力（即三根绳的张力）。该问题为一次超静定问题。图2-23中增加一根绳，是出于强度方面的考虑。

图2-24a表示一个连续梁结构，有三个独立的平衡方程，而结构中包含了五个未知的约束力，故为二次超静定结构。该梁若没有中间两个活动铰支座，则为一个简支梁，属于静定问题，如图2-24b所示。这里把梁做成超静定的，主要是为了提高梁的强度与刚度性能，如图2-24a、c所示。

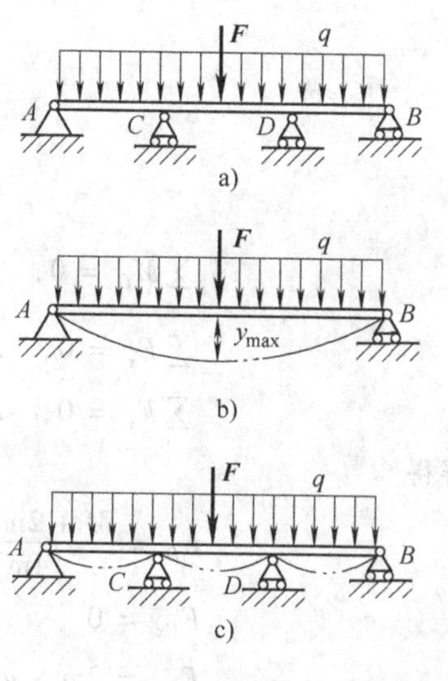

图　2-24

对于物系平衡问题，为了判断其是否静定，应当将其中每个物体上所受之力系类别分析清楚，进而确定平衡方程总数和未知量总数，以得出静定或超静定的结论。具体方法将在以下例题中说明。

总之，求解平衡问题时，应先判断其是否静定，是静定的才能由刚体静力学的方法求解。

例2-4　AC、CD两段梁在C处由铰链连接。其支承和受力如图2-25a所示。若已知$q=10\text{kN/m}$，$M=40\text{kN}\cdot\text{m}$，不计梁重，求支座$A$、$B$、$D$处的约束力和铰链$C$处所受之力。

分析　由于该题目要求所有约束力，故可分别取每段梁为研究对象，并且应先取CD段梁为研究对象，因为其中包含了三个未知量$\boldsymbol{F}_{Cx}$、$\boldsymbol{F}_{Cy}$和$\boldsymbol{F}_D$，可以由三个平衡方程求出它们，然后再取整体或AC段梁，由三个平衡方程求得余下的三个未知量。

解　此题既要求整体约束力，又要求两梁结合处的连接力。由于每段梁上都作用一个平面一般力系，所以共有六个平衡方程，而未知量总数也是六个（四个支座约束力$\boldsymbol{F}_{Ax}$、$\boldsymbol{F}_{Ay}$、$\boldsymbol{F}_B$、$\boldsymbol{F}_D$及两个连接约束力$\boldsymbol{F}_{Cx}$、$\boldsymbol{F}_{Cy}$），故为静定问题。

(1) 取CD段梁作研究对象，受力分析如图2-25b所示。其中含$\boldsymbol{F}_{Cx}$、$\boldsymbol{F}_{Cy}$、$\boldsymbol{F}_D$三个未知量。

列方程

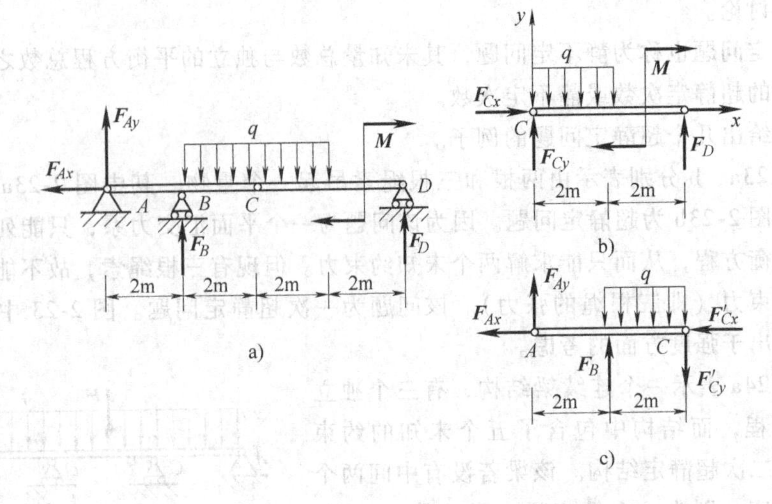

图 2-25

$$\sum M_C = 0,\quad 4\text{m} \times F_D - M - \frac{q}{2} \times (2\text{m})^2 = 0$$

$$\sum F_x = 0,\quad F_{Cx} = 0$$

$$\sum F_y = 0,\quad F_{Cy} + F_D - 2\text{m} \times q = 0$$

解得

$$F_D = \frac{M + 2\text{m} \times q}{4\text{m}} = \frac{40 + 2 \times 10}{4}\text{kN} = 15\text{kN}$$

$$F_{Cx} = 0$$

$$F_{Cy} = 2\text{m} \times q - F_D = (2 \times 10 - 15)\text{kN} = 5\text{kN}$$

（2）再取 AC 段梁为研究对象，受力分析如图 2-25c 所示。注意：C 处约束力 $\boldsymbol{F}'_{Cx}$、$\boldsymbol{F}'_{Cy}$与 CD 段梁上 C 处约束力构成作用力与反作用力关系，既然在前面已假设了 $\boldsymbol{F}_{Cx}$、$\boldsymbol{F}_{Cy}$的方向，这里就必须按与它相反的方向表示 $\boldsymbol{F}'_{Cx}$、$\boldsymbol{F}'_{Cy}$，并且在数值上有 $F_{Cx} = F'_{Cx}$，$F_{Cy} = F'_{Cy}$。

由二矩式

$$\sum F_x = 0,\quad F_{Ax} = 0$$

$$\sum M_A = 0,\quad -F'_{Cy} \times 4\text{m} + F_B \times 2\text{m} - q \times 2\text{m} \times 3\text{m} = 0$$

$$\sum M_B = 0,\quad -F_{Ay} \times 2\text{m} - F'_{Cy} \times 2\text{m} - 2\text{m} \times q \times 1\text{m} = 0$$

解得 $F_{Ax} = 0, F_{Ay} = -15\text{kN}, F_B = 40\text{kN}$

其中 F_{Ay}为负值。说明 $\boldsymbol{F}_{Ay}$的真实方向与假设方向相反。

例 2-5 图 2-26a 所示结构，尺寸如图所示。已知物体重 $P = 10\text{kN}$。求 A 和 B 处的约束力以及杆 BC 所受的力。

解 （1）研究整体，其受力分析如图 2-26b 所示。

列出平衡方程并求解：

$\sum F_x = 0$， $F_{Ax} - P = 0$； $F_{Ax} = 10\text{kN}$

$\sum M_A = 0$， $F_B \times 4 - P \times (1.5\text{m} - r) - P \times (2\text{m} + r) = 0$； $F_B = 8.75\text{kN}$

$\sum F_y = 0$， $F_{Ay} + F_B - P = 0$； $F_{Ay} = 1.25\text{kN}$

（2）以 CE 杆（带滑轮）为研究对象，其受力分析如图 2-26c 所示。

列出平衡方程并求解：

$\sum M_D = 0$， $F_{CB}\sin\alpha \times 1.5\text{m} - P \times (1.5\text{m} - r) - P \times r = 0$； $F_{CB} = 12.5\text{kN}$

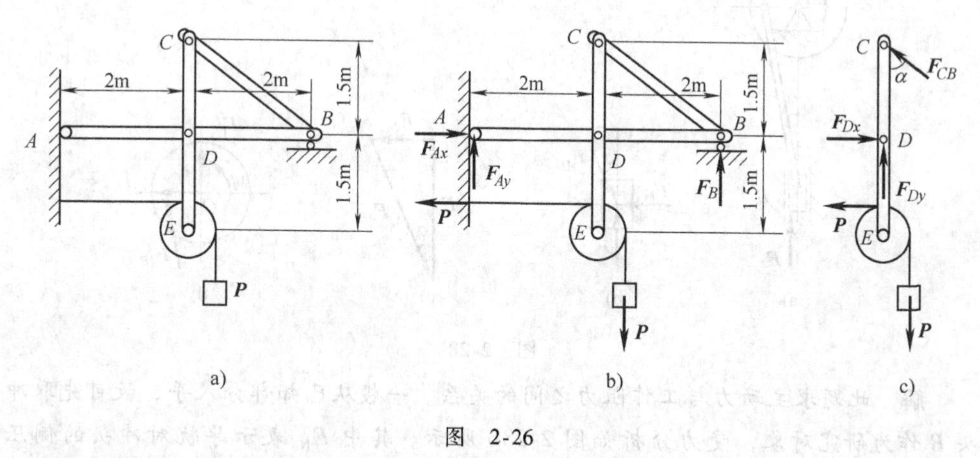

图　2-26

例 2-6　图 2-27a 所示结构：AB 杆和 BC 杆在 B 点处铰接，C 处为活动铰支座；各部分尺寸如图所示，已知 $F = 150\text{N}$，$M = 400\text{N}\cdot\text{m}$，均布载荷 $q = 200\text{N/m}$；求 A、C 处的约束力。

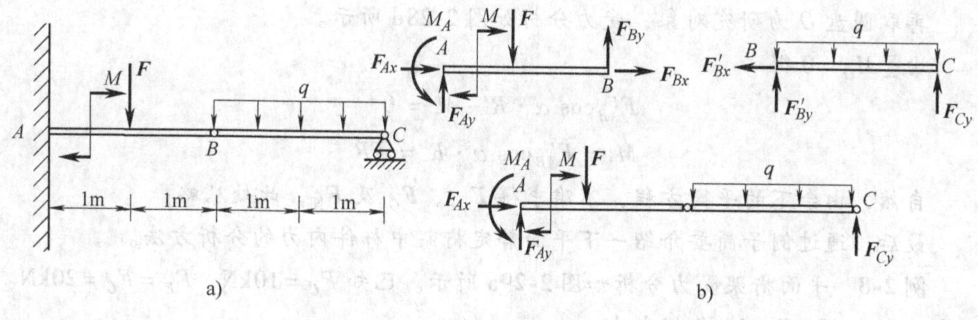

图　2-27

解　（1）受力分析：图 2-27b 分别为 AB 杆、BC 杆及整体的受力图

（2）以 BC 为研究对象：

$\sum M_B = 0, -200\text{N/m} \times 2\text{m} \times 1\text{m} + F_{Cy} \times 2\text{m} = 0; F_{Cy} = 200\text{N}$

（3）以整体为研究对象：

$\sum F_x = 0, F_{Ax} = 0$

$\sum F_y = 0, F_{Ay} + F_{Cy} - 150N - 200N/m \times 2m = 0; F_{Ay} = 350N$

$\sum M_A = 0, M_A - M - F \times 1m - 200N/m \times 2m \times 3m + F_{Cy} \times 4m = 0; M_A = 950N \cdot m$

例 2-7 图 2-28a 所示曲轴冲床机构由圆盘 O、连杆 AB 和冲头 B 组成。A、B 两处为铰链连接，$OA = R$，$AB = l$。若不计各零件自重及摩擦，当 OA 在水平位置，冲压力为 $\boldsymbol{F}$ 时，求主动力偶矩 M。

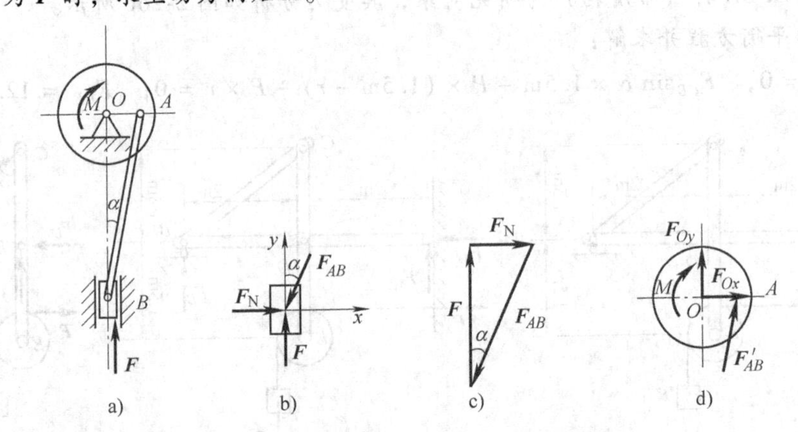

图 2-28

解 此题求主动力与工作阻力之间的关系。一般从已知部分入手，故可先取冲头 B 作为研究对象，受力分析如图 2-28b 所示。其中 $\boldsymbol{F}_N$ 表示导轨对冲头的侧压力。冲头 B 上作用着一个平面汇交力系，其中 $\boldsymbol{F}_N$ 与 $\boldsymbol{F}_{AB}$ 为未知力。若求出 $\boldsymbol{F}_N$，可再取整体求 M，若求得 $\boldsymbol{F}_{AB}$，可由圆轮求 M。下面求 $\boldsymbol{F}_{AB}$。

由几何法，作力三角形，如图 2-28c 所示。显然，$F_{AB} = F/\cos\alpha$，为压力。

再取圆盘 O 为研究对象，受力分析如图 2-28d 所示。

由 $\sum M_O = 0$ 得

$$F'_{AB}\cos\alpha \cdot R - M = 0$$

$$M = F'_{AB}\cos\alpha \cdot R = FR$$

自然，由余下的平衡方程，不难求得 $\boldsymbol{F}_{Ox}$、$\boldsymbol{F}_{Oy}$ 及 $\boldsymbol{F}_N$，此处从略。

最后，通过例子简要介绍一下平面静定桁架中杆件内力的分析方法。

例 2-8 平面桁架受力分析如图 2-29a 所示。已知 $F_C = 10\text{kN}$，$F_E = F_G = 20\text{kN}$。试求其中 4、5、7、10 各杆内力。

解 桁架是由直杆铰接而成的结构。图示桁架中所有杆件都在一个平面内，故称为平面桁架。桁架中杆件的铰链接头处称为节点。桁架中杆件自重均不计，或平均分配在两端节点上，承受的载荷也只分布在各节点处。这样，各杆都是二力杆，其内力要么是拉力，要么是压力。计算时，可假设各杆均受拉力，计算后由各内力数值的正负号表示内力的性质是拉或压。

因为桁架处于平衡状态，故可取其中任何一部分作为研究对象。一般先取整

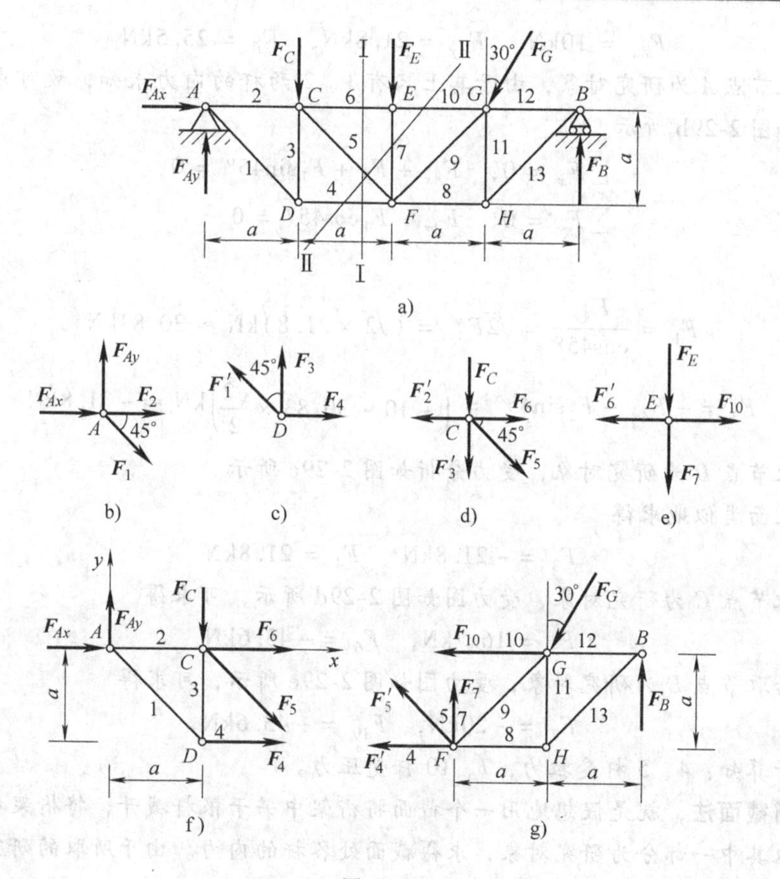

图 2-29

体，求得整体的约束力，然后再取各个部分，求杆的内力。

求内力时一般采用节点法或截面法。

所谓**节点法**，是指每次取一个节点作为研究对象。由于每个节点上都作用着一个平面汇交力系，因此，可以列出两个平衡方程并求得两个未知力。为避免解联立方程，应当每取一个节点，其中只包含两个未知的约束力。依次取下去，可以求得全部杆件的内力。

用节点法解此例题，首先求 A、B 处的约束力。取整体为研究对象，由

$$\left.\begin{aligned}\sum F_x &= 0\\ \sum F_y &= 0\\ \sum M_A &= 0\end{aligned}\right\}$$

即

$$F_{Ax} - F_G\sin30^\circ = 0$$

$$F_{Ay} + F_B - F_C - F_E - F_G\cos30^\circ = 0$$

$$F_B \times 4a - F_C a - F_E \times 2a - F_G\cos30^\circ \times 3a = 0$$

可解出 $F_{Ax}=10\text{kN},\quad F_{Ay}=21.8\text{kN},\quad F_B=25.5\text{kN}$

先取节点 A 为研究对象，由于其上只有 1、2 两杆的内力未知，故可求出。受力分析如图 2-29b 所示。

$$\sum F_x=0,\quad F_{Ax}+F_2+F_1\sin45^\circ=0$$

$$\sum F_y=0,\quad F_{Ay}-F_1\cos45^\circ=0$$

解得

$$F_1=\frac{F_{Ay}}{\cos45^\circ}=\sqrt{2}F_{Ay}=(\sqrt{2}\times21.8)\text{kN}\approx30.83\text{kN}$$

$$F_2=-F_{Ax}-F_1\sin45^\circ=\left(-10-30.83\times\frac{\sqrt{2}}{2}\right)\text{kN}\approx-31.8\text{kN}$$

再取节点 D 为研究对象，受力分析如图 2-29c 所示。

与上面类似地求得

$$F_3=-21.8\text{kN},\quad F_4=21.8\text{kN}$$

又取节点 C 为研究对象，受力图如图 2-29d 所示，可求得

$$F_5=16.7\text{kN},\quad F_6=-43.6\text{kN}$$

最后取节点 E 为研究对象，受力图如图 2-29e 所示，可求得

$$F_7=-20\text{kN},\quad F_{10}=-43.6\text{kN}$$

由计算知：4、5 杆受拉力，7、10 杆受压力。

所谓**截面法**，就是假想地用一个截面将桁架中若干根杆截开，将桁架截成两个部分，取其中一部分为研究对象，求得截面处各杆的内力。由于所取的研究对象上一般作用着平面一般力系，因此，有三个独立的平衡方程，可解出三个未知力。这就是说，所取的截面每次只能截开三根杆，方可求得它们的内力。截面法特别适合于只求桁架中某几根杆的内力。本例中，只求 4、5、7、10 四杆内力，为此可做截面Ⅰ-Ⅰ，将 4、5、6 杆截开，并取左部分为研究对象，受力分析如图 2-29f 所示。

由 $\sum M_C=0$，得

$$F_4a-F_{Ay}a=0$$

$$F_4=F_{Ay}=21.8\text{kN}$$

由 $\sum F_y=0$，得

$$F_{Ay}-F_C-F_5\cos45^\circ=0$$

$$F_5=16.7\text{kN}$$

再做截面Ⅱ-Ⅱ，将 4、5、7、10 杆截开，取右部分，受力分析如图 2-29g 所示。

由 $\sum M_F=0$，得

$$F_B\times2a+F_{10}a+F_G\sin30^\circ\times a-F_G\cos30^\circ\times a=0$$

$$F_{10}=-2F_B-F_G\sin30^\circ+F_G\cos30^\circ=-43.6\text{kN}$$

关于 $\boldsymbol{F}_7$，可由 $\sum F_y=0$ 求出。但此力也可由节点 E 的受力分析直接看出，即

$$F_7 = -F_B = -20\text{kN}$$

第七节　滑动摩擦及其平衡问题

前面研究物体平衡时，都没有考虑摩擦因素。实际上，有时摩擦（尤其是滑动摩擦）对于物体的平衡或运动状态的影响是很大的。这时在研究物体的平衡或运动时，就应当充分考虑摩擦的作用。本节就来研究滑动摩擦的基本性质及其平衡问题的解法。

一、滑动摩擦力及其性质

两个相互接触的物体，当它们具有相对滑动趋势或已经滑动时，接触表面上将产生阻碍滑动的力。当物体之间只有滑动趋势而尚未滑动时，这种力称为**静滑动摩擦力**，简称**静摩擦力**。而当物体之间已经产生相对滑动时，这种力则称为**动滑动摩擦力**，简称**动摩擦力**。

1. 静摩擦力的性质

静摩擦力可以看作是接触面对具有滑动趋势的物体的切向约束力。通过图2-30所示的实验装置，可以看出静摩擦力与一般约束力的异同点。从而认识静摩擦力的性质。

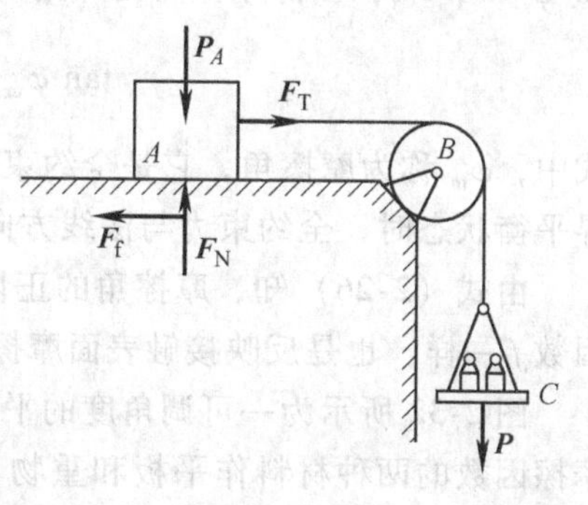

图　2-30

重为 $\boldsymbol{P}_A$ 的物体放在固定粗糙水平面上，通过绳与托盘 C 相连。固定表面对物体 A 的约束力有法向约束力 $\boldsymbol{F}_N$ 与摩擦力 $\boldsymbol{F}_f$。

当盘 C 中无砝码（盘自重不计）时，由物块的平衡知：$F_T = P = F_f = 0$；即主动力为零时摩擦力亦为零；当逐渐增加盘中砝码重量但不超过某一极限值时，物块仍可保持静止，此时有 $F_f = P$；当砝码重量达到某一极限值 P_0 时，物块将处于临界平衡状态，即处于将要滑动但尚未滑动的平衡状态。这时静摩擦力达到最大值，即 $F_f = F_{fm} = P_0$。若再增加砝码，则摩擦力不能再增加从而物块开始滑动而失去平衡状态。由此可知：一方面静摩擦力具有一般约束力的共性，如随主动力数值增大或减小，与物体运动趋势方向相反等；另一方面，它又有自己的一个特点，就是其数值不能随主动力无限增大，而是不能超过某一个最大值。这个最大值称为最大静摩擦力，记为 F_{fm}。于是，静摩擦力的取值范围是

$$0 \leqslant F_f \leqslant F_{fm}$$

通过实验，人们总结出了最大静摩擦力的取值满足如下定律：

最大静摩擦力发生于物体的临界平衡状态，其大小与两物体间的法向约束力成正比，其方向与物体的滑动趋势相反。

上述定律称为静摩擦定律。其数学表达式为

$$F_{\mathrm{fm}} = fF_{\mathrm{N}} \tag{2-24}$$

它是一个近似的实验定律。其中 f 称为静摩擦因数，它是反映摩擦表面物理性质的一个比例常数。其数值与接触物体的材料、接触表面粗糙度、湿度、温度等因素有关，而与接触面积的大小无关。具体数值可由实验测得或查阅有关的工程手册。

2. 动摩擦力的性质

当物体已经滑动时，接触面上作用着阻碍相对滑动的动摩擦力，它与静摩擦力有相似性质，在数值上它也与接触面的法向约束力成正比，即

$$F_{\mathrm{f}}' = f' F_{\mathrm{N}} \tag{2-25}$$

式中，f'是动摩擦因数。它除了与接触表面的物理性质有关外，还与物体的相对滑动速度有关。一般速度越大，f'将略减小，而趋于一个极限值。但在工程中，常把f'作为一个常数。因此，在处理动滑动摩擦问题时，总可用式（2-25）计算摩擦力。

3. 摩擦角的概念

接触表面对物体的法向约束力和切向约束力（即摩擦力）可以合成为一个合力 $\boldsymbol{F}_{\mathrm{R}}$，称为全约束力，如图 2-31 所示。全约束力与接触面法线的夹角为 φ，其正切值 $\tan\varphi = F_{\mathrm{f}}/F_{\mathrm{N}}$；当静摩擦力由零增大到最大值时，$\varphi$ 也由零增大到最大值 φ_{m}，且有

$$\tan\varphi_{\mathrm{m}} = \frac{F_{\mathrm{fm}}}{F_{\mathrm{N}}} = \frac{fF_{\mathrm{fm}}}{F_{\mathrm{N}}} = f \tag{2-26}$$

式中，φ_{m} 称为摩擦角，它是全约束力与接触面法线夹角的最大值。当物体处于临界平衡状态时，全约束力与法线方向的夹角即为摩擦角。

由式（2-26）知，摩擦角的正切值即为静摩擦因数。可见摩擦角 φ_{m} 与静摩擦因数 f 一样，也是反映接触表面摩擦性质的一个物理参数。

图 2-32 所示为一可调角度的平板，上面放置重为 $\boldsymbol{P}$ 的物体。若分别用待测静摩擦因数的两种材料作平板和重物，并逐渐调整斜面倾角使物块进入临界平衡状态，则这时的斜面倾角 α_0 就是摩擦角 φ_{m}。于是有

$$\tan\alpha_0 = \tan\varphi_{\mathrm{m}} = f$$

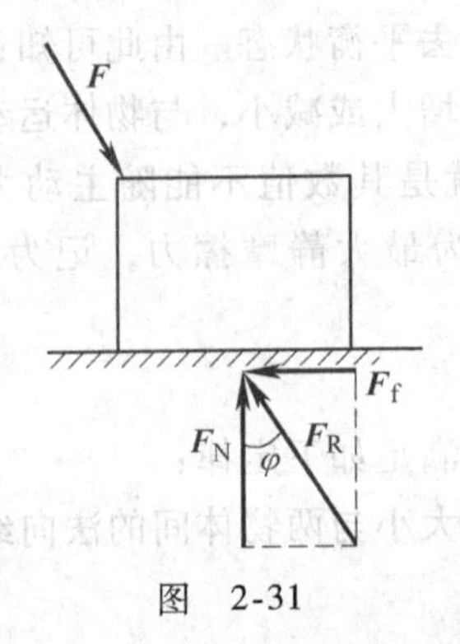

图 2-31

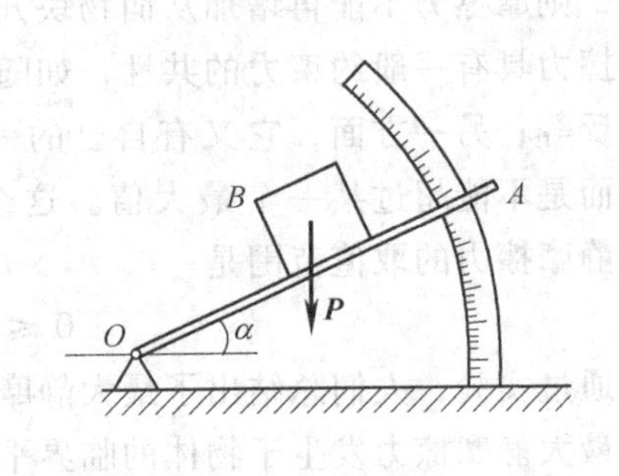

图 2-32

由此可得静摩擦因数。请读者自行证明上述测量原理。

二、滑动摩擦平衡问题举例

考虑摩擦因素的平衡问题与一般平衡问题的解法大致相同。因为二者都是应用力系的平衡条件即平衡方程式求解。但是摩擦平衡问题也有自己的特点，就是摩擦力的性质决定了其取值范围，需要根据物体的平衡状态的具体情况加以确定。

摩擦平衡问题大致可以分为下列三种类型：

（1）物体的平衡尚未达到临界平衡状态　此时静摩擦力也未达到最大值。因此，这时它就是一个普通的未知的约束力。需要根据平衡方程式确定其大小和方向。

（2）物体处于临界平衡状态　此时有最大静摩擦力 $F_{fm}=fF_N$，其方向则要根据物体的运动趋势加以确定。因此，这种情况下的静摩擦力不是一个独立的未知量。

（3）平衡范围问题　需根据摩擦力的取值范围来确定某些主动力或约束力的取值范围。在这个范围内，物体将处于平衡状态。一个平衡范围问题，可以作为两个相反运动趋势的临界平衡状态问题来处理。

分析摩擦平衡问题，只要将它们分别归入上述某种类型，采用相应的处理方法，就可以顺利求解。

例 2-9　如图 2-33a 所示，物块 A 重 $\boldsymbol{P}_1$，放在悬臂梁 DB 的粗糙平面下，两边分别用绳及弹簧拉住，绳绕过滑轮 B 吊一重为 $\boldsymbol{P}_2$ 的物块 C，系统处于平衡状态。已知 $P_1=10\text{N}$，$P_2=100\text{N}$，$\alpha=30°$，物块 A 与梁间摩擦因数 $f=0.2$。问：

（1）欲保持物块 A 平衡，弹簧拉力应为多大？

（2）当弹簧拉力 $F=80\text{N}$ 时，物块 A 与梁之间的摩擦力为多大？

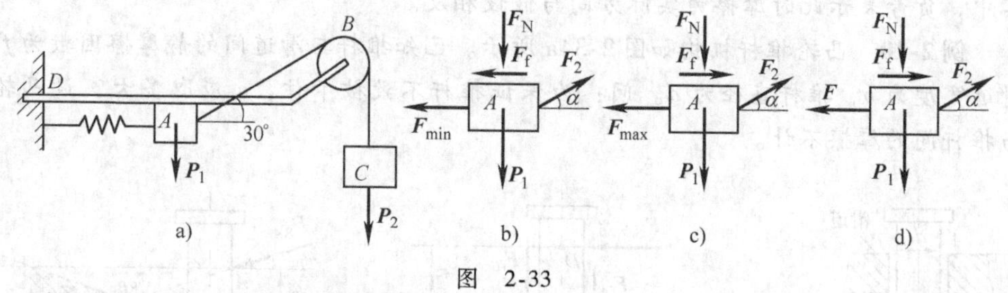

图　2-33

解　（1）这是平衡范围问题。

1）设弹簧拉力的最小值为 F_{min}，此时物块 A 处于临界平衡状态，且有向右运动趋势。故摩擦力 $F_f=fF_N$，且方向向左，又 $F_2=P_2$，如图 2-33b 所示。

由

$$\sum F_x=0,\quad F_2\cos\alpha-F_{min}-fF_N=0$$

$$\sum F_y=0,\quad F_2\sin\alpha-P_1-F_N=0$$

解得

$$F_{\min} = F_2\cos\alpha - f(F_2\sin\alpha - P_1)$$

$$= \left[100\times\frac{\sqrt{3}}{2} - 0.2\times\left(100\times\frac{1}{2} - 10\right)\right]\text{N}$$

$$= 78.6\text{N}$$

2）设弹簧拉力取最大值 $F_{\max}$，此时物块 A 也处于临界平衡状态但具有向左运动趋势。故摩擦力方向与图 2-33b 中相反，如图 2-33c 所示。

由

$$\sum F_x = 0,\quad F_2\cos\alpha + fF_N - F_{\max} = 0$$

$$\sum F_y = 0,\quad F_2\sin\alpha - F_N - P_1 = 0$$

解得

$$F_{\max} = F_2\cos\alpha + f(F_2\sin\alpha - P_1)$$

$$= \left[100\times\frac{\sqrt{3}}{2} + 0.2\times\left(100\times\frac{1}{2} - 10\right)\right]\text{N}$$

$$= 94.6\text{N}$$

综合 1）与 2）知：当 $78.6\text{N} \leqslant F \leqslant 94.6\text{N}$ 时，物块 A 可以处于平衡状态。

（2）依题意，此时物块 A 平衡，但由前面的计算知，当 $F = 80\text{N}$ 时，物块 A 处于非临界平衡状态，故此时摩擦力 $\boldsymbol{F}_f$ 应作为一个独立的未知量。

取物块 A 为研究对象，受力分析如图 2-33d 所示，此时 $\boldsymbol{F}_f$ 的方向可假设向右。

$$\sum F_x = 0,\quad F_f + F_2\cos\alpha - F = 0$$

$$F_f = F - F_2\cos\alpha = \left(80 - 100\times\frac{\sqrt{3}}{2}\right)\text{N} = -6.6\text{N}$$

其中，负号表示此时摩擦力实际方向与假设相反。

例 2-10 凸轮推杆机构如图 2-34a 所示。已知推杆与滑道间的静摩擦因数为 f，滑道宽度为 b，推杆直径为 d。问：为保证推杆不致被卡住，a 应取多大？设凸轮与推杆间的摩擦不计。

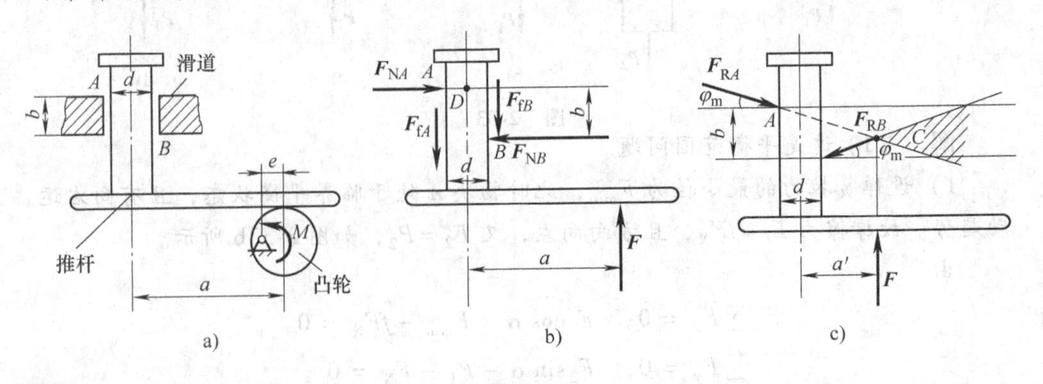

图 2-34

解　由经验知，a 值越小，推杆越不易被卡住，因此取推杆刚能被卡住时的平衡状态，即临界平衡状态来研究，可以求得 a 的最大值，即 $a_{\max}$。

取推杆为研究对象，做受力图。A、B 处的摩擦力均向下，且为最大静摩擦力。

列方程

$$\sum F_x = 0, \quad F_{NA} - F_{NB} = 0$$

$$\sum F_y = 0, \quad -F_{fA} - F_{fB} + F = 0$$

$$\sum M_A = 0, \quad F\left(a_{\max} + \frac{d}{2}\right) - F_{NB}b - F_{fB}d = 0$$

还有

$$F_{fA} = fF_{NA}, \quad F_{fB} = fF_{NB}$$

联立上述方程，解得

$$a_{\max} = \frac{b}{2f}$$

即只要 $a < a_{\max} = \dfrac{b}{2f}$，推杆就不会被卡住。

此题亦可由摩擦角的概念来解。为此只要把 A、B 两处的法向约束力和摩擦力都用全约束力表示，并注意到当推杆处于临界平衡状态时，全约束力与接触面的法线夹角为摩擦角 φ_m。受力分析如图 2-34c 所示。

由几何关系，设 $\boldsymbol{F}_{RA}$、$\boldsymbol{F}_{RB}$ 交于点 C，则有

$$\left(a' + \frac{d}{2}\right)\tan\varphi_m + \left(a' - \frac{d}{2}\right)\tan\varphi_m = b$$

$$a' = \frac{b}{2\tan\varphi_m}$$

注意到 $\tan\varphi_m = f$，故有

$$a < a' = \frac{b}{2f}$$

由三力平衡汇交定理知，推杆若平衡，则凸轮对推杆的压力 $\boldsymbol{F}_N$ 必过 C 点。而 C 点是两个全约束力的交点。若物体处于非临界平衡状态，则 C 点将右移而落在图 2-34c 中阴影区内。因此若凸轮位置右移，即 $a > a'$ 时，三力平衡汇交定理总能满足，这时无论 $\boldsymbol{F}$ 力多大，均不能使推杆移动。这种现象称为该机构的自锁。为避免自锁，必须有 $a < a' = b/(2f)$。这时从理论上说，无论推力 $\boldsymbol{F}$ 多么小，推杆也不会被卡住。

例 2-11　制动器的构造和主要尺寸如图 2-35a 所示。若制动块与鼓轮表面间摩擦因数为 f，求制动鼓轮转动的最小力 F。

解　所谓最小力 F，应使鼓轮刚能停住，故为临界平衡状态问题。此时摩擦力 $F_{fm} = fF_N$。

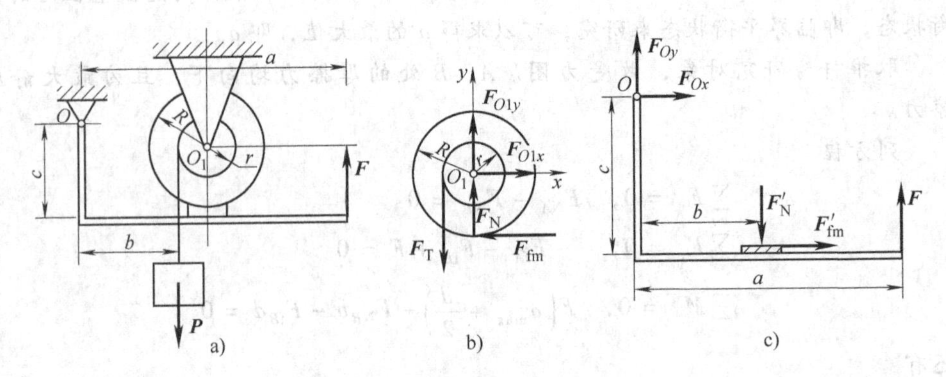

图 2-35

先取鼓轮：受力分析如图 2-35b 所示。

由 $\sum M_{O_1}=0$，得

$$F_T r - F_{fm} R = 0$$

其中
$$F_T = P, \quad F_{fm} = fF_N$$

$$F_{fm} = \frac{r}{R}P$$

从而
$$F_N = \frac{r}{Rf}P$$

再取杆，如图 2-35c 所示。

$$\sum M_O = 0, \quad Fa - F'_N b + F'_{fm} c = 0$$

代入前两式，有

$$F = \frac{1}{a}(F'_N b - F'_{fm} c) = \frac{1}{a}\left(\frac{rb}{Rf}P - \frac{rc}{R}P\right) = \frac{r}{aR}\left(\frac{b}{f} - c\right)P$$

即欲使鼓轮停住，至少应加力 $F=\frac{r}{aR}\left(\frac{b}{f}-c\right)P$。

习 题

2-1 选择题：

(1) 平面力偶系最多可以求解________未知量。

(A) 1 个 (B) 2 个 (C) 3 个 (D) 4 个

(2) 平面汇交力系最多可以求解________未知量。

(A) 1 个 (B) 2 个 (C) 3 个 (D) 4 个

(3) 平面平行力系最多可以求解________未知量。

(A) 1 个 (B) 2 个 (C) 3 个 (D) 4 个

(4) 平面一般力系最多可以求解________未知量。

(A) 1 个 (B) 2 个 (C) 3 个 (D) 4 个

(5) 平面一般力系简化的最终结果有________情况。

(A) 1 种　　(B) 2 种　　(C) 3 种　　(D) 4 种

(6) 作用在刚体上点 A 的力 $\boldsymbol{F}$，可以等效地平移到刚体上的任意点 B，但必须附加一个________，此附加________。

(A) 力偶　　(B) 力偶的矩等于力 F 对点 B 的矩

(C) 力　　(D) 力的大小方向与原力相同

(7) 对于一般力系，其主矢与简化中心________，其主矩与简化中心________。

(A) 有关　　(B) 相同　　(C) 无关　　(D) 不相同

(8) 下列哪种说法是不正确的？________。

(A) 力偶在任一轴上的投影为零

(B) 力偶对任一点之矩就等于该力偶矩

(C) 力在垂直坐标轴上的投影分量与沿轴分解的分力大小相等

(D) 力在任一轴上的投影可求，力沿一轴上的分量也可求

2-2　试用解析法求图 2-36 所示平面汇交力系的合力。

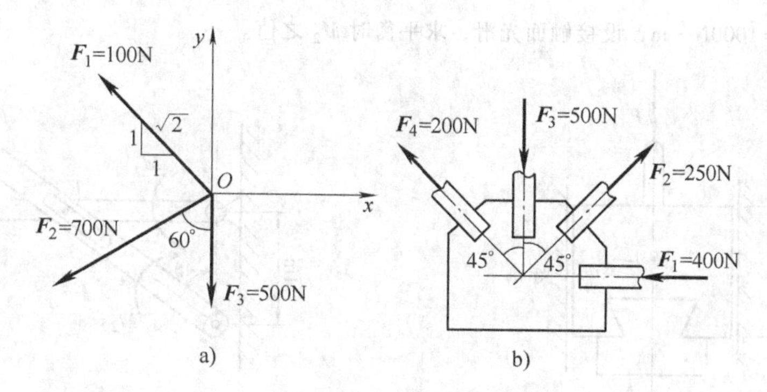

图　2-36

2-3　图 2-37 所示为折杆，已知力 $F=300\text{N}$，求力 $\boldsymbol{F}$ 对点 A 与 B 的矩。

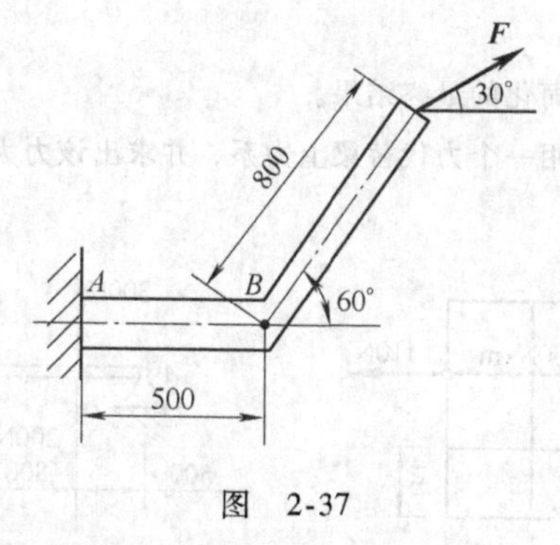

图　2-37

2-4　试计算图 2-38 中力 $\boldsymbol{F}$ 对点 O 之矩。

2-5　图 2-39 所示锻锤锤头，由于工件偏心，使得锤头对两侧导轨产生压力。已知锤头对工件的打击力 $F=1000\text{kN}$，偏心矩 $e=20\text{mm}$，锤头高度 $h=200\text{mm}$，试求锤头对导轨的压力。

2-6　杆 AB 上有一销子 E，置于杆 CD 的导槽中。杆 AB 及杆 CD 各受力偶作用如图 2-40 所

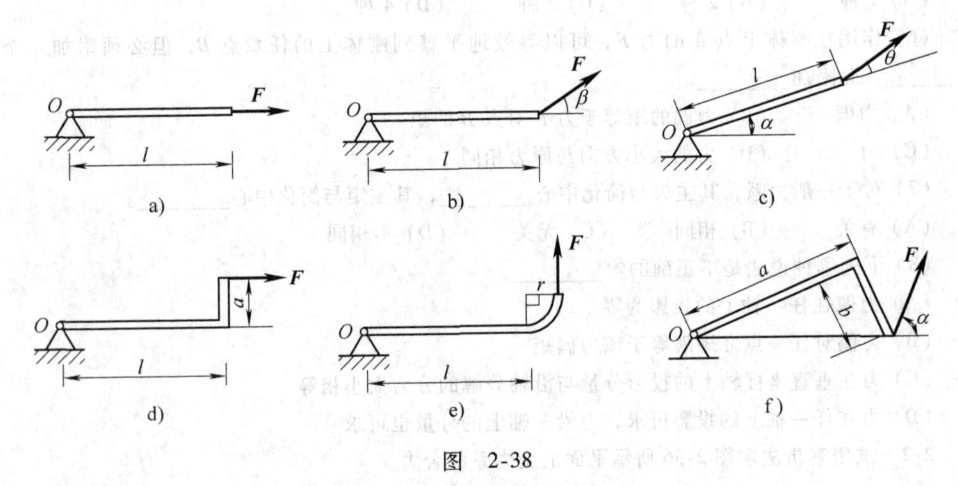

图 2-38

示。已知 $M_1=1000\text{N}\cdot\text{m}$，设接触面光滑，求平衡时 M_2 之值。

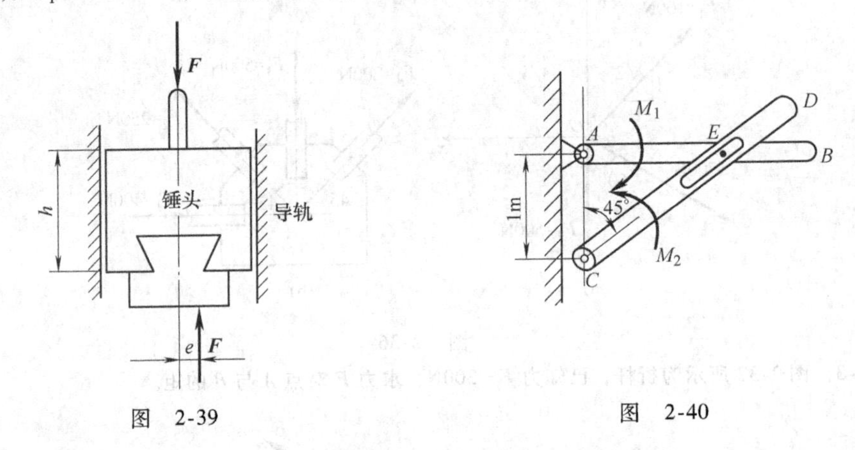

图 2-39　　图 2-40

2-7　求图 2-41 所示力系简化的最终结果。

2-8　如图 2-42 所示，试用一个力代替梁上力系，并求出该力大小、方向与作用线位置。

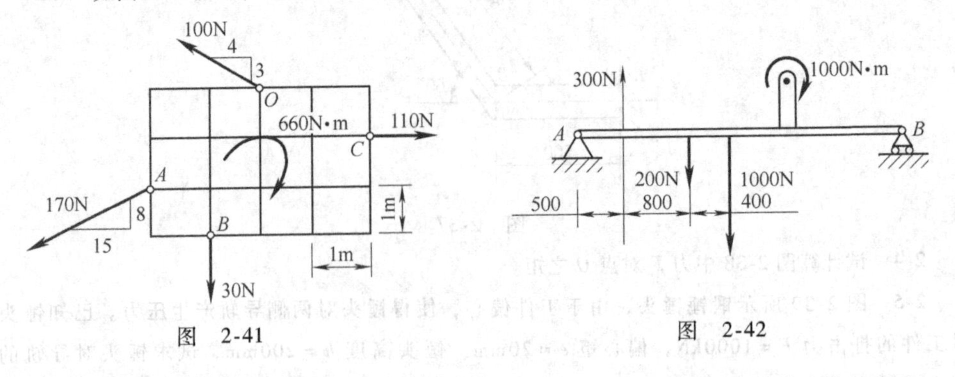

图 2-41　　图 2-42

2-9　图 2-43 所示三铰拱受铅垂力 $\boldsymbol{F}$ 作用，若拱的重量不计，求 A、B 处的支座约束力。

2-10　图 2-44 所示梁 AB 长 10m，在梁上有起重机重 50kN，其重心在 CD 上，起吊重量 $P=$

10kN，梁重 30kN，求梁支座 A、B 的约束力。

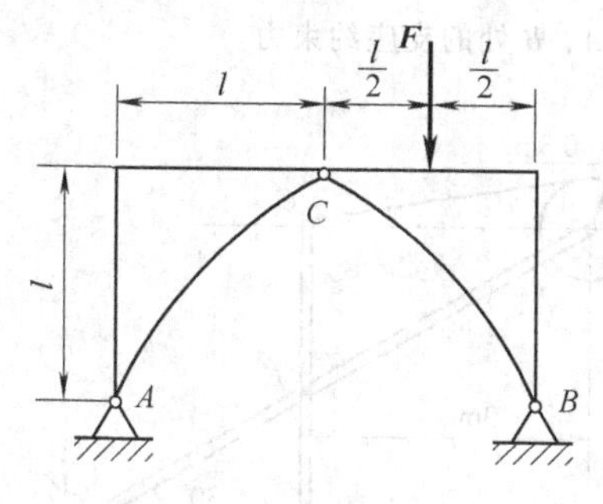

图　2-43

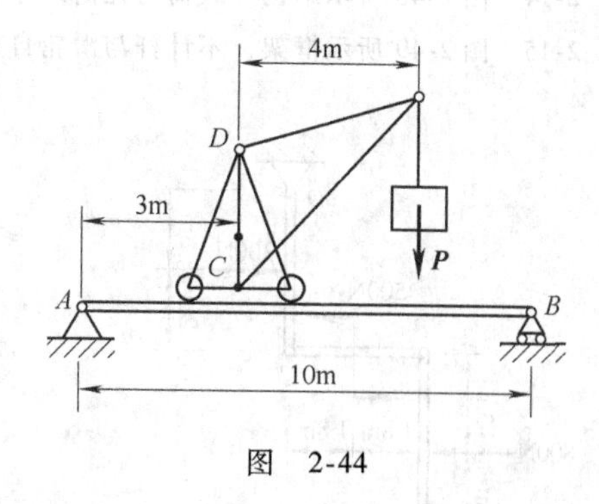

图　2-44

2-11　求图 2-45 所示各梁的约束力。

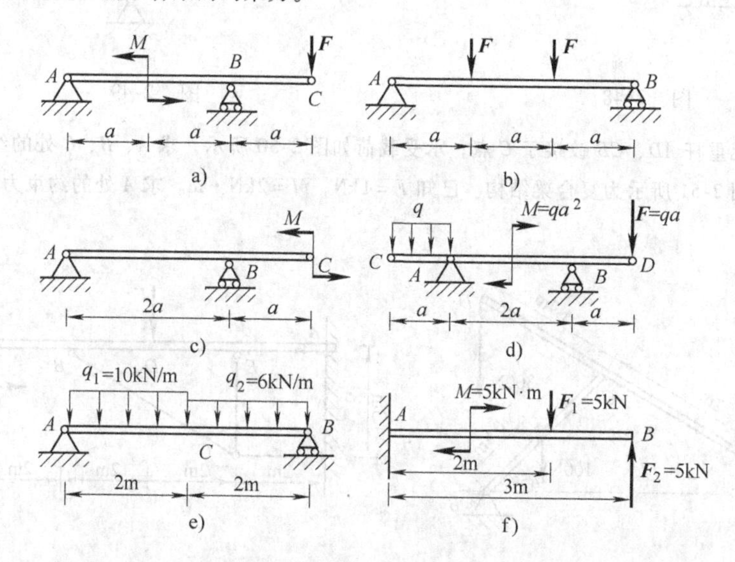

图　2-45

2-12　梯子放在水平面上，其一边作用有铅垂力 F，尺寸如图 2-46 所示。不计梯重，求绳索 DE 的拉力及 A 处铰链的约束力。

2-13　如图 2-47 所示，倾斜悬臂梁 AB 与水平简支梁 BC 在 B 处铰接。梁上载荷有 $q=400\text{N/m}$，$M=500\text{N}\cdot\text{m}$。求固定端 A 处的约束力。

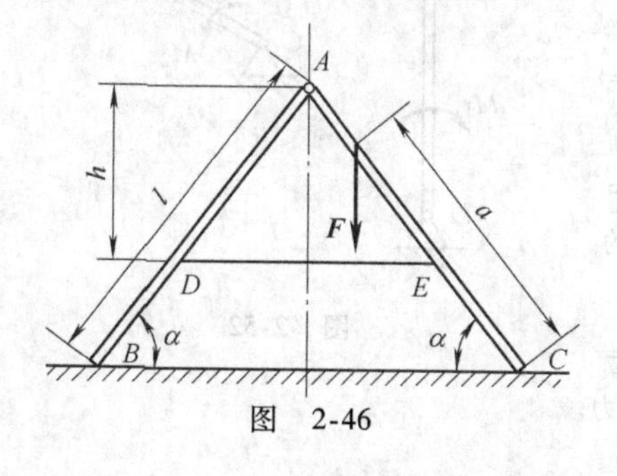

图　2-46

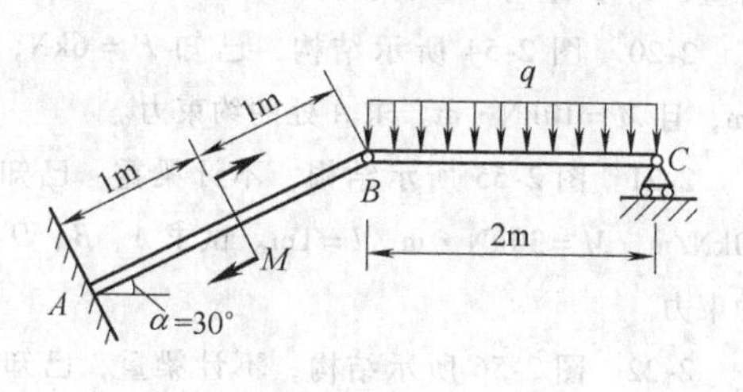

图　2-47

2-14 图 2-48 所示结构，载荷与几何尺寸已知。求 A 处约束力。

2-15 图 2-49 所示框架，不计杆与滑轮自重，求 A、B 处的支座约束力。

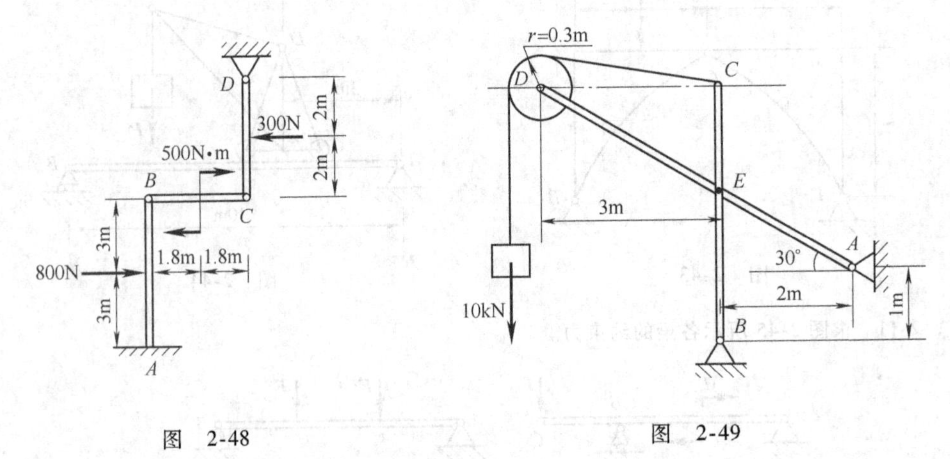

图 2-48　　图 2-49

2-16 无重杆 AD、CB 铰接于 C 点，承受载荷如图 2-50 所示，求 A、B、C 处的约束力。

2-17 图 2-51 所示为复合梁结构。已知 $F=1\text{kN}$，$M=2\text{kN}\cdot\text{m}$。求 A 处的约束力。

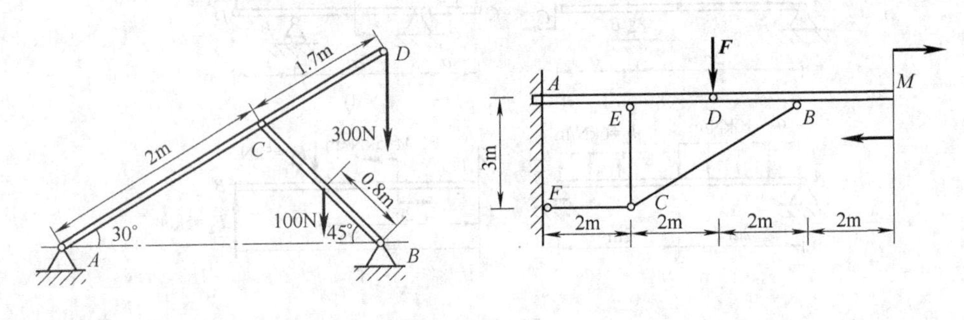

图 2-50　　图 2-51

2-18 机构 $OABC$ 在图 2-52 所示位置平衡，已知 $OA=60\text{cm}$，$BC=40\text{cm}$，作用在 BC 上的力偶的力偶矩大小为 $M_2=1\text{N}\cdot\text{m}$，不计杆重。求力偶矩 M_1 的大小及连杆 AB 所受的力。

2-19 如图 2-53 所示，已知 $F=2\text{kN}$，不考虑杆自重，$a=1\text{m}$。求 CD 杆受力大小。

2-20 图 2-54 所示结构，已知 $F=6\text{kN}$，$a=1\text{m}$，且 $M=10\text{kN}\cdot\text{m}$。求 A 处的约束力。

2-21 图 2-55 所示结构，不计梁重。已知 $q=20\text{kN/m}$，$M=30\text{kN}\cdot\text{m}$，$l=1\text{m}$。试求 A、B、D 处的约束力。

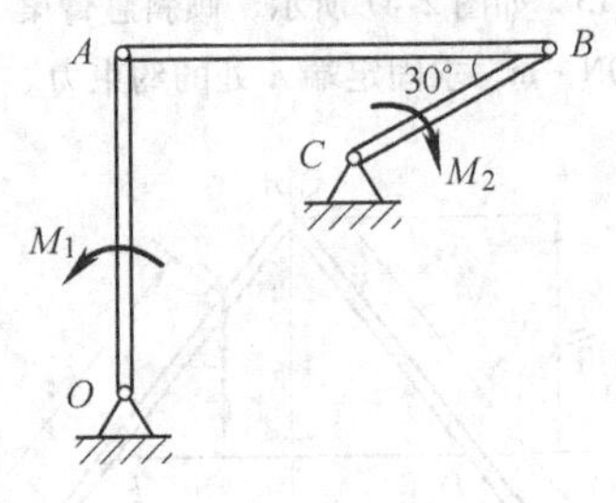

图 2-52

2-22 图 2-56 所示结构，不计梁重，已知 $F=20\text{kN}$，$q=5\text{kN/m}$，$\alpha=45°$。求支座 A、C 处的约束力。

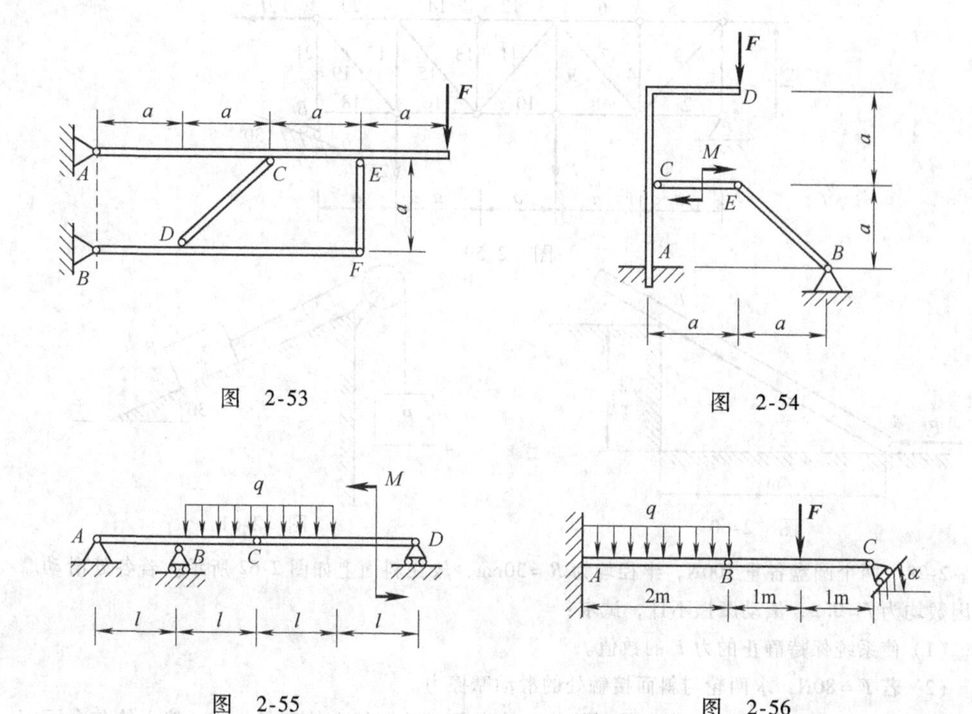

图　2-53

图　2-54

图　2-55

图　2-56

2-23　求图 2-57 所示桁架中各杆的内力。

2-24　求图 2-58 所示桁架中杆 CD、DG、HG 的内力。

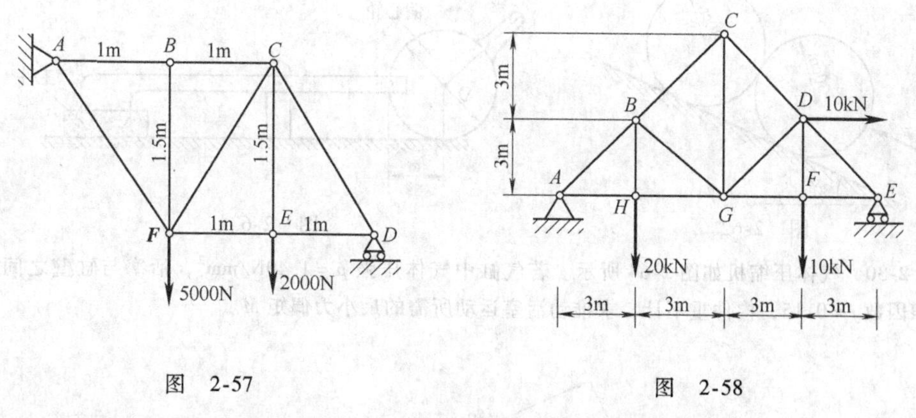

图　2-57

图　2-58

2-25　求图 2-59 所示桁架中 6、7、9、10 各杆的内力。已知 $F=10\text{kN}$。

2-26　如图 2-60 所示，均质直杆 AC 长 7m，重 250N，各处静摩擦因数均为 $f=0.4$。试求推动此杆的最小力 F，并问若在 A 处无力 F 作用，杆自身是否会滑下？

2-27　图 2-61 所示系统，已知 $P_B=100\text{N}$，斜面与物块间摩擦因数 $f=0.2$，试问：

（1）为使物块 B 保持静止，物块 A 的重量 P_A 为多少？

（2）若使 B 物块所受之摩擦力为零，A 物块应取多重？

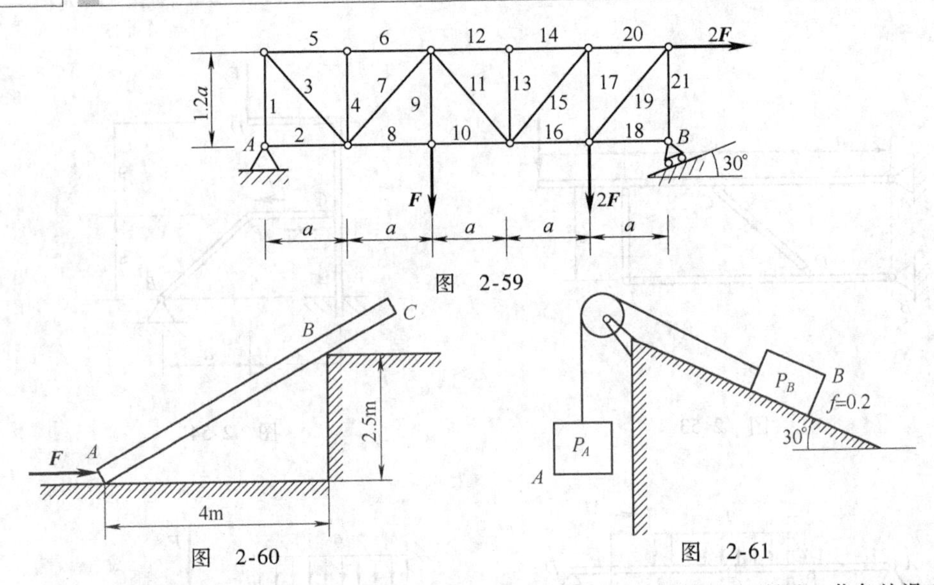

图 2-59

图 2-60

图 2-61

2-28 两个圆盘各重100N，半径均为$R=30\text{cm}$，放在斜面上如图2-62所示。若各处滑动摩擦因数均为$f=0.2$，滚动摩擦不计，试求：

(1) 使系统保持静止的力F的数值。

(2) 若$F=80\text{N}$，求两轮与斜面接触处的滑动摩擦力。

2-29 如图2-63所示，机床上采用的偏心轮夹具，已知偏心轮直径为D，偏心轮与台面间的摩擦因数为f，欲使手柄处外力去掉后，偏心轮不会自行脱落，试求偏心矩e，各铰链中摩擦均不计。

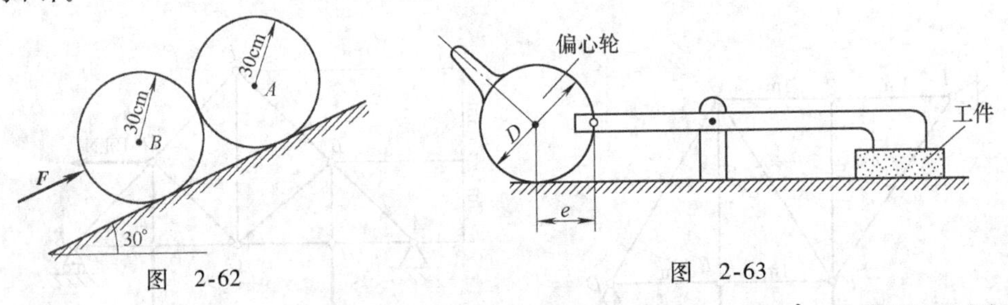

图 2-62

图 2-63

2-30 气体压缩机如图2-64所示。若气缸中气体压强$p=1.40\text{N/mm}^2$，活塞与缸壁之间静摩擦因数$f=0.15$，构件重不计，求推动活塞运动所需的最小力偶矩M。

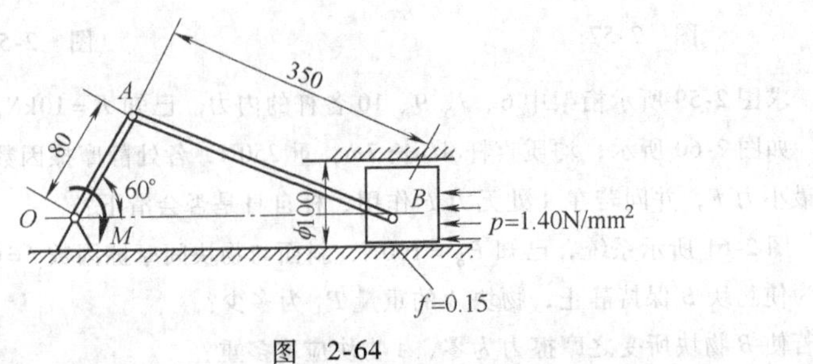

图 2-64

第三章　空间力系

当物体所受的力，其作用线不在同一平面，而呈空间分布时，称为**空间力系**。

在工程实际中，有许多问题都属于这种情况。如图 3-1 所示车床主轴，受有切削力 $\boldsymbol{F}_x$、$\boldsymbol{F}_y$、$\boldsymbol{F}_z$ 和齿轮上的圆周力 $\boldsymbol{F}_\tau$、径向力 $\boldsymbol{F}_r$ 以及轴承 A、B 处的约束力，这些力构成一组空间力系。

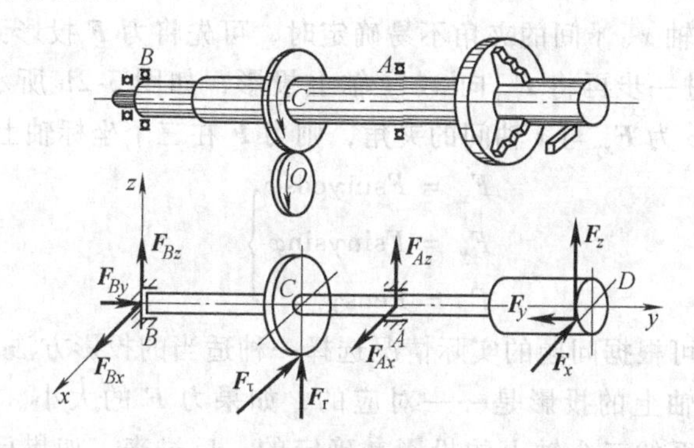

图　3-1

与平面力系类似，空间力系可分为空间汇交力系、空间平行力系及空间任意力系。

本章将讨论空间力系的简化和平衡问题。

第一节　力在空间直角坐标轴上的投影

在平面力系中，常将作用于物体上某点的力向坐标轴 x、y 上投影。同理，在空间力系中，也可将作用于空间某一点的力向坐标轴 x、y、z 上投影。具体作法如下：

一、直接投影法

若一力 $\boldsymbol{F}$ 的作用线与 x、y、z 轴对应的夹角已经给定，如图 3-2a 所示，则可直接将力 $\boldsymbol{F}$ 向三个坐标轴投影，得

$$\left.\begin{aligned} F_x &= F\cos\alpha \\ F_y &= F\cos\beta \\ F_z &= F\cos\gamma \end{aligned}\right\} \tag{3-1}$$

式中，α、β、γ 分别为力 $\boldsymbol{F}$ 与 x、y、z 三坐标轴间的夹角。

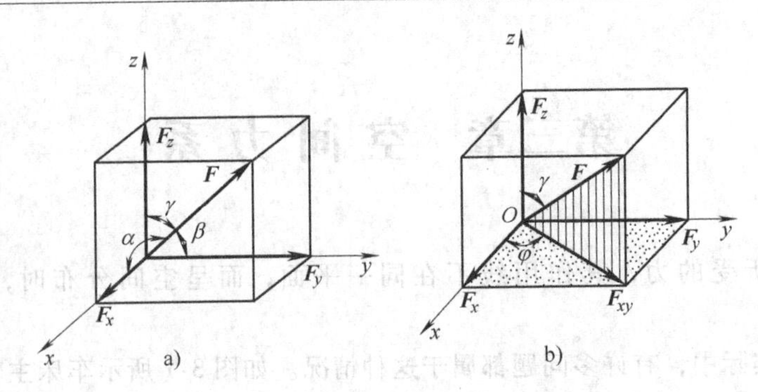

图 3-2

二、二次投影法

当力 $\boldsymbol{F}$ 与坐标轴 x、y 间的夹角不易确定时，可先将力 $\boldsymbol{F}$ 投影到 Oxy 坐标平面上，得一力 $\boldsymbol{F}_{xy}$，进一步再将 $\boldsymbol{F}_{xy}$ 向 x、y 轴上投影，如图 3-2b 所示。若 γ 为力 $\boldsymbol{F}$ 与 z 轴间的夹角，φ 为 $\boldsymbol{F}_{xy}$ 与 x 轴间的夹角，则力 $\boldsymbol{F}$ 在三个坐标轴上的投影为

$$\left.\begin{aligned} F_x &= F\sin\gamma\cos\varphi \\ F_y &= F\sin\gamma\sin\varphi \\ F_z &= F\cos\gamma \end{aligned}\right\} \tag{3-2}$$

具体计算时，可根据问题的实际情况选择一种适当的投影方法。

力和它在坐标轴上的投影是一一对应的，如果力 $\boldsymbol{F}$ 的大小、方向是已知的，则它在选定的坐标系的三个轴上的投影是确定的；反过来，如果已知力 $\boldsymbol{F}$ 在三个坐标轴上的投影 F_x、F_y、F_z 的值，则力 $\boldsymbol{F}$ 的大小与方向也就被唯一地确定了，它的大小为

$$F = \sqrt{F_x^2 + F_y^2 + F_z^2} \tag{3-3a}$$

其方向余弦为

$$\left.\begin{aligned} \cos\alpha &= \frac{F_x}{\sqrt{F_x^2 + F_y^2 + F_z^2}} \\ \cos\beta &= \frac{F_y}{\sqrt{F_x^2 + F_y^2 + F_z^2}} \\ \cos\gamma &= \frac{F_z}{\sqrt{F_x^2 + F_y^2 + F_z^2}} \end{aligned}\right\} \tag{3-3b}$$

第二节　力对轴的矩与力对点的矩

一、力对轴的矩

一力使物体绕某一定轴转动，其效应通常以此力对该轴的矩来度量，称为力对轴的矩。

实践证明，力使物体转动的效应，不仅与力的大小和方向有关，而且与力的作用面的方位有关。以图 3-3 中所示推门的情形为例，若推力的作用线与门的转动轴平行（如 $\boldsymbol{F}_1$）或者与门的转动轴相交（如 $\boldsymbol{F}_2$），则无论推力多大，都不能使门绕转动轴 z 转动。事实上，只要力作用在门所在的平面内，门就不会转动。由此得出结论：与转轴平行或者与它相交的力都不能使物体绕该轴转动。又可以归结为：当力作用线与旋转轴共面时，不可能使物体绕该轴转动。

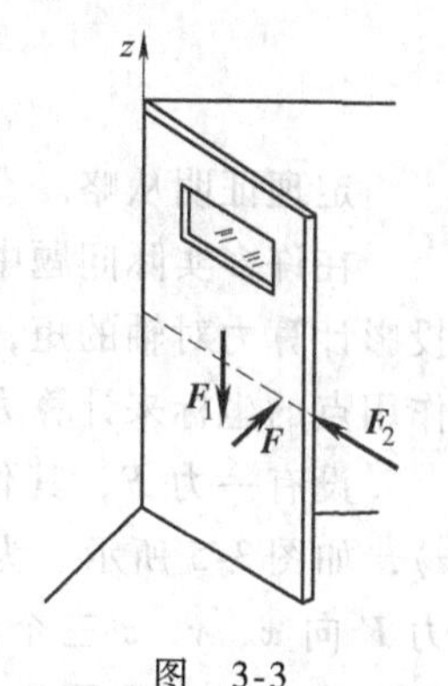

图 3-3

但是，如果力 $\boldsymbol{F}$ 垂直于门且不通过转动轴时，就能使门转动。而且这个力越大，或其作用线与转动轴的距离越远，这个转动效应就越显著。因此，可以用力 $\boldsymbol{F}$ 的大小与上述距离的乘积来度量力 $\boldsymbol{F}$ 对刚体绕定轴的转动效应，再用不同的正、负号来区别不同的转动方向，此即力对轴的矩的概念。

在一般情况下，对于作用线不与某轴 z 共面的力 $\boldsymbol{F}$，可以这样来计算它对 z 轴的矩：如图 3-4 所示，将力 $\boldsymbol{F}$ 分解为两个分力 $\boldsymbol{F}'$ 和 $\boldsymbol{F}''$，力 $\boldsymbol{F}''$ 平行于 z 轴，力 $\boldsymbol{F}'$ 位于通过力 $\boldsymbol{F}$ 的作用点 A 且与 z 轴垂直的平面 E 内。由于分力 $\boldsymbol{F}''$ 与 z 轴平行，故对 z 轴无转动效应。于是，力 $\boldsymbol{F}$ 对 z 轴的转动效应完全由分力 $\boldsymbol{F}'$ 决定。因此，力对轴之矩为力在垂直于该轴的平面上的分力对于该轴与平面交点之矩。力 $\boldsymbol{F}$ 对 z 轴的矩，定义为

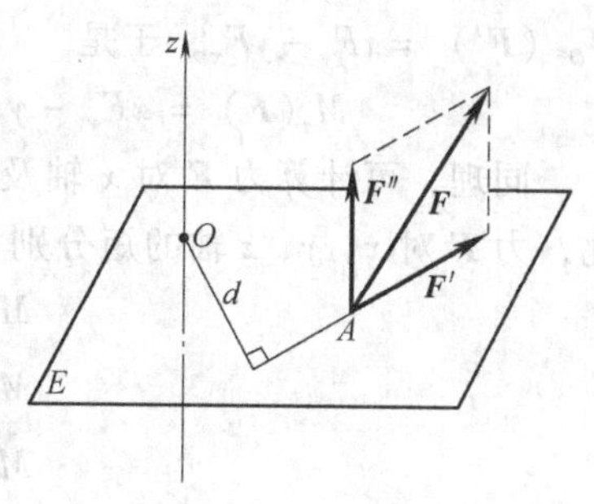

图 3-4

$$M_z(\boldsymbol{F}) = M_O(\boldsymbol{F}') = \pm F'd \tag{3-4}$$

式中，O 点为平面 E 与 z 轴的交点；d 为 O 点到力 $\boldsymbol{F}'$ 作用线的距离。式中正负号规定如下：从 z 轴的正向看去，力使刚体逆时针方向转动时力矩为正，反之为负。或用右手螺旋法则判定：若以右手四个手指弯曲的指向表示力 $\boldsymbol{F}'$ 绕 z 轴的转动方向，则拇指的指向与 z 轴的正向相同者为正，反之为负。力对轴的矩是一个代数量，其单位是 N · m。

从力对轴的矩的定义可知：

1）当力与轴平行时（$F'=0$）或力作用线与轴相交时（$d=0$），力对轴的矩均为零。

2）当力沿其作用线移动时，力对轴的矩不变。这是因为此时 F' 及 d 均未改变。

合力矩定理 空间力系的合力对某一轴的矩，等于各分力对同一轴之矩的代数和。

设有空间一般力系（$\boldsymbol{F}_1$，$\boldsymbol{F}_2$，…，$\boldsymbol{F}_n$），其合力为 $\boldsymbol{F}_R$，则合力矩定理为

$$M_z(\boldsymbol{F}_R) = M_z(\boldsymbol{F}_1) + M_z(\boldsymbol{F}_2) + \cdots + M_z(\boldsymbol{F}_n)$$

$$= \sum_{i=1}^{n} M_z(\boldsymbol{F}_i) \tag{3-5}$$

定理证明从略。

在许多实际问题中，直接根据力对轴之矩的定义，由力在垂直于轴的平面上的投影计算力对轴的矩，往往很不方便。因此，常利用力在直角坐标轴上的投影及其作用点的坐标来计算力对某一轴的矩。

设有一力 $\boldsymbol{F}$，其作用点 A 的坐标为 (x, y, z)，如图 3-5 所示。为求力 $\boldsymbol{F}$ 对 z 轴的矩，可将力 $\boldsymbol{F}$ 向 x、y、z 三个坐标轴上投影，分别记为 F_x、F_y、F_z，而 $\boldsymbol{F}'$ 为力 $\boldsymbol{F}$ 在 Oxy 坐标面内的分力。根据力对轴之矩的定义，$\boldsymbol{F}$ 对于 z 轴的矩等于 $\boldsymbol{F}'$ 对于 O 点的矩，即 $M_z(\boldsymbol{F}) = M_O(\boldsymbol{F}')$，而根据平面力系的知识及合力矩定理，有 $M_O(\boldsymbol{F}') = xF_y - yF_x$，于是

$$M_z(\boldsymbol{F}) = xF_y - yF_x$$

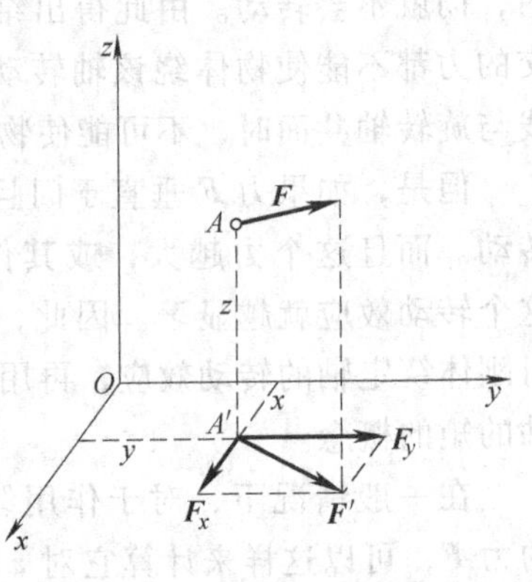

图 3-5

同理，可计算力 $\boldsymbol{F}$ 对 x 轴及对 y 轴的矩。因此，力 $\boldsymbol{F}$ 对 x、y、z 轴的矩分别为

$$\left.\begin{aligned} M_x(\boldsymbol{F}) &= yF_z - zF_y \\ M_y(\boldsymbol{F}) &= zF_x - xF_z \\ M_z(\boldsymbol{F}) &= xF_y - yF_x \end{aligned}\right\} \tag{3-6}$$

式 (3-6) 即为力对轴之矩的解析表达式。应注意式中力 $\boldsymbol{F}$ 的投影 F_x、F_y、F_z 和力 $\boldsymbol{F}$ 的作用点的坐标 x、y、z 都是代数量。

例 3-1 托架固连在轴上，载荷 $F = 500\text{N}$，方向如图 3-6a 所示，求力 $\boldsymbol{F}$ 对直角坐标系 $Oxyz$ 各轴之矩。图中长度单位是 cm。

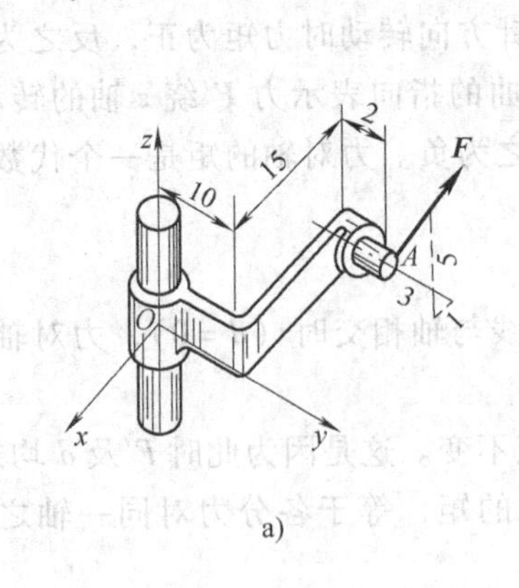

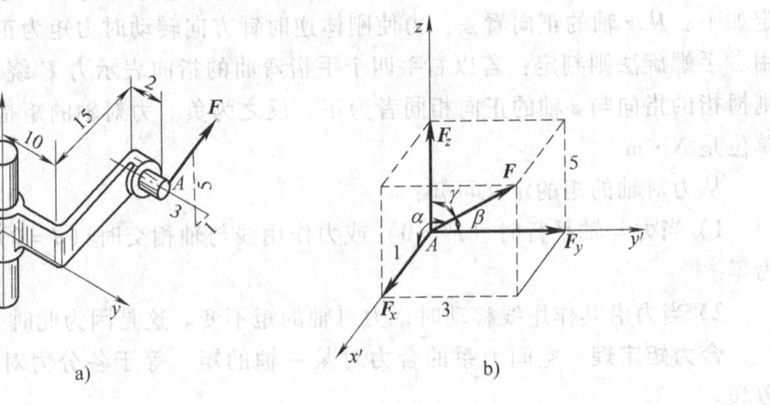

图 3-6

解 (1) 求方向余弦

由图 3-6b 可得

$$\cos\alpha = \frac{1}{\sqrt{1^2 + 3^2 + 5^2}} = \frac{1}{5.92}$$

$$\cos\beta = \frac{3}{5.92}, \cos\gamma = \frac{5}{5.92}$$

（2）计算力 $\boldsymbol{F}$ 在各坐标轴上的投影

$$F_x = F\cos\alpha = 500\text{N} \times \frac{1}{5.92} = 84.5\text{N}$$

$$F_y = F\cos\beta = 500\text{N} \times \frac{3}{5.92} = 253.4\text{N}$$

$$F_z = F\cos\gamma = 500\text{N} \times \frac{5}{5.92} = 422.3\text{N}$$

（3）计算力 $\boldsymbol{F}$ 对各坐标轴的矩

力 $\boldsymbol{F}$ 作用点 A 的坐标是

$$x = -15\text{cm},\quad y = 12\text{cm},\quad z = 0$$

因此，利用式（3-6）求得力 $\boldsymbol{F}$ 对各坐标轴的矩为

$$M_x(\boldsymbol{F}) = yF_z - zF_y$$
$$= (0.12 \times 422.3 - 0 \times 253.4)\text{N} \cdot \text{m} = 50.7\text{N} \cdot \text{m}$$

$$M_y(\boldsymbol{F}) = zF_x - xF_z = (0 \times 84.5 + 0.15 \times 422.3)\text{N} \cdot \text{m} = 63.3\text{N} \cdot \text{m}$$

$$M_z(\boldsymbol{F}) = xF_y - yF_x = [(-0.15) \times 253.4 - 0.12 \times 84.5]\text{N} \cdot \text{m} = -48.2\text{N} \cdot \text{m}$$

二、力对点的矩矢

在平面力系中，力矩为一代数量。但是，在空间力系中，力系中各力与矩心分别构成方位不同的各个平面。因而，研究力使刚体绕矩心转动的效应，需要引入力对点的矩矢的概念，它取决于力与矩心所构成平面的方位、力矩在该平面内的转向、力矩的大小这三个因素。因此，对于空间力系，力对点的矩可用一矢量来表示，称为力矩矢。

设有一力 $\boldsymbol{F}$（用矢量 $\boldsymbol{AB}$ 表示）及矩心 O，如图 3-7 所示，O 点到力 $\boldsymbol{F}$ 作用线的距离为 d。用 $\boldsymbol{M}_O$（$\boldsymbol{F}$）来表示力 $\boldsymbol{F}$ 对 O 点的矩，其大小为

$$|\boldsymbol{M}_O(\boldsymbol{F})| = Fd = 2S_{\triangle OAB}$$

其方向垂直于力 $\boldsymbol{F}$ 与矩心 O 所组成的平面；指向按右手螺旋法则规定。$S_{\triangle OAB}$ 表示 $\triangle OAB$ 的面积。

可见力矩与矩心位置有关，应以矩心作为起始点。所以力矩矢是定位矢。

如果以 $\boldsymbol{r}$ 表示矩心 O 到力 $\boldsymbol{F}$ 作用点 A 的矢径，由矢量代数得知，矢量积 $\boldsymbol{r} \times \boldsymbol{F}$ 也是一个矢量，其大小等于 $\triangle OAB$ 面积的两倍，其方向垂直于 $\boldsymbol{r}$ 与 $\boldsymbol{F}$ 所决定的平面，其指向符合右手螺旋法则，因此

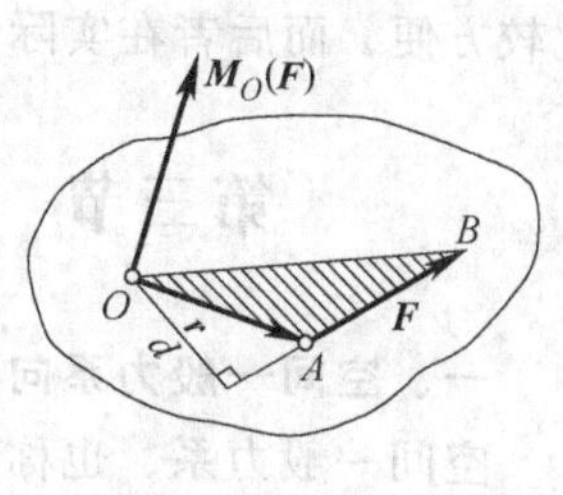

图　3-7

$$M_O(F) = r \times F \tag{3-7}$$

即力对点的矩矢等于矩心到该力作用点的矢径与该力的矢量积。

若以矩心 O 为原点，作空间直角坐标系 $Oxyz$，如图 3-8 所示，则 $\boldsymbol{r}$ 与 $\boldsymbol{F}$ 可分别表示为

$$\boldsymbol{r} = x\boldsymbol{i} + y\boldsymbol{j} + z\boldsymbol{k}$$

$$\boldsymbol{F} = F_x\boldsymbol{i} + F_y\boldsymbol{j} + F_z\boldsymbol{k}$$

图 3-8

代入式（3-7），可得

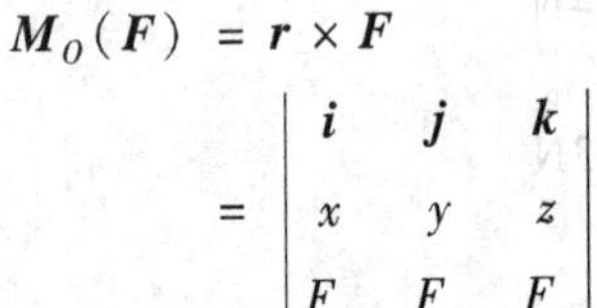

$$\boldsymbol{M}_O(\boldsymbol{F}) = \boldsymbol{r} \times \boldsymbol{F} = \begin{vmatrix} \boldsymbol{i} & \boldsymbol{j} & \boldsymbol{k} \\ x & y & z \\ F_x & F_y & F_z \end{vmatrix}$$

$$= (yF_z - zF_y)\boldsymbol{i} + (zF_x - xF_z)\boldsymbol{j} + (xF_y - yF_x)\boldsymbol{k} \tag{3-8}$$

式中，x、y、z 为 A 点坐标；F_x、F_y、F_z 分别为力 $\boldsymbol{F}$ 在三个坐标轴上的投影。

三、力对点的矩与力对通过该点的轴的矩之间的关系

由式（3-8）可知，力矩矢 $\boldsymbol{M}_O$（$\boldsymbol{F}$）在三个坐标轴上的投影为

$$\left.\begin{aligned} [\boldsymbol{M}_O(\boldsymbol{F})]_x &= yF_z - zF_y \\ [\boldsymbol{M}_O(\boldsymbol{F})]_y &= zF_x - xF_z \\ [\boldsymbol{M}_O(\boldsymbol{F})]_z &= xF_y - yF_x \end{aligned}\right\} \tag{3-9}$$

将式（3-9）与式（3-6）比较，可得

$$\left.\begin{aligned} [\boldsymbol{M}_O(\boldsymbol{F})]_x &= M_x(\boldsymbol{F}) \\ [\boldsymbol{M}_O(\boldsymbol{F})]_y &= M_y(\boldsymbol{F}) \\ [\boldsymbol{M}_O(\boldsymbol{F})]_z &= M_z(\boldsymbol{F}) \end{aligned}\right\} \tag{3-10}$$

由上式可得出结论：力对某一点的矩矢在通过该点的任一轴上的投影，等于此力对该轴的矩。

这一结论给出了力对于点的矩和力对于轴的矩之间的关系，前者在理论分析中比较方便，而后者在实际计算中比较实用。

第三节　空间力系的平衡方程式及其应用

一、空间一般力系向一点的简化

空间一般力系，也称空间任意力系。与平面一般力系向一点简化的过程相似，我们仍可应用力向一点平移的方法，将空间任意力系向一点简化。只是空间各力的

作用线与简化中心一般将构成不同方位的许多平面，因此力向一点平移时产生的附加力偶应当用矢量来表示。设有空间任意力系 $\boldsymbol{F}_1$，$\boldsymbol{F}_2$，…，$\boldsymbol{F}_n$，分别作用在刚体的 A_1，A_2，…，A_n 各点上，如图 3-9 所示。在刚体上取任意一点 O 为简化中心，将各力向 O 点平移，可得到一个在 O 点的空间汇交力系和一个空间附加力偶系。与平面力系类似，该汇交力系可合成为一个作用于 O 点的力 $\boldsymbol{F}'_R$，等于各力的矢量和，即

$$\boldsymbol{F}'_R = \boldsymbol{F}_1 + \boldsymbol{F}_2 + \cdots + \boldsymbol{F}_n = \sum \boldsymbol{F}_i \tag{3-11}$$

附加力偶系可合成为一个空间力偶，其力偶矩 $\boldsymbol{M}_O$ 等于各附加力偶矩的矢量和，亦即等于原力系中各力对于简化中心 O 的矩的矢量和。

$$\boldsymbol{M}_O = \boldsymbol{M}_O(\boldsymbol{F}_1) + \boldsymbol{M}_O(\boldsymbol{F}_2) + \cdots + \boldsymbol{M}_O(\boldsymbol{F}_n) = \sum \boldsymbol{M}_O(\boldsymbol{F}_i) \tag{3-12}$$

$\boldsymbol{F}'_R$称为原力系的**主矢**，$\boldsymbol{M}_O$ 称为原力系对简化中心 O 的**主矩矢**，如图 3-10 所示。于是可得结论：空间任意力系向一点（简化中心）简化的结果一般可得一个力和一个力偶，该力作用于简化中心，等于原力系中各力的矢量和，称为原力系的主矢；该力偶的矩等于原力系中各力对简化中心的矩的矢量和，称为原力系对简化中心的主矩矢。

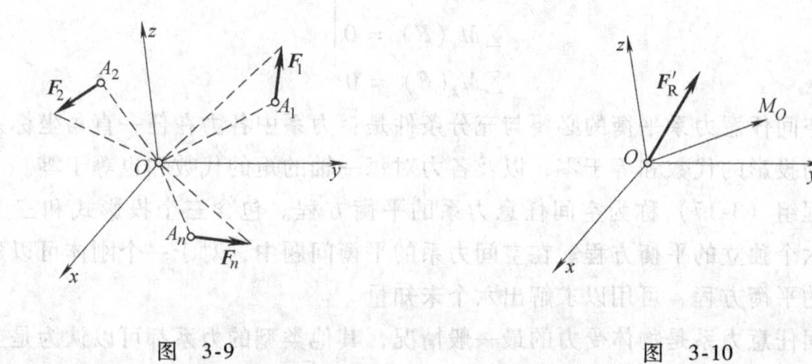

图　3-9　　　　图　3-10

与平面任意力系简化时所得的结论相似，空间任意力系的主矢 $\boldsymbol{F}'_R$与简化中心的位置无关，而主矩矢 $\boldsymbol{M}_O$ 则随简化中心的改变而变化。

若用解析法来计算力系的主矢和主矩矢，可在简化中心 O 点建立直角坐标系 $Oxyz$，由式（3-11）可得主矢 $\boldsymbol{F}'_R$在各坐标轴上的投影为

$$\left.\begin{aligned} F'_{Rx} &= \sum F_x \\ F'_{Ry} &= \sum F_y \\ F'_{Rz} &= \sum F_z \end{aligned}\right\} \tag{3-13}$$

且
$$F'_R = \sqrt{(F'_{Rx})^2 + (F'_{Ry})^2 + (F'_{Rz})^2} \tag{3-14}$$

将式（3-12）向各坐标轴投影，并注意到力对点之矩与力对轴之矩间的关系，则得

$$\left.\begin{aligned} M_{Ox} &= \sum \left[\boldsymbol{M}_O(\boldsymbol{F}_i) \right]_x = \sum M_x(\boldsymbol{F}_i) \\ M_{Oy} &= \sum \left[\boldsymbol{M}_O(\boldsymbol{F}_i) \right]_y = \sum M_y(\boldsymbol{F}_i) \\ M_{Oz} &= \sum \left[\boldsymbol{M}_O(\boldsymbol{F}_i) \right]_z = \sum M_z(\boldsymbol{F}_i) \end{aligned}\right\} \tag{3-15}$$

且

$$M_O = \sqrt{M_{Ox}^2 + M_{Oy}^2 + M_{Oz}^2} \tag{3-16}$$

二、空间任意力系的平衡方程及应用

从力系的简化结果来分析力系的平衡条件。空间任意力系向一点简化的结果得到一个力和一个力偶，因此，空间任意力系处于平衡的必要与充分条件是：力系的主矢和力系对于任意点的主矩矢都等于零。即

$$\boldsymbol{F}'_{\mathrm{R}} = 0$$

$$\boldsymbol{M}_O = 0$$

根据式（3-14）和式（3-16），上述条件可写成

$$\left.\begin{aligned} \sum F_x &= 0 \\ \sum F_y &= 0 \\ \sum F_z &= 0 \\ \sum M_x(\boldsymbol{F}) &= 0 \\ \sum M_y(\boldsymbol{F}) &= 0 \\ \sum M_z(\boldsymbol{F}) &= 0 \end{aligned}\right\} \tag{3-17}$$

因此，空间任意力系平衡的必要与充分条件是：力系中各力在任一直角坐标系中每一轴上的投影的代数和等于零，以及各力对每一轴的矩的代数和也等于零。

方程组（3-17）称为空间任意力系的平衡方程。包含三个投影式和三个力矩式，共六个独立的平衡方程。在空间力系的平衡问题中，对于一个刚体可以建立六个独立的平衡方程，可用以求解出六个未知量。

空间任意力系是物体受力的最一般情况，其他类型的力系都可以认为是空间任意力系的特殊情形，因而它们的平衡方程也可由方程式（3-17）导出。例如：

（1）空间汇交力系　取力系的汇交点作为坐标系 $Oxyz$ 的原点，则力系中各力都通过该点，即与各坐标轴相交。因此，各力对坐标轴的矩均为零，即式（3-17）中，$\sum M_x(\boldsymbol{F}) \equiv 0$，$\sum M_y(\boldsymbol{F}) \equiv 0$，$\sum M_z(\boldsymbol{F}) \equiv 0$。

于是，空间汇交力系的平衡方程只有三个，即

$$\left.\begin{aligned} \sum F_x &= 0 \\ \sum F_y &= 0 \\ \sum F_z &= 0 \end{aligned}\right\} \tag{3-18}$$

（2）空间平行力系　若取 z 轴平行于力系中各力的作用线，则 Oxy 坐标面与各力作用线垂直。因此，式（3-17）中，$\sum F_x \equiv 0$，$\sum F_y \equiv 0$，$\sum M_z(\boldsymbol{F}) \equiv 0$。于是，空间平行力系的平衡方程只有三个，即

$$\left.\begin{aligned}\sum F_x &= 0\\ \sum M_x(\boldsymbol{F}) &= 0\\ \sum M_y(\boldsymbol{F}) &= 0\end{aligned}\right\}\tag{3-19}$$

（3）平面任意力系　取力系的作用面为 Oxy 坐标面，则力系中各力在 z 轴上投影均为零，各力对 x、y 轴的矩也为零。因此，$\sum F_z \equiv 0$，$\sum M_x(\boldsymbol{F}) \equiv 0$，$\sum M_y(\boldsymbol{F}) \equiv 0$。于是，平面任意力系的平衡方程只有三个，即

$$\left.\begin{aligned}\sum F_x &=0\\ \sum F_y &=0\\ \sum M_z(\boldsymbol{F}) &=0\end{aligned}\right\}\tag{3-20}$$

式（3-20）与前面得出的平面任意力系的平衡方程是相同的。

求解空间力系的平衡问题，其步骤与前面求解平面力系一样：首先确定研究对象，进行受力分析，画出受力图，然后列出平衡方程，解出未知量。应当指出，在实际运用平衡方程解题时，可以分别选取适宜的轴线作为投影轴或力矩轴，使每一平衡方程中包含的未知量最少，以简化计算。另外，为方便计算，也可以在六个平衡方程中，列出三个以上力矩式，来代替部分或全部投影式，例如将三矩形式表示成四矩或六矩形式，使计算更加简便。

例 3-2　半圆板的半径为 r，重力为 $\boldsymbol{P}$，如图 3-11 所示，板的重心 C 离圆心为 $\dfrac{4r}{3\pi}$，在 A、B、D 三点用三根铰链杆悬挂于固定处，使板处于水平位置。求此三根杆的内力。

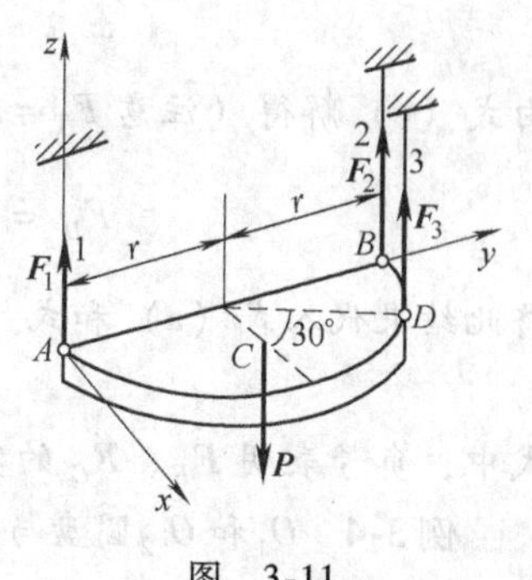

图　3-11

解　取半圆板为研究对象。由题意，吊杆 1、2、3 均为二力杆，设它们均受拉力，分别记为 $\boldsymbol{F}_1$、$\boldsymbol{F}_2$、$\boldsymbol{F}_3$，则板受 $\boldsymbol{P}$、$\boldsymbol{F}_1$、$\boldsymbol{F}_2$、$\boldsymbol{F}_3$ 四个平行力的作用，这是一个空间平行力系的问题。取 A 点为坐标原点，建立坐标系 $Axyz$ 如图 3-11 所示。根据式（3-19），有

$$\sum M_y(\boldsymbol{F})=0,\quad P\frac{4r}{3\pi}-F_3 r\sin60°=0\tag{a}$$

$$\sum M_x(\boldsymbol{F})=0,\quad -Pr+2F_2 r+F_3(r+r\cos60°)=0\tag{b}$$

$$\sum F_z=0,\quad F_1+F_2+F_3-P=0\tag{c}$$

由式（a）解得

$$F_3=\frac{4P}{3\pi\sin60°}=\frac{4\times2P}{3\times3.14\times\sqrt{3}}=0.49P$$

代入式（b），解得

$$F_2=\frac{1}{2}[P-F_3(1+\cos60°)]=\frac{1}{2}\left[P-0.49P\left(1+\frac{1}{2}\right)\right]=0.13P$$

将解得的 F_2、F_3 代入式（c），得

$$F_1 = P - F_2 - F_3 = P - 0.13P - 0.49P = 0.38P$$

例 3-3 三根无重杆 AB、AC、AD 铰接于 A 点，其下悬挂一物体，重力为 $P = 1000\text{N}$，如图 3-12 所示，AB 与 AC 等长且互相垂直，$\angle OAD = 30°$，B、C、D 处均为铰接。求各杆所受的力。

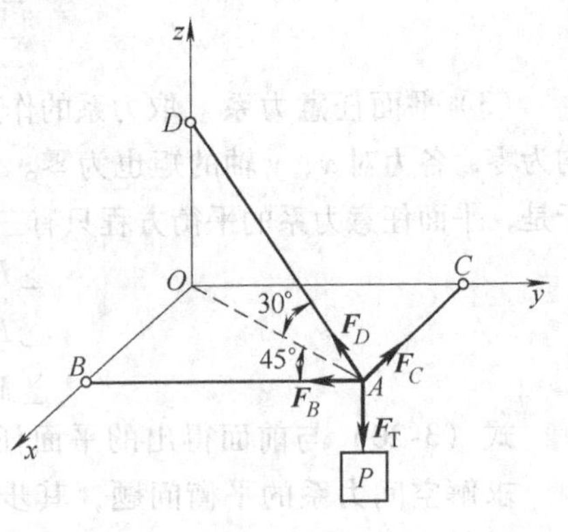

图 3-12

解 取节点 A 为研究对象。由于各杆自重不计，则所受的力都沿杆的轴线方向，设均为拉力，则 A 点受三杆的拉力 $\boldsymbol{F}_B$、$\boldsymbol{F}_C$、$\boldsymbol{F}_D$ 和绳子的拉力 $\boldsymbol{F}_T$，这是一个空间汇交力系的平衡问题。取坐标系如图 3-12 所示，利用方程式（3-9），可得

$$\sum F_x = 0, \quad -F_D\cos30°\sin45° - F_C = 0 \tag{a}$$

$$\sum F_y = 0, \quad -F_B - F_D\cos30°\cos45° = 0 \tag{b}$$

$$\sum F_z = 0, \quad F_D\sin30° - F_T = 0 \tag{c}$$

由式（c）解得（注意 $F_T = P$）

$$F_D = \frac{F_T}{\sin30°} = \frac{P}{0.5} = \frac{1000}{0.5}\text{N} = 2000\text{N}$$

将此结果代入式（a）和式（b），可解得

$$F_B = F_C = -1225\text{N}$$

式中，负号表明 $\boldsymbol{F}_B$、$\boldsymbol{F}_C$ 的实际方向与假设相反，即两杆均受压力。

例 3-4 O_1 和 O_2 圆盘与水平轴 AB 固连，O_1 盘垂直于 z 轴，O_2 盘垂直于 x 轴，盘面上分别作用力偶（F_1，F_1'），（F_2，F_2'）如图 3-13 所示。已知两半径为 $r = 20\text{cm}$，$F_1 = 3\text{N}$，$F_2 = 5\text{N}$，$AB = 80\text{cm}$，不计构件自重，试计算轴承 A 和 B 的约束力。

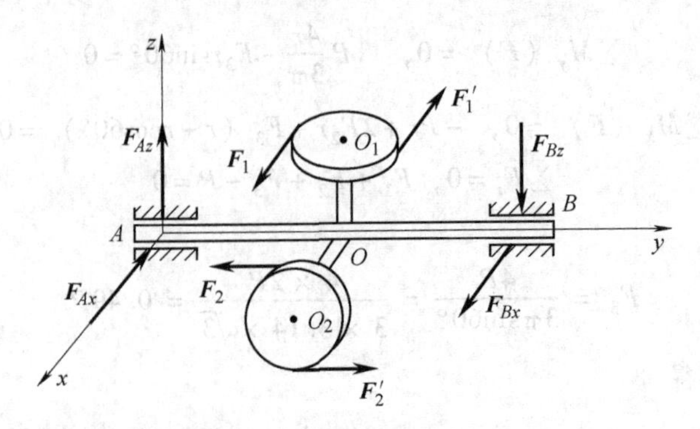

图 3-13

解 (1) 取整体为研究对象，受力分析，A、B 处 x 方向和 y 方向的约束力分别组成力偶，画受力图。

(2) 列平衡方程：

$$\sum M_x = 0:\ -F_{Bz} \times \overline{AB} + F_2 \times 2r = 0$$

$$F_{Bz} = \frac{2rF_2}{\overline{AB}} = \frac{2 \times 20 \times 5}{80}\text{N} = 2.5\text{N},\ F_{Az} = F_{Bz} = 2.5\text{N}$$

$$\sum M_z = 0:\ -F_{Bx} \times \overline{AB} + F_1 \times 2r = 0$$

$$F_{Bx} = \frac{2rF_1}{\overline{AB}} = \frac{2 \times 20 \times 3}{80}\text{N} = 1.5\text{N},\ F_{Ax} = F_{Bx} = 1.5\text{N}$$

A、B 处的约束力：

$$F_A = \sqrt{(F_{Ax})^2 + (F_{Az})^2} = \sqrt{(1.5)^2 + (2.5)^2}\text{N} = 8.5\text{N}$$

$$F_B = F_A = 8.5\text{N}$$

例 3-5 某车床主轴装在轴承 A 与 B 上，如图 3-14 所示，其中 A 为向心推力轴承（即不允许轴沿任何方向移动），B 为向心轴承（即能允许沿轴向有不大的移动，故无轴向约束力）。圆柱直齿齿轮 C 的节圆半径 $r_C = 100\text{mm}$，其下与另一齿轮啮合，压力角 $\alpha = 20°$。在轴的右端固定一半径为 $r_D = 50\text{mm}$ 的圆柱体工件。已知 $a = 50\text{mm}$，$b = 200\text{mm}$，$c = 100\text{mm}$。车外圆时车刀给工件的力作用在 H 点，其中切向切削力 $F_z = 1400\text{N}$，轴向切削力 $F_y = 352\text{N}$，径向切削力 $F_x = 466\text{N}$。试求齿轮所受的力 F 和两轴承的约束力。

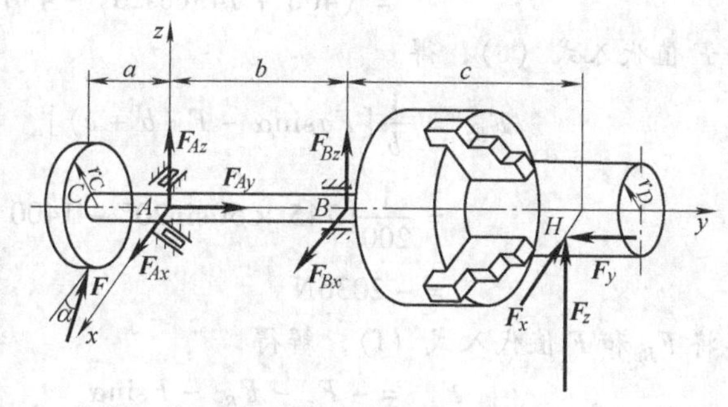

图 3-14

解 取主轴连同齿轮 C 和工件一起作为研究对象。以 A 点为坐标原点，取 x 轴在水平面内，y 轴与主轴轴线重合，z 轴沿铅垂线。这是一个空间任意力系的平衡问题，未知力有六个：F_{Ax}、F_{Ay}、F_{Az}、F_{Bx}、F_{Bz}、F，可利用空间任意力系的六个平衡方程求解。

$$\sum F_y = 0,\quad F_{Ay} - F_y = 0 \tag{a}$$

$$\sum M_y(\boldsymbol{F}) = 0,\quad Fr_C\cos\alpha - F_z r_D = 0 \tag{b}$$

$$\sum M_z(\boldsymbol{F}) = 0,\quad F_x(b+c) - F_{Bx}b - F_y r_D - Fa\cos\alpha = 0 \tag{c}$$

$$\sum F_x = 0,\quad F_{Ax} + F_{Bx} - F_x - F\cos\alpha = 0 \tag{d}$$

$$\sum M_x(\boldsymbol{F}) = 0,\quad F_z(b+c) + F_{Bz}b - Fa\sin\alpha = 0 \tag{e}$$

$$\sum F_z = 0,\quad F_{Az} + F_{Bz} + F_z + F\sin\alpha = 0 \tag{f}$$

由式（a）可解得

$$F_{Ay} = F_y = 352\text{N}$$

再由式（b），得

$$F = \frac{F_z r_D}{r_C \cos\alpha} = \frac{1400 \times 50}{100\cos20^\circ}\text{N} = 745\text{N}$$

将其代入式（c），得

$$\begin{aligned} F_{Bx} &= \frac{1}{b}[F_x(b+c) - F_y r_D - Fa\cos\alpha] \\ &= \frac{1}{200} \times [466 \times (200+100) - 352 \times 50 - 745 \times 50\cos20^\circ]\text{N} \\ &= 436\text{N} \end{aligned}$$

将求得的 F_{Bx} 和 F 值代入式（d），解得

$$\begin{aligned} F_{Ax} &= F_x + F\cos\alpha - F_{Bx} \\ &= (466 + 745\cos20^\circ - 436)\text{N} = 730\text{N} \end{aligned}$$

将 F 值代入式（e），得

$$\begin{aligned} F_{Bz} &= \frac{1}{b}[Fa\sin\alpha - F_z(b+c)] \\ &= \frac{1}{200}[745 \times 50\sin20^\circ - 1400 \times (200+100)]\text{N} \\ &= -2036\text{N} \end{aligned}$$

再将 F_{Bz} 和 F 值代入式（f），解得

$$\begin{aligned} F_{Az} &= -F_z - F_{Bz} - F\sin\alpha \\ &= (2036 - 1400 - 745\sin20^\circ)\text{N} \\ &= 381\text{N} \end{aligned}$$

一个平衡的空间任意力系，在三个坐标平面 xOy、yOz、zOx 上的投影所组成的三个平面任意力系也一定是平衡力系。因为

在 xOy 平面内，有平衡条件 $\sum F_x = 0$，$\sum F_y = 0$，$\sum M_z(\boldsymbol{F}) = 0$；

在 yOz 平面内，有平衡条件 $\sum F_y = 0$，$\sum F_z = 0$，$\sum M_x(\boldsymbol{F}) = 0$；

在 xOz 平面内，有平衡条件 $\sum F_x = 0$，$\sum F_z = 0$，$\sum M_y(\boldsymbol{F}) = 0$。

以上九个平衡方程均包含在空间任意力系的平衡条件式（3-17）中。在工程实际计算中，尤其是计算轴类零件的受力时，常常利用上述方法，将轴上受到的各力分别投影到三个坐标平面上，得到三个平面力系。从而将空间任意力系的平衡问题简化为三个平面力系的平衡问题。例如，在例 3-5 中，可采用上述方法，将轴上各力分别向所选定的三个坐标平面投影，得到如图 3-15 所示的三个平面力系的受力图。其中，齿轮 C 的啮合力 $\boldsymbol{F}$ 在切向和径向上的投影分别为 F_τ 和 F_r，且

$$F_\tau = F\cos\alpha, \quad F_r = F\sin\alpha$$

在这三个平面力系中，分别根据各自的平衡方程，可得与例 3-5 中同样的结果。例如：

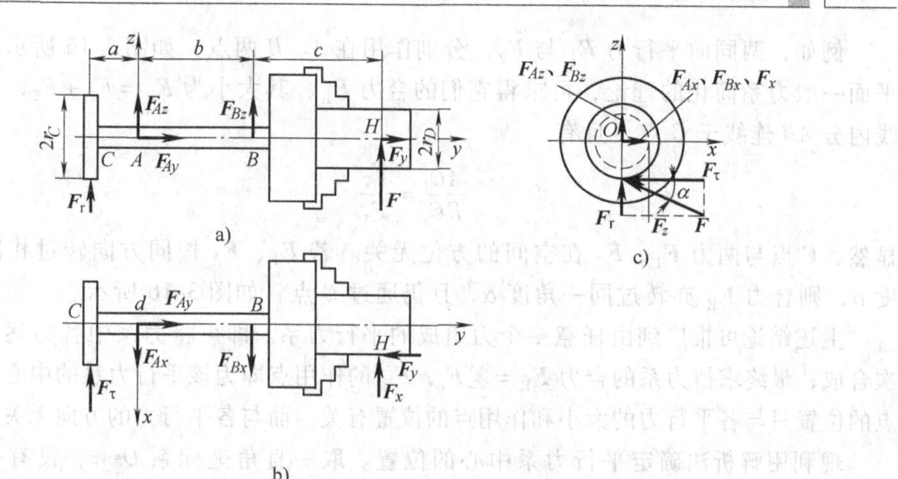

图　3-15

在图 3-15a 中，由平衡方程可知

$$\sum F_y = 0,\ F_{Ay} - F_y = 0$$
$$\sum F_z = 0,\ F_{Az} + F_{Bz} + F_r + F_z = 0$$
$$\sum M_A(\boldsymbol{F}) = 0, F_z(b+c) + F_{Bz}b - F_r a = 0$$

上述三个方程与例 3-5 中由 $\sum F_y = 0$，$\sum F_z = 0$，$\sum M_x(\boldsymbol{F}) = 0$ 得出的方程是一样的。

在图 3-15b 中，有

$$\sum F_x = 0, F_{Ax} + F_{Bx} - F_x - F_\tau = 0$$
$$\sum M_A(\boldsymbol{F}) = 0, F_x(b+c) - F_y r_D - F_{Bx}b - F_\tau a = 0$$

这与上例中根据 $\sum F_x = 0$，$\sum M_z(\boldsymbol{F}) = 0$ 得出的结果相同。

同理，在图 3-15c 中，有

$$\sum M_O(\boldsymbol{F}) = 0,\ F_\tau r_C - F_z r_D = 0$$

即为上例得出的相同的平衡方程。

应当特别指出的是，在画投影图时，必须特别注意力在三个视图之间的关系，不要把力的方向画错。

对空间任意力系而言，只有六个平衡方程，可用来求解六个未知量。转化为三个平面任意力系后，如前所述，总共可列出九个平衡方程，然而，不难看出，独立的方程数仍然只有六个，因而仍然只能求解六个未知量。

第四节　平行力系的中心与重心

一、平行力系的中心

平行力系的中心，即为平行力系合力的作用点。

例如，两同向平行力 $\boldsymbol{F}_1$ 与 $\boldsymbol{F}_2$，分别作用在 A、B 两点，如图 3-16 所示。利用平面一般力系简化的理论，可求得它们的合力 $\boldsymbol{F}_R$，其大小为 $F_R=F_1+F_2$，其作用线内分 AB 连线于 C 点，且有

$$\frac{AC}{BC}=\frac{F_2}{F_1}$$

显然，C 点与两力 $\boldsymbol{F}_1$、$\boldsymbol{F}_2$ 在空间的方位无关。若 $\boldsymbol{F}_1$、$\boldsymbol{F}_2$ 按同方向转过相同的角度 α，则合力 $\boldsymbol{F}_R$ 亦转过同一角度 α，且仍通过 C 点，如图 3-16 所示。

上述结论可推广到由任意多个力组成的平行力系。即可将力系中各力逐个地顺次合成，最终求得力系的合力 $\boldsymbol{F}_R=\sum\boldsymbol{F}_i$，$\boldsymbol{F}_R$ 的作用点即为该平行力系的中心，且此点的位置只与各平行力的大小和作用点的位置有关，而与各平行力的方向无关。

现利用解析法确定平行力系中心的位置。取一直角坐标系 $Oxyz$，设有一空间平行力系 $\boldsymbol{F}_1$，$\boldsymbol{F}_2$，…，$\boldsymbol{F}_n$ 平行于 z 轴，各力作用点的坐标为（x_i，y_i，z_i）（$i=1$，2，…，n），而平行力系中心 C 点的坐标为（x_C，y_C，z_C），如图 3-17 所示。根据合力矩定理，有

$$M_x(\boldsymbol{F}_R)=\sum M_x(\boldsymbol{F})，\text{或 } F_R y_C=\sum Fy$$
$$M_y(\boldsymbol{F}_R)=\sum M_y(\boldsymbol{F})，\text{或 } F_R x_C=\sum Fx$$

再利用平行力系中心的性质，将各力按相同转向转到与 y 轴平行，同理，有

$$F_R z_C=\sum Fz$$

于是，得平行力系中心 C 点的坐标公式为

$$\left.\begin{aligned}x_C&=\frac{\sum Fx}{F_R}\\y_C&=\frac{\sum Fy}{F_R}\\z_C&=\frac{\sum Fz}{F_R}\end{aligned}\right\}\tag{3-21}$$

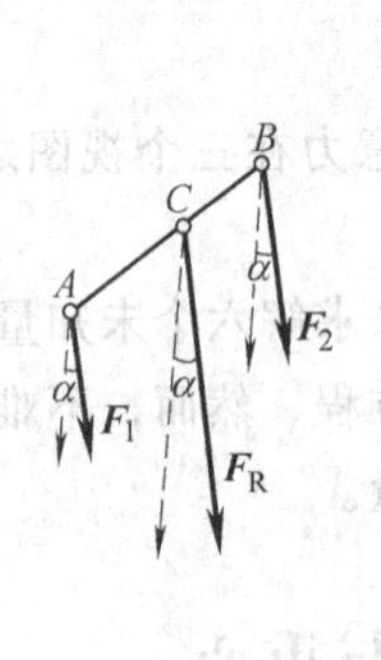

图 3-16

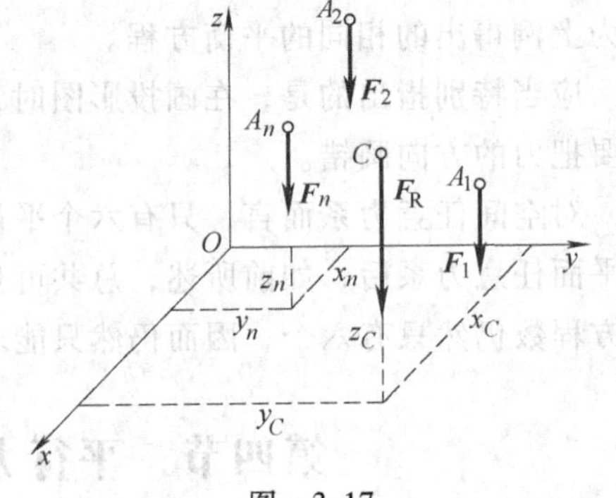

图 3-17

二、重心

物体的重心是平行力系中心的特例。放置在地球表面附近的物体，每一部分都

受到地心的重力作用，由于地球半径比物体的尺寸大得多，因此，物体各部分所受的重力组成了一平行力系，此力系的合力即为物体整体所受的重力，重力的作用点称为物体的**重心**。显然，无论物体如何放置，其重心总是确定的点。

重心的位置可由平行力系中心的坐标公式来确定。设物体各微小部分的重力为 $\Delta \boldsymbol{P}_i$（$i=1, 2, \cdots$），则物体整体的重力为 $\boldsymbol{P}$，其大小为 $P=\sum \Delta P_i$，物体重心 C 的坐标公式为

$$\left.\begin{aligned} x_C &= \frac{\sum \Delta P x}{P} \\ y_C &= \frac{\sum \Delta P y}{P} \\ z_C &= \frac{\sum \Delta P z}{P} \end{aligned}\right\} \tag{3-22}$$

对于均质物体，设其密度为 ρ，则 $\Delta P=\rho \Delta V g$，$P=\rho V g$，其中 ΔV、V 分别为物体微小部分及整体的体积。于是，式（3-22）可写成

$$\left.\begin{aligned} x_C &= \frac{\sum \Delta V x}{V} \\ y_C &= \frac{\sum \Delta V y}{V} \\ z_C &= \frac{\sum \Delta V z}{V} \end{aligned}\right\} \tag{3-23}$$

此即为物体形心的坐标公式。可见，对于均质物体，重心和形心是重合的。式（3-23）也可写成积分的形式，即

$$\left.\begin{aligned} x_C &= \frac{\int_V x \mathrm{d}V}{V} \\ y_C &= \frac{\int_V y \mathrm{d}V}{V} \\ z_C &= \frac{\int_V z \mathrm{d}V}{V} \end{aligned}\right\} \tag{3-24}$$

对于均质等厚的薄壳（板），设其表面积为 A，由于厚度极小，则式（3-23）可写成

$$\left.\begin{aligned} x_C &= \frac{\sum \Delta A x}{A} \\ y_C &= \frac{\sum \Delta A y}{A} \\ z_C &= \frac{\sum \Delta A z}{A} \end{aligned}\right\} \tag{3-25}$$

或

$$\left.\begin{aligned} x_C &= \frac{\int_A x\mathrm{d}A}{A} \\ y_C &= \frac{\int_A y\mathrm{d}A}{A} \\ z_C &= \frac{\int_A z\mathrm{d}A}{A} \end{aligned}\right\} \tag{3-26}$$

对于均质线段，设其长度为 L，类似地可得其重心坐标公式为

$$\left.\begin{aligned} x_C &= \frac{\sum \Delta l x}{L} \\ y_C &= \frac{\sum \Delta l y}{L} \\ z_C &= \frac{\sum \Delta l z}{L} \end{aligned}\right\} \tag{3-27}$$

或

$$\left.\begin{aligned} x_C &= \frac{\int_L x\mathrm{d}l}{L} \\ y_C &= \frac{\int_L y\mathrm{d}l}{L} \\ z_C &= \frac{\int_L z\mathrm{d}l}{L} \end{aligned}\right\} \tag{3-28}$$

求物体重心时，需注意：

（1）利用物体的对称性求重心　很多常见的物体往往具有一定的对称性，如具有对称面、对称轴或对称中心，此时，重心必在物体的对称面、对称轴或对称中心上。

（2）组合体的重心求法　工程中有很多物体都可视为由若干简单形状的物体组合而成的，即所谓组合体，可用组合法或负面积法求其重心的位置。若组合体中每一简单形体的重心是已知的，则整个组合体的重心可用有限和形式的重心坐标公式求出。现以例题加以说明。

例 3-6　不等边角钢的截面近似地简化如图 3-18 所示，试求其形心，已知 $a=75\text{mm}$，$b=50\text{mm}$，$d=10\text{mm}$。

解　将该图形分成 1 及 2 两个矩形。取坐标系如图 3-18 所示，于是

$$A_1 = 10 \times 75\text{mm}^2 = 750\text{mm}^2$$

$$x_1 = 5\text{mm}, y_1 = 37.5\text{mm}$$

$$A_2 = 10 \times 40\text{mm}^2 = 400\text{mm}^2$$

$$x_2 = 30\text{mm}, y^2 = 5\text{mm}$$

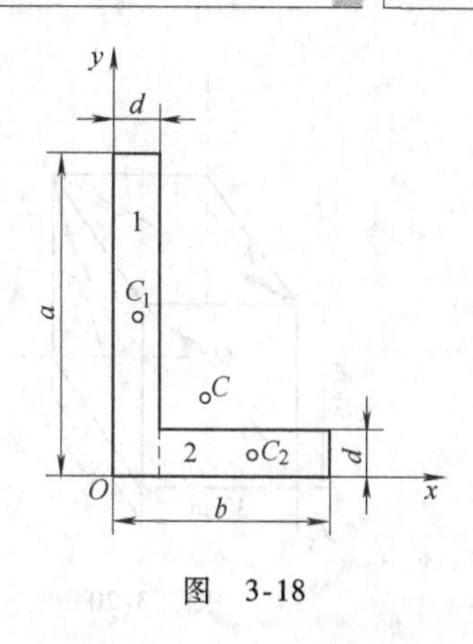

图　3-18

则形心坐标为

$$x_C = \frac{x_1 A_1 + x_2 A_2}{A_1 + A_2} = 13.7\text{mm}$$

$$y_C = \frac{y_1 A_1 + y_2 A_2}{A_1 + A_2} = 26.2\text{mm}$$

在上例中，角钢的截面是由两部分相加而成的，其形心可根据两矩形的形心，利用有限和公式（3-25）求出。若在物体或图形内切去一部分，则仍可应用与上例相同的公式来求其重心，只是切去部分的体积或面积应视为负值。

例 3-7　半径为 R 的圆面有一圆孔，孔的半径为 r，如图 3-19 所示，两圆中心的距离为 $OO'=a$，求图形的重心位置。

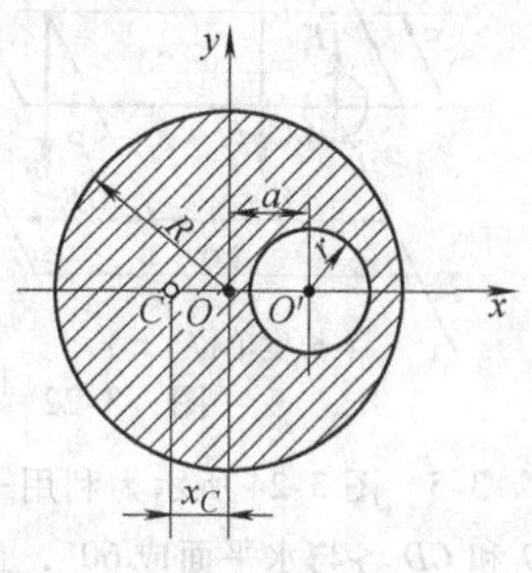

图　3-19

解　将图形看作由两部分组成：半径为 R 的大圆面和半径为 r 的小圆面。后者是切去部分，故其面积为负值。

取大圆中心为坐标原点，令 x 轴通过两圆的中心，利用对称性，应有 $y_C=0$，则

$$x_C = \frac{A_1 x_1 - A_2 x_2}{A_1 - A_2} = \frac{\pi R^2 0 - \pi r^2 a}{\pi R^2 - \pi r^2} = -\frac{ar^2}{R^2 - r^2}$$

即图形的重心 C 应在点 O 的左边。

习　题

3-1　立方体上作用各力如图 3-20 所示，各力大小为 $F_1=50\text{N}$，$F_2=100\text{N}$，$F_3=70\text{N}$。试分别计算这三个力在 x、y、z 轴上的投影及对这三个坐标轴的矩。

3-2　如图 3-21 所示，长方形板 $ABCD$ 的宽度为 a，长度为 b，重力为 $\boldsymbol{P}$，在 A、B、C 三点用三个铰链杆悬挂于固定点，使板保持水平位置。求此三杆的内力。

3-3　图 3-22 所示为一辆三轮货车的简图，自重为 $P_1=8\text{kN}$，载重 $P_2=10\text{kN}$，其作用点如图所示，而 P_2 作用在 B、C 两轮连线上。求地面对三个轮子的约束力。图中长度单位为 m。

3-4　图 3-23 所示空间构架由三根直杆组成，在 D 端用球铰链连接，A、B 和 C 端则用铰链固定在水平地面上。如果挂在 D 端的物重为 $P=10\text{kN}$，试求铰链 A、B 和 C 的约束力。设各杆自重不计。

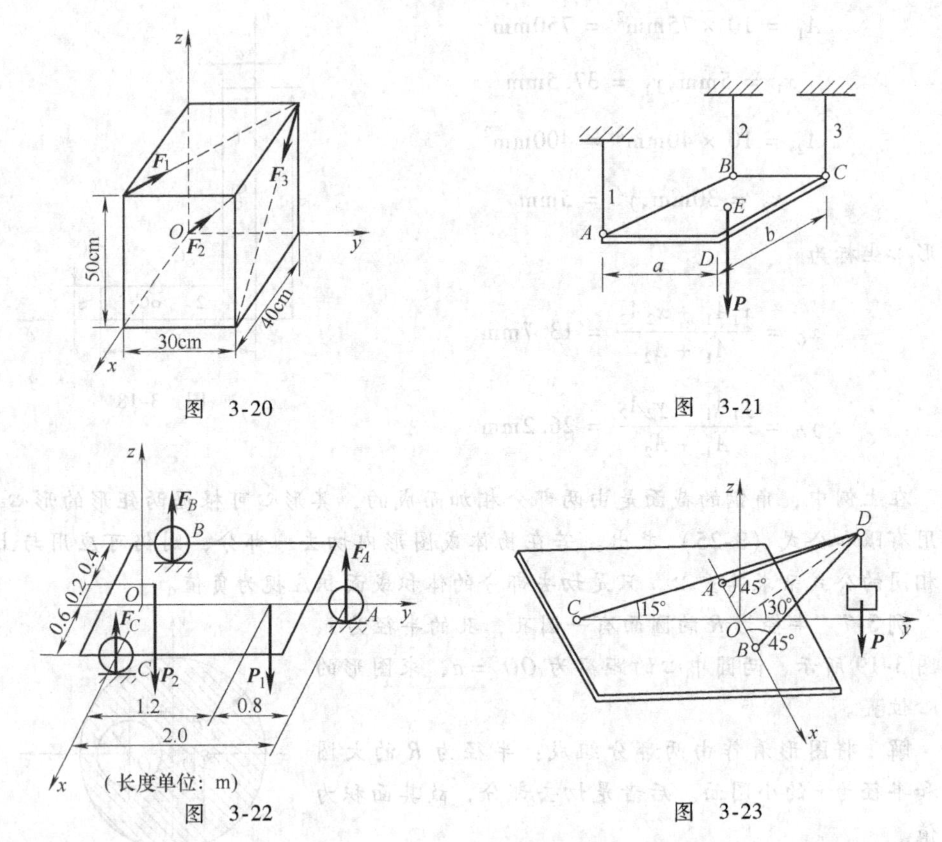

图 3-20

图 3-21

图 3-22

图 3-23

3-5 图3-24所示为利用三角架 $ABCD$ 和铰车 E 提升重物的装置简图。三只等长的支脚 AD、BD 和 CD 各与水平面成60°，且 $AB=BC=CA$。绳索 DE 与水平面也成60°。设吊重 $P=30\text{kN}$，三角架各杆重量忽略不计，求三角架每只支脚所受之力。

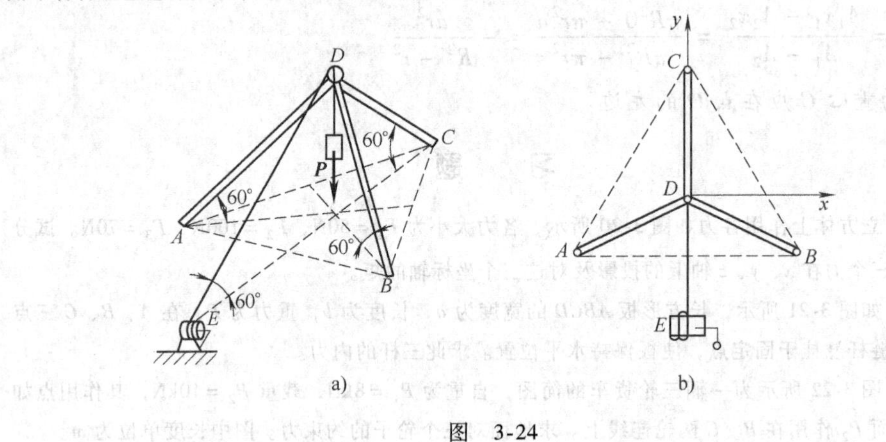

图 3-24

3-6 图3-25所示为六根杆支持一水平板，在板角受铅垂力 $\boldsymbol{P}$ 作用。求由力 $\boldsymbol{P}$ 所引起的各杆的内力。板及杆的自重不计。

3-7 长度相等的两直杆 AB 和 CD，在中点 E 以铰链连接，使两杆互成直角。两杆的 A、C

端各用球铰链固结在铅垂墙上，并用绳子 BF 吊住 B 端，使两杆维持在水平位置，如图 3-26 所示。绳子的另一端挂在钉子 F 上，F 和 C 点的连线沿铅垂方向，并且绳子的倾角 $\angle FBC=45^\circ$。在杆的 D 端挂一物体重 $P=250\text{N}$，杆重不计。求绳的张力及支座 A、C 的约束力。

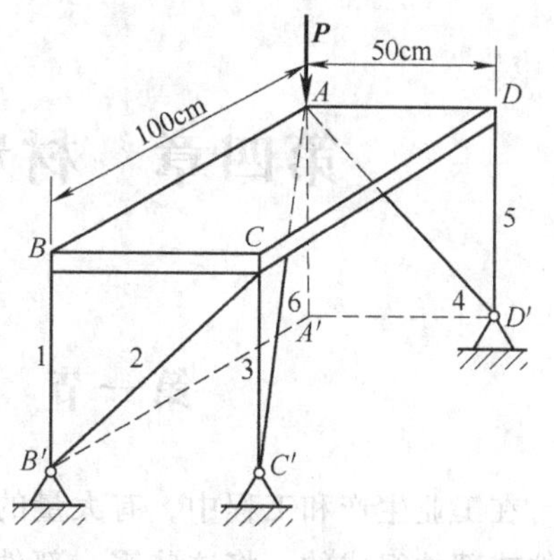

图　3-25

3-8　如图 3-27 所示，均质矩形板 $ABCD$ 重量为 $P=100\text{N}$，由球铰链 A 和三根无重杆 1、2、3 支撑于水平位置。C、D、E、H、K 都是球铰链，AE、BH、CK 都是铅垂线。已知沿 CD 边作用的力 $F=30\text{N}$，$\alpha=\beta=\gamma=30^\circ$。求三根杆所受的力和铰链 A 的约束力。

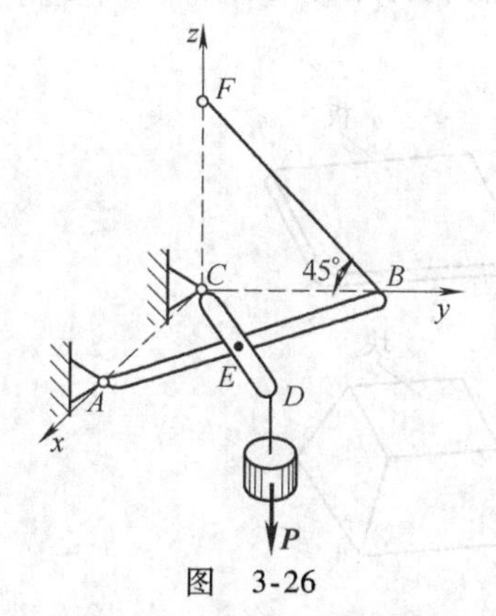

图　3-26

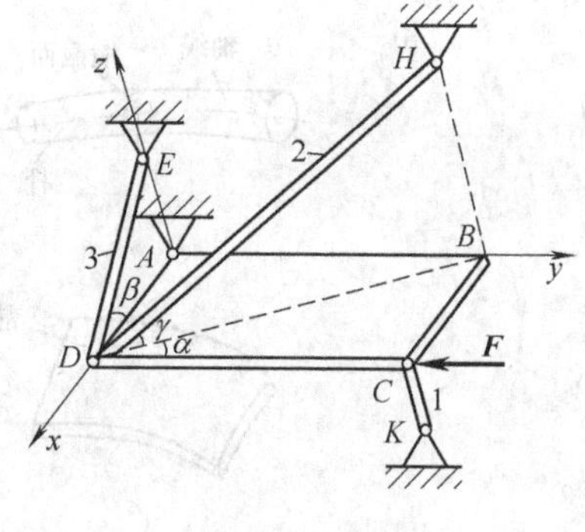

图　3-27

3-9　如图 3-28 所示，水平传动轴装有两带轮 C、D，可绕 AB 轴转动。带轮的半径各为 $r_1=20\text{cm}$ 和 $r_2=25\text{cm}$，带轮与轴承间的距离为 $a=b=50\text{cm}$，两带轮间的距离为 $c=100\text{cm}$。套在 C 轮上的传送带是水平的，其张力为 $F_1=2F_2=5000\text{N}$，套在 D 轮上的传送带和铅垂线成角 $\alpha=30^\circ$，其张力为 $F_3=2F_4$。求在平衡情况下，张力 F_3 与 F_4 之值，并求由传送带张力所引起的轴承 A、B 的约束力。

3-10　图 3-29 所示水平轴 AB 作等速转动，其上装有齿轮 C 及带轮 D。已知传送带紧边的拉力为 200N，松边的拉力为 100N，尺寸如图所示。求啮合力 F 及轴承 A、B 的约束力。

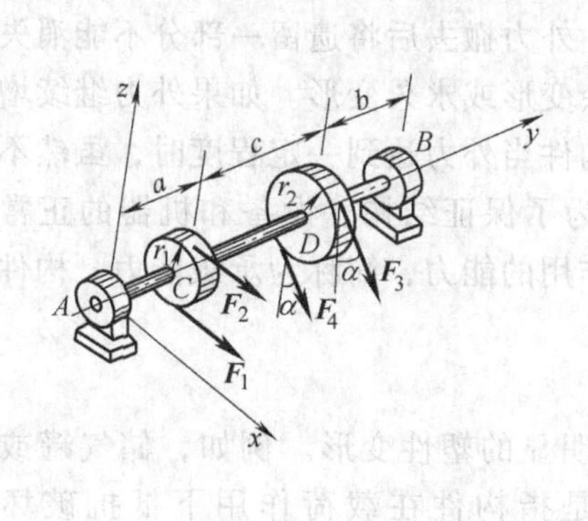

图　3-28

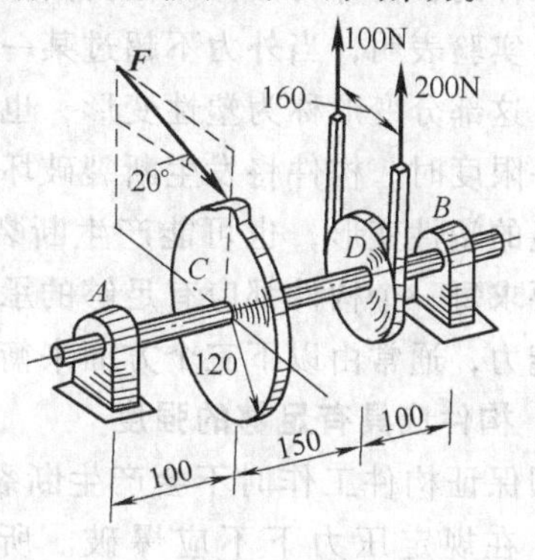

图　3-29

第四章　材料力学的基本概念

第一节　材料力学的任务

在工业生产和工程中，有大量的结构物、设备和机器。它们都是由各式各样的零件或部件组成的。将这些零、部件的形状适当简化后，统称为**构件**。它是用以组成结构物、设备和机器的元件。按其几何形状可将构件划分为杆、板、壳、块等四类（图 4-1）。

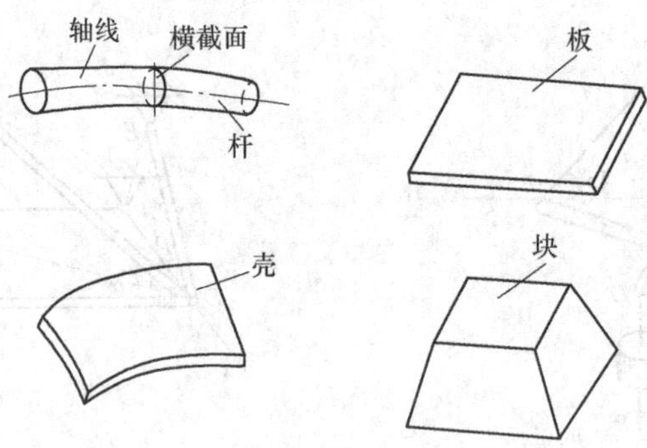

图　4-1

材料力学研究的主要对象是杆件。杆的几何形状特征是，轴线（横截面形心的连线）的长度远大于横截面（与轴线垂直的截面）的尺寸（如高、宽、直径等）。轴线为直线的杆称为直杆。轴线为曲线的杆称为曲杆。

结构物、设备和机器工作时，构件将受到一定的载荷作用。尽管构件的材料是各式各样的，但都为固体。任何固体在载荷作用下会产生形状和尺寸的改变，称为变形。实验表明，当外力不超过某一限度时，外力撤去后将遗留一部分不能消失的变形，这部分变形称为塑性变形，也称为残余变形或永久变形。如果外力继续增大到某一限度时，构件将发生断裂破坏。某些构件当外力达到一定程度时，虽然不呈现明显的塑性变形，也可能产生断裂破坏。为了保证结构、设备和机器的正常工作，要求每一个构件都应有足够的承受载荷作用的能力，简称为承载能力。构件的承载能力，通常由以下三个方面来衡量。

1. 构件应具有足够的强度

即保证构件工作时不会产生断裂破坏或明显的塑性变形。例如，储气罐或氧气瓶，在规定压力下不应爆破。所谓**强度**是指构件在载荷作用下抵抗破坏的能力。

2. 构件应具有足够的刚度

指某些构件的变形，不能超过正常工作允许的限度。如果构件变形过大，会影响其正常工作。例如，机床主轴变形过大时，将影响工件的加工精度。又如，图4-2a所示的齿轮轴的变形过大时，将使轴上的一对齿轮啮合情况恶化，并引起轴承的不均匀磨损（图4-2b）。因而，所谓**刚度**是指构件在载荷作用下抵抗变形的能力。

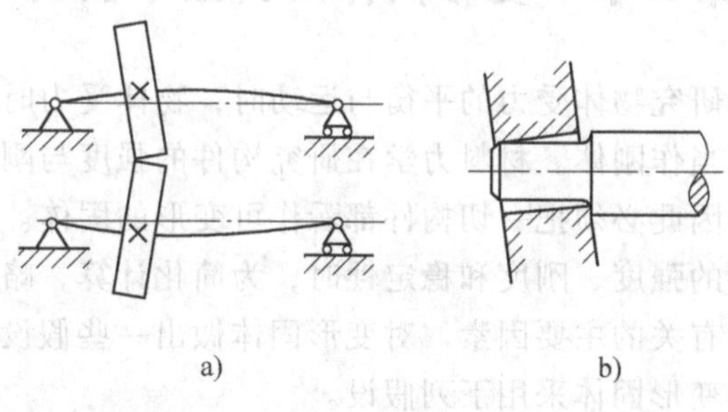

图　4-2

3. 构件应具有足够的稳定性

工程上有些细长的直杆，例如，图4-3所示的千斤顶的螺杆、液压装置的活塞杆等，在轴向压力作用下，有可能被压弯而丧失工作能力。为了保证其正常工作，要求这类杆件始终保持直线形式，亦即要求原有的直线平衡形态保持不变。所谓**稳定性**是指构件保持其原有平衡形态的能力。

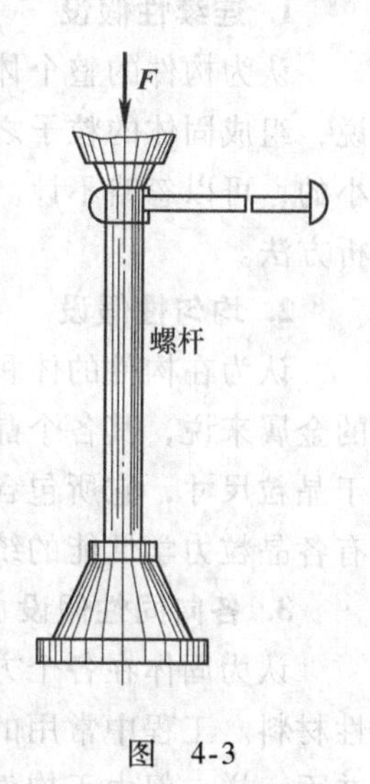

图　4-3

为了保证构件具有足够的强度、刚度和稳定性，在设计构件时必须选用适宜的材料、合理的截面形状和尺寸。否则或者造成结构笨重浪费材料，或者满足不了强度、刚度和稳定性的要求。因此，在材料力学中将研究构件在外力作用下变形和破坏的规律，在满足强度、刚度和稳定性的要求下，以最经济的代价，为构件确定合理的形状和尺寸，选择适宜的材料，为构件设计提供必要的理论基础和计算方法。这就是材料力学的基本任务。

实际工程问题中，一般来说，构件都应有足够的强度、刚度和稳定性。但就一个具体构件而言，对上述三项要求往往有所侧重，有些构件只需满足其中一项或两项，有些构件则需满足三项要求。例如，氧气瓶以强度要求为主，车床主轴以刚度要求为主，而千斤顶中的螺杆以稳定性要求为主。此外，对某些特殊构件，还往往有相反的要求。例如，为了保证机器不致因超载而造成重大事故，当载荷到达某一限度时，要求安全销应立即破坏。又如，车辆中的缓冲弹簧，在保证强度要求的情况下，又力求有较大的变形，以发挥其缓冲作用。

构件的强度、刚度和稳定性与材料的力学性能（材料在外力作用下表现出的变形和破坏等方面的特性）有关。材料的力学性能需通过试验来测定。材料力学中的一些理论分析方法，大多是在某些假设条件下得到的，是否可靠，还要由试验进行验证。此外，还有些问题尚无理论分析结果，也需借助试验的方法来解决。因此材料力学是一门理论与试验相结合的学科。

第二节　变形固体及其基本假设

在理论力学中，研究物体受力的平衡与运动时，物体受力时的微小变形是个次要因素，可以把物体当作刚体。材料力学在研究构件的强度与刚度问题时，物体的变形是个主要因素，因此必须把一切构件都看作可变形的固体。变形固体的性质是多方面的，研究构件的强度、刚度和稳定性时，为简化计算，略去材料的一些次要性质，并根据与问题有关的主要因素，对变形固体做出一些假设，将其抽象成理想模型。材料力学中对变形固体采用下列假设。

1. 连续性假设

认为构件的整个体积内，均毫无空隙地充满了物质。实际上，从物质结构来说，组成固体的粒子之间并不连续。但它们之间的空隙与构件的尺寸相比是极其微小的，可以忽略不计。基于这种连续性假设，就可以对连续介质采用无穷小量的分析方法。

2. 均匀性假设

认为在构件的体积内，各处的力学性能完全相同。实际上，就工程上使用最多的金属来说，其各个晶粒的力学性能，并不完全相同。但因固体构件的尺寸远远大于晶粒尺寸，它所包含的晶粒为数极多，而且是无规则地排列着，其力学性能是所有各晶粒力学性能的统计平均值。可以认为构件内各部分的性能是均匀的。

3. 各向同性假设

认为固体在各个方向上的力学性能完全相同。具备这种属性的材料称为各向同性材料。工程中常用的金属材料，就其单个晶粒来说，在不同方向上，其力学性能并不一样。但由于构件中所含晶粒数目极多，而且它们又是杂乱无章地排列着，这样就使各个方向上的力学性能的统计平均值接近相同了。因此，仍可将金属看成是各向同性材料。铸钢、铸铜和玻璃等都可认为是各向同性材料。此外，还有一些材料，它们的力学性能有明显的方向性，如胶合板和木材等。

4. 小变形假设

固体在外力作用下产生变形，按其变形的大小可划分为大变形和小变形两类问题。但材料力学所研究的问题，限于变形的大小远小于构件原始尺寸的情况，称这类问题为小变形问题。这样，在研究构件的平衡和运动时，可以不计其变形，而按变形前的原始尺寸进行分析计算。例如，图 4-4a 所示的三角形支架，在节点 A 受力 $\boldsymbol{F}$ 作用。AB 和 AC 杆因受力而发生变形，使支架的几何形状和外力位置均发生变化，节点 A 移至 A'，两杆夹角 α 变为 α'。但是，由于 A 点的位置变化量 δ_1 和 δ_2 都远小于杆的长度，所以在计算各杆受力时，仍按支架变形前的几何形状和尺寸进行计算。即在对节点 A 列静力平衡方程时，仍用 α 角，而不用 α'角（图 4-4b）。

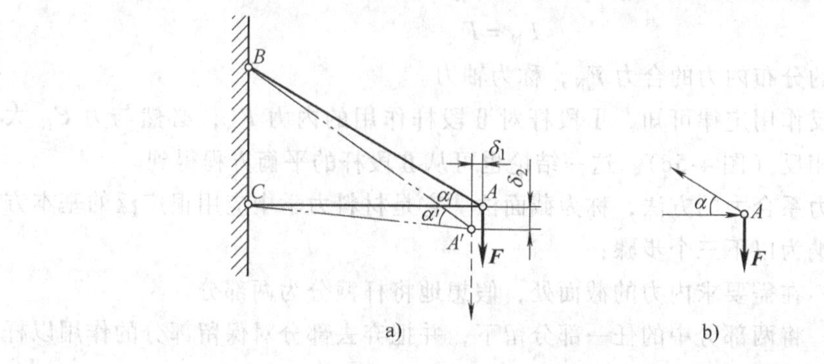

图　4-4

今后将经常使用小变形的概念以简化分析计算。如果构件变形过大，超出小变形条件，一般不在材料力学中讨论。在材料力学中，主要研究材料在弹性范围内的受力性质。

第三节　内力　截面法　应力　应变

在静力学中，对构件进行受力分析时，曾根据已知的载荷，应用静力平衡方程求出构件上所有的支座约束力。这些载荷和支座约束力，都是整个构件以外其他物体对构件的作用力，统称为外力。

但在材料力学中讨论构件的强度和刚度等问题时，要判断构件是否安全或决定构件的尺寸和选择材料，仅知道构件上的外力是不够的，还必须研究其内力。

一、内力的概念

内力是指构件内部各部分之间的相互作用力。构件在受外力之前，内部各相邻质点之间，已存在着相互间的作用力。材料力学中所指的内力，则是指构件在外力作用下引起的内部相互作用力的变化量，称为附加内力。这种附加内力随着外力的增加而增大，到达某一限度时就会引起构件的破坏，因而它与构件的强度是密切相关的。

二、截面法

为了显示和确定内力，可应用截面法。现以两端受轴向拉力 $\boldsymbol{F}$ 作用的直杆为例说明求内力的方法。欲求任一横截面 m-m 上的内力，可用一个假想的截面将杆件在 m-m 处截分为Ⅰ、Ⅱ两段（图 4-5a），留下一部分例如Ⅰ，弃去另一部分Ⅱ，弃去部分对保留部分的作用，用内力来代替（图 4-5b）。根据连续性假设，部分Ⅱ作用于部分Ⅰ的内力，沿横截面连续分布，图 4-5b 中的力 $\boldsymbol{F}_{\mathrm{N}}$ 就是分布内力系的

合力。由于整个杆件处于平衡状态，因此，被截开的任一部分也必然处于平衡状态。根据保留部分的平衡方程

$$\sum F_x = 0,\quad F_N - F = 0$$

得

$$F_N = F$$

沿杆轴线作用的分布内力的合力 $\boldsymbol{F}_N$，称为轴力。

由作用与反作用定律可知，Ⅰ段杆对Ⅱ段杆作用的内力 $\boldsymbol{F}'_N$，必然与力 $\boldsymbol{F}_N$ 大小相等、方向相反（图 4-5c）。这一结论也可从Ⅱ段杆的平衡方程得到。

上述求内力系合力的方法，称为截面法。它是材料力学中应用很广泛的基本方法，可将其归纳为以下三个步骤：

（1）**截开** 在需要求内力的截面处，假想地将杆截分为两部分。

（2）**代替** 将两部分中的任一部分留下，并把弃去部分对保留部分的作用以杆在截开面上的内力（力或力偶）代替。

（3）**平衡** 建立保留部分的平衡方程，根据其上的已知外力计算杆在截开面上的未知内力系的合力。

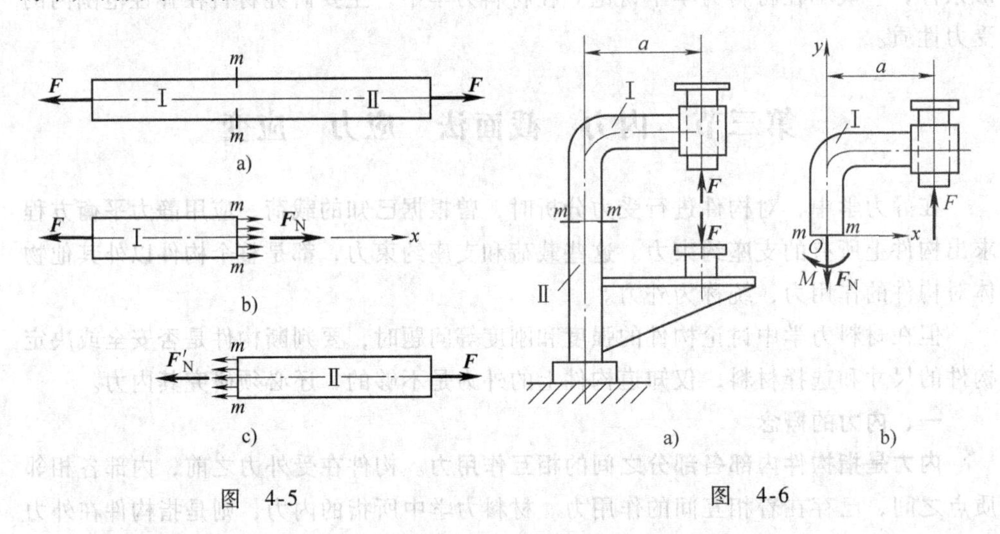

图 4-5　　　　图 4-6

例 4-1 图 4-6a 所示为一台钻床。钻孔时，钻头受到 $F = 15\text{kN}$ 的压力，$\boldsymbol{F}$ 力作用线到立柱轴的距离 $a = 0.4\text{m}$。试求钻床立柱横截面 m-m 上的内力。

解 沿 m-m 截面假想地将钻床分成两部分。取 m-m 截面以上部分Ⅰ进行研究（图 4-6b），并以截面的形心 O 为原点，选取坐标系如图 4-6b 所示。外力 $\boldsymbol{F}$ 将使部分Ⅰ沿 y 轴方向位移，并绕 O 点转动，m-m 截面以下部分Ⅱ必然以内力 $\boldsymbol{F}_N$ 及 M 作用于截面上，以保持上部的平衡。这里 $\boldsymbol{F}_N$ 为通过 O 点的力，M 为对 O 点的力矩。

由平衡方程

$$\sum F_y = 0,\quad F - F_N = 0$$

$$\sum M_O=0,\ Fa-M=0$$

由此求得内力 F_N 和 M 为

$$F_N=F=15\text{kN}$$

$$M=Fa=(15\times0.4)\ \text{kN}\cdot\text{m}=6\text{kN}\cdot\text{m}$$

必须指出，在采用截面法之前不允许对外力任意使用力的可传性原理，也不能随意移动力偶。这是因为将外力移动后，内力及变形也会随之改变。

三、应力

在确定了杆件内力的大小和方向后，还不能立即解决杆件的强度问题。根据实践经验，材料相同、横截面面积不等的两根直杆，在相同的轴向拉力作用下，随着拉力的增加，细杆必然先被拉断，尽管两杆轴力相同。这说明杆件的强度，不仅与轴力大小有关，还与杆件的横截面面积有关。

在例 4-1 中，内力 $\boldsymbol{F}_N$ 和 M 是 m-m 截面上分布内力系向 O 点简化后的结果。用它们可以说明 m-m 截面以上部分的内力和外力的平衡关系，但不能说明**分布内力系在截面内某一点处的强弱程度**。为此，我们引入内力集度的概念。

设在图 4-7a 所示受力构件的 m-m 截面上，围绕 C 点取微小面积 ΔA（图 4-7b），ΔA 上的内力的合力为 $\Delta\boldsymbol{F}$，则在 ΔA 上的内力平均集度为

$$\boldsymbol{p}_m=\frac{\Delta\boldsymbol{F}}{\Delta A}$$

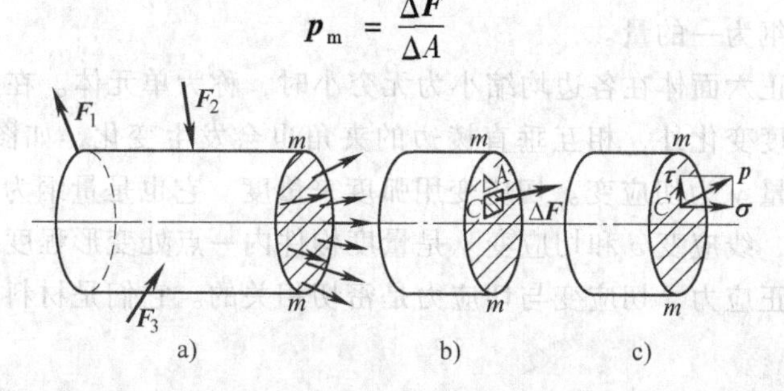

图　4-7

称 $\boldsymbol{p}_m$ 为 ΔA 上的平均应力。一般来说，m-m 截面的内力并不是均匀分布的，如果所取微面积 ΔA 越小，则 $\boldsymbol{p}_m$ 就越能准确表示 C 点所受内力的密集程度。当 ΔA 趋于零时，其极限值定义为 C 点的全应力，即

$$\boldsymbol{p}=\lim_{\Delta A\to0}\frac{\Delta\boldsymbol{F}}{\Delta A}=\frac{\mathrm{d}\boldsymbol{F}}{\mathrm{d}A}\tag{4-1}$$

$\boldsymbol{p}$ 是一个矢量，一般情况下，它既不与截面垂直，也不与截面相切。通常可将 $\boldsymbol{p}$ 分解成与截面垂直、相切的两个分量 $\boldsymbol{\sigma}$ 和 $\boldsymbol{\tau}$（图 4-7c）。称垂直截面的分量 $\boldsymbol{\sigma}$ 为正应力，称与截面相切的应力分量 $\boldsymbol{\tau}$ 为切应力。由于材料力学主要研究力、力偶矩等量的大小，所以为简便起见，本书后面在不致引起混淆的情况下不再用矢量符号表示它们。

在我国法定计量单位中，应力的单位是 N/m^2，称为帕斯卡或简称为帕（Pa）。

工程中常用单位为 kPa、MPa、GPa，它们的关系如下：

$$1\text{Pa}=1\text{N/m}^2,\ 1\text{kPa}=10^3\text{Pa}$$
$$1\text{MPa}=10^6\text{Pa},\ 1\text{GPa}=10^9\text{Pa}$$

四、线应变与切应变

为了研究构件截面上内力分布规律，必须对构件内一点处的变形做深入研究。

设想将构件分割成无数个如图 4-8a 所示的微小正六面体，在外力作用下这些微小正六面体的边长必将发生变化。例如，图 4-8a 所示为从受力构件的某一点 C 的周围取出的一个正六面体，其与 x 轴平行的棱边 ab 的原长为 Δx。变形后 ab 边的长度变为（$\Delta x+\Delta u$），Δu 称为 ab 的绝对变形（图 4-8b）。为量度一点处变形强弱的程度，现引入应变的概念。若 ab 长度内各点处的变形程度相同，则比值

$$\varepsilon=\frac{\Delta u}{\Delta x} \tag{4-2}$$

表示 ab 长度内每单位长的伸长或缩短，称 ε 为线应变。若在 ab 长度内各点处的变形程度并不相同，为了确定 C 点的线应变，使微小正六面体的边长无限缩小，C 点的线应变定义为当 Δx 趋近于零时的极限值，即

$$\varepsilon=\lim_{\Delta x\to 0}\frac{\Delta u}{\Delta x}=\frac{\mathrm{d}u}{\mathrm{d}x} \tag{4-3}$$

线应变 ε 是量纲为一的量。

上述微小正六面体在各边均缩小为无穷小时，称为单元体。在变形过程中，单元体除棱边长度变化外，相互垂直棱边的夹角也会发生变化，如图 4-8c 所示。称其夹角的改变量 γ 为切应变。切应变用弧度来量度。它也是量纲为一的量。

综上所述，线应变 ε 和切应变 γ 是量度构件内一点处变形程度的两个基本物理量。线应变与正应力，切应变与切应力是密切相关的。它们是材料力学中最基本最重要的概念。

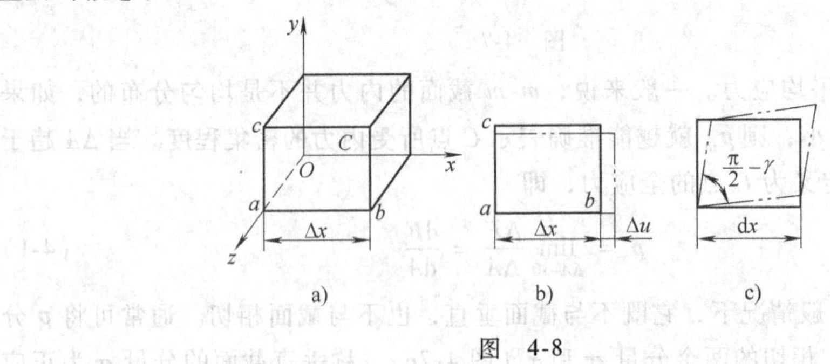

图 4-8

第四节 杆件变形的基本形式

工程中有很多构件都可简化为杆件，如发动机的连杆、传动轴、立柱、丝杆、

吊钩等。

杆件在不同形式的外力作用下，其变形形式也各不相同。但归纳起来不外乎有四种基本变形。这四种基本变形形式为：

（1）轴向拉伸或轴向压缩；

（2）剪切；

（3）扭转；

（4）弯曲。

它们的实例、受力和变形简图分别列于表 4-1。

表 4-1　杆件基本变形形式

基本变形	工程实例	受力和变形简图
轴向拉伸和轴向压缩	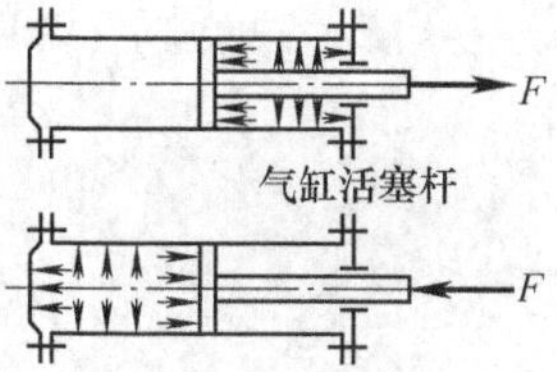 F 气缸活塞杆 F	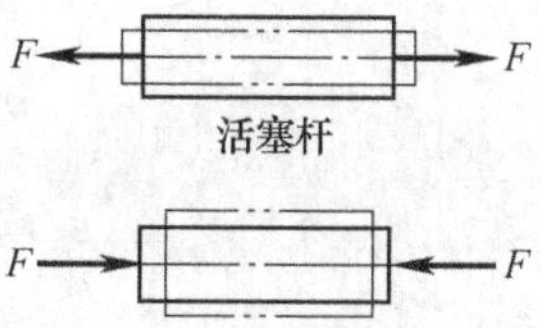 F F 活塞杆 F F
剪　切	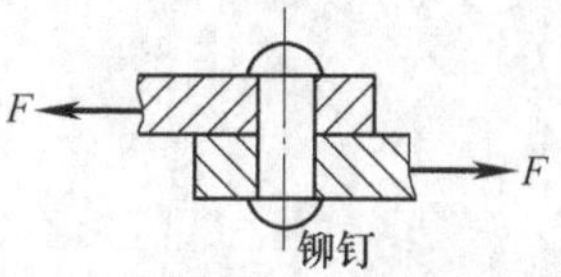 F F 铆钉	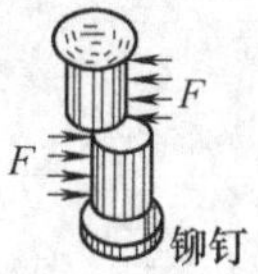 F F 铆钉
扭　转	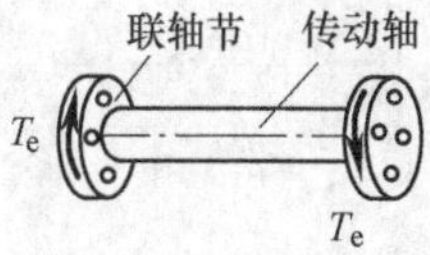 联轴节 传动轴 T_e T_e	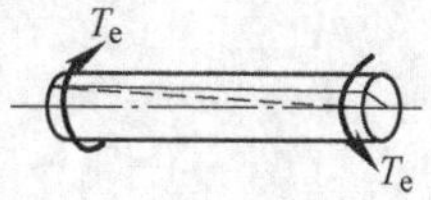 T_e T_e
弯　曲	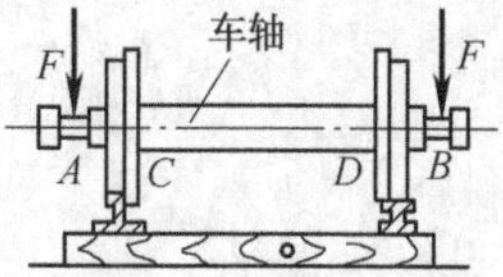 车轴 F F A C D B	 CD 段 M_e M_e

习　题

4-1　材料力学的任务是什么？何谓强度、刚度和稳定性？

4-2　在材料力学中，对变形固体做了哪些基本假设？其中均匀性假设和各向同性假设的区别是什么？

4-3　什么是截面法？应用截面法能否求出截面上内力的分布状况？为什么？

4-4　内力与应力两者有何联系？有何区别？为什么研究构件的强度必须引入应力的概念？

4-5　弹性变形与塑性变形有什么区别？

4-6　何谓正应力？何谓切应力？

4-7　试说明什么是线应变与切应变？

4-8　杆件的基本变形形式有几种？它们各有何特点？试举例说明。

4-9　在材料力学中，为什么静力等效力系在应用上要受到限制？试举一实例来说明。

第五章　拉伸与压缩

第一节　轴向拉伸与压缩的概念与实例

在机器和结构中，由于外力作用而产生拉伸或压缩变形的构件是很常见的。例如，旋臂式起重机中的杆 AB（图 5-1）、紧固法兰用的螺栓（图 5-2）和拉床的拉刀等，都是拉杆的实例。旋臂式起重机中的杆 AC（图 5-1）、气缸活塞杆（图 5-3）和桥墩等，都是压杆的实例。

将上述这些受拉与受压的杆件取出，加以简化，可得计算简图，如图 5-4a、b 所示。当两力向外作用时，产生拉伸变形；向内作用时，产生压缩变形。以上两种情况，分别称为**轴向拉伸与轴向压缩**。

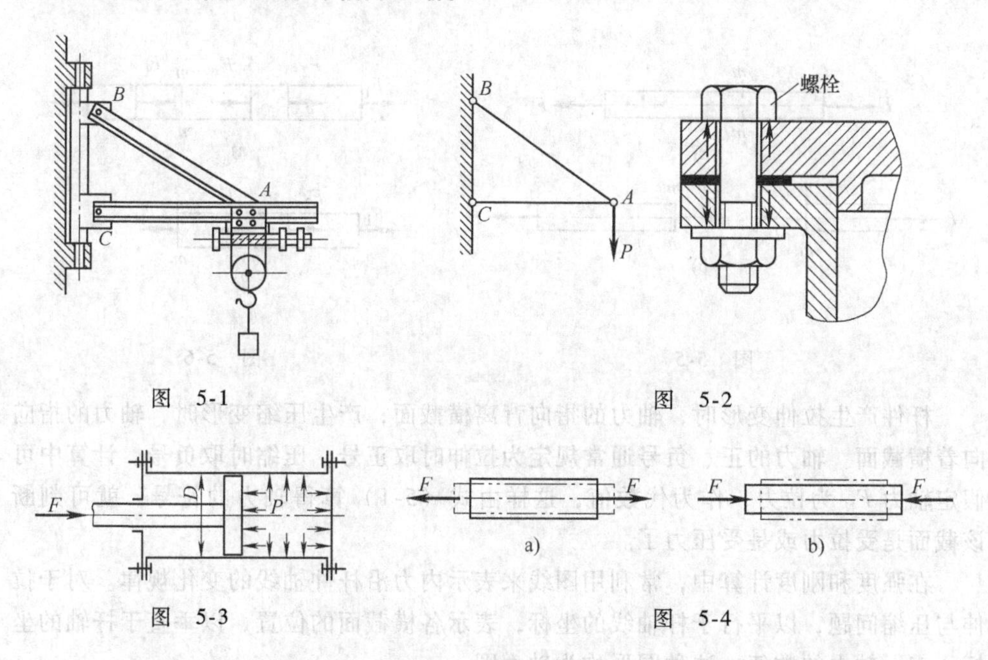

图　5-1

图　5-2

图　5-3

图　5-4

第二节　轴向拉伸与压缩时杆件的内力与应力

一、轴力

现以拉杆为例（图 5-5a），应用截面法，求 m-m 截面的内力。为此，在该截面处假想将杆截开，保留左面部分，弃去右面部分，弃去部分对保留部分的作用，以内力来代替，其合力为 F_N（图 5-5b）。由于直杆原处于平衡状态，故截开后各部分仍应保持平衡。根据保留部分的平衡条件，得

$$F_N = F$$

内力 F_N 沿杆的轴线作用,称为该杆右横截面 m-m 上的轴力。

由作用与反作用原理知，右部分杆在横截面 m-m 上的轴力 F'_N，其大小和 F_N 相等，方向与 F_N 相反（图 5-5b）。

实际问题中，对于受多个轴向外力的杆件，如图 5-6a 所示的情况，求任一横截面的轴力时，仍用截面法（图 5-6b）。如取截面 m-m 左侧部分来研究，由平衡条件可得轴力

$$F_N = F_1 + F_2 - F_3$$

或

$$F_N = \sum_{i=1}^{n} F_i \tag{5-1}$$

式（5-1）说明，横截面上的轴力 F_N，在数值上等于截面一侧各轴向外力的代数和。

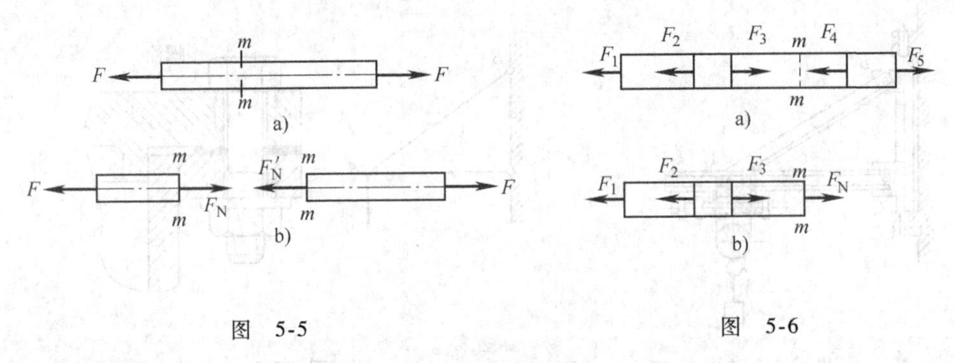

图 5-5　　图 5-6

杆件产生拉伸变形时，轴力的指向背离横截面；产生压缩变形时，轴力的指向向着横截面。轴力的正、负号通常规定为拉伸时取正号，压缩时取负号。计算中可假定轴力 F_N 为拉力，作为代数值，这样由式（5-1）算得轴力的符号，就可判断该截面是受拉力或是受压力了。

在强度和刚度计算中，常利用图线来表示内力沿杆件轴线的变化规律。对于拉伸与压缩问题，以平行于杆轴线的坐标，表示各横截面的位置，以垂直于杆轴的坐标，表示轴力的数值，这种图形称为轴力图。

二、横截面上的应力

应用截面法求得的是拉、压杆横截面上内力的合力，若判断杆件是否具有足够的强度，还必须知道横截面上各点处应力的大小和方向。这个问题，单凭静力学的原理和方法，还不能解决。为此，可先从研究杆件的变形入手。

取一等直杆，如图 5-7a 所示，拉伸前在杆的侧面上画垂直于杆轴线的直线 ab

和 cd，拉伸后发现，ab 和 cd 仍为直线，且垂直于杆轴，只是分别平行地伸至 $a'b'$ 和 $c'd'$。

根据实验中观察到的现象，可作出假设：直杆发生变形前原为平面的横截面，变形后仍保持为平面。该假设称为**平面假设**。

从几何方面考虑，由平面假设可以推想：直杆发生轴向拉伸变形时，在距外力作用位置稍远处，任意两个相邻横截面之间的一段，自表面到杆内，所有原来平行于杆轴的各纵向纤维仍平行于杆轴，且伸长相等，亦即变形相同。

再从物理方面考虑，根据材料的均匀性假设，既然所有各纵向纤维的变形相同，因此可以推断横截面上各点的应力完全相同，亦即横截面上各点只有正应力 σ，而且是均匀分布的，如图 5-7b 所示。

最后从静力学方面考虑，根据连续性假设，可假想把杆件的整个横截面面积 A 分为彼此连续的无限多个微面积 dA，作用于任一微面积上的微内力

$$dF_N = \sigma dA$$

可见，作用于各微面积上的微内力，组成一个空间平行力系。由静力学知，该平行力系的合力 F_N 等于上述无限多个微内力 dF_N 之和，即

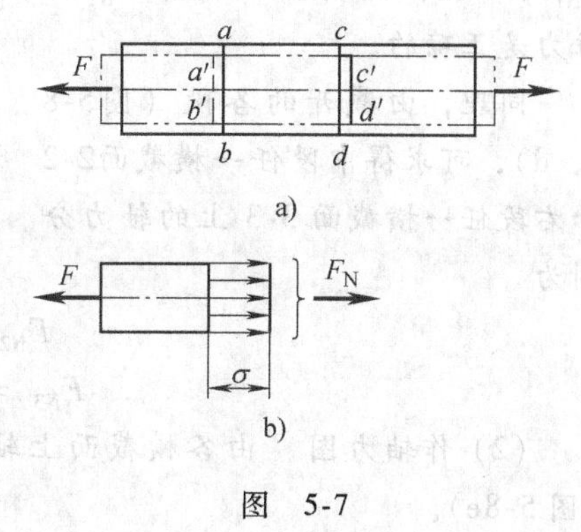

图　5-7

$$F_N = \int_A \sigma dA = \sigma \int_A dA = \sigma A$$

由此可得

$$\sigma = \frac{F_N}{A} \tag{5-2}$$

以上讨论的是轴向拉伸中的应力问题，轴向压缩的应力计算也是同样的。我们将拉伸中的应力称为**拉应力**，压缩中的应力称为**压应力**。计算应力时，只要将轴力 F_N 的代数值，代入式（5-2），所得 σ 的正负，就表示它是拉应力或是压应力了。

圣维南原理　工程实际中，轴向拉伸或压缩的杆件所受到的外力可以有不同的加载方式，可以是一个沿轴线的集中力，也可以是合力的作用线沿轴线的分布力载荷。1885 年法国科学家圣维南研究表明，当用静力等效的外力相互取代时，如果用集中力取代静力等效的分布载荷，除在外力作用区域一定范围内用式（5-2）计算的应力有明显差别外，在距外力作用区域较远处的应力分布不受加载方式的不同也有较大的改变，用式（5-2）计算的应力是没有差异的。这就是**圣维南原理**（或称为局部影响原理），也是公式（5-2）的应用条件。

例 5-1　一钢制阶梯状杆如图 5-8a 所示。各段杆的横截面面积为：左段 $A_1 = 1600\text{mm}^2$，中段 $A_2 = 625\text{mm}^2$，右段 $A_3 = 900\text{mm}^2$，试画出轴力图，并计算各段杆横

截面上的应力。

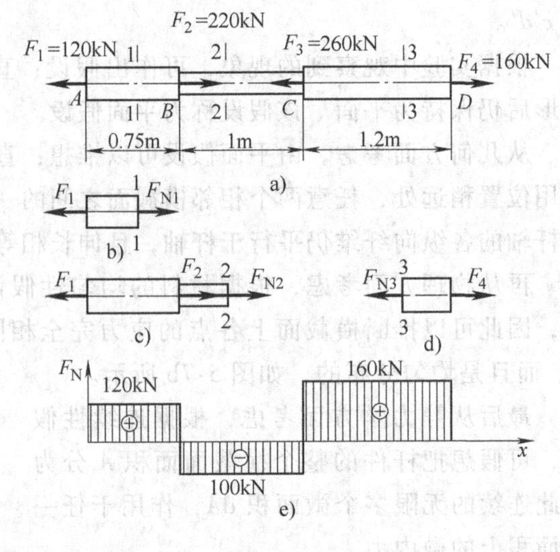

图 5-8

解 (1) 求轴力 首先求左段横截面上的轴力。应用截面法，将杆沿左段任一横截面1-1截开，以左段为研究对象，设轴力 F_{N1} 为拉力，受力图如图 5-8b 所示。由此段的平衡方程 $\sum F_x = 0$，得

$$F_{N1} - F_1 = 0$$

故 $F_{N1} = F_1 = 120\text{kN}$

F_{N1} 为正值，说明假设轴力 F_{N1} 为拉力是正确的。

同理，由截开的各段（图5-8c、d)，可求得中段任一横截面2-2和右段任一横截面 3-3 上的轴力分别为

$$F_{N2} = -100\text{kN}$$

$$F_{N3} = F_4 = 160\text{kN}$$

(2) 作轴力图 由各横截面上轴力的数值，在 F_N-x 坐标系中，作出轴力图（图 5-8e)。

(3) 计算正应力 由式 (5-2)，即可计算各横截面上的正应力如下：

左段 $\sigma_1 = \dfrac{F_{N1}}{A_1} = \dfrac{120 \times 10^3}{1600 \times 10^{-6}}\text{Pa} = 75\text{MPa}$

中段 $\sigma_2 = \dfrac{F_{N2}}{A_2} = \dfrac{-100 \times 10^3}{625 \times 10^{-6}}\text{Pa} = -160\text{MPa}$

右段 $\sigma_3 = \dfrac{F_{N3}}{A_3} = \dfrac{160 \times 10^3}{900 \times 10^{-6}}\text{Pa} = 178\text{MPa}$

可见，杆的最大正应力在右段内，其值为

$$\sigma_{\max} = 178\text{MPa}$$

第三节 轴向拉伸与压缩时杆件的变形计算

一、线应变

杆件受轴向拉伸或压缩时，杆的长度将沿纵向伸长或缩短。设杆件的原长为 l，变形后的长度为 l_1（图 5-9），杆件长度的改变量为

$$\Delta l = l_1 - l \tag{5-3}$$

显然，式 (5-3) 中的 Δl，在拉伸时为正，压缩时为负。

杆长的改变量 Δl 与杆的原长有关，为消除原长的影响，通常用单位长度内杆长的改变量来度量纵向变形的程度。实验中观察到，沿等截面直杆的纵向，各处的伸长（缩短）是均匀的。所以，可用 Δl 与 l 之比来表示纵向变形的程度，即

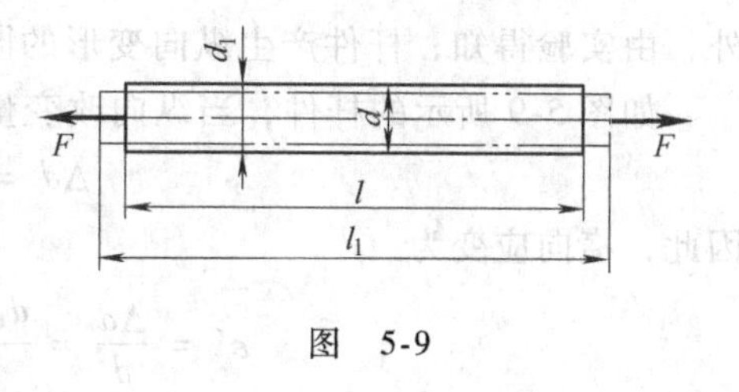

图　5-9

$$\varepsilon = \frac{\Delta l}{l} \tag{5-4}$$

该比值称为杆的**纵向线应变**，简称**线应变**。由式（5-4）可知，ε 是量纲为一的量，且拉伸时为正值，压缩时为负值。

二、胡克定律

实验研究指出，在轴向拉伸或压缩中，若杆件横截面上的正应力 σ 不超过某一极限值，则杆长的改变量 Δl 与轴力 F_N 及杆长 l 成正比，与横截面面积 A 成反比。即

$$\Delta l \propto \frac{F_N l}{A}$$

引入比例常数 E，则得

$$\Delta l = \frac{F_N l}{EA} \tag{5-5}$$

上式称为**胡克定律**。对于受到多个轴向外力作用的杆件，各段内轴力不等，但各段长度的改变量，仍可按式（5-5）计算。

将式（5-2）和式（5-4）代入式（5-5），得

$$\sigma = E\varepsilon \tag{5-6}$$

式（5-6）为胡克定律的另一表达形式。由此，胡克定律可表述为：若应力不超过某一极限值，则杆的纵向应变 ε 与正应力 σ 成正比。

上述应力的极限值，称比例极限，常用 σ_p 表示。各种材料的比例极限值，可由实验得到。

比例常数 E，称为**弹性模量**，它表示在拉伸（压缩）时，材料抵抗弹性变形的能力。若其他条件相同，E 值越大，杆长的改变量 Δl 或线应变 ε 就越小。公式（5-5）中 EA 越大，杆长的改变量 Δl 就越小，故 EA 称为杆件的**拉伸刚度**或**压缩刚度**。

由于纵向应变 ε 是量纲为一的量，故由式（5-6）可见，弹性模量 E 的单位与正应力 σ 相同，常用的单位为 GPa。

在材料力学中，很多问题是以胡克定律为基础来进行理论分析从而得出结论的。这些结论限于应力不超过材料的比例极限。

三、泊松比

前面已指出，在轴向拉伸或压缩时，杆件的主要变形是纵向伸长或缩短。此

外，由实验得知，杆件产生纵向变形的同时，还有横向变形。

如图 5-9 所示的杆件，当纵向改变量为 Δl 时，横向改变量为

$$\Delta d = d_1 - d$$

因此，横向应变为

$$\varepsilon' = \frac{\Delta d}{d} = \frac{d_1 - d}{d} = -\frac{d - d_1}{d}$$

实验指出，在比例极限内，横向应变 ε' 与纵向应变 ε 成正比，即

$$\varepsilon' = -\mu\varepsilon \tag{5-7}$$

式中，μ 称为**泊松比或横向变形因数**；负号表示 ε' 与 ε 的符号恒相反。

μ 是量纲为一的量，它和弹性模量 E 一样，也是表示材料力学性能的常数，其值可由实验得到。附录 D 表 D-2 中列出了工程中常用材料的 E 和 μ 的数值。

例 5-2 已知材料的弹性模量 $E = 200\text{GPa}$，求例 5-1 中杆件长度的改变量。

解 由式（5-5）可计算出各段长度的改变量为

左段 $\Delta l_1 = \dfrac{F_{N1} l_1}{EA_1} = \dfrac{120 \times 10^3 \times 0.75}{200 \times 10^9 \times 1600 \times 10^{-6}}\text{m}$

中段 $\Delta l_2 = \dfrac{F_{N2} l_2}{EA_2} = \dfrac{-100 \times 10^3 \times 1}{200 \times 10^9 \times 625 \times 10^{-6}}\text{m}$

右段 $\Delta l_3 = \dfrac{F_{N3} l_3}{EA_3} = \dfrac{160 \times 10^3 \times 1.2}{200 \times 10^9 \times 900 \times 10^{-6}}\text{m}$

由此可算得杆件长度的改变量为

$$\begin{aligned}\Delta l &= \Delta l_1 + \Delta l_2 + \Delta l_3 \\ &= \frac{10^3}{200 \times 10^9 \times 10^{-6}}\left(\frac{120 \times 0.75}{1600} - \frac{100 \times 1}{625} + \frac{160 \times 1.2}{900}\right)\text{m} \\ &= 5.47 \times 10^{-4}\text{m} = 0.547\text{mm}\end{aligned}$$

第四节 材料受拉伸与压缩时的力学性能

材料受外力作用时在变形和破坏等方面所表现出来的特性称为材料的**力学性能**。研究材料的力学性能是建立强度条件和变形计算不可或缺的方面。

一、低碳钢拉伸时的力学性能

低碳钢是工程上使用较广的材料，而且它在拉伸过程中所表现出来的力学性能具有代表性，所以有必要对低碳钢在拉伸时的力学性能，进行较详细的讨论。

拉伸试验按国家标准《金属材料拉伸试验法》（GB/T 288—2002）进行。为便于比较各种材料在拉伸时的力学性能，规定将材料做成标准尺寸的试样（图 5-10）。试样中段为等截面，试验前在中段标出长为 l 的一段称为标距。对圆截面

标准试样，取 $l=10d$（10 倍试样），或 $l=5d$（5 倍试样），d 为试样的直径。对矩形截面的平板试样，则取 $l=11.3\sqrt{A}$ 或 $l=5.65\sqrt{A}$，式中 A 为试样横截面面积。

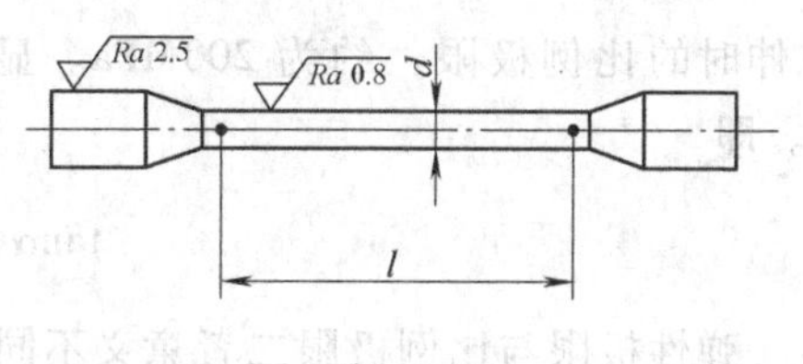

图 5-10

试验时，将试样装在试验机的夹具中，开动试验机，使试样受到缓慢增加的拉力，直到拉断为止。试验过程中，要注意观察各种现象和记录一系列拉力与对应伸长的数值。

由试验数据可知，在试验过程中，试样的拉力 F 与对应的标距的伸长 Δl 之间的关系，用一条曲线表示出来，该曲线称为拉伸图。图 5-11 所示为低碳钢的拉伸图。拉伸图也可通过试验机的自动绘图装置得到。

对于同样的材料，这种以纵坐标表示拉力 F，以横坐标表示标距伸长 Δl 的图线，将随着试样尺寸而改变。为消除试样尺寸的影响，以应力 σ 代替拉力 F，以纵向线应变 ε 代替标距伸长 Δl，绘制成应力-应变图。应力和应变的数值，通常以试样的原横截面面积 A 及原标距 l 表示，根据试验中记录的一系列 F 及 Δl 之值，按式（5-2）及式（5-4）分别算出。但应指出，这样用试样的原尺寸算出的 σ 及 ε，不是真正的应力及应变值，只是名义应力及名义应变值。因为试验过程中，试样的横截面面积及标距长度都在不断地改变。

低碳钢拉伸时的应力-应变曲线，如图 5-12 所示，从曲线上可以看出材料的一些特性。低碳钢拉伸试验的整个过程，可分为四个阶段，略述如下：

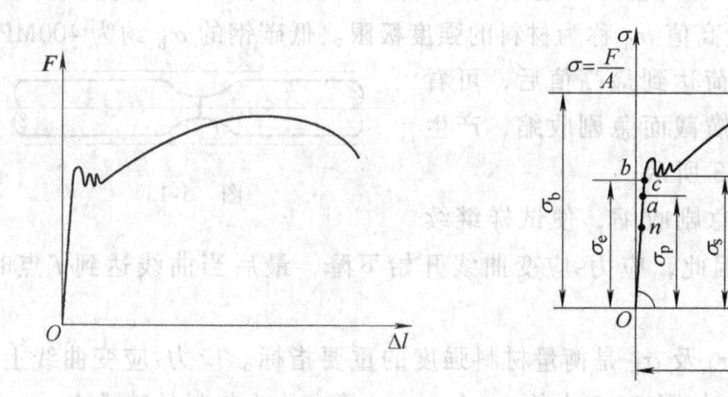

图 5-11

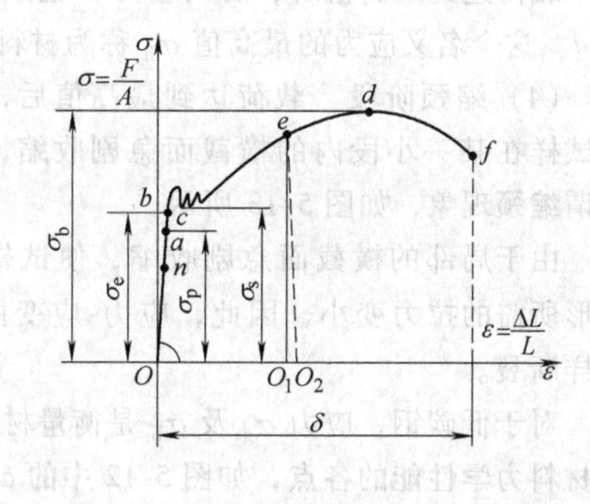

图 5-12

（1）弹性阶段 曲线 Ob 段表示材料的弹性阶段，在此阶段内，可以认为变形全部是弹性的。如果在试样上加载，使其应力不超过 b 点，然后卸载，则试样能恢复原状。与这段图线的最高点 b 相对应的应力 σ_e，称为材料的**弹性极限**，是卸载后试样不产生塑性变形的应力最高限。图中的 Oa 段为直线段，在 Oa 段内，应力与应变成正比，即材料服从胡克定律，与这段直线的最高点 a 对应的应力 σ_p，称为材料的**比例极限**。它是纵向应变 ε 和正应力 σ 成正比的应力最高限。低碳钢

拉伸时的比例极限，约为 200MPa。显然直线 Oa 的斜率，就是材料的弹性模量 E。即

$$\tan\alpha = \frac{\sigma}{\varepsilon} = E$$

弹性极限与比例极限二者意义不同。但由试验求得的数值却很接近，实际应用中常认为二者的数值相等，有时甚至将这两个名词相互通用。

（2）屈服阶段　过了 b 点，曲线逐渐变缓。在 c 点附近，试样的应力几乎不增加，但应变却迅速增加，这种现象称为材料的**屈服**或**流动**。在屈服阶段，曲线有微小波动，对应于最低点 c 的应力值，称为材料的**屈服极限**或**流动极限**，用 σ_s 表示。低碳钢的 σ_s 约为 240MPa。

屈服阶段内，材料几乎失去了抵抗变形的能力。如果试样表面磨光，则当应力达到屈服极限时，就会在其表面上出现许多与轴线约成 45°的斜纹，称为滑移线。它是由于材料内部晶格间发生滑移所引起的。一般认为，晶格间的滑移是产生塑性变形的根本原因。

在屈服阶段内，材料发生相当大的塑性伸长，约相应于弹性极限时伸长的10～15 倍。

（3）强化阶段　过了屈服阶段，曲线又继续上升，即材料又恢复了抵抗变形的能力。这说明当材料晶格滑移到一定程度后，又产生了抵抗滑移的能力，这种现象称为**材料的强化**。这个阶段相当于图 5-12 中的 cd 段。

载荷达到最高值时，名义应力 σ 也达到最高值，相当于图 5-12 中曲线的最高点 d。这个名义应力的最高值 σ_b 称为材料的**强度极限**。低碳钢的 σ_b 约为 400MPa。

（4）缩颈阶段　载荷达到最高值后，可看到试样在某一小段内的横截面急剧收缩，产生所谓**缩颈**现象，如图 5-13 所示。

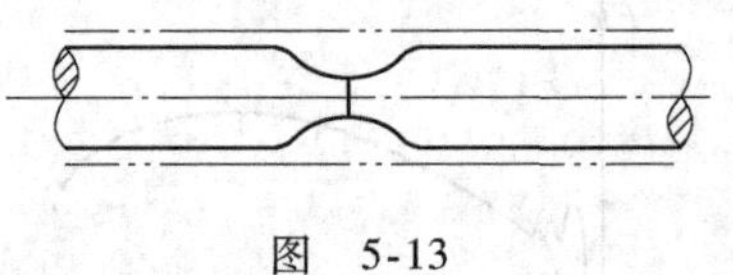

图　5-13

由于局部的横截面急剧收缩，使试样继续变形所需的拉力变小，因此，应力-应变曲线开始下降，最后当曲线达到 f 点时，试样断裂。

对于低碳钢，应力 σ_s 及 σ_b 是衡量材料强度的重要指标。应力-应变曲线上反映材料力学性能的各点，如图 5-12 中的 a、b、c、d 等，称为材料的特性点。

根据常温、静拉伸（压缩）试验中材料变形性质的差异，可将材料分为塑性与脆性两类。如低碳钢及铜等是在显著的塑性变形下才破坏，称为**塑性材料**；如铸铁、石料及混凝土等，在极小的塑性变形下就破坏，称为**脆性材料**。

材料的塑性，可用试样被拉断后的塑性单位伸长百分率 δ 为衡量，即

$$\delta = \frac{l_1 - l}{l} \times 100\% \tag{5-8}$$

式中，l_1 为试样断裂后的标距长度；l 为原标距长度；δ 称为**伸长率**。

伸长率 δ 是衡量材料塑性的一个重要指标，一般将 $\delta > 5\%$ 的材料称为塑性材料；将 $\delta < 5\%$ 的材料称为脆性材料。低碳钢的 δ 值，约为 20% ~30%，故可认为是典型的塑性材料。

材料的塑性也可用试样断裂后的横截面面积塑性收缩率 ψ 来衡量，即

$$\psi = \frac{A - A_1}{A} \times 100\% \tag{5-9}$$

式中，A_1 为试样被拉断后，在缩颈处测得的最小直径所对应的横截面面积；A 为原横截面面积；ψ 称为**断面收缩率**。低碳钢的 ψ 值，约为 60% 左右。

在拉伸试验过程中，如果加载到使试样的应力达到弹性阶段内某一点，如达到图 5-12 中的 n 点，然后逐渐加载，则在卸载过程中所得到的卸载曲线 nO 与原来的直线 On 重合，这表示卸载后没有塑性变形。如果加载到试样的应力超过了屈服极限，如达到了图 5-12 中的 e 点，然后逐渐卸载，则所得到的卸载曲线 eO_1 几乎是一条与 Oa 平行的直线。因此，e 点的横坐标 OO_2 可看作是 OO_1 与 O_1O_2 之和。其中 OO_1 表示塑性应变 ε_s，O_1O_2 表示弹性应变 ε_e，这说明卸载前试样中除有塑性变形外，还有一部分弹性变形。对于 f 点，则相应的 ε_s 就是伸长率 δ。

如果将试样从 e 点卸载后再加载，直到试样断裂，则所得的加载曲线，如图 5-14 中 O_1edf 所示。将该曲线与图 5-12 中的 $Oabcdf$ 相比较，则可看出，前者的比例极限提高了，拉断后的塑性变形减小了，这种现象称为**冷作硬化**。

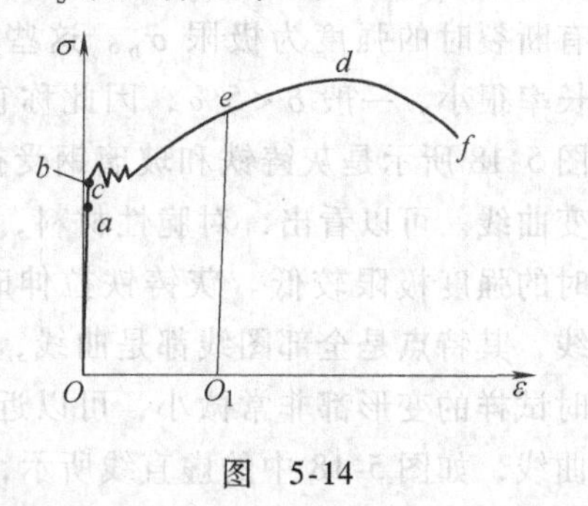

图　5-14

冷作硬化提高了材料的比例极限，而降低了材料的塑性。这一特性，在工程上得到了广泛应用。例如，起重机的钢缆等，常用冷拔工艺使某些构件提高其在弹性阶段内所能承受的最大载荷。

二、其他材料受拉伸时的力学性能

图 5-15 所示是锰钢、硬铝、退火球墨铸铁和青铜受拉伸时的应力-应变曲线。可以看出，这些曲线都没有明显的屈服阶段，而由直线部分直接过渡到曲线部分。对于没有明显屈服阶段的材料，按照国家标准规定，取对应于试样产生 0.2% 塑性应变时的应力值，作为材料的屈服极限，称为**名义屈服极限**，以 $\sigma_{0.2}$ 表示（图 5-16）。它与屈服极限 σ_s 一样，都是衡量材料强度的一个重要指标。这些材料与低碳钢材料的共同点，则是伸长率 δ 都较大。因此，它们均为塑性材料。

图 5-17 所示是具有我国特点的低合金钢体系中 16 锰钢受拉伸时的应力-应变曲线。图中同时给出了 Q235A 钢的应力-应变曲线。可以看出，16 锰钢在拉伸时的应力-应变关系与 Q235A 钢相似，但它的 σ_s 和 σ_b 都比 Q235A 钢有明显的提高。

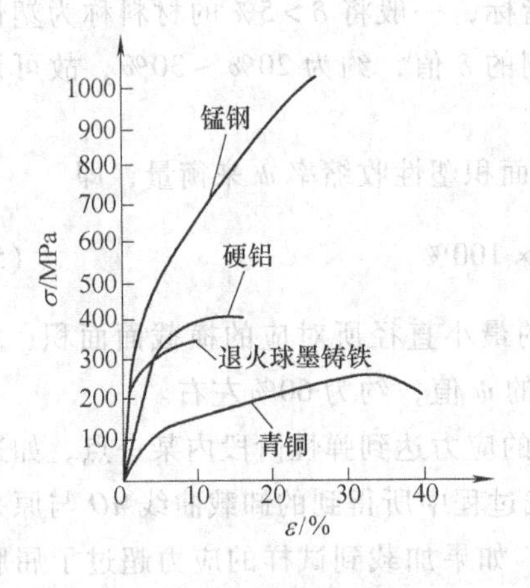

图 5-15

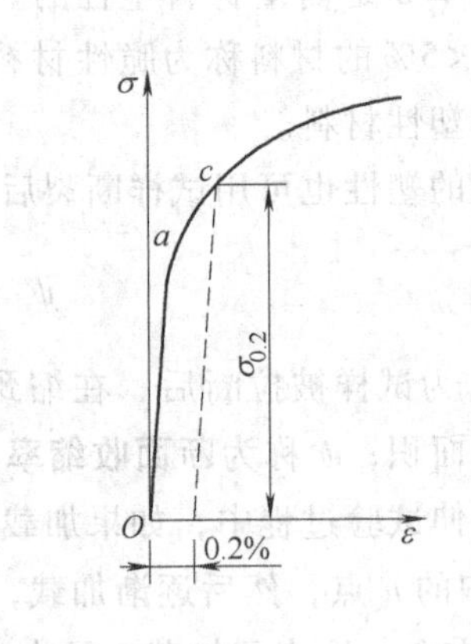

图 5-16

工程上也常使用脆性材料，如铸铁、玻璃钢、混凝土及陶瓷等。这些材料在拉伸时，直到断裂，变形都不显著，而且没有屈服阶段和缩颈现象，只有断裂时的强度为极限 σ_b。这些材料的特点是伸长率很小，一般 $\delta<5\%$，因此称它们为脆性材料，图 5-18 所示是灰铸铁和玻璃钢受拉伸时的应力-应变曲线。可以看出，对脆性材料，一般来说，拉伸时的强度极限较低。灰铸铁拉伸时的应力-应变曲线，其特点是全部图线都是曲线，但由于直到拉断时试样的变形都非常微小，可以近似地用割线代替曲线，如图 5-18 中的虚直线所示，从而确定材料的弹性模量 E。玻璃钢的应力-应变曲线，直到试样拉断几乎都是直线，亦即弹性阶段一直延续到接近于断裂，这是该材料的一个特点。

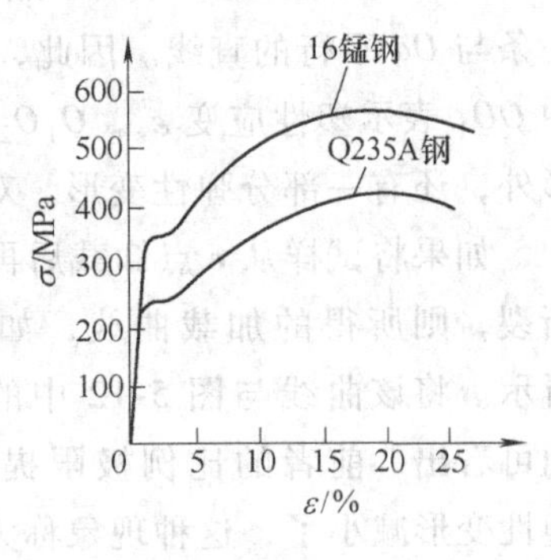

图 5-17

由此可见，脆性材料在拉伸时，只有拉伸强度极限 σ_b 一个强度指标。

图 5-19 所示为用途日益广泛的塑料（聚氯乙烯 PVC 硬片与共混型工程塑料 ABS）在常温下受拉伸时的应力-应变曲线。它们在屈服前的弹性都相当好，塑性也很好，只是弹性模量 E 比较低（其试样形式为板状，与金属板状试样略有不同）。

必须指出，通常所说的塑性材料或脆性材料，是根据材料通过常温、静拉伸试验所得的伸长率 δ 的数值为区分的。实际上，材料的塑性或脆性并非固定不变。温度、变形速度、应力状态和热处理等，都会改变材料的强度及伸长率。另一方面，材料是可以改进的。例如，在铁水中加入球化剂，可以改变其内部结构，从而得到球墨铸铁。球墨铸铁的一些主要力学性能和钢很相近。

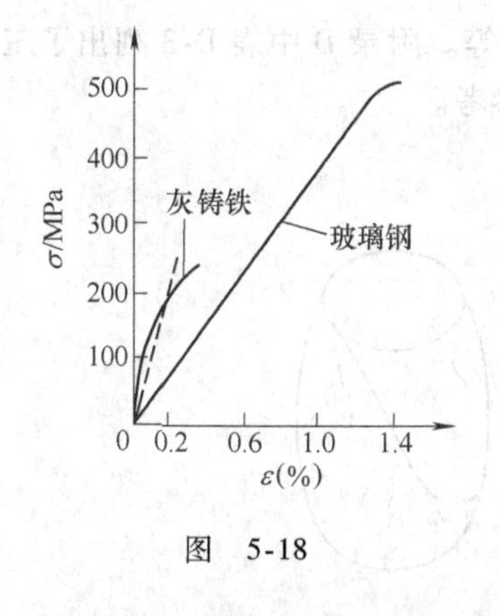

图　5-18

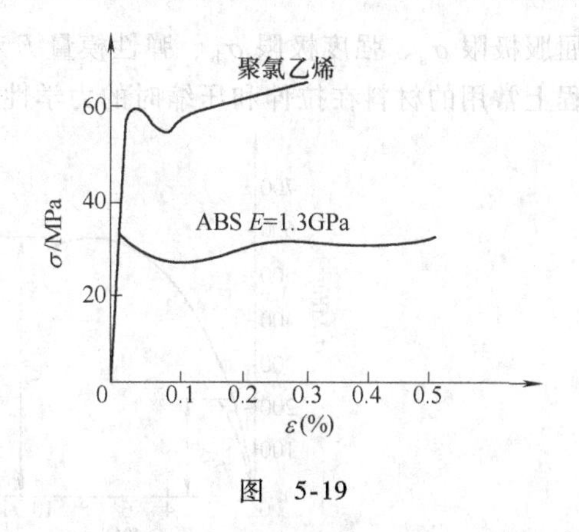

图　5-19

三、材料受压缩时的力学性能

压缩试验所用的金属试样常做成圆柱形，高度约为直径的1.5～3.0倍。高度不能过大，以防受压后发生弯曲变形。对于混凝土、石料及木材等非金属材料，常用立方体试样。

塑性材料在静压缩试验中，当应力小于比例极限或屈服极限时，它所表现的性质与拉伸时相似，而且比例极限和弹性模量的数值，与受拉伸时大约相等，对于钢材，甚至屈服极限也是如此。

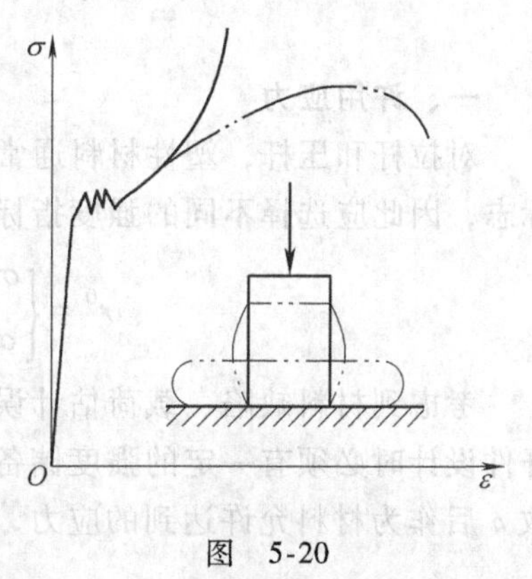

图　5-20

当应力超过比例极限时，材料产生显著的塑性变形。圆柱形试样高度明显缩短，而直径则增大。由于试验机平板与试样两端之间的摩擦力，使试样两端的横向变形受到阻碍，因而试样被压成鼓形。随着载荷逐渐增加，试样继续变形，最后形成饼状（图5-20）。塑性材料在压缩时，不会发生断裂，所以测不出强度极限。图5-20中，实线所示为低碳钢材料受压缩时的应力-应变曲线，双点画线表示受拉伸时的应力-应变曲线。

对于脆性材料，如铸铁、混凝土及石料等受压时，也和受拉时一样，在很小的变形下就发生破坏。但受压缩时的强度极限，比受拉伸时大若干倍，所以脆性材料常用作承压构件。

铸铁受压缩时的应力-应变曲线，如图5-21a所示。图中虚线表示受拉伸时的应力应变曲线。由图可见，铸铁受压缩时的强度极限，约为受拉伸时的2～4倍。铸铁受压缩时的应力-应变曲线，没有明显的直线部分，也没有屈服阶段，破坏发生在与轴线约成45°角的斜面上（图5-21b）。

综上所述，衡量材料力学性能的主要指标有：比例极限σ_p（弹性极限σ_e）、

屈服极限 σ_s、强度极限 σ_b、弹性模量 E 和伸长率 δ 等。附录 D 中表 D-3 列出了工程上常用的材料在拉伸和压缩时的力学性能，以供参考。

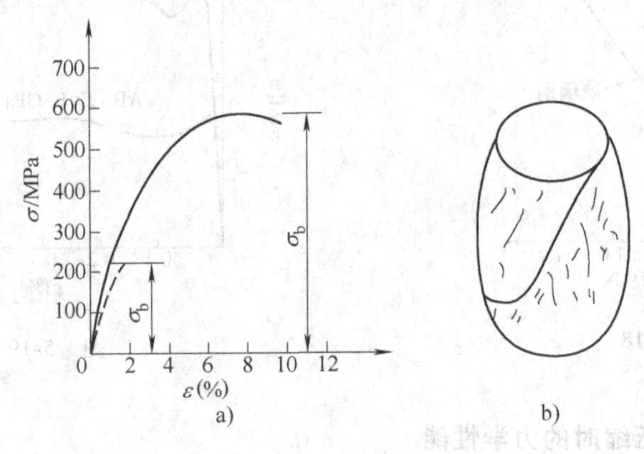

图 5-21

第五节　许用应力　强度条件

一、许用应力

对拉杆和压杆，塑性材料通常以屈服为破坏标志，脆性材料通常以断裂为破坏标志，因此应选择不同的强度指标作为材料的极限应力 σ^0，即

$$\sigma^0=\begin{cases}\sigma_s\text{ 或 }\sigma_{0.2} & \text{对塑性材料}\\ \sigma_b & \text{对脆性材料}\end{cases}$$

考虑到材料缺陷、载荷估计误差、计算误差、制造工艺水平以及磨损等因素，杆件设计时必须有一定的强度储备。因此，应将材料的极限应力除以一定的安全因数 n 后作为材料允许达到的应力，即

$$[\sigma]=\frac{\sigma^0}{n}$$

式中，$[\sigma]$ 称为材料轴向拉伸（压缩）时的许用应力，可由设计手册中查得。一般机械设计中 n 的选取范围大致为

$$n=\begin{cases}1.2\sim2.5 & \text{对塑性材料}\\ 2\sim3.5 & \text{对脆性材料}\end{cases}$$

多数塑性材料轴向拉伸和轴向压缩的 σ_s 相同，因此许用应力 $[\sigma]$ 可以不区别是拉伸的还是压缩的。对脆性材料，轴向拉伸和轴向压缩时的 σ_b 不相同，因此许用应力也不相同，应当加以区别，通常许用拉应力记为 $[\sigma_t]$，许用压应力记为 $[\sigma_c]$。

二、强度条件

拉压杆中最大工作应力 σ_{max} 不应超过材料的许用应力 $[\sigma]$，因此等直拉压杆

的强度条件为

$$\sigma_{\max} = \frac{F_{\mathrm{Nmax}}}{A} \leqslant [\sigma] \tag{5-10}$$

式中，F_{Nmax}为全杆内最大轴力。

上式可用于拉压杆的强度校核、截面设计和许可载荷的计算。

例 5-3　图 5-22 所示阶梯杆的材料为硬铝，AB 段截面积 $A_1 = 50\mathrm{mm}^2$，BC 段截面积 $A_2 = 30\mathrm{mm}^2$，CD 段截面积 $A_3 = 40\mathrm{mm}^2$。材料的拉压许用应力均为 $[\sigma] = 100\mathrm{MPa}$。试校核其强度。

解　(1) 求各截面轴力，画轴力图如图所示。

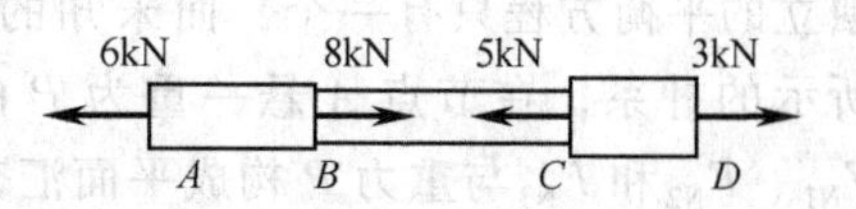

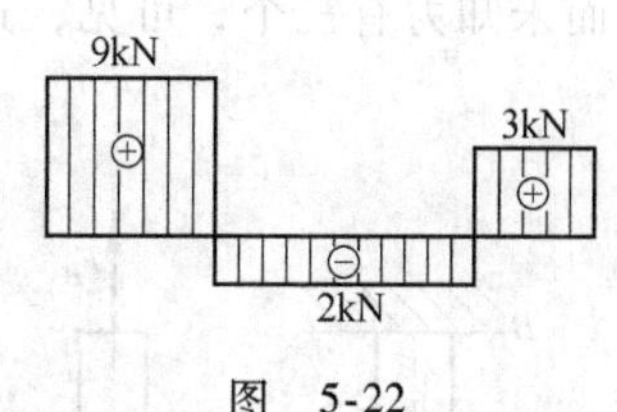

图　5-22

(2) 计算各段横截面的应力：

$$\sigma_1 = \frac{F_{\mathrm{N1}}}{A_1} = \frac{6 \times 10^3}{50 \times 10^{-6}}\mathrm{Pa} = 120\mathrm{MPa}$$

$$\sigma_2 = \frac{F_{\mathrm{N2}}}{A_2} = -\frac{2 \times 10^3}{30 \times 10^{-6}}\mathrm{Pa} = -66.7\mathrm{MPa}$$

$$\sigma_3 = \frac{F_{\mathrm{N3}}}{A_3} = \frac{3 \times 10^3}{40 \times 10^{-6}}\mathrm{Pa} = 75\mathrm{MPa}$$

可见，AB 段，$\sigma_1 = 120\mathrm{MPa} > [\sigma] = 100\mathrm{MPa}$，强度不足；

BC 段，$|\sigma_2| = 66.7\mathrm{MPa} < [\sigma] = 100\mathrm{MPa}$，强度足够；

CD 段，$\sigma_3 = 75\mathrm{MPa} < [\sigma] = 100\mathrm{MPa}$，强度足够。

例 5-4　图 5-23 所示阶梯形圆截面杆，已知 $F_1 = 50\mathrm{kN}$ 与 $F_2 = 20\mathrm{kN}$ 作用，AB 与 BC 段的直径分别为 $d_1 = 20\mathrm{mm}$ 和 $d_2 = 30\mathrm{mm}$，材料的许用应力为 $[\sigma] = 180\mathrm{MPa}$。试校核该杆是否安全。

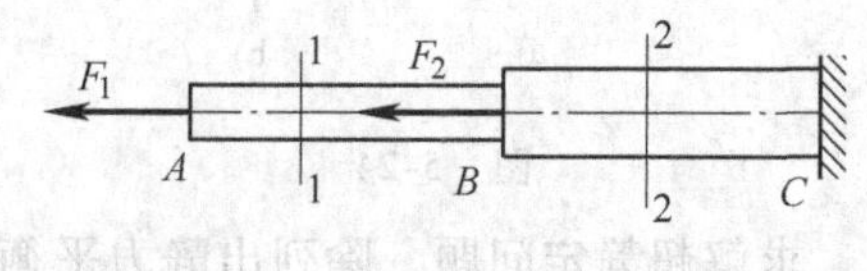

图　5-23

解　(1) 求出 1-1、2-2 截面的轴力

$F_{\mathrm{N1}} = F_1 = 50\mathrm{kN}$，$F_{\mathrm{N2}} = F_1 + F_2 = 70\mathrm{kN}$

(2) 求 1-1、2-2 截面的正应力

$$\sigma_1 = \frac{F_1}{A_1} = \frac{50 \times 10^3}{\frac{1}{4} \times \pi \times (0.02)^2}\mathrm{Pa} = 159.2\mathrm{MPa} < [\sigma]$$

$$\sigma_2 = \frac{F_2}{A_2} = \frac{70 \times 10^3}{\frac{1}{4} \times \pi \times (0.03)^2}\mathrm{Pa} = 99.03\mathrm{MPa} < [\sigma]$$

可见，此杆满足强度要求，因此是安全的。

第六节 简单拉伸与压缩的超静定问题

在前面所研究的杆或杆系问题中，杆件的内力或结构的约束力用静力平衡方程即可求得，这类问题称为**静定问题**。

在工程实际中，还会遇到另一类问题。即杆件的内力或结构的约束力等未知力的数目超过了能够列出的独立的平衡方程数，这类问题称为**超静定问题**。例如，图5-24a所示两端固定的直杆AB，在C截面的形心沿着杆的轴线受到外力F的作用。独立的平衡方程只有一个，而未知的约束力有两个（图5-24b）。又如，图5-25a所示的杆系，在节点A悬一重为P的重物，在重力P作用下，三杆的未知内力F_{N1}、F_{N2}和F_{N3}与重力P构成平面汇交力系，如图5-25b所示。独立的平衡方程有两个，而未知力有三个，可见，这些都是超静定问题。

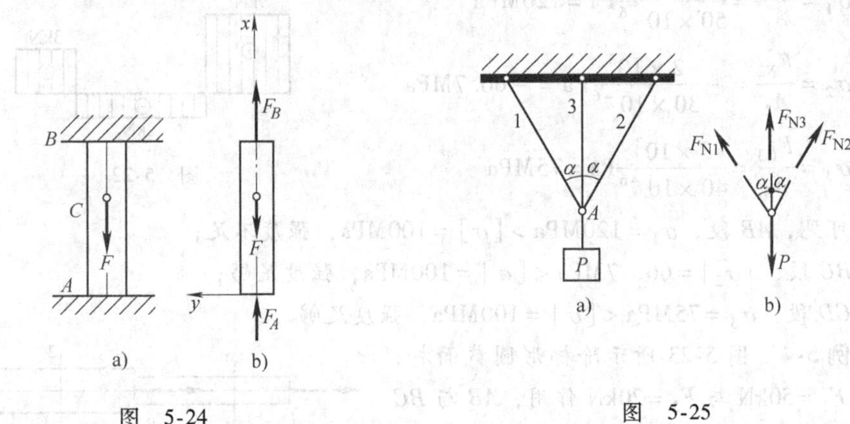

图 5-24 图 5-25

求解超静定问题，除列出静力平衡方程外，还需要建立足够数量的补充方程。可以从研究杆件或结构的变形协调条件方面入手，来建立的补充方程。

下面举例说明超静定问题的解法。

例5-5 图5-26a所示一杆系，1、2杆具有相同的弹性模量E_1、横截面面积A_1以及长度l_1。3杆的弹性模量为E_3，横截面面积为A_3。若P和α均已知，求三杆的轴力。

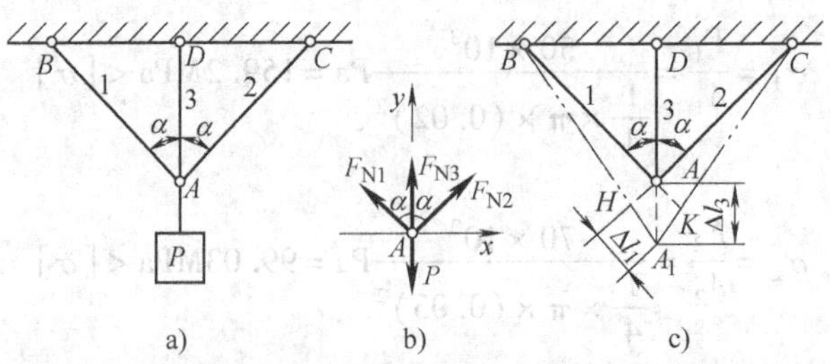

图 5-26

解　(1) 静力学关系　取节点 A 为研究对象，以 F_{N1}、F_{N2}、F_{N3} 表示1、2、3杆所受的轴力，并假定都是拉力，受力图如图5-26b所示。由静力平衡方程 $\sum F_x=0$，得

$$F_{N2}\sin\alpha - F_{N1}\sin\alpha = 0 \tag{a}$$

由 $\sum F_y=0$，得

$$F_{N2}\cos\alpha + F_{N1}\cos\alpha + F_{N3} - P = 0 \tag{b}$$

现有三个未知力，但只有两个独立的平衡方程，所以是一次超静定问题，需建立一个补充方程。

(2) 变形的几何关系　整个杆系在载荷 P 作用下，各杆的变形必须受约束条件的限制。即三杆变形后，仍由铰链 A 连接在一起，此即变形协调条件。

由于杆系左右对称，故知节点 A 只能铅垂下移至 A_1 点，三杆伸长后的情况，如图5-26c中双点画线所示。杆3的伸长量为

$$\Delta l_3 = \overline{AA_1}$$

若以 B 为圆心，以 BA 为半径作一圆弧，交 BA_1 于 H，则

$$\Delta l_1 = \overline{HA_1}$$

由对称关系可知

$$\Delta l_1 = \Delta l_2$$

实际上，各杆的变形都很小，故可认为 AH 是垂直于 BA_1 的直线，且认为 $\angle BA_1D \approx \alpha$。故由 $\triangle AHA_1$ 可看出

$$\overline{HA_1} = \overline{AA_1}\cos\alpha$$

即

$$\Delta l_1 = \Delta l_3\cos\alpha \tag{c}$$

这就是由变形协调条件建立的变形几何方程。

(3) 变形与内力的物理关系　因为构件的实际工作应力都小于材料的比例极限，故可应用胡克定律，利用式(5-5)，将 Δl_1 和 Δl_3 分别用相应的轴力来表示，即

$$\left.\begin{aligned}\Delta l_1 &= \frac{F_{N1}l_1}{E_1A_1}\\ \Delta l_3 &= \frac{F_{N3}l_3}{E_3A_3}\end{aligned}\right\} \tag{d}$$

此即变形与内力的物理关系。将式(d)代入式(c)，得

$$\frac{F_{N1}l_1}{E_1A_1} = \frac{F_{N3}l_3}{E_3A_3}\cos\alpha \tag{e}$$

由图5-26a可知

$$l_3 = l_1\cos\alpha$$

故由式(e)得

$$F_{N1} = F_{N3} \frac{E_1 A_1}{E_3 A_3} \cos^2\alpha \tag{f}$$

这就是所需的补充方程。

(4) 联立式 (a)、式 (b) 及式 (f)，解得

$$F_{N3} = \frac{P}{1 + 2\frac{E_1 A_1}{E_3 A_3}\cos^3\alpha}$$

$$F_{N1} = F_{N2} = \frac{P\cos^2\alpha}{\frac{E_3 A_3}{E_1 A_1} + 2\cos^3\alpha}$$

由求得的 F_{N1}、F_{N2}及 F_{N3}可见，各杆的轴力 F_N与杆的刚度 EA 有关。若将杆系中任一杆的刚度（如 E_3A_3）增大，而保持其他杆的刚度不变，则该杆的轴力 F_{N3}随之增大，这是超静定杆系结构的一个特点。

由上例可看出，求解超静定问题的一般步骤是：

1）根据静力平衡条件列出所有独立的平衡方程。

2）建立变形的几何关系。

3）确立变形与内力间的物理关系。

4）从2）、3）两步得到补充方程。

5）联立平衡方程和补充方程，即可解得问题的答案。

总之，求解超静定问题，必须从其静力学关系、变形几何关系和物理关系这三个方面综合考虑。

工程实际中，当整个结构或某一部分发生温度变化时，根据物体热胀冷缩的客观规律，整个结构就会发生变形。在静定结构中，由于各构件都能自由变形，温度变化不会在结构中引起应力。在超静定结构中，由温度变化引起的变形受到限制，就会在杆件内产生应力，这种由于温度变化引起的应力，称为温度应力。可用上述求解超静定问题的方法、步骤，计算温度应力。

例 5-6 图 5-27a 中，AB 杆两端固定。设两约束间的距离即杆长为 l，杆的横截面面积为 A，材料的弹性模量为 E，线膨胀系数为 α。试求当温度升高 Δt 时，杆内的温度应力。

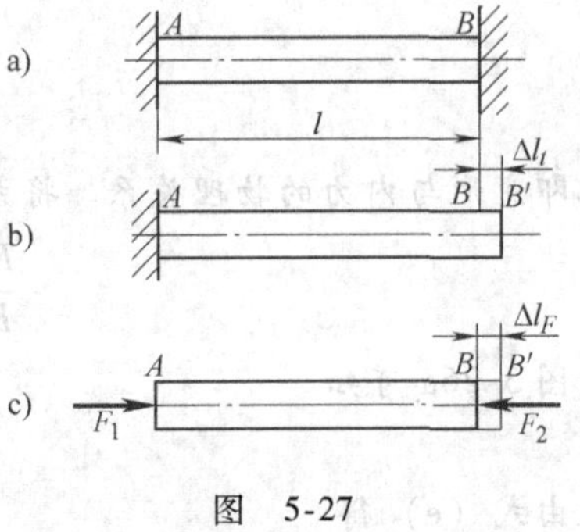

图 5-27

解 设想解除 B 端的约束，杆将可以自由伸缩，当温度升高 Δt 后，杆将伸长 Δl_t（图 5-15b），但因固定端约束的限制，使杆不能自由伸长，这就相当于在杆的两端分别加压力 F_1、F_2，在 F_1、F_2 作用下的缩短量是 Δl_F（图5-27c）。

由静力平衡方程$\sum F_x=0$，得

$$F_1 = F_2 = F$$

而力F的数值用平衡方程不能确定。因此，这是一次超静定问题，需建立一个补充方程。

实际上，由于两端均为固定，杆件长度不能变化，所以有

$$\Delta l_t = \Delta l_F$$

此即变形几何方程。

由物理关系，得

$$\Delta l_t = \alpha \Delta t l$$

以及

$$\Delta l_F = \frac{Fl}{EA}$$

Δl_F表示由轴力F_N（$F_N=F$）引起的弹性变形，将物理关系代入变形几何方程，得

$$\alpha \Delta t l = \frac{Fl}{EA}$$

即

$$F_N = \alpha E A \Delta t$$

故温度应力为

$$\sigma = \frac{F_N}{A} = \alpha E \Delta t$$

得到的结果为正值，说明假定杆件受轴向压力是正确的。

若杆是钢制的，其$\alpha = 12.5 \times 10^{-6}\,K^{-1}$，$E=200GPa$，当温度升高$\Delta t=40℃$（40K）时，杆内温度应力为

$$\sigma = \alpha E \Delta t = (12.5 \times 10^{-6} \times 200 \times 10^9 \times 40)\,N/m^2 = (100 \times 10^6)\,N/m^2 = 100MPa(压)$$

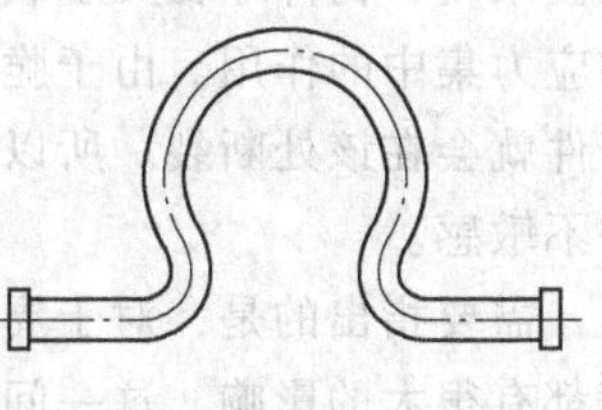

图 5-28

由此可见，对于构件中的温度应力不能忽视，化工生产中的高温管道，常配有膨胀节（图5-28），使管道有部分伸缩的可能，以降低温度压力。

应指出，上例的求解是建立在胡克定律的基础上。因此，只有在所求得的应力不超过材料的比例极限时，结果才是正确的。

第七节 应力集中的概念

工程上常有一些构件，由于实际需要，常制成切口、切槽、开孔及螺纹，因而截

面尺寸急剧改变。研究表明，杆件在截面突变处的小范围内，应力的数值会急剧增加，而离开这个区域较远处，应力迅速降低，且趋于均匀，这种现象，称为**应力集中**。

例如，图 5-29a 中，当拉伸具有小圆孔的杆件时，在离孔较远的 2-2 截面上，应力是均匀分布的，如图 5-29b 所示。但是在穿过小孔的 1-1 截面上，靠近孔边的小范围内，应力很大，而离开孔边稍远处的应力却降低很多，且趋于均匀分布，如图 5-29c 所示。

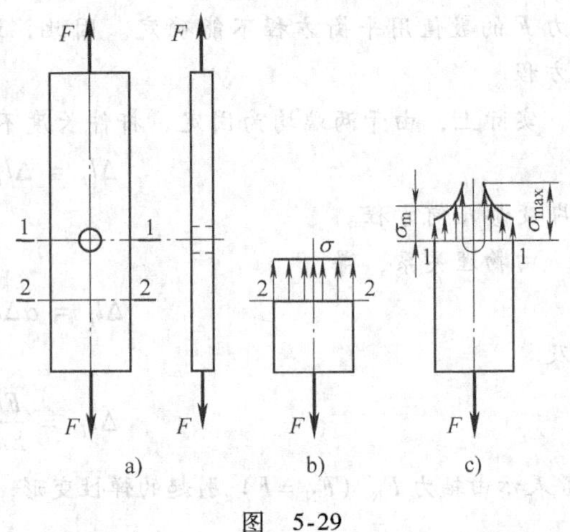

图 5-29

应力集中的程度，常以最大局部应力 σ_{max} 与被削弱截面上平均应力 σ_m 之比来衡量，称为理论应力集中因数。常以 α 表示，即

$$\alpha = \frac{\sigma_{max}}{\sigma_m} \tag{5-11}$$

对于各种典型的应力集中情况，如线槽、钻孔及螺纹等 α 的数值，可查阅有关的机械设计手册。

应力集中，对于塑性材料承受静载荷的能力没有明显的影响。因为当最大应力 σ_{max} 达到屈服极限时，将发生塑性变形，应力基本上不再增加。当外力继续增加时，处在弹性变形的其他部分的应力将继续增加，直至整个截面上的应力都达到屈服极限时，构件才丧失承载能力，此时称为极限状态。所以，材料的塑性，具有缓和应力集中的作用。由于脆性材料没有屈服阶段，当应力集中处的 σ_{max} 达到 σ_b 时，杆件就会在该处断裂。所以应考虑应力集中的影响。而实践表明，铸铁对应力集中并不敏感。

需要指出的是，对于周期性变化应力作用下的构件，应力集中对各种材料的强度都有很大的影响，这一问题将在后续章节中讨论。

习　题

5-1　选择题：

(1) 低碳钢拉伸经过冷作硬化后，以下四种指标能得到提高的是__________。

(A) 强度极限　　(B) 比例极限　　(C) 断面收缩率　　(D) 伸长率

(2) 下列哪项指标决定材料是塑性材料？__________。

(A) 伸长率大于 5%　　(B) 伸长率小于 5%

(C) 泊松比大于 5%　　(D) 泊松比小于 5%

(3) 图 5-30 所示为受轴向力作用的直杆，1-1 截面的轴力为__________。

(A) 60kN　　(B) 30kN　　(C) −60kN　　(D) −30kN

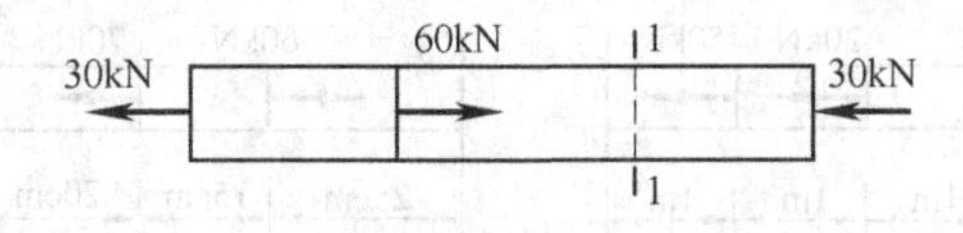

图　5-30

（4）低碳钢在拉伸的过程中明显的分为四个阶段，在＿＿＿＿＿＿试样被拉断。

（A）弹性阶段　（B）屈服阶段　（C）缩颈阶段　（D）强化阶段

（5）杆件轴向拉伸压缩时横截面应力的计算公式为＿＿＿＿＿＿。

（A）$\sigma=\dfrac{F_N l}{GI}$　（B）$\sigma=\dfrac{F_N l}{EI}$　（C）$\sigma=\dfrac{F_N l}{EA}$　（D）$\sigma=\dfrac{F_N}{A}$

（6）横截面为边长等于 20mm 的正方形直杆，长为 1.5m，两端受 2kN 的轴向压力的作用，已知材料的弹性模量为 200GPa，则杆长的改变量为＿＿＿＿＿＿。

（A）-2.75×10^{-5}m　（B）2.75×10^{-5}m　（C）-3.75×10^{-5}m　（D）3.75×10^{-5}m

（7）在试样的表面上，沿纵向和横向粘贴两个应变片 ε_1 和 ε_2，在力 F 的作用下，若测得 $\varepsilon_1=-120\times10^{-6}$，$\varepsilon_2=40\times10^{-6}$，该试样材料的泊松比是＿＿＿＿＿＿。

（A）$\mu=3$　（B）$\mu=-3$　（C）$\mu=-\dfrac{1}{3}$　（D）$\mu=\dfrac{1}{3}$

5-2　试说明正应力 σ 和线应变的定义与量纲。若有两根拉杆，一为钢质（$E=200$GPa），一为铝质（$E=70$GPa），试比较在同一应力 σ 的作用下（应力均低于比例极限），两杆的线应变。若线应变相同，两杆应力的比值又是多少？

5-3　试说明公式 $\sigma=\dfrac{F_N}{A}$ 与 $\Delta l=\dfrac{F_N l}{EA}$ 的应用条件，并说明 E 的物理意义与量纲。

5-4　三根杆的尺寸相同但材料不同，材料的 σ-ε 曲线如图 5-31 所示，试问：

（1）哪一种材料的杆强度高？

（2）哪一种材料的杆刚度大？

（3）哪一种材料的杆塑性好？

5-5　如图 5-32 所示，受轴向力作用的直杆，试用截面法求 1-1 截面轴力（保留左侧和右侧各作一次）。

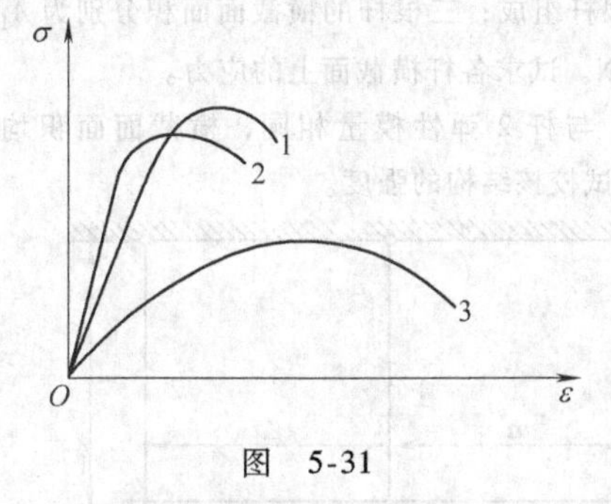

图　5-31

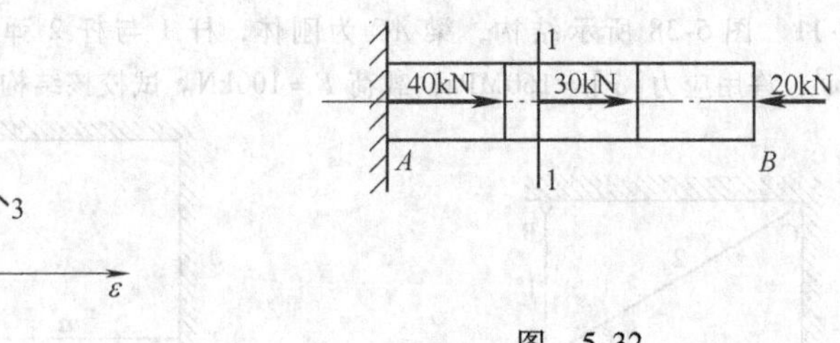

图　5-32

5-6　圆形截面的钢杆，直径 25mm，受轴向载荷如图 5-33 所示。已知 $E=200$GPa。试求各段内任一横截面上的轴力及应力，绘出轴力图，并计算杆长的改变量。

5-7　阶梯形杆受载荷如图 5-34 所示。杆左段是铜的，横截面面积 $A_1=20\text{cm}^2$，$E_1=100$GPa；右段是钢的，横截面面积 $A_2=10\text{cm}^2$，$E_2=200$GPa。试求各段内任一横截面上的轴力

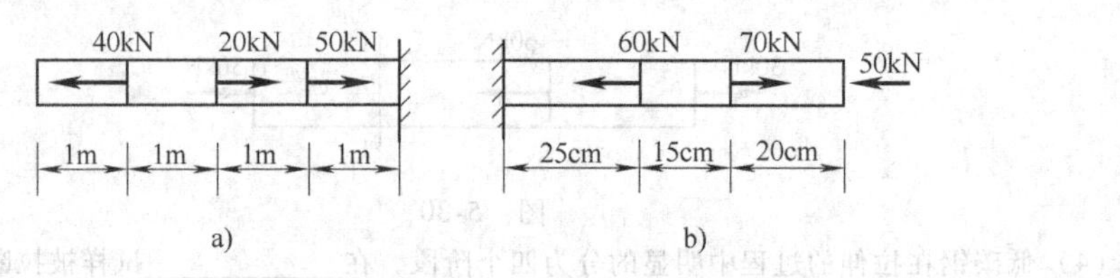

图 5-33

及应力，绘出轴力图，并计算杆长的改变量。

5-8 图 5-35 所示为三角形支架，杆 AB 与 BC 都是圆截面的，杆 AB 直径 $d_{AB}=20\text{mm}$，杆 BC 直径 $d_{BC}=40\text{mm}$，两杆都由 Q235A 钢制成。设重物的重量 $P=20\text{kN}$，Q235A 钢的 $[\sigma]=160\text{MPa}$。问此支架是否安全。

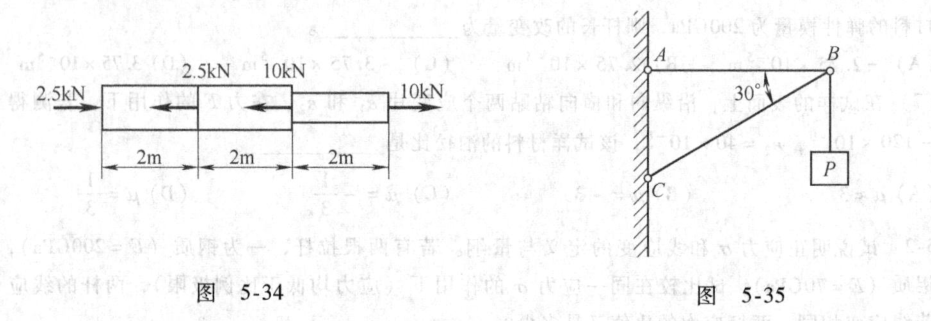

图 5-34 图 5-35

5-9 图 5-36 所示圆形杆 AB，$F=30\text{kN}$，$l=800\text{mm}$，$A_1=2A_2=200\text{mm}^2$，$E=200\text{GPa}$，试计算杆 AC 的变形量 Δl。

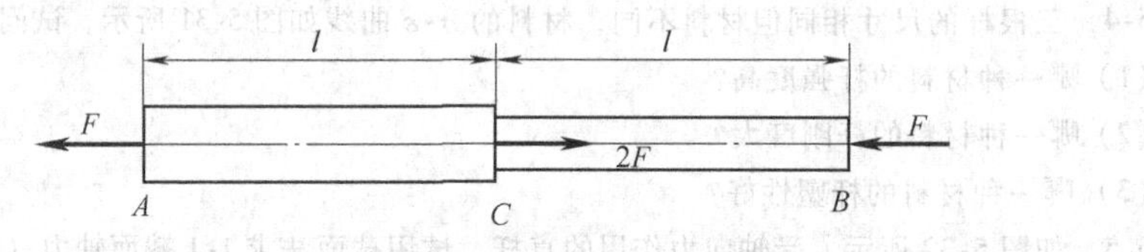

图 5-36

5-10 图 5-37 所示结构是用同一材料制成的三根杆组成；三根杆的横截面面积分别为 $A_1=200\text{mm}^2$、$A_2=300\text{mm}^2$ 和 $A_3=400\text{mm}^2$，载荷 $P=40\text{kN}$。试求各杆横截面上的应力。

5-11 图 5-38 所示结构，梁 AC 为刚体，杆 1 与杆 2 弹性模量相同，横截面面积均为 600mm^2，许用应力 $[\sigma]=160\text{MPa}$，载荷 $F=100\text{kN}$。试校核结构的强度。

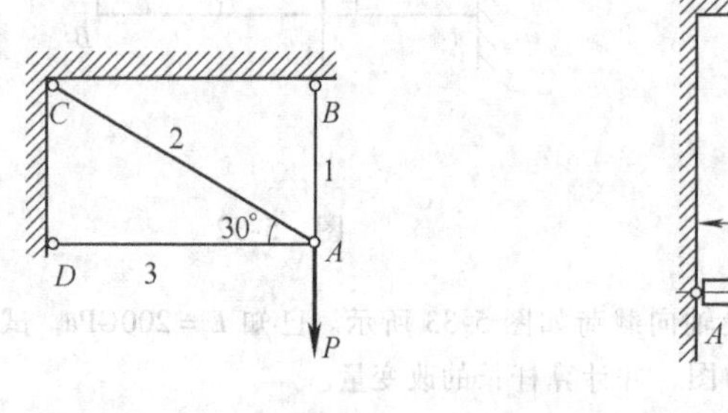

图 5-37

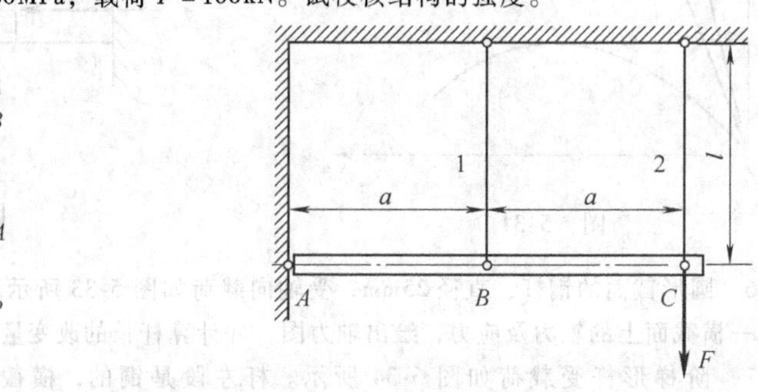

图 5-38

5-12　三角形支架 ABC 如图 5-39 所示，由 AC 及 BC 两杆组成，在 C 点受到载荷 P 的作用。已知杆 AC 由两根 10 槽钢所组成，$[\sigma]_{AC}=160\text{MPa}$；杆 BC 由 20a 工字钢所组成，$[\sigma]_{BC}=100\text{MPa}$。试求最大许可载荷 P。

5-13　图 5-40 所示为一水塔的结构简图，水塔重力 $P=400\text{kN}$，支承于杆 AB、BD 及 CD 上，并受到水平方向的风力 $F=100\text{kN}$ 作用。设各杆都用四根相同的等边角钢组成，其许用应力$[\sigma]=100\text{MPa}$。图中 $AD=BC=2\text{m}$。试为各杆选择适当的等边角钢。

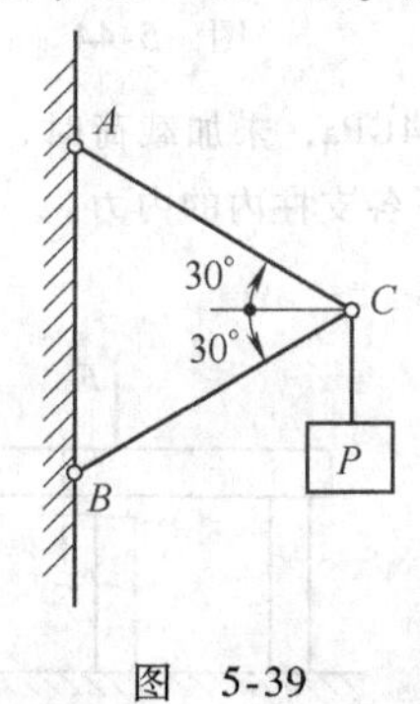

图　5-39

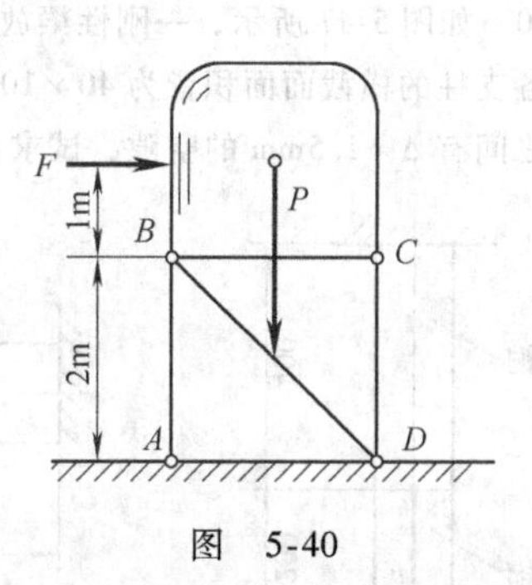

图　5-40

5-14　在图 5-41 所示结构中，刚性杆 AC 所受均布载荷 $q=20\text{kN/m}$，设拉杆 AB 的许用应力$[\sigma]=150\text{MPa}$。试求其应需的横截面面积。

5-15　桁架受力及尺寸如图 5-42 所示。$F=30\text{kN}$，材料的许用拉应力$[\sigma_t]=120\text{MPa}$，许用压应力$[\sigma_c]=60\text{MPa}$。试设计 AC 及 AD 杆所需的等边角钢。

5-16　水平刚性梁 BD，右端支于轮轴支座上，左端与铅垂杆 ABC 用销钉联接，如图 5-43 所示。已知杆 ABC 的 AB 段是钢制的，BC 段是铝制的，两段长度皆为 l，材料的弹性模量分别为 E_1 和 E_2。欲使结构在图示载荷作用下杆 ABC 两段的长度改变量相同，试求两段横截面面积之比，杆的自重不计。

5-17　在图 5-44 所示结构中，载荷 $F=1\text{kN}$，作用于刚性杆 AD 的顶端，钢丝 BE 和 CF 的横截面面积皆为 6mm^2，试求钢丝内的应力。

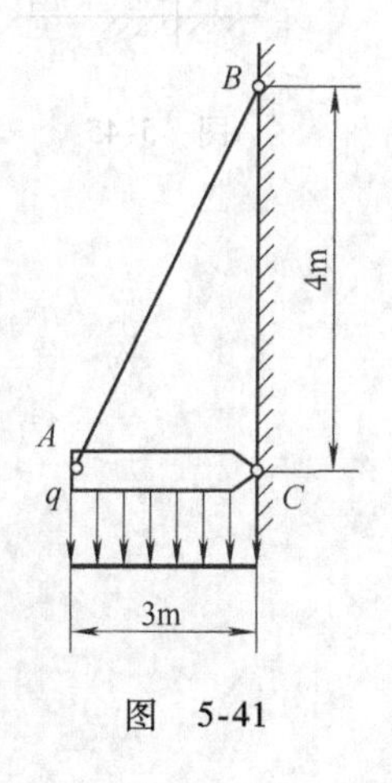

图　5-41

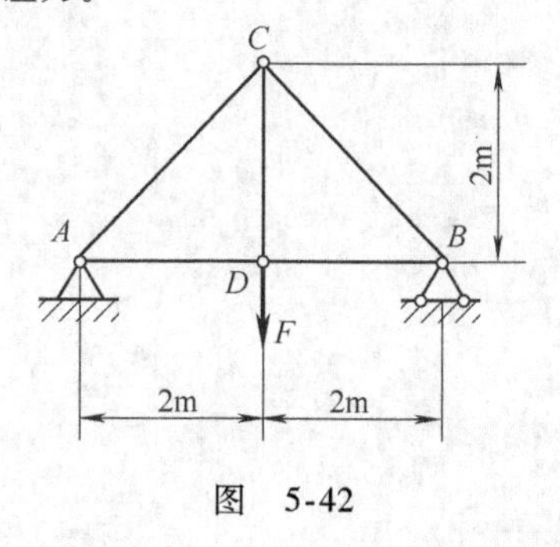

图　5-42

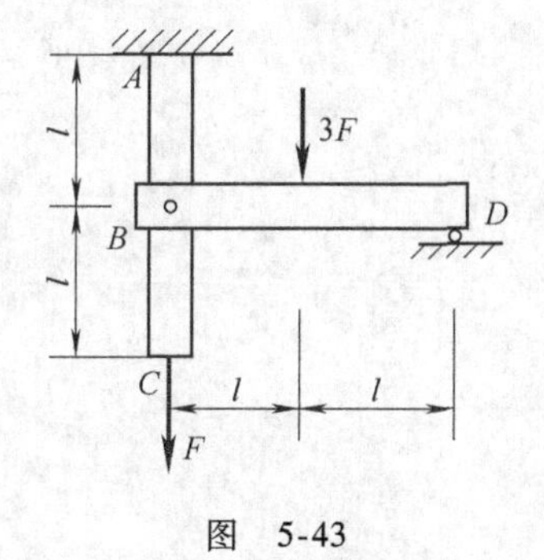

图　5-43

5-18　图 5-45 所示为上段由铜下段由钢制成的杆，其两端固定，在两段连接的地方受到力

$F=100\text{kN}$ 的作用，设杆的横截面面积为 $A=20\text{cm}^2$。求杆各段内横截面上的应力。

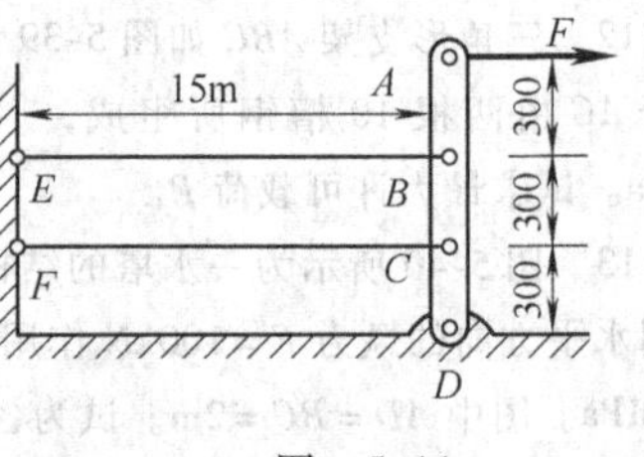

图 5-44

5-19 等截面直杆如图 5-46 所示，两端固定。当温度升高 50℃ 时，试求杆各段内横截面上的应力。已知 $\alpha_{钢}=12.5\times10^{-6}\text{K}^{-1}$，$\alpha_{铜}=16.5\times10^{-6}\text{K}^{-1}$；$E_{钢}=200\text{GPa}$，$E_{铜}=100\text{GPa}$。

5-20 如图 5-47 所示，一刚性梁放在三根混凝土支柱上，各支柱的横截面面积皆为 $40\times10^3\text{mm}^2$，弹性模量皆为 14GPa，未加载荷时，中间支柱与刚性梁之间有 $\Delta=1.5\text{mm}$ 的空隙，试求在载荷 $F=720\text{kN}$ 作用下各支柱内的内力。

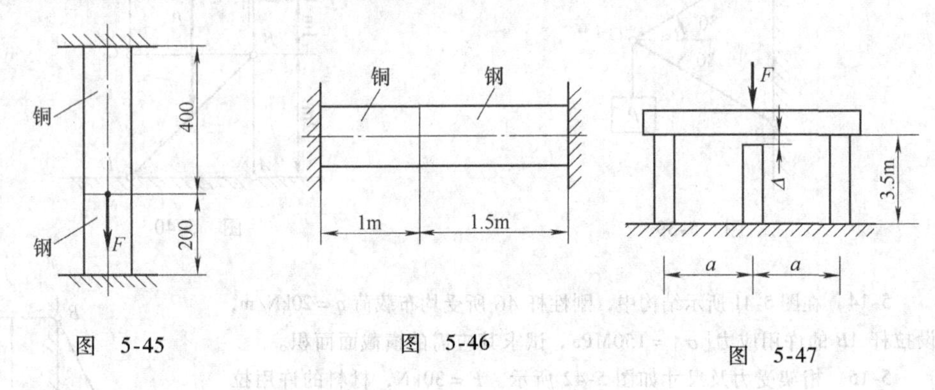

图 5-45　图 5-46　图 5-47

第六章　剪切与挤压

第一节　剪切的概念及其实用计算

剪切是杆件变形的基本形式之一。在工程实际中受剪切的构件使用得很广泛，特别在构件的连接中是最常用到的。连接构件主要产生剪切变形。剪切的特点是：作用于构件两个侧面上且与构件轴线垂直的外力，可以简化为大小相等、方向相反、作用线相距很近的一对平行力，使构件两部分沿剪切面有发生相对错动的趋势。我们称这样的变形为**剪切**。

下面以连接结构中的铆钉受力为例来说明剪切的概念。

在图 6-1a 中，当钢板受到载荷 F 拉伸时，载荷 F 由两块钢板传到铆钉上，使铆钉受到与轴线垂直、大小相等、方向相反、作用线相距很近的一对力 F 作用，使铆钉沿力 F 方向在截面 m-n 处发生相对错动，有将铆钉在截面 m-n 处被剪断的趋势，如图 6-1b 所示。铆钉体 $abcd$ 发生了变形，变成为歪斜的形状 $a'b'c'd'$，如图 6-2a、b 所示，铆钉的这种变形形式就是剪切。

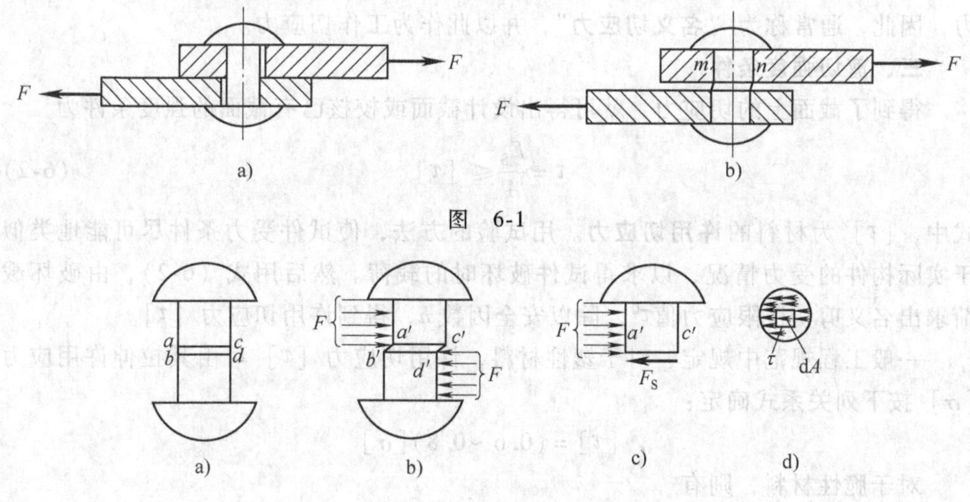

图　6-1

图　6-2

工程中常用的销钉、键、榫等都是主要承受剪切的构件。其他如钢材冲孔加工，用剪床剪钢板等都属于剪切的问题。上述剪切构件在发生剪切变形的同时，常伴随有其他变形形式发生，如拉伸变形和弯曲变形。但这些变形形式相对于剪切变形形式来讲是次要的，可以不考虑。

一、剪切变形时构件截面上的内力计算

下面我们用截面法讨论剪切的内力。在图 6-2b 中，如沿截面 a'-c'假想地将铆钉切成上、下两部分，并取上部分为研究对象（图 6-2c），由上部分的平衡可知，在截面 a'-c'上的分布内力系的合力必然是一个平行于 F 的力，用 F_S 表示，且由上部分的平衡方程 $\sum F_x=0$ 得

$$F-F_S=0$$

$$F_S=F$$

力 F_S 与截面 a'-c'相切，称为截面 a'-c'上的**剪力**，称截面 a'-c'为**剪切面**。用同样的方法，也可求出 b'-d'截面上的剪力，也等于 F，只是方向不同。

特别强调指出：剪力 F_S 与剪切面相切，或外载荷与剪切面的方向平行。

二、剪切变形时截面上的切应力的实用计算

如图 6-2d 所示，在剪切面 a'-c'上，忽略拉、弯变形的影响，认为剪切面 a'-c'主要作用有切应力，用符号τ表示。假设剪切面 a'-c'上的切应力均匀分布，由力的合成原理可以找出剪力 F_S 与同一截面上切应力τ之间的关系，即

$$F_S=\tau A$$

$$\tau=\frac{F_S}{A} \tag{6-1}$$

式中，A 为剪切面面积。切应力τ的单位与正应力 σ 的相同。因为剪切面上切应力实际上并非均匀分布，这里由式（6-1）算得的切应力并不是剪切面上的真实应力，因此，通常称为**“名义切应力”**，并以此作为工作切应力。

三、剪切强度条件

得到了截面上的切应力，就可得出设计截面或校核已有截面的强度条件为

$$\tau=\frac{F_S}{A}\leqslant[\tau] \tag{6-2}$$

式中，$[\tau]$ 为材料的**许用切应力**。用试验的方法，使试件受力条件尽可能地类似于实际构件的受力情况，以求得试件破坏时的载荷。然后用式（6-2），由破坏载荷求出名义剪切极限应力值τ^0，除以安全因数 n，得到许用切应力 $[\tau]$。

一般工程规范中规定，对于塑性材料，许用切应力 $[\tau]$ 可由其拉伸许用应力 $[\sigma]$ 按下列关系式确定：

$$[\tau]=(0.6\sim0.8)[\sigma]$$

对于脆性材料，则有

$$[\tau]=(0.8\sim1.0)[\sigma]$$

例 6-1 图 6-3a 所示螺钉在拉力 F 作用下，已知材料的许用切应力 $[\tau]$ 和拉伸许用应力 $[\sigma]$ 之间的关系约为 $[\tau]=0.6[\sigma]$。试求螺钉直径 d 与钉头高度 h 的合理比值。

解 h 和 d 的尺寸的合理比值应按保证螺钉头与螺杆的强度相等的原则确定。

（1）由拉伸强度条件，有

$$\sigma = \frac{F}{\frac{\pi}{4}d^2} \leqslant [\sigma] \qquad (a)$$

（2）由剪切强度条件，有

$$\tau = \frac{F_S}{\pi dh} \leqslant [\tau] \qquad (b)$$

式（b）中，πdh 为剪切面面积，即高为 h 的螺钉侧面面积，如图 6-3b 所示。

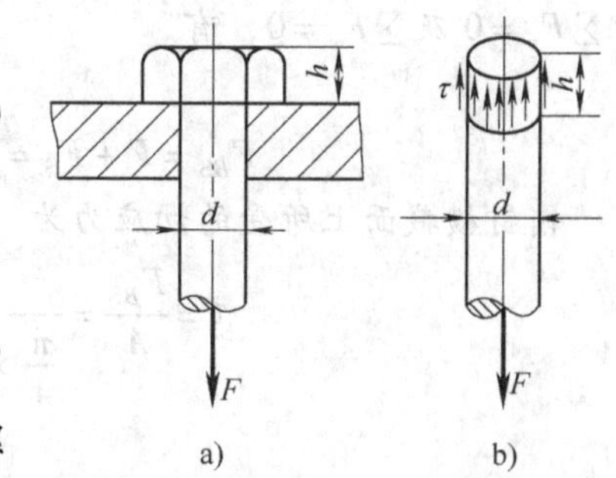

图　6-3

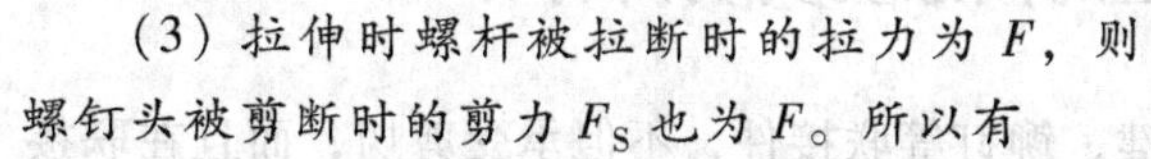

（3）拉伸时螺杆被拉断时的拉力为 F，则螺钉头被剪断时的剪力 F_S 也为 F。所以有

$$F = \frac{\pi}{4}d^2[\sigma] = \pi dh[\tau] = \pi dh 0.6[\sigma]$$

所以有

$$\frac{d}{h} = \frac{4 \times 0.6[\sigma]}{[\sigma]} = 2.4$$

例 6-2　用夹剪剪断直径为 $d = 3\text{mm}$ 的铁丝。如图 6-4a 所示，若铁丝的剪切极限应力为 $\tau_0 = 100\text{MPa}$。试问需要多大力 F？若销钉 B 的直径为 $D = 8\text{mm}$，试求销钉横截面上的切应力。

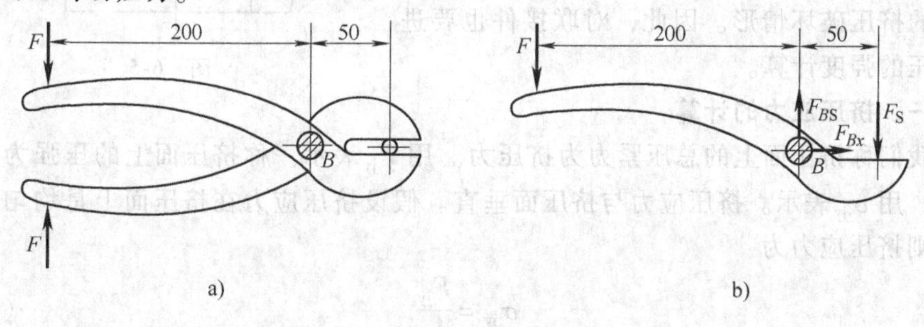

图　6-4

解　（1）设铁丝被剪断时剪力为 F_S。由剪切强度条件公式（6-2）有

$$F_S = A[\tau] = \frac{A\tau_0}{n}$$

这里 n 取为 1，即

$$F_S = \left[\frac{\pi}{4} \times (0.003)^2 \times 100 \times 10^6\right]\text{N} = 706.9\text{N}$$

由 $\sum M_B(F) = 0$，有

$$F = \frac{1}{4}F_S = 177\text{N}$$

（2）取销钉为研究对象，受力如图 6-4b 所示。设销钉横截面上受剪力为 F_{BS}，

由$\sum F_x=0$及$\sum F_y=0$，有

$$F_{Bx}=0$$

$$F_{BS}=F+F_S=(177+706.9)\text{N}=883.9\text{N}$$

销钉横截面上所受的切应力为

$$\tau=\frac{F_{BS}}{A}=\frac{883.9}{\frac{\pi}{4}\times 8^2\times 10^{-6}}\text{Pa}=17.6\text{MPa}$$

第二节　挤压的概念及其实用计算

在剪切问题中，螺栓、销钉、键、铆钉等联接件，不但承受剪切，而且在联接件和被联接件的接触面上还将相互压紧，这种现象称为**挤压**。由于这种挤压的作用，在联接件和被联接件的相互接触面上及其邻近的局部区域内将产生很大的压应力，当外力过大时，便在这些局部区域内产生塑性变形和破坏。可见，联接件除了可能以剪切的形式破坏外，也可能由于挤压而破坏。图6-5给出了联接件上钉孔的挤压破坏情形。因此，对联接件也要进行挤压的强度计算。

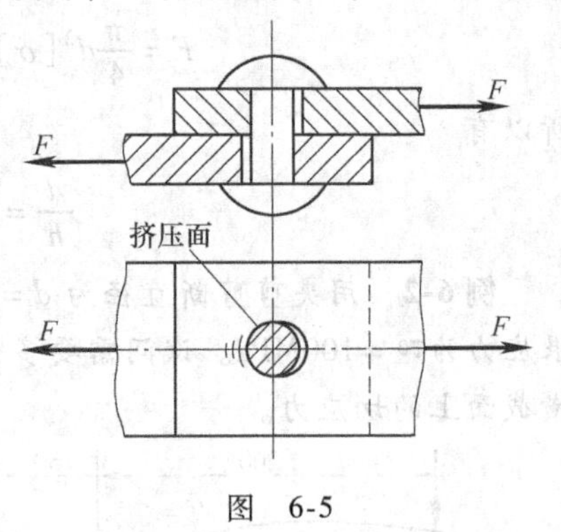

图　6-5

一、挤压应力的计算

我们称挤压面上的总压紧力为挤压力。用F_{jy}表示。称挤压面上的压强为**挤压应力**，用σ_{jy}表示。挤压应力与挤压面垂直。假设挤压应力在挤压面上是均匀分布的。则挤压应力为

$$\sigma_{jy}=\frac{F_{jy}}{A_{jy}} \tag{6-3}$$

式中，A_{jy}为挤压面面积。

由式（6-3）求得的挤压应力也是名义挤压应力，并以此为工作挤压应力。

挤压面面积A_{jy}的计算，要由接触面的情况而定。对于联接轮与轴的键（图6-6a），木榫接头（例题6-4，图6-8），它们的接触面均为平面，所以挤压面为平面，其值就等于实际接触面面积值。例如，图6-6a所示键的挤压面面积为$A_{jy}=(h/2)l$。对于螺栓、铆钉、销钉等，实际接触面为半圆柱面，在接触面上，板与钉之间挤压应力的分布情况如图6-6b所示，最大应力发生于圆柱形接触面的中点。如果以圆孔或圆钉的直径平面面积（图6-6c）中画阴影线的面积$A_{jy}=dl$除挤压力F_{jy}，所得应力与接触面上的实际最大应力基本相同。

二、挤压强度条件

为了保证挤压构件正常工作，构件的挤压应力应小于或等于许用挤压应力，即

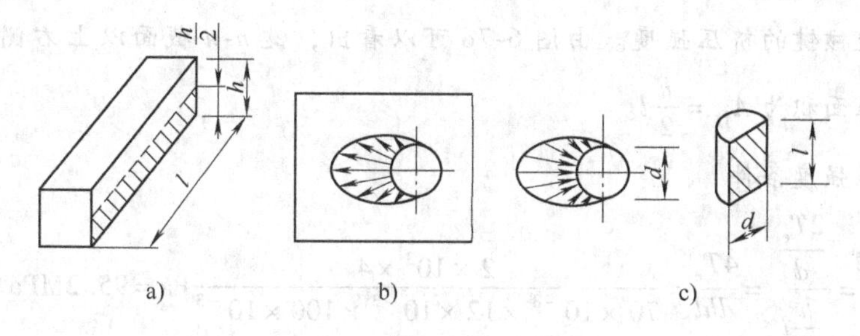

图 6-6

$$\sigma_{jy} = F_{jy}/A_{jy} \leqslant [\sigma_{jy}] \tag{6-4}$$

式中，$[\sigma_{jy}]$ 是材料的许用挤压应力，其值可以从有关规范中查到。对于钢材一般可取材料拉伸许用应力 $[\sigma]$ 的 (1.7~2.0) 倍。即

$$[\sigma_{jy}] = (1.7 \sim 2.0)[\sigma]$$

最后指出：如果两接触构件的材料不同时，要以抵抗挤压能力较差的构件为准进行挤压强度计算。

例 6-3 图 6-7a 所示为齿轮用平键与轴联接（图中只画出了轴与键，没有画齿轮）。已知轴的直径 $d = 70\text{mm}$，键的尺寸为 $b \times h \times l = 20\text{mm} \times 12\text{mm} \times 100\text{mm}$，传递的扭转力偶矩 $T_e = 2\text{kN} \cdot \text{m}$，键的许用切应力 $[\tau] = 60\text{MPa}$，许用挤压应力 $[\sigma_{jy}] = 100\text{MPa}$。试校核键的强度。

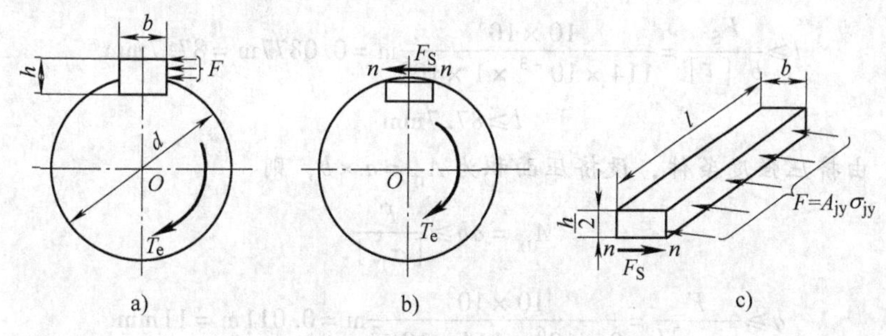

图 6-7

解 (1) 校核键的剪切强度。由图 6-7b 可以看出，键的剪切面为 n-n，其面积为 $A_{jy} = bl$，因为假设在 n-n 截面上切应力均匀分布，故 n-n 截面上的剪力为

$$F_S = A\tau = bl\tau$$

对轴心 O 取矩，由平衡条件 $\sum M_O = 0$，得

$$F_S \frac{d}{2} = bl\tau \frac{d}{2} = T_e$$

故有

$$\tau = \frac{2T_e}{bld} = \frac{2 \times 2000}{20 \times 100 \times 70 \times 10^{-9}}\text{Pa} = 28.6 \times 10^6\text{Pa} = 28.6\text{MPa} < [\tau]$$

可见，平键满足剪切强度条件

（2）校核键的挤压强度。由图 6-7c 可以看出，键 n-n 截面以上右侧面上为挤压面，挤压面积为 $A_{jy}=\frac{h}{2}l$。

由挤压强度条件

$$\sigma_{jy}=\frac{F_{jy}}{A_{jy}}=\frac{\frac{2T_e}{d}}{\frac{h}{2}l}=\frac{4T_e}{dhl}=\frac{2\times10^3\times4}{70\times10^{-3}\times12\times10^{-3}\times100\times10^{-3}}\text{Pa}=95.2\text{MPa}<[\sigma_{jy}]$$

故平键也满足挤压强度要求。

例 6-4 如图 6-8 所示，截面为正方形的木榫接头承受轴向拉力 $F=10\text{kN}$，木材的顺纹许用挤压应力 $[\sigma_{jy}]=8\text{MPa}$，顺纹许用切应力 $[\tau]=1\text{MPa}$。截面边长 $b=114\text{mm}$，试根据剪切与挤压强度要求设计尺寸 a 及 l。

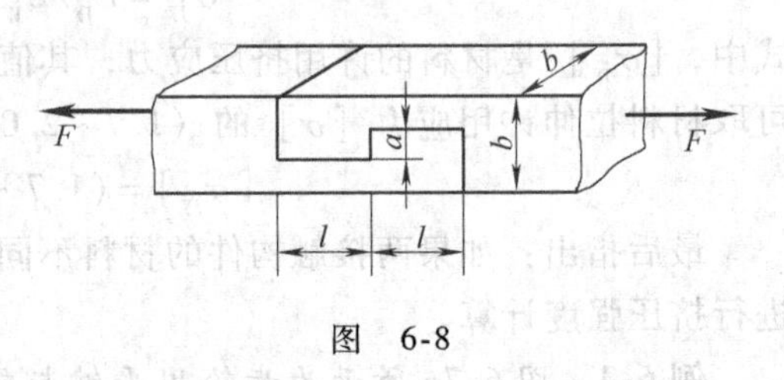

图 6-8

解 （1）按剪切强度条件设计 l。这里的剪切面积为 $A=b\times l$，由强度条件

$$A=bl\geqslant\frac{F_S}{[\tau]},\ F_S=F$$

即
$$l\geqslant\frac{F_S}{b[\tau]}=\frac{10\times10^3}{114\times10^{-3}\times1\times10^6}\text{m}=0.0877\text{m}=87.7\text{mm}$$

故
$$l\geqslant87.7\text{mm}$$

（2）由挤压强度条件，设挤压面积为 $A_{jy}=a\times b$，则

$$A_{jy}=ab\geqslant\frac{F}{[\sigma_{jy}]}$$

即
$$a\geqslant\frac{F}{[\sigma_{jy}]b}=\frac{10\times10^3}{8\times10^6\times114\times10^{-3}}\text{m}=0.011\text{m}=11\text{mm}$$

故取
$$a\geqslant11\text{mm}$$

例 6-5 电瓶车挂钩用插销与板件连接，如图 6-9a 所示。已知 $t=8\text{mm}$，插销的材料为 20 钢，$[\tau]=30\text{MPa}$，$[\sigma_{jy}]=100\text{MPa}$，牵引力 $F=15\text{kN}$。试选定插销的直径 d。

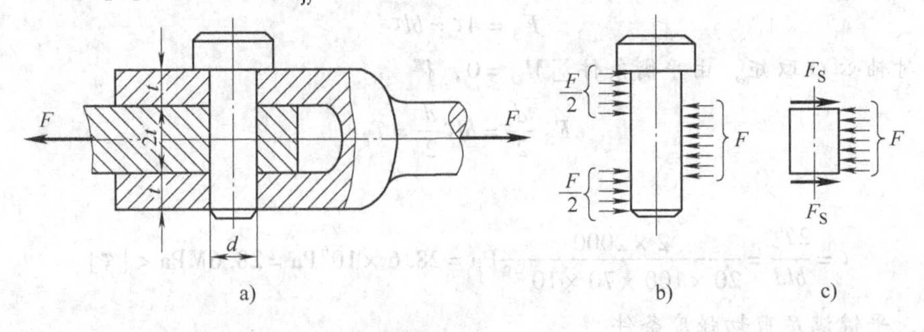

图 6-9

解　(1) 由剪切强度条件设计直径。插销的受力情况如图 6-9b 所示，由截面法求得插销剪切面上的剪力 F_S 为

$$F_S = \frac{F}{2} = \frac{15}{2}\text{kN} = 7.5\text{kN}$$

由剪切强度条件有

$$A \geqslant \frac{F_S}{[\tau]} = \frac{7.5 \times 10^3}{30 \times 10^6}\text{m}^2 = 2.5 \times 10^{-4}\text{m}^2$$

即

$$\frac{\pi d^2}{4} \geqslant 2.5 \times 10^{-4}\text{m}^2$$

解得

$$d \geqslant 0.0178\text{m} = 17.8\text{mm}$$

(2) 再由挤压强度条件进行校核，则

$$\sigma_{jy} = \frac{F_{jy}}{A_{jy}} = \frac{F}{2td} = \frac{15 \times 10^3}{2 \times 8 \times 17.8 \times 10^{-6}}\text{Pa} = 52.7\text{MPa} < [\sigma_{jy}]$$

所以挤压强度也是足够的。查机械设计手册，最后采用 $d = 20\text{mm}$ 的标准圆柱销。此题的第 (2) 步也可由挤压强度条件来进行设计直径 d。

由挤压强度条件有

$$d \geqslant \frac{F_{jy}}{2t\ [\sigma_{jy}]} = \frac{15 \times 10^3}{2 \times 8 \times 10^{-3} \times 100 \times 10^6}\text{m} \geqslant 9.375\text{mm}$$

查机械设计手册，最后采用 $d = 20\text{mm}$ 的标准圆柱销。

习　题

6-1　测定材料剪切强度的剪切器的示意图如图 6-10 所示。设圆试样的直径 $d = 15\text{mm}$，当压力 $F = 31.5\text{kN}$ 时，试样被剪断。试求材料的名义剪切极限应力。若取许用切应力 $[\tau] = 80\text{MPa}$，试问安全因数等于多大?

6-2　在厚度 $t = 5\text{mm}$ 的钢板上，冲出一个形状如图 6-11 所示的孔，钢板剪断时的剪切极限应力 $\tau^0 = 300\text{MPa}$，求冲床所需的冲力 F。

6-3　如图 6-12 所示，用两个铆钉将 140mm × 140mm × 12mm 的等边角钢铆接在立柱上，构成支托。若 $F = 30\text{kN}$，铆钉的直径 $d = 21\text{mm}$，试求铆钉的切应力和挤压应力。

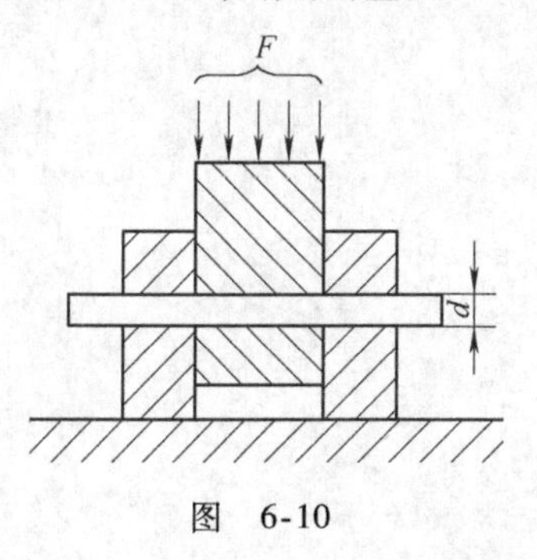

图　6-10

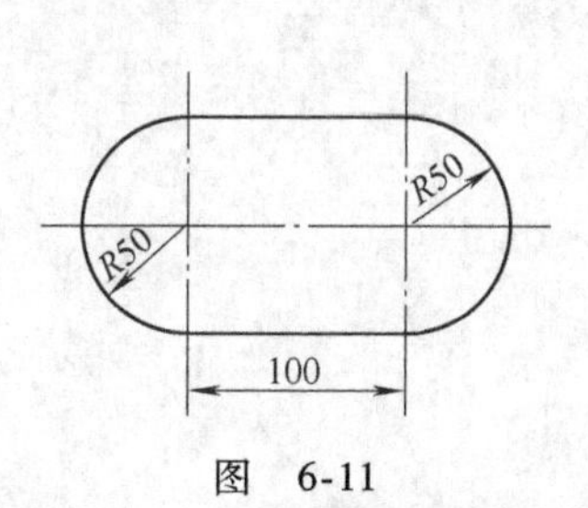

图　6-11

6-4 如图 6-13 所示，车床的传动光杆装有安全联轴器，当超过一定载荷时，安全销即被剪断。已知安全销的平均直径为 $d=5\text{mm}$，材料为 45 钢。其剪切极限应力为$\tau^0=370\text{MPa}$，求安全联轴器所能传递的力偶矩 T_e。

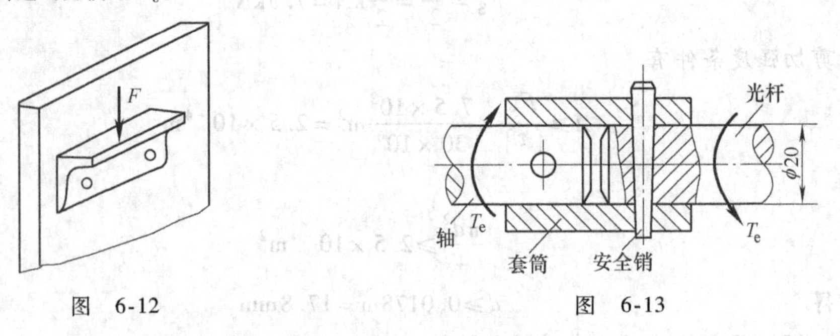

图 6-12　　图 6-13

6-5 图 6-14 所示为承受内压的圆筒与端盖之间用角铁和铆钉相联接。已知圆筒内径 $D=1000\text{mm}$，内压 $p=1\text{MPa}$，筒壁及角铁的厚度均为 $t=10\text{mm}$，若铆钉的直径为 $d=20\text{mm}$，许用切应力 $[\tau]=70\text{MPa}$，许用挤压应力 $[\sigma_{jy}]=160\text{MPa}$，许用拉应力 $[\sigma]=40\text{MPa}$，试问联接筒盖和角铁以及联接角铁和筒壁的铆钉每边各需要多少个？

6-6 一螺栓将拉杆与厚为 8mm 的两块盖板相联接，如图 6-15 所示。各构件材料相同，其许用应力分别为 $[\sigma]=80\text{MPa}$，$[\tau]=60\text{MPa}$，$[\sigma_{jy}]=160\text{MPa}$。若拉杆的厚度 $t=15\text{mm}$，拉力 $F=120\text{kN}$。试设计螺栓直径 d 及拉杆宽度 b。

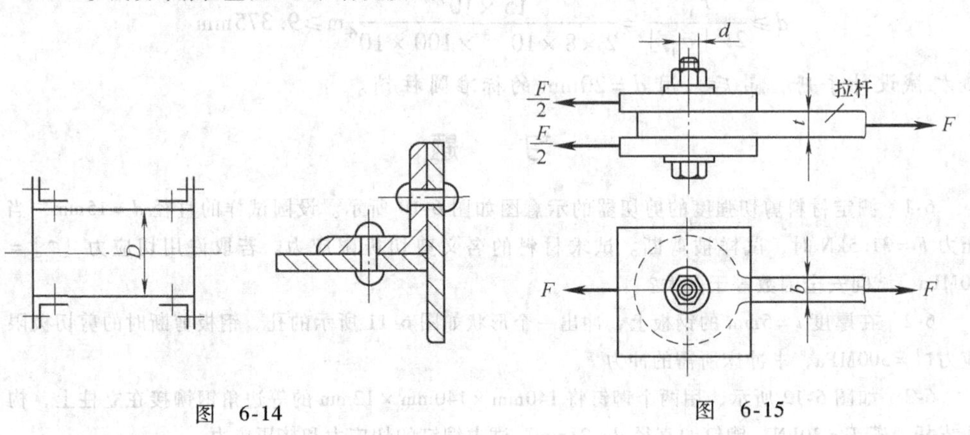

图 6-14　　图 6-15

第七章　扭　转

第一节　扭转的概念与实例

扭转变形是四种基本变形之一。其变形形式是由大小相等、方向相反、作用面垂直于杆轴的两个力偶引起的，表现在杆件的任意两个横截面将发生绕杆轴线的相对转动，如图 7-1 所示。图中的点画线为变形前的母线位置，实线为变形后的母线位置（这里假设左端截面固定）。右端截面相对于左端截面转过的角度 φ 称为相对扭转角。

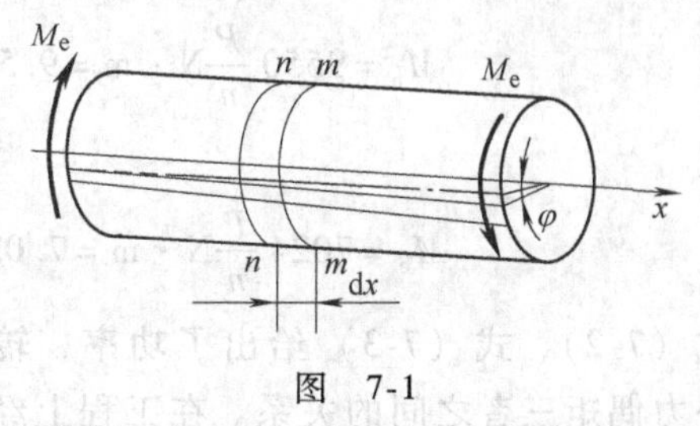

图　7-1

工程实际中，有很多构件发生扭转变形。例如，汽车转弯时，驾驶员要用双手在方向盘上施加大小相等、方向相反的两个平行力，形成一个力偶作用在垂直于方向盘轴的上端面内，而轴的下端受到转向器施加此轴的一个反力偶的作用，使轴发生变形，如图 7-2 所示。再如，车床卡头专用扳手（图 7-3）、发电机功率输出轴、钻探机钻杆等都属于扭转杆件；这些杆件除了扭转变形外，还伴有其他形式的变形，属于组合变形，这些将在后面进行讨论。主要发生扭转变形的杆件称为**轴**，受扭转杆件在工程上的截面多为圆形或圆管形，因此在这一章里主要讨论等直圆杆的扭转问题。对于非圆截面杆的扭转问题只做简单介绍。

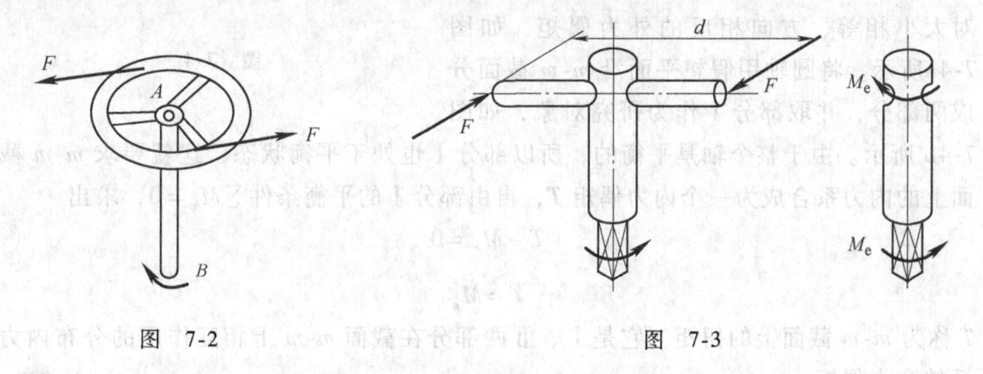

图　7-2　　　　图　7-3

第二节　外力偶矩与扭矩图

作用于轴上的外力偶矩，一般情况下很少是直接给出的，一种情况是给出作用在轴上的载荷，另一种情况是给出轴所传递的功率和轴的转速。对于第一种情况，求作用在轴上的外力偶矩可以通过将外载荷向轴线简化得到。对于第二种情况，由功率的定义可知，力偶矩在单位时间内所做的功，就是**功率**，其值等于力偶矩与轴在单位时间内所转过角度（转动角速度）的乘积，即

$$P = M_e \omega \tag{7-1}$$

式中，M_e 为外力偶矩；ω 为转动角速度；P 为轴传递的功率。

按法定计量单位制，功率的单位是 W（或 kW），它与马力的换算关系是

$$1\text{ 马力} = 735.5\text{W}$$

令 n 为轴的转速，单位用 r/min，外力偶矩 M_e 单位用 N · m，功率 P 单位用 kW 或马力时，则式（7-1）分别变为

$$M_e = 9550\frac{P}{n}\text{N}\cdot\text{m} = 9.55\frac{P}{n}\text{kN}\cdot\text{m}\ (P\text{ 单位为 kW}) \tag{7-2}$$

或

$$M_e = 7024\frac{P}{n}\text{N}\cdot\text{m} = 7.02\frac{P}{n}\text{kN}\cdot\text{m}\ (P\text{ 单位为马力}) \tag{7-3}$$

式（7-2）、式（7-3）给出了功率、转速和外力偶矩三者之间的关系。在工程上经常用到此两式，应用时要注意式中各个符号的含义及单位。从这两式可知：轴所承受的外力偶矩与传递的功率成正比，与轴的转速成反比。

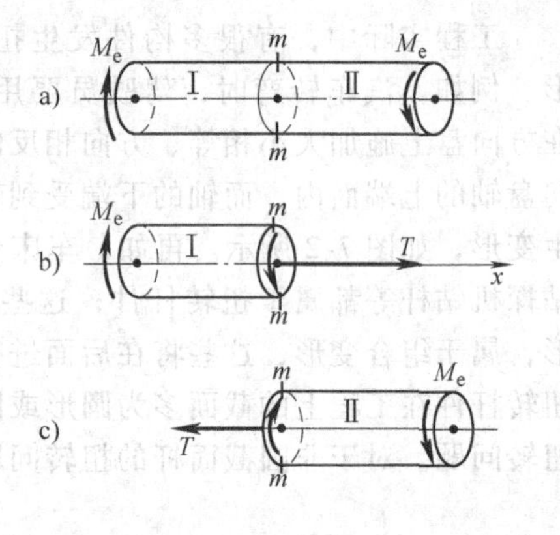

图 7-4

当作用在轴上的所有外力偶矩都求出后，就可用截面法确定横截面上的内力。下面以传动轴为例，在轴的两端截面内作用一对大小相等、方向相反的外力偶矩，如图7-4a所示。将圆轴用假想平面沿 m-m 截面分成两部分，并取部分 I 作为研究对象，如图7-4b 所示。由于整个轴是平衡的，所以部分 I 也处于平衡状态，这就要求 m-m 截面上的内力系合成为一个内力偶矩 T，再由部分 I 的平衡条件 $\sum M_x = 0$，求出

$$T - M_e = 0$$

$$T = M_e$$

T 称为 m-m 截面上的扭矩。它是 I 、II 两部分在截面 m-m 上相互作用的分布内力系的合力偶矩。

如果取部分 II 为研究对象，可得到相同的结果，只是扭矩 T 的方向相反。

扭矩的正、负号规则如下：若按右手螺旋法则把 T 表示为矢量，当矢量方向与截面的外法线方向相同时，T 为正；反之为负。根据这一规则，图 7-4b、c 中，

$m\text{-}m$ 截面上的扭矩都是正的。

当轴上受到多于两个的外力偶矩作用时，轴各段截面上的扭矩一般是不相等的，这时需要分段应用截面法和平衡条件，求出各截面的扭矩。可用图线来表示各横截面上的扭矩沿轴线变化的情况。这种图线称为扭矩图。图中以横轴表示横截面的位置，纵轴表示相应横截面上的扭矩。下面用例题详细说明扭矩图的画法。

例 7-1 图 7-5a 所示为左端固定的等截面圆轴，在 A、B 截面上作用着外力偶矩 $M_{eA}=5\text{kN}\cdot\text{m}$，$M_{eB}=3\text{kN}\cdot\text{m}$。试画出轴的扭矩图。

解 由静力平衡方程求出支座约束力偶矩 M_{eC}（图 7-5b），即

$$\sum M_x=0$$

$$M_{eA}+M_{eB}-M_{eC}=0$$

得

$$M_{eC}=M_{eA}+M_{eB}=8\text{kN}\cdot\text{m}$$

由于轴上有三个力偶矩 M_{eC}、M_{eA}、M_{eB}作用，分两段进行计算扭矩。为了计算 AB 段各截面上的扭矩，可假想将在该段内沿任一横截面 1-1 切开，取其右段轴进行分析。设 1-1 截面上的扭矩为 T_1，方向如图 7-5c 所示，由静力平衡方程 $\sum M_x=0$ 有

$$M_{eA}-T_1=0$$

得

$$T_1=M_{eA}=5\text{kN}\cdot\text{m}$$

很明显，由于 1-1 截面是在 AB 内任取的，所以，作用在 AB 段轴的各横截面上的扭矩都相同。

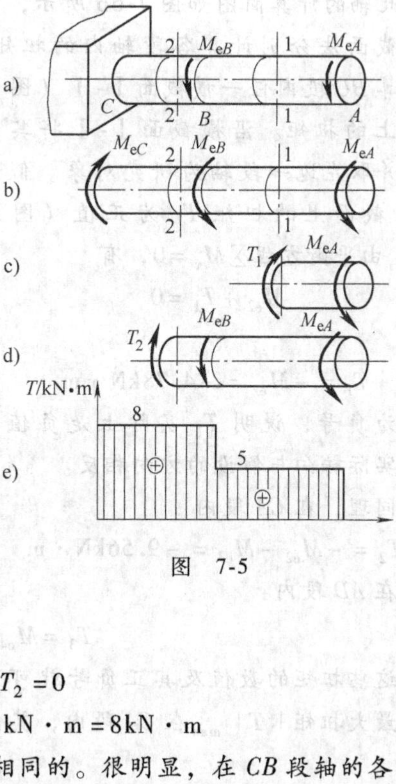

图 7-5

同理，在 CB 段内沿任一横截面 2-2 切开，取其右段轴来分析。设 2-2 截面上的扭矩为 T_2，方向如图 7-5d 所示，由静力平衡方程 $\sum M_x=0$

得

$$M_{eA}+M_{eB}-T_2=0$$

$$T_2=M_{eA}+M_{eB}=(5+3)\text{kN}\cdot\text{m}=8\text{kN}\cdot\text{m}$$

当然，也可取左段来分析，所得结果是相同的。很明显，在 CB 段轴的各个横截面上的扭矩也是相同的。

从这个例题可得出计算扭矩的一般规律是：在轴的任一横截面上的扭矩，数值上等于该截面一边（左边或右边）的轴上所有外力偶矩的代数和，其转向与外力偶矩的合力偶矩之转向相反。

在求截面上的扭矩时，应将截面上的扭矩按其正号的规定假设，由静力平衡方程得出正值就是正的，相反就是负的。根据上面求出的各段扭矩值给出扭矩如图

7-5e 所示。

例 7-2 一传动轴如图 7-6a 所示，其转速 n 是 300r/min，主动轮输入的功率为 $P_1=500\text{kW}$；若不计轴承摩擦所耗的功率，三个从动轮输出的功率分别为 $P_2=150\text{kW}$、$P_3=150\text{kW}$ 及 $P_4=200\text{kW}$。试作轴的扭矩图。

解 先由公式（7-2）计算外力偶矩

$$M_{e1}=9.55\frac{P_1}{n}=\left(9.55\times\frac{500}{300}\right)\text{kN}\cdot\text{m}=15.9\text{kN}\cdot\text{m}$$

$$M_{e2}=M_{e3}=9.55\frac{P_2}{n}=\left(9.55\times\frac{150}{300}\right)\text{kN}\cdot\text{m}=4.78\text{kN}\cdot\text{m}$$

$$M_{e4}=9.55\frac{P_4}{n}=\left(9.55\times\frac{200}{300}\right)\text{kN}\cdot\text{m}=6.37\text{kN}\cdot\text{m}$$

此轴的计算简图如图 7-6b 所示，下面用截面法分别计算各段轴内的扭矩。先计算 BC 段内任一横截面Ⅰ-Ⅰ（图 7-5c）上的扭矩。沿横截面Ⅰ-Ⅰ将其切开，并取左边一段轴为研究对象。假设Ⅰ-Ⅰ截面上的扭矩 T_1 为正值（图 7-5c），由平衡方程 $\sum M_x=0$，有

$$M_{e2}+T_1=0$$

得

$$T_1=-M_{e2}=-4.78\text{kN}\cdot\text{m}$$

结果为负号，说明 T_1 实际上是负值扭矩。实际转向与假设的方向相反。

同理，在 CA 段内：

$$T_2=-M_{e2}-M_{e3}=-9.56\text{kN}\cdot\text{m}$$

在 AD 段内：

$$T_3=M_{e4}=6.37\text{kN}\cdot\text{m}$$

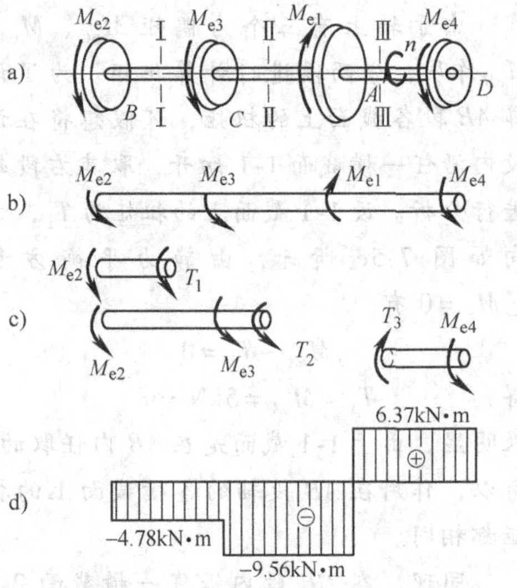

图 7-6

根据这些扭矩的数值及其正负号就可作出扭矩图，如图 7-6d 所示。从图 7-6d 可见，最大扭矩 $|T|_{\max}$ 在 CA 段内，其值为 9.56kN·m。

第三节 纯剪切与剪切胡克定律

为了说明纯剪切的概念，先研究剪切的变形规律，从受力物体中找出截面上只有切应力而无正应力作用的情况。为此，我们先对薄壁圆筒受扭转的情况进行分析。

图 7-7a 所示为一等厚度薄壁圆筒，受扭前其表面上用圆周线和纵向线画成方

格。受扭后变形，如图 7-7b 所示，从图中可看出：由于截面 m-m 对截面 n-n 的相对转动，使方格的左右两边发生相对错动，但两对边之间的距离不变，圆筒的半径长度也不变。这表明在圆筒横截面上只有切应力，而无正应力，在包含半径的纵向截面上也无正应力。在横截面上，由于筒壁的厚度很小，可以认为沿壁厚切应力均匀分布。又因为沿圆周方向各点情况相同，故沿圆周各点的应力也相同，如图 7-7c 所示。若在 m-m 截面上任取一微面积 $\mathrm{d}A$，其上的内力为 $\tau\mathrm{d}A$，如图 7-7d 所示，它对 x 轴的力矩为 $\tau\mathrm{d}A\cdot r$。截面上所有微面积上的内力对 x 轴的力矩的总和应为该截面的扭矩 T。即

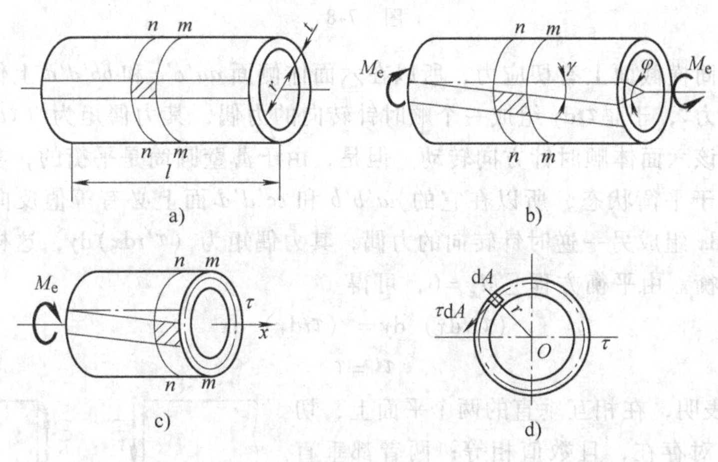

图 7-7

$$T=\int_A \tau\mathrm{d}A\cdot r$$

如左端的外加力偶矩为 M_{e}，由 m-m 截面以左的部分圆筒的平衡条件为 $\sum M_x=0$，得

$$M_{\mathrm{e}}=T=\int_A \tau\mathrm{d}A\cdot r$$

由于 τ 是均匀的，所以它是常数。取

$$\mathrm{d}A=r\mathrm{d}\theta\cdot t$$

于是有

$$M_{\mathrm{e}}=\tau r^2 t\int_0^{2\pi}\mathrm{d}\theta=\tau 2\pi r^2 t$$

所以，薄壁圆筒扭转时横截面上的切应力为

$$\tau=\frac{M_{\mathrm{e}}}{2\pi r^2 t}$$

式中，r 为薄壁圆筒的半径；t 为薄壁圆筒的厚度；M_{e} 为作用在薄壁圆筒上的外力偶矩。

我们用相邻的两个横截面和两个纵截面，从如图 7-8a 所示的受扭转的薄壁圆

筒上，切出一个三条边长分别为 dx、dy 及 t 的微六面体，如图 7-8b 所示。

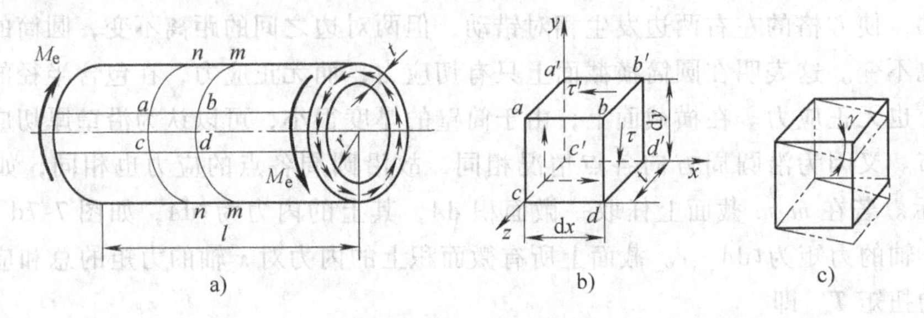

图 7-8

由于圆筒横截面上有切应力，所以在六面体侧面 $aa'c'c$ 和 $bb'd'd$ 上作用有等值反向的切应力τ，于是$\tau t dy$ 组成一个顺时针转向的力偶，其力偶矩为（$\tau t dy$）dx，这一力偶将使该六面体顺时针方向转动。但是，由于薄壁圆筒是平衡的，实际上这个六面体仍处于平衡状态，所以在它的 $aa'b'b$ 和 $cc'd'd$ 面上必有等值反向的切应力 τ'，并由$\tau' t dx$ 组成另一逆时针转向的力偶，其力偶矩为（$\tau' t dx$）dy，这样微六面体才能保持平衡。由平衡方程 $\sum M_x = 0$，可得

$$(\tau' t dx)\ dy = (\tau t dy)\ dx$$

所以

$$\tau' = \tau \tag{7-4}$$

式（7-4）表明，在相互垂直的两个平面上，切应力必然成对存在，且数值相等；两者都垂直于两个平面的交线，方向则共同指向或共同背离这一交线。这就是**切应力互等定理**。这一定理具有普遍意义。在图 7-8b 中的微六面体的上下左右四个侧面上，只有切应力而无正应力，这种情况称为**纯剪切**。切应力的正负号规定如下：截面上的切应力，对于截面所在的微六面体中的任一点顺时针方向转动时，则此切应力为正；反之，逆时针方向转动时则为负，如图 7-9 所示。

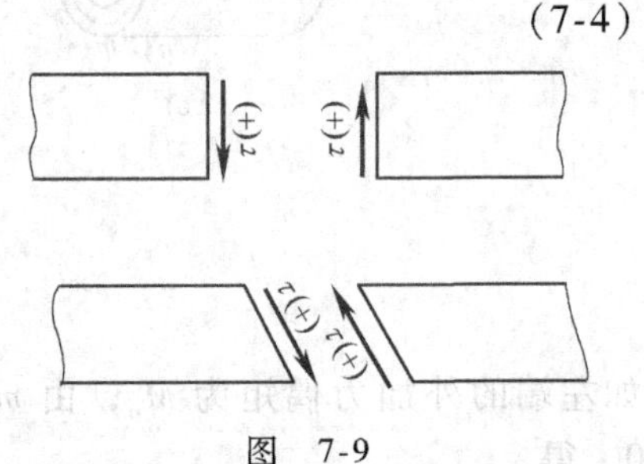

图 7-9

从以上分析可知，受扭转的薄壁圆筒，各点都处于纯剪切状态。因此，围绕筒壁上任一点用两个横截面和两个径向截面切出的微六面体，在切应力作用下变成了斜平行六面体，原来的直角改变了一微角 γ，在这里 γ 称为切应变，如图 7-8c 所示。切应变是微量剪切变形的一个量。从图 7-7b 可知，若 φ 为薄壁圆筒两端的相对转角，l 为圆筒的长度，则切应变 γ 应为 $\gamma = r\varphi/l$。由薄壁圆筒的扭转试验可以找到材料在纯剪切时τ与 γ 之间的关系，即当外力偶矩 M_e 从零逐渐增加时，相应地各截面上的扭矩 T 也将从零逐渐增加，可以记录下对应于扭矩 T 每一增加瞬间的 φ 角，然后根据$\tau = M_e/(2\pi r^2 t)$，$\gamma = r\varphi/l$ 两式即可找出一系列的τ与 γ 的对应数值，画出如图 7-10 所示的τ-γ 曲线，这条曲线是由低碳钢得出的，它与低碳钢的 σ-ε 曲线相似。在τ-γ 曲线中 OA 为一直线，这表明切应力不超过剪切比例极限τ_p

时，切应力τ与切应变 γ 成正比。这个关系称为**剪切胡克定律**。即

$$\tau = G\gamma \tag{7-5}$$

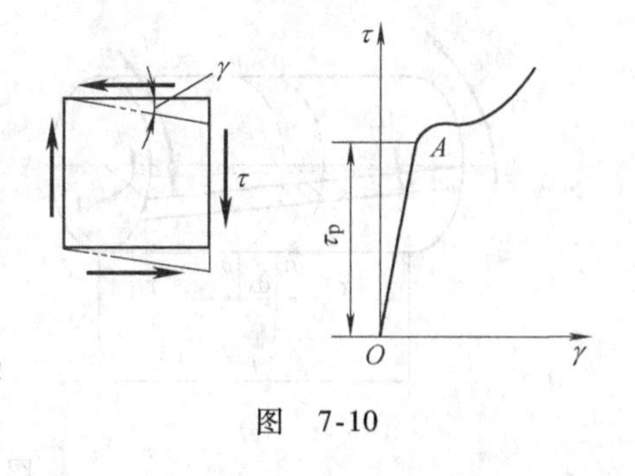

图 7-10

式中，G 为比例常数，称为材料的**切变模量**。因为 γ 量纲为一，所以 G 的量纲与τ相同，常用单位是 GN/m^2。其数值可以通过试验测得，钢材的 G 值约为 $80GN/m^2$。G 值越大，表示材料抵抗剪切变形的能力越大。

切变模量 G 与弹性模量 E 以及泊松比 μ 都是表示材料弹性性质的常数，由试验确定，对于各向同性材料，它们之间存在下列关系：

$$G = \frac{E}{2(1+\mu)} \tag{7-6}$$

由式（7-6）可知，这三个弹性常数中只要知道任意两个，另一个即可确定。

第四节 圆轴扭转时的应力与变形

圆轴扭转时，由截面法可求出横截面上的扭矩。如果知道应力在横截面上的分布规律，就能够确定分布内力系在各点的集度——应力。但对实心圆轴来说，不能像薄壁圆筒扭转那样，认为横截面上的应力沿壁厚均匀分布。所以只利用静力学条件（即横截面上的内力组成为扭矩）不可能找到应力分布规律。因此，我们所研究的问题的性质是超静定的，解决这一超静定的问题，要从三个方面考虑。首先由杆的变形找出应变的变化规律，也就是研究圆轴扭转时的变形几何关系。其次，由应变规律找出应力的分布规律，也就是建立应力和应变间的物理关系。最后，根据扭矩和应力之间的静力学关系，找出应力的计算公式。这是分析横截面上应力的一般方法。下面从三个方面进行讨论。

1. 变形几何关系

在圆轴的表面画上许多纵向线与圆周线形成许多小方格，扭转后可观察到与薄壁圆筒相同的变形现象，如图 7-11a 所示，各圆周线绕轴线相对地旋转了一个角度，但大小、形状和相邻两圆周线之间的距离不变。在小变形的情况下，各纵向线仍近似地是一条直线，只是倾斜了一个微小的角度。变形前圆轴表面为方格，变形后扭歪成菱形。

以上是圆轴表面的变形，我们可以根据圆轴表面的现象由表及里地进行推理，得出关于圆轴扭转的基本假设：圆轴扭转变形前的横截面，变形后仍保持为平面，形状和大小不变，半径仍保持为直线；且相邻两截面间的距离不变。这就是圆轴扭转的平面假设。按照这一假设，可想象出，在扭转变形中，圆轴的横截面就像刚性

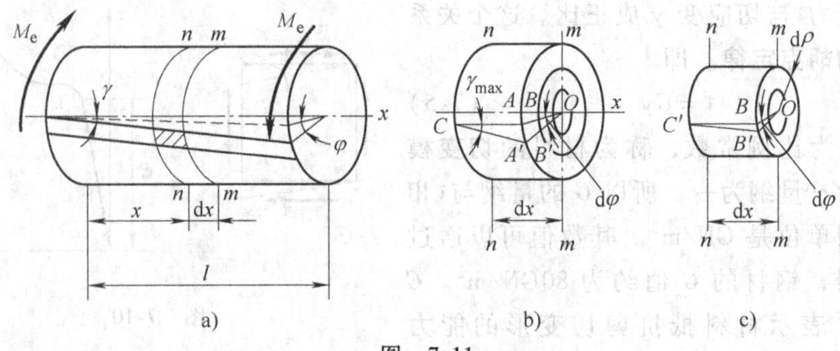

图 7-11

平面一样，绕轴线发生了角度不同的转动。根据平面假设得到的应力和变形公式已为试验所证实。所以这一假设是正确的。

从圆轴中取出相距为 dx 的微段，如图 7-11b 所示，由平面假设，m-m 截面相对于 n-n 截面转动了 dφ 角，半径 OA 转到 OA'位置。因此，如果将圆轴看成由无数薄壁圆筒组成的，则所有薄壁圆筒的扭转角 dφ 都相同。从 dx 段圆轴中取出半径为 ρ，厚度为 dρ 的薄筒，如图 7-11c 所示，此薄筒的扭转角就等于 m-m 截面相对于 n-n 截面的扭转角 dφ，其切应变 γ_ρ 为

$$\gamma_\rho \approx \tan\gamma_\rho = \frac{\overline{BB'}}{\overline{BC'}} = \frac{\rho \mathrm{d}\varphi}{\mathrm{d}x}$$

即

$$\gamma_\rho = \rho\frac{\mathrm{d}\varphi}{\mathrm{d}x}$$

式中，dφ/dx 表示沿轴线方向单位长度的扭转角。同一截面 dφ/dx 为一常数。从上式可见，切应变 γ_ρ 随薄筒半径 ρ 的增加而成比例地增大，在圆轴表面，即 $\rho = R$ 时，切应变达到最大值 γ_{max}，如图 7-11b 所示。这就是切应变的变化规律。

2. 物理关系

根据剪切胡克定律，可得到横截面上任一半径 ρ 处的切应力为

$$\tau_\rho = G\gamma_\rho = G\rho\frac{\mathrm{d}\varphi}{\mathrm{d}x} \tag{7-7}$$

式（7-7）表明圆轴扭转时，横截面上切应力沿横截面的半径方向按线性规律分布。显然，横截面的中心处（$\rho = 0$）τ为零，在其边缘处（$\rho = R$）τ最大；在半径为 ρ 的圆周上，各点的切应力τ_ρ 均相同，其方向垂直于半径 OA，如图 7-12 所示。

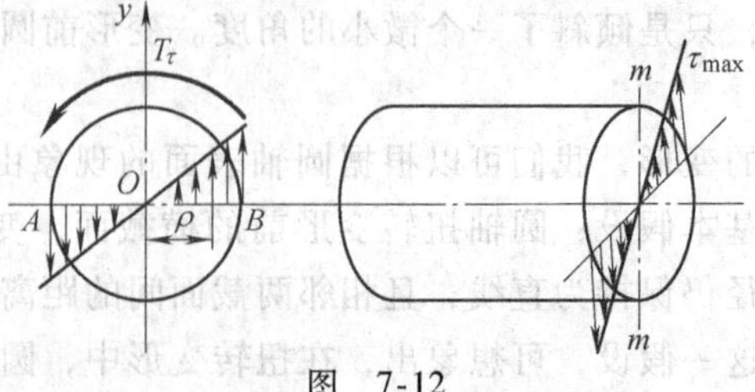

图 7-12

3. 静力学关系

在式（7-7）中只给出了切应力的分布规律，还不能用它计算横截面上任一点处的应力数值，因为式（7-7）中单位长度的扭转角 $\mathrm{d}\varphi/\mathrm{d}x$ 还不知道。因此，需要利用静力学关系来求 $\mathrm{d}\varphi/\mathrm{d}x$ 与扭矩 T 之间的关系。

设在距圆心为 ρ 处取一微面积 $\mathrm{d}A$，如图 7-13 所示，其上微内力 $\tau_\rho \mathrm{d}A$ 对 x 轴之矩为 $\rho\tau_\rho \mathrm{d}A$。将所有微内力矩求和即得截面上的扭矩

$$T = \int_A \rho\tau_\rho \mathrm{d}A \qquad \text{(a)}$$

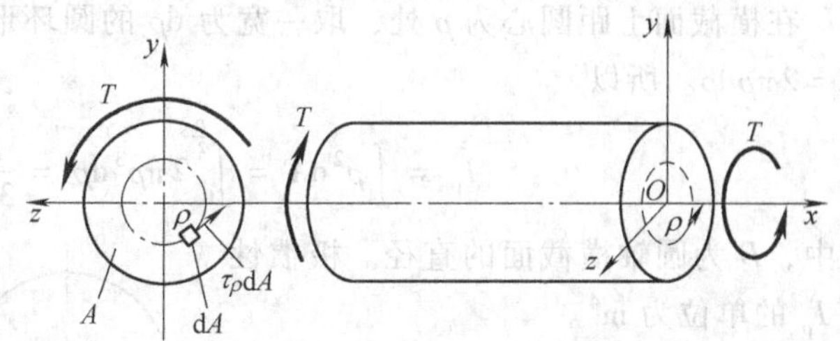

图 7-13

式中积分对整个截面进行。将式（7-7）代入式（a），并注意到当在某一给定的横截面上积分时，$\mathrm{d}\varphi/\mathrm{d}x$ 也是常量，于是

$$T = \int_A \rho G\rho \frac{\mathrm{d}\varphi}{\mathrm{d}x}\mathrm{d}A = \frac{\mathrm{d}\varphi}{\mathrm{d}x}G\int_A \rho^2 \mathrm{d}A \qquad \text{(b)}$$

式（b）中，$\int_A \rho^2 \mathrm{d}A$ 是与圆截面有关的一个几何量，用 I_p 表示，即

$$I_\mathrm{p} = \int_A \rho^2 \mathrm{d}A \qquad \text{(c)}$$

式（c）中，I_p 称为圆截面对 O 点的极惯性矩。于是式（b）可写成为

$$T = G\frac{\mathrm{d}\varphi}{\mathrm{d}x}I_\mathrm{p}$$

由此可得单位长度扭转角为

$$\frac{\mathrm{d}\varphi}{\mathrm{d}x} = \frac{T}{GI_\mathrm{p}} \qquad \text{(7-8)}$$

$\mathrm{d}\varphi/\mathrm{d}x$ 的单位为 rad/m。将式（7-8）代入式（7-7）得到圆轴扭转时横截面上任一点的切应力公式

$$\tau_\rho = \frac{T\rho}{I_\mathrm{p}} \qquad \text{(7-9)}$$

截面上的最大切应力发生在横截面的周边上（即 $\rho = D/2$），最大值为

$$\tau_{\max} = \frac{T\dfrac{D}{2}}{I_\mathrm{p}} = \frac{T}{I_\mathrm{p}\Big/\dfrac{D}{2}}$$

式中，直径 D 及极惯性矩 I_p 都与截面的几何尺寸有关。引入符号 W_p

$$W_\mathrm{p} = \frac{I_\mathrm{p}}{D/2}$$

于是

$$\tau_{max}=\frac{T}{W_p} \tag{7-10}$$

W_p 称为**抗扭截面系数**。

下面计算圆截面的极惯性矩 I_p 及抗扭截面系数 W_p。

在横截面上距圆心为 ρ 处，取一宽为 $d\rho$ 的圆环形微面积 dA，如图 7-14 所示，$dA=2\pi\rho d\rho$。所以

$$I_p=\int_A\rho^2 dA=\int_0^{\frac{D}{2}}2\pi\rho^3 d\rho=\frac{1}{32}\pi D^4 \tag{7-11}$$

式中，D 为圆轴横截面的直径。极惯性矩 I_p 的单位为 m^4。

抗扭截面系数为

$$W_p=\frac{I_p}{D/2}=\frac{1}{16}\pi D^3 \tag{7-12}$$

W_p 的单位为 m^3。

对于空心圆截面，如图 7-14 所示，有

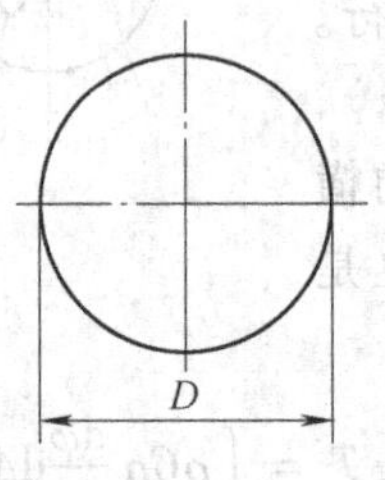

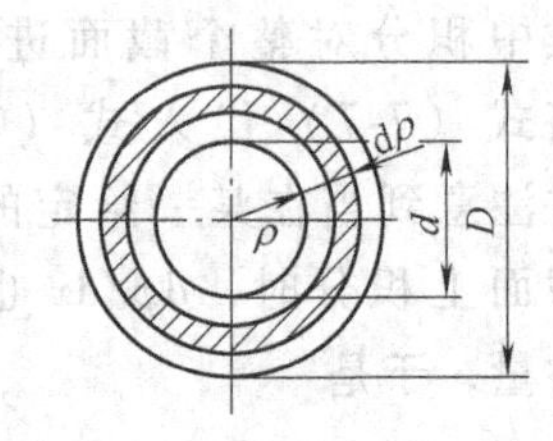

图 7-14

$$I_p=\int_A\rho^2 dA=2\pi\int_{\frac{d}{2}}^{\frac{D}{2}}\rho^3 d\rho=\frac{\pi D^4}{32}(1-\alpha^4) \tag{7-13}$$

$$W_p=\frac{I_p}{D/2}=\frac{\pi}{16D}(D^4-d^4)=\frac{\pi D^3}{16}(1-\alpha^4) \tag{7-14}$$

式中，$\alpha=d/D$；D 和 d 分别为空心圆截面的外直径与内直径。

4. 变形的计算

由式（7-8）可知单位长度的扭转角为 $d\varphi/dx=T/(GI_p)$。故 dx 微段轴的相对扭转角为

$$d\varphi=\frac{Tdx}{GI_p}$$

相距为 l 的两个截面间的扭转角为

$$\varphi=\int_l d\varphi=\int_0^l\frac{T}{GI_p}dx \tag{7-15}$$

如果相距为 l 的两个截面间 T、G、I_p 为常数，则此两个截面间的相对扭转角为

$$\varphi=\frac{Tl}{GI_p} \tag{7-16}$$

在同样的扭矩 T 下，式中分母 GI_p 越大，相对扭转角 φ 将越小，所以 GI_p 称为圆轴的**抗扭刚度**，φ 的单位为 rad。

如果相距为 l 的两个截面间 T 的值发生变化，或 I_p 值发生变化，则应分段计算各段的相对扭转角，然后相加，得到

$$\varphi = \sum_{i=1}^{n} \frac{T_i l_i}{G I_{pi}} \tag{7-17}$$

在式（7-16）中，为消除轴的长度 l 对扭转角的影响，用 θ 表示单位长度的扭转角，即

$$\theta = \frac{T}{G I_p} \tag{7-18}$$

θ 的单位为 rad/m。

以上就实心圆轴扭转推导出的应力及变形公式对空心圆轴也是适用的，而这些公式只在弹性范围内才适用。即 τ_{max} 不超出材料的剪切比例极限 τ_p 的情况适用。

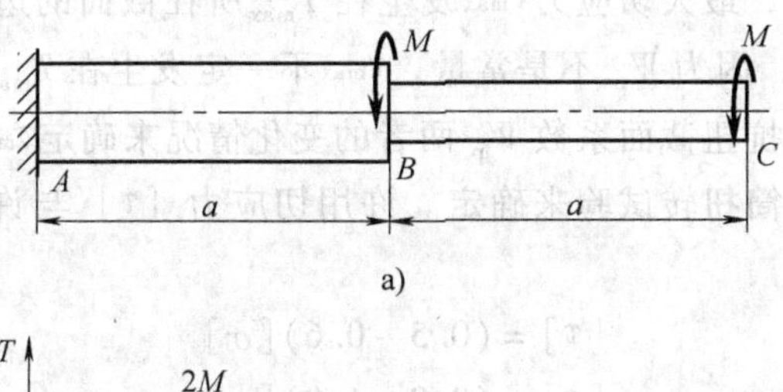

a)

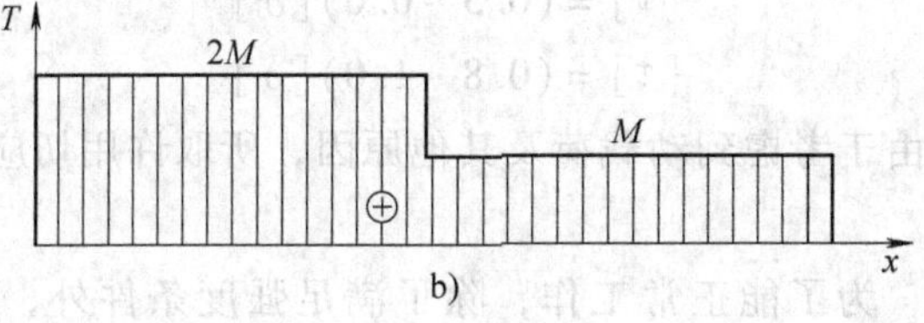

b)

图 7-15

例 7-3 圆截面轴如图 7-15a 所示，AB 与 BC 段的直径分别为 d_1 与 d_2，且 $d_1 = 4d_2/3$，材料的切变模量为 G，试求轴内的最大切应力以及 C 截面相对 A 截面的扭转角。

解 （1）画扭矩图如图 7-15b 所示。

（2）求最大切应力：

$$\tau_{AB\max} = \frac{T_{AB}}{W_{pAB}} = \frac{2M}{\frac{1}{16}\pi d_1^3} = \frac{2M}{\frac{1}{16}\pi\left(\frac{4d}{3}\right)^3} = \frac{13.5M}{\pi d_2^3}$$

$$\tau_{BC\max} = \frac{T_{BC}}{W_{pBC}} = \frac{M}{\frac{1}{16}\pi d_2^3} = \frac{16M}{\pi d_2^3}$$

比较得

$$\tau_{\max} = \frac{16M}{\pi d_2^3}$$

（3）计算相对扭转角：

$$\varphi_C=\varphi_{AB}+\varphi_{BC}=\frac{T_{AB}l_{AB}}{GI_{pAB}}+\frac{T_{BC}l_{BC}}{GI_{pBC}}=\frac{2Ml}{G\frac{1}{32}\pi\left(\frac{4d_2}{3}\right)^4}+\frac{Ml}{G\frac{1}{32}\pi d_2^4}=\frac{16.6Ml}{Gd_2^4}$$

第五节 圆轴扭转时的强度与刚度条件

为了保证圆轴受扭转时能正常工作，必须限制圆轴内横截面上的最大切应力不超过材料的许用切应力 $[\tau]$，即

$$\tau_{max}=T_{max}/W_p\leqslant[\tau] \tag{7-19}$$

对于等截面圆轴，最大切应力τ_{max}发生在 T_{max}所在截面的边缘上，对于变截面圆轴（如阶梯圆轴），因为 W_p 不是常量，τ_{max}不一定发生在 T_{max}所在的截面上。这就要综合考虑扭矩及抗扭截面系数 W_p 两者的变化情况来确定τ_{max}。式中的 $[\tau]$ 可根据静载荷下薄壁圆筒扭转试验来确定。许用切应力 $[\tau]$ 与许用拉应力 $[\sigma]$ 之间存在下列关系：

对于塑性材料　　　　$[\tau]=(0.5\sim0.6)[\sigma]$

对于脆性材料　　　　$[\tau]=(0.8\sim1.0)[\sigma]$

对于轴类构件由于考虑到动载荷及其他原因，所取许用切应力一般比静载荷下的许用切应力要低。

工程上有些轴，为了能正常工作，除了满足强度条件外，还需要对它的变形（即单位长度扭转角 θ）加以限制，也就是满足刚度条件。为了保证轴的刚度，通常规定单位长度扭转角的最大值 θ_{max}应不超过规定的许用扭转角 $[\theta]$。这样，得扭转的刚度条件为

$$\theta_{max}=\frac{T_{max}}{GI_p}\leqslant[\theta]\,(\text{rad/m}) \tag{7-20}$$

或

$$\theta_{max}=\frac{T_{max}}{GI_p}\times\frac{180}{\pi}\leqslant[\theta]\,[(^\circ)/\text{m}] \tag{7-21}$$

式中，$[\theta]$ 的值按照对机器的要求和轴的工作环境来确定，可从有关的手册中查到。

精密机器的轴，$[\theta]=(0.25\sim0.50)$ $(^\circ)/\text{m}$；一般传动轴，$[\theta]=(0.5\sim1.0)$ $(^\circ)/\text{m}$；精度要求稍低的传动轴，$[\theta]=(1.0\sim2.5)$ $(^\circ)/\text{m}$。

例7-4 钢质实心圆轴，在其两端受到力偶矩为 M_e 的作用，其矩为 $M_e=20\text{kN}\cdot\text{m}$，若材料的许用切应力 $[\tau]=50\text{MN/m}^2$，单位长度的许用扭转角为 $[\theta]=0.3(^\circ)/\text{m}$，材料的切变模量 $G=80\text{GN/m}^2$。试按强度及刚度条件设计此圆轴的直径。

解 此题中由于轴的两端作用力偶矩为 M_e，所以，此轴的扭矩为 $T=M_e=20\text{kN}\cdot\text{m}$，因此，由强度条件式（7-19）得

$$\tau_{\max}=\frac{T_{\max}}{W_p}\leqslant[\tau]$$

又因为 $W_p=\pi D^3/16$，故

$$D\geqslant\sqrt[3]{\frac{T16}{\pi[\tau]}}=\sqrt[3]{\frac{20\times10^3\times16}{\pi\times50\times10^6}}\text{m}=0.127\text{m}=127\text{mm}$$

再由刚度条件式（7-21），有

$$\frac{T_{\max}\times180}{G(\pi D^4/32)\pi}\leqslant[\theta]$$

所以
$$D^4\geqslant\frac{T_{\max}\times180\times32}{G\pi^2[\theta]}$$

$$D\geqslant\sqrt[4]{\frac{20\times10^3\times180\times32}{80\times10^9\times\pi^2\times0.3}}\text{m}=0.1485\text{m}\approx0.149\text{m}=149\text{mm}$$

最后，取此轴的直径为150mm，可见，此问题主要是由刚度条件控制设计。

例7-5 汽车的传动主轴 AB 用40钢的电焊钢管制成，钢管外直径 $D=76\text{mm}$，壁厚 $t=2.5\text{mm}$，轴传递的转矩 $M_e=1.98\text{kN}\cdot\text{m}$，材料的许用切应力 $[\tau]=100\text{MPa}$，切变模量 $G=80\text{GPa}$，轴的许可扭转角 $[\theta]=2(°)/\text{m}$。试校核轴的强度和刚度。

解 由题意可知，扭矩 $T=M_e=1.98\text{kN}\cdot\text{m}$，轴的内、外直径之比为

$$\alpha=\frac{d}{D}=\frac{D-2t}{D}=\frac{76-2\times2.5}{76}=0.9342$$

由式（7-13）得

$$I_p=\frac{\pi D^4}{32}(1-\alpha^4)=\frac{\pi}{32}\times(76\times10^{-3})^4(1-0.9342^4)\text{ m}^4=7.82\times10^{-7}\text{m}^4$$

$$W_p=\frac{I_p}{\frac{D}{2}}=\frac{7.82\times10^{-7}}{\frac{76\times10^{-3}}{2}}\text{m}^3=2.058\times10^{-5}\text{m}^3$$

由强度条件式（7-19）

$$\tau_{\max}=\frac{T_{\max}}{W_p}=\frac{1.98\times10^3}{2.058\times10^{-5}}=\frac{1.98}{2.058}\times10^8\text{Pa}$$

$$=9.621\times10^7\text{Pa}=96.21\text{MPa}<[\tau]$$

由刚度条件式（7-21）

$$\theta=\frac{T_{\max}}{GI_p}\times\frac{180}{\pi}=\left(\frac{1.98\times10^3}{80\times10^9\times7.82\times10^{-7}}\times\frac{180}{\pi}\right)(°)/\text{m}=1.814(°)/\text{m}<[\theta]$$

故此轴的强度和刚度都满足要求。

如果将本例的空心轴改为同一材料直径为 d 的实心轴，仍然使 $\tau_{\max}=96.21\text{MPa}$，则

$$\tau_{\max}=\frac{T}{W_{\mathrm{p}}}=\frac{1.98\times10^{3}}{\frac{\pi}{16}d^{3}}\mathrm{MPa}=96.21\mathrm{MPa}$$

由上式得实心轴的直径 $d=47.2\mathrm{mm}$。

空心轴的截面面积是

$$A_{空}=\frac{\pi[(76\times10^{-3})^{2}-(71\times10^{-3})^{2}]}{4}\mathrm{m}^{2}=\frac{\pi(76^{2}-71^{2})\times10^{-6}}{4}\mathrm{m}^{2}$$

$$=576.975\times10^{-6}\mathrm{m}^{2}$$

实心轴的截面面积是

$$A_{实}=\frac{\pi\times0.0472^{2}}{4}\mathrm{m}^{2}=1748.9\times10^{-6}\mathrm{m}^{2}$$

由上例可见，实心轴的截面积约为空心轴的三倍，即空心轴比实心轴节省三分之二的材料。从应力分布图可以看出：对于实心截面，当边缘处切应力达到许可值时，靠近圆心处的切应力值很小，这部分材料没有充分发挥作用。若把圆心部分的材料向外移，做成空心轴，这部分材料就能承受较大的应力，也明显地增大了截面的极惯性矩 I_{p}。这样，自然也就提高了轴的刚度。反之，保持轴的刚度不变，亦即保持横截面的极惯性矩 I_{p} 不变，空心轴则可以减轻轴的重量，节约材料。所以，飞机、轮船、汽车等运输机械的一些轴，常采用空心轴以减轻轴的重量。但对一些直径较小的长轴，如加工成空心轴，因加工工艺比较复杂，反而会增加成本，并不经济。另外，有些轴轴壁太薄时还会因扭转而丧失稳定性，所以，在设计时要综合考虑。

例 7-6 图 7-16a 所示传动轴，转速为 $n=300\mathrm{r/min}$，主动轮 B 输入功率为 500kW，从动轮 A 和 C 输出功率分别为 300kW 和 200kW，直径 $d=100\mathrm{mm}$，若材料的许用切应力 $[\tau]=50\mathrm{MPa}$，单位长度许用扭转角为 $[\theta]=2(°)/\mathrm{m}$，切变模量 $G=80\mathrm{GPa}$。试校核该轴的强度条件和刚度条件。

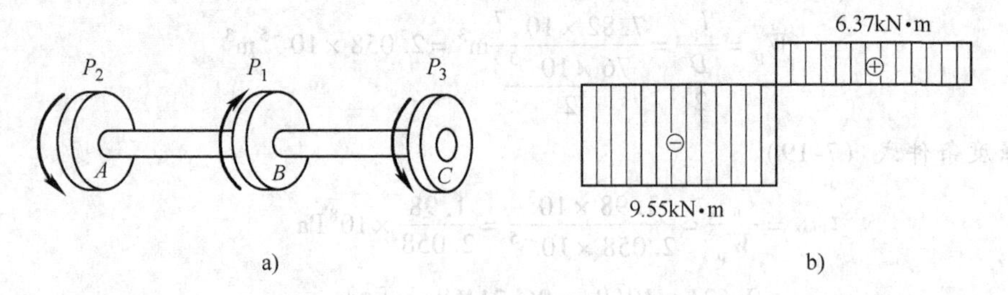

图 7-16

解 (1) 计算外力偶矩。

$$M_{B}=9.55\frac{P_{1}}{n}=9.55\times\frac{500}{300}\mathrm{kN\cdot m}=15.92\mathrm{kN\cdot m}$$

$$M_{A}=9.55\frac{P_{2}}{n}=9.55\times\frac{300}{300}\mathrm{kN\cdot m}=9.55\mathrm{kN\cdot m}$$

$$M_C = 9.55\frac{P_3}{n} = 9.55 \times \frac{200}{300}\text{kN} \cdot \text{m} = 6.37\text{kN} \cdot \text{m}$$

（2）画扭矩图，如图 7-16 所示。

所以，最大扭矩为 $|T|_{max} = 9.55\text{kN} \cdot \text{m}$。

（3）按强度条件和刚度条件校核。

按强度条件得

$$\tau_{max} = \frac{|T|_{max}}{W_p} = \frac{9.55 \times 10^3}{\frac{\pi \times (100 \times 10^{-3})^3}{16}}\text{Pa} = 48.64\text{MPa} \leqslant [\tau]$$

可见该轴满足强度条件。

然后，按刚度条件得

$$\theta_{max} = \frac{|T|_{max}}{GI_p} \times \frac{180}{\pi} = \left(\frac{9.55 \times 10^3}{80 \times 10^9 \times \frac{\pi \times (100 \times 10^{-3})^4}{32}} \times \frac{180}{\pi}\right)(°)/\text{m}$$

$$= 0.69(°)/\text{m} \leqslant [\theta]$$

可见该轴也满足刚度条件。

综上所述，该轴是安全的。

例 7-7 某传动轴的转速 $n = 300\text{r/min}$，主动轮输入功率 $P_1 = 40\text{kW}$，三个从动轮的输出功率分别是 $P_2 = 10\text{kW}$，$P_3 = 12\text{kW}$，$P_4 = 18\text{kW}$。已知 $[\tau] = 50\text{MPa}$，$[\theta] = 0.3(°)/\text{m}$，$G = 80\text{GPa}$，试设计轴的直径。

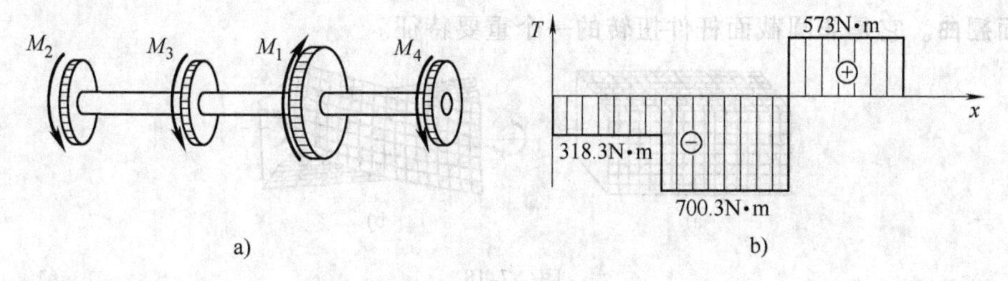

图 7-17

解 （1）求外力偶矩。

$$M_1 = 9550\frac{P_1}{n} = 9550 \times \frac{40}{300}\text{N} \cdot \text{m} = 1273.3\text{N} \cdot \text{m}$$

$$M_2 = 9550\frac{P_2}{n} = 9550 \times \frac{10}{300}\text{N} \cdot \text{m} = 318.3\text{N} \cdot \text{m}$$

$$M_3 = 9550\frac{P_3}{n} = 9550 \times \frac{12}{300}\text{N} \cdot \text{m} = 382\text{N} \cdot \text{m}$$

$$M_4 = 9550\frac{P_4}{n} = 9550 \times \frac{18}{300}\text{N} \cdot \text{m} = 573\text{N} \cdot \text{m}$$

(2) 画扭矩图，如图 7-17b 所示。

所以，最大扭矩为 $|T|_{max}=700.3\text{N}\cdot\text{m}$。

(3) 由强度条件，得

$$\tau_{max}=\frac{T_{max}}{W_p}=\frac{16T_{max}}{\pi d^3}\leqslant[\tau]$$

$$d\geqslant\sqrt[3]{\frac{16T_{max}}{\pi[\tau]}}=\sqrt[3]{\frac{16\times700.3}{\pi\times50\times10^6}}\text{m}=41.5\text{mm}$$

由扭转的刚度条件，得

$$\theta_{max}=\frac{T_{max}}{GI_p}\times\frac{180}{\pi}=\frac{32T_{max}}{G\pi d^4}\times\frac{180}{\pi}\leqslant[\theta]$$

$$d\geqslant\sqrt[4]{\frac{32\times T_{max}\times180}{G\times\pi^2[\theta]}}=\sqrt[4]{\frac{32\times700.3\times180}{80\times10^9\times\pi^2\times0.3}}\text{m}=64.2\text{mm}$$

(4) 要同时满足强度和刚度条件，应选择较大直径，即选择

$$d=64.2\text{mm}$$

第六节　矩形截面杆扭转的概念

前面我们根据平面假设，推导了圆轴扭转时的应力和变形公式，这些公式对非圆截面杆的扭转是不适用的。我们知道，圆轴受扭后横截面仍保持为平面。而非圆截面杆件受扭后，横截面由原来的平面变为曲面，如图 7-18 所示，这一现象称为**截面翘曲**。它是非圆截面杆件扭转的一个重要特征。

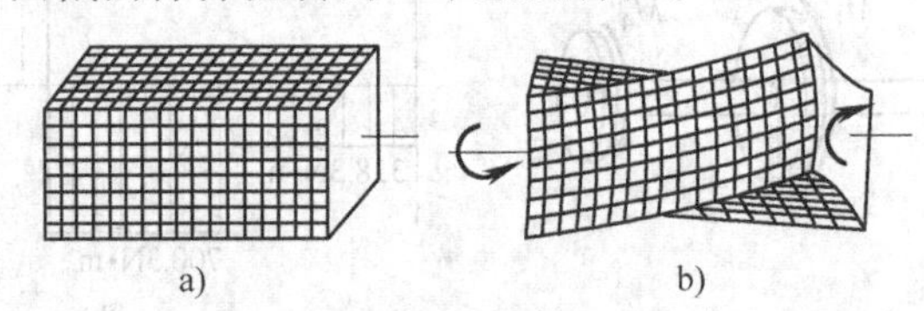

图　7-18

非圆截面杆件的扭转可分为自由扭转和约束扭转。自由扭转是指整个杆的各横截面的翘曲不受任何约束，其横截面可以自由凸凹，任意两相邻横截面的翘曲情况完全相同，即纵向纤维的长度没有变化，此时横截面上只产生切应力而不产生正应力。若由于约束条件或受力条件的限制，使杆件各截面的翘曲程度不同，引起相邻两截面间纵向纤维的长度改变。这种情况称为约束扭转。于是，横截面上除了有切应力外还有正应力。一般实心截面杆由于约束扭转产生的正应力很小，可以略去不计。

矩形截面及其他非圆截面杆的扭转问题，一般在弹性力学中进行讨论，这里仅给出矩形截面杆自由扭转时横截面上的应力及变形的主要结果。

由切应力互等定理可以得出，矩形截面上切应力的分布具有如下特征。

1）截面周边各点处的切应力方向与周边平行（或相切），在角点处切应力为零，如图 7-19a 所示。

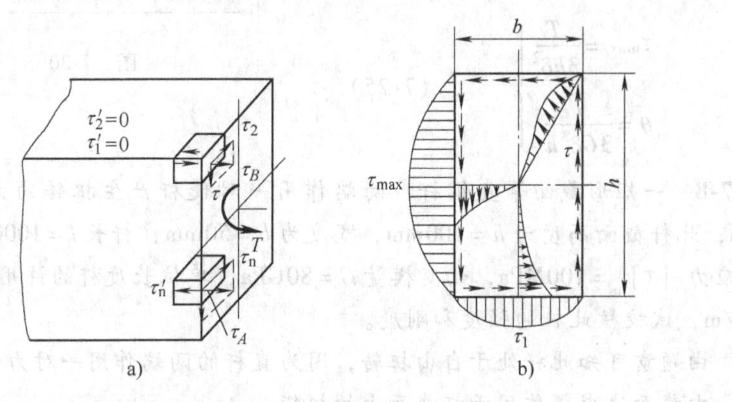

图 7-19

设截面周边上某点 A 处的切应力为τ_A，如果方向不与周边平行，则必有与周边垂直的分量τ_n，因为$\tau_n'=0$（自由表面上不可能有切应力τ_n'），故$\tau_n=0$，所以，截面周边上的切应力一定平行于周边。

设在角点 B 处切应力为τ_B，同理$\tau_B=0$。

2）截面上切应力非线性分布。

3）最大切应力发生在矩形长边的中点处，如图 7-19b 所示。

最大切应力τ_{max}，单位长度的扭转角 θ 及短边中点的切应力τ_1 可分别由下列公式计算：

$$\tau_{max}=\frac{T}{ab^2h} \tag{7-22}$$

$$\theta=\frac{T}{G\beta b^3h} \tag{7-23}$$

$$\tau_1=\nu\tau_{max} \tag{7-24}$$

式中，T 为截面的扭矩；G 为材料的切变模量；α、β、ν 是与边长比值 h/b 有关的因数，其值可由表 7-1 中查得。

表 7-1 矩形截面杆自由扭转时的因数 α、β 和 ν

h/b	1.0	1.2	1.5	2.0	2.5	3.0	4.0	6.0	8.0	10.0	∞
α	0.208	0.219	0.231	0.246	0.258	0.267	0.282	0.299	0.307	0.313	0.333
β	0.141	0.166	0.196	0.229	0.249	0.263	0.281	0.299	0.307	0.313	0.333
ν	1.000	0.930	0.858	0.796	0.767	0.753	0.745	0.743	0.743	0.743	0.743

由表 7-1 可知，当 $h/b>10$，即矩形为狭长时，$\alpha=\beta=1/3$，$\nu=0.743$。应力分布如图 7-20 所示，最大切应力仍在长边中点处，但切应力沿长边方向变化不大，

图 7-20 只有在角点附近迅速变为零。如果以 δ 表示狭长矩形的短边的长度，则式（7-21）及式（7-22）化为

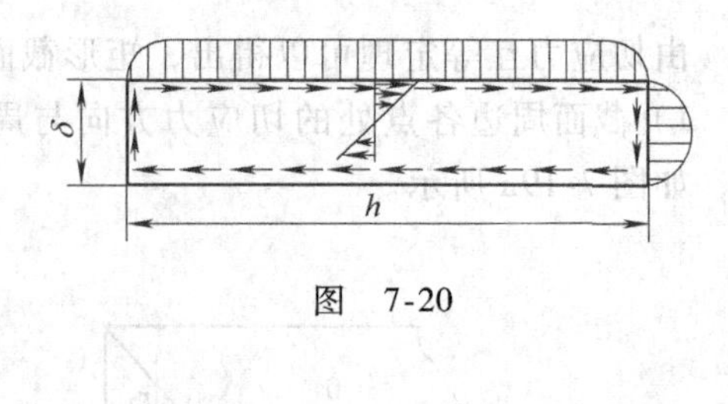

图 7-20

$$\left.\begin{aligned}\tau_{\max}&=\frac{T}{3h\delta^2}\\ \theta&=\frac{T}{3G\delta^3 h}\end{aligned}\right\}\qquad(7\text{-}25)$$

例 7-8 一矩形截面等直钢杆，两端作用一对使杆产生扭转的力偶，其矩为 4kN·m，此杆截面高度为 $h=100\text{mm}$，宽度为 $b=50\text{mm}$，杆长 $l=1000\text{mm}$，钢杆的许用切应力 $[\tau]=100\text{MPa}$，切变模量 $G=80\text{GPa}$，单位长度杆的许用扭转角 $[\theta]=1.2(°)/\text{m}$，试校核此杆的强度和刚度。

解 由题意可知此杆处于自由扭转，因为直杆的两端作用一对力偶矩，没有其他约束，由截面法求得作用于杆截面上的扭矩

$$T=4\times10^3\text{N}\cdot\text{m}$$

下面分别应用矩形截面杆自由扭转时的公式进行计算并校核。

为了计算出各系数，先求出 h/b 的比值

$$\frac{h}{b}=\frac{100}{50}=2$$

由此查表 7-1 得，$\alpha=0.246$、$\beta=0.229$，分别代入式（7-22）及式（7-23）得

$$\tau_{\max}=\frac{T}{\alpha b^2 h}=\frac{4\times10^3}{0.246\times(50\times10^{-3})^2\times0.1}\text{Pa}=65\text{MPa}$$

$$\theta=\frac{T}{G\beta b^3 h}=\frac{4\times10^3}{80\times10^9\times0.229\times(50\times10^{-3})^3\times0.1}\text{rad/m}$$

$$=0.0175\text{rad/m}<1.2(°)/\text{m}=[\theta]$$

由此可知，此杆满足强度和刚度条件。

第七节 扭转超静定问题

这类只用平衡方程不能求出扭转变形轴的约束力偶矩和扭矩的问题，称为**扭转超静定问题**。其中，多余力偶矩的数目就是超静定次数。求解扭转超静定问题，需要综合平衡关系、几何关系和物理关系三个方面进行求解。

例 7-9 图 7-21a 所示为两端固定的圆截面轴，试求两固定端的约束力偶矩。

解 受力分析如图 7-21b 所示，列平衡方程得

$$\sum M_x=0,\qquad -M_A+M-M_B=0\qquad\text{(a)}$$

根据轴两端的约束条件可知，横截面 A、B 间的相对转角为零，所以变形协调方程为

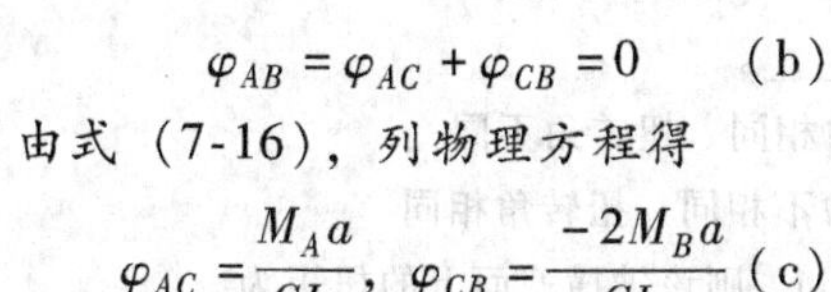

$$\varphi_{AB}=\varphi_{AC}+\varphi_{CB}=0 \qquad (b)$$

由式（7-16），列物理方程得

$$\varphi_{AC}=\frac{M_A a}{GI_p},\ \varphi_{CB}=\frac{-2M_B a}{GI_p} \qquad (c)$$

联立式（a）、式（b）及式（c）解得

$$M_A=\frac{2}{3}M,\ M_B=\frac{1}{3}M$$

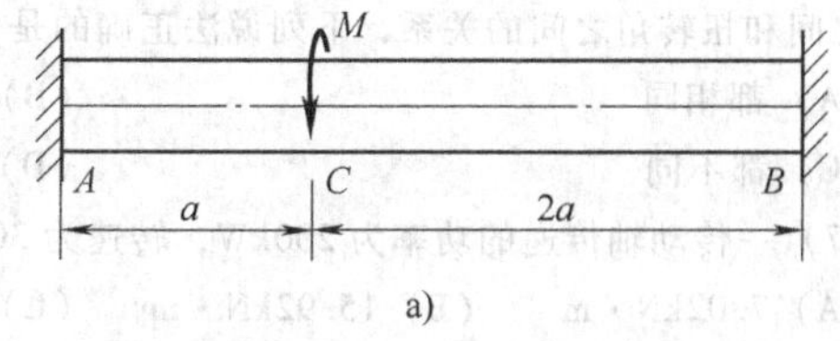

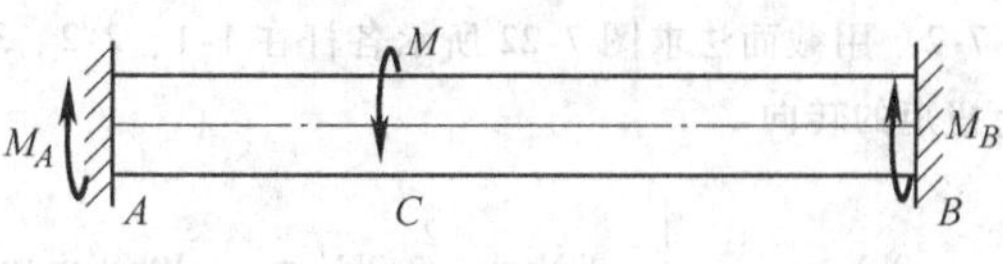

图 7-21

上述例题表明，无论是静定问题还是超静定问题，求解的基本方程都是平衡方程、变形协调方程和物理方程，只不过研究超静定问题时需要联立求解上述方程而已，二者并无本质上的差别。

习 题

7-1 选择题：

（1）下面哪一项表示扭转刚度？________

（A）EI （B）EA （C）GA （D）GI_p

（2）空心圆轴抗扭截面系数的表达式为________。

（A）$W_p=\frac{\pi D^3}{32}(1-\alpha^4)$ （B）$W_p=\frac{\pi D^3}{16}(1-\alpha^4)$

（C）$W_p=\frac{\pi D^4}{32}(1-\alpha^4)$ （D）$W_p=\frac{\pi D^4}{16}(1-\alpha^4)$

（3）两根长度相等、直径不等的圆轴受扭后，其相对扭转角相同。设尺寸大的轴和尺寸小的轴的横截面上的最大切应力分别为$\tau_{1\max}$和$\tau_{2\max}$，材料的切变模量分别是 G_1 和 G_2。下列说法正确的是________。

（A）$\tau_{1\max}>\tau_{2\max}$ （B）若 $G_1>G_2$，则$\tau_{1\max}>\tau_{2\max}$

（C）$\tau_{1\max}<\tau_{2\max}$ （D）若 $G_1>G_2$，则$\tau_{1\max}<\tau_{2\max}$

（4）一圆轴横截面的直径为 $d=100$mm，长为 1m，材料的切变模量 $G=80$GPa，两端作用的外力偶矩大小为 $T=2$kN · m，则该轴两端面的相对扭转角为________。

（A）2.55×10^{-3} rad （B）4.68×10^{-3} rad

（C）1.86×10^{-3} rad （D）3.28×10^{-3} rad

（5）扭转切应力公式$\tau_\rho=\frac{T\rho}{I_p}$成立的条件是________。

（A）弹性范围内加载的等截面圆轴

（B）弹性范围内加载的等截面椭圆轴

（C）塑性范围内加载的等截面圆轴

（D）塑性范围内加载的等截面椭圆轴

（6）已知两轴长度及所受外力矩完全相同。若两轴材料不同、截面尺寸相同，对于二者的应力之间和扭转角之间的关系，下列说法正确的是________。

（A）都相同　　（B）应力相同、扭转角不同

（C）都不同　　（D）应力不相同、扭转角相同

（7）一传动轴传递的功率为200kW，转速为300r/min，则该轴横截面上的扭矩为________。

（A）7.02kN·m　（B）15.92kN·m　（C）6.37kN·m　（D）9.55kN·m

7-2　用截面法求图7-22所示各杆在1-1、2-2、3-3截面上的扭矩，并于截面上表示出该截面上扭矩的转向。

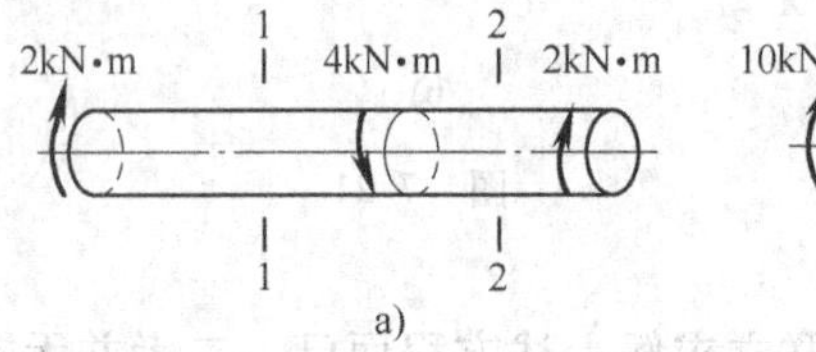

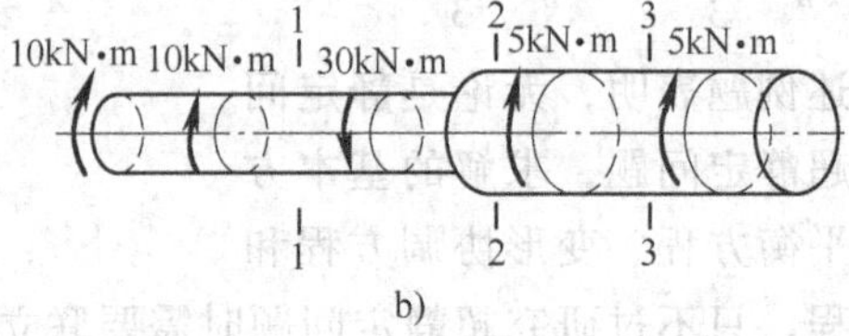

图　7-22

7-3　做图7-23所示杆的扭矩图。

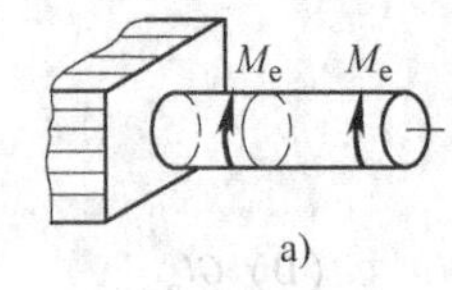

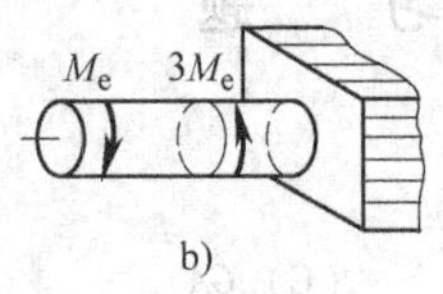

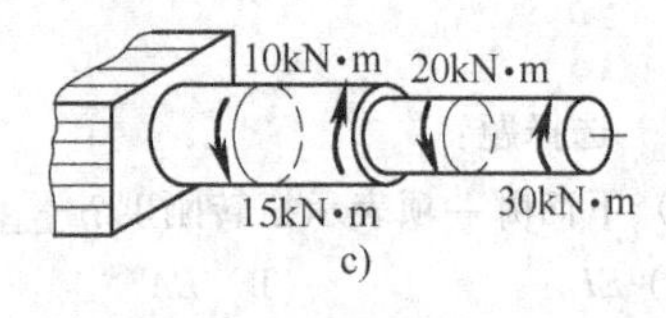

图　7-23

7-4　如图7-24所示，T为圆杆截面上的扭矩，试画出截面上与T对应的切应力分布。

7-5　直径$D=50$mm的圆轴，受到扭矩$T=2.15$kN·m的作用，试求在距离轴心10mm处的切应力，并求截面上的最大切应力。

7-6　如图7-25所示，已知传动轴的直径$d=100$mm，材料的切变模量$G=80$GPa，已知$a=0.5$m。

（1）画出轴的扭矩图；

（2）求最大切应力τ_{max}是多少？发生在何处？

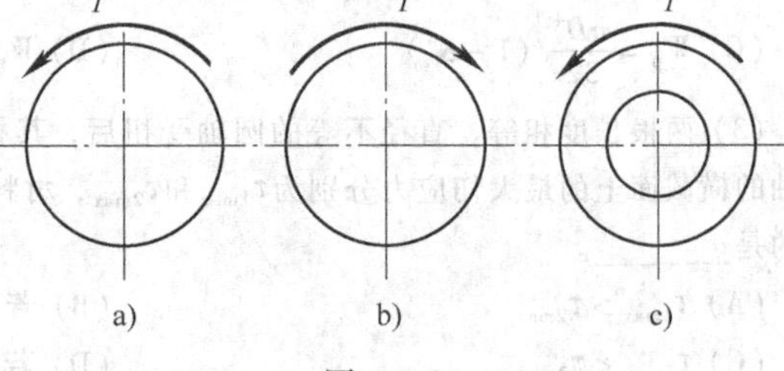

图　7-24

（3）求C、D两截面间的扭转角φ_{CD}与A、D两截面间的扭转角φ_{AD}。

7-7　实心轴与空心轴通过牙嵌式离合器连接在一起，如图7-26所示。已知轴的转速$n=100$r/min，材料的许用切应力$[\tau]=40$MPa，传递的功率$P=7.5$kW，试选择实心轴的直径D_1和内外径比值为1/2的空心轴的外径D_2。

7-8　如图7-27所示，已知轴传递的功率，如果两段轴的τ_{max}相同，试求此两段轴的直径之比及两段轴的扭转角之比。

7-9　如图7-28所示，圆截面杆AB的左端固定，承受一集度为t的分布力偶矩作用。试导出计算B截面相对A截面的扭转角的公式。

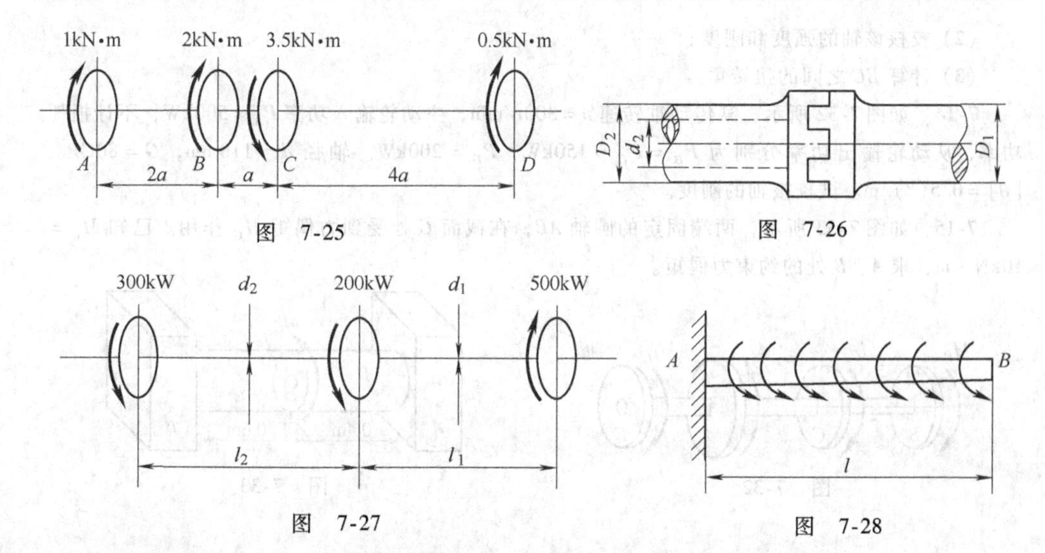

图 7-25

图 7-26

图 7-27

图 7-28

7-10　如图 7-29 所示，转动轴的转速 $n=500\text{r/min}$，主动轮输入功率 $P_1=368\text{kW}$，从动轮 2、3 输出功率分别为 $P_2=147\text{kW}$，$P_3=221\text{kW}$。已知 $[\tau]=70\text{MPa}$，$[\theta]=1(°)/\text{m}$，$G=80\text{GPa}$。

（1）试确定 AB 段的直径 d_1 和 BC 段的直径 d_2；

（2）若 AB 和 BC 两段选用同一直径，试确定直径 d。

7-11　如图 7-30 所示，某传动轴的转速 $n=300\text{r/min}$，轮 1 为主动轮，输入功率 $P_1=50\text{kW}$，轮 2、轮 3 与轮 4 为从动轮，输出功率分别为 $P_2=10\text{kW}$，$P_3=P_4=20\text{kW}$。

（1）试画轴的扭矩图，并求轴的最大扭矩；

（2）若将轮 1 与轮 3 的位置对调，轴的最大扭矩变为何值，对轴的受力是否有利？

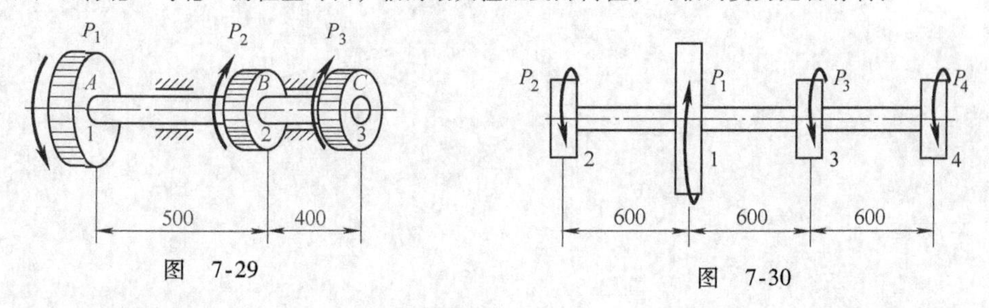

图 7-29

图 7-30

7-12　驾驶盘的直径 $d=520\text{mm}$，加在盘上的平行力 $P=300\text{N}$，盘下面的竖轴的材料许用切应力 $[\tau]=60\text{MPa}$。

（1）当竖轴为实心轴时，设计轴的直径；

（2）采用空心轴，且 $\alpha=0.8$，设计内外直径；

（3）比较实心轴和空心轴的重量比。

7-13　如图 7-31 所示实心等截面圆轴，在 A、B、C 截面上作用着外力偶矩 $M_{eA}=9.6\text{kN}\cdot\text{m}$，$M_{eB}=M_{eC}=4.8\text{kN}\cdot\text{m}$。已知轴的直径 $d=120\text{mm}$，材料的 $[\tau]=40\text{MPa}$，$[\theta]=0.6(°)/\text{m}$，$G=80\text{GPa}$。

（1）试画轴的扭矩图；

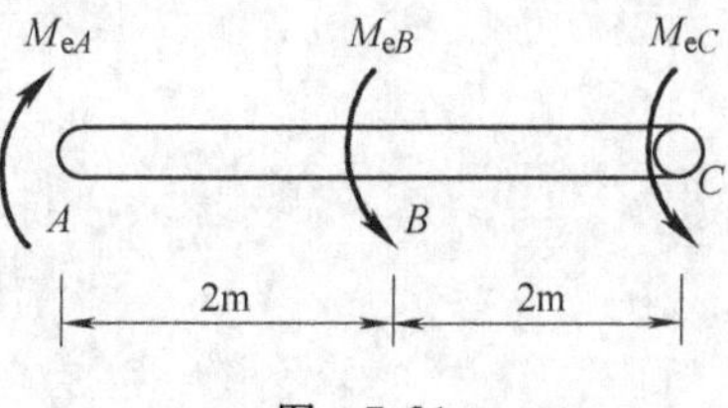

图 7-31

（2）校核该轴的强度和刚度；

（3）计算 BC 之间的扭转角。

7-14　如图 7-32 所示，某传动轴转速 $n=300\mathrm{r/min}$，主动轮输入功率 $P_A=500\mathrm{kW}$，不计损耗功率，从动轮输出功率分别为 $P_B=P_C=150\mathrm{kW}$，$P_D=200\mathrm{kW}$。轴径 $d=110\mathrm{mm}$，$G=80\mathrm{GPa}$，$[\theta]=0.5(°)/\mathrm{m}$。试校核轴的刚度。

7-15　如图 7-33 所示，两端固定的圆轴 AB，在截面 C 处受到力偶矩 M_C 作用。已知 $M_C=10\mathrm{kN\cdot m}$，求 A、B 处的约束力偶矩。

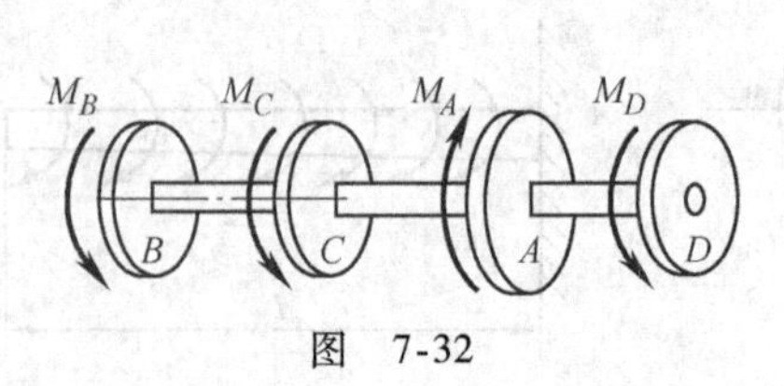

图　7-32

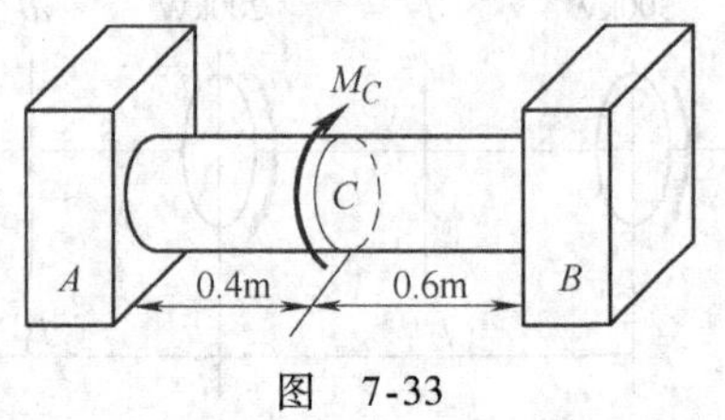

图　7-33

第八章　弯曲内力与强度计算

第一节　平面弯曲的概念与实例

直杆在垂直于其轴线的外力或位于其轴线所在平面内的外力偶作用下，杆的轴线将由直线变成曲线，这种变形称为弯曲。承受弯曲变形为主的杆件通常称为梁。

在工程实际中，承受弯曲的杆件很多。例如，有自重并承受被吊重物的重力作用的桥式起重机梁，如图 8-1a 所示，可以简化为两端铰支的简支梁，如图 8-1b 所示；高大的塔器受到水平方向风载荷的作用，如图 8-2a 所示，可以简化成一端固定的悬臂梁，如图 8-2b 所示；机车轴受到一对集中力作用，如图 8-3a 所示，可以简化为一外伸梁，如图 8-3b 所示；夹在卡盘上的被车削工件，如图 8-4a 所示，也可以简化为一悬臂梁，如图 8-4b 所示等。

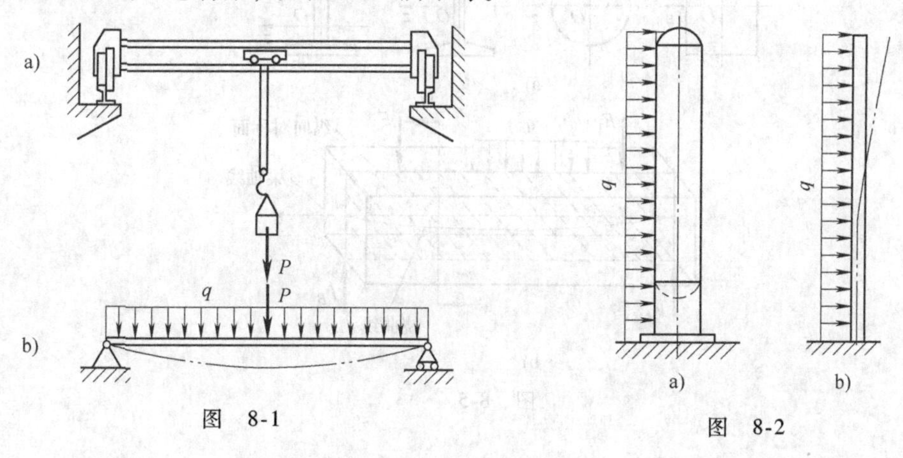

图　8-1

图　8-2

上述简支梁、悬臂梁及外伸梁都可以用平面力系的三个平衡方程来求出其三个未知约束力，因此又统称为**静定梁**。

此外，装有齿轮等的轴类零件，造纸机上的压榨辊以及许多结构、设备中的骨架，机床的床身，房梁、桥梁等也都是常见梁的实例，它们在工作时都要产生弯曲变形。当所有外力（包括力偶）都作用在梁的某一平面内时，梁弯曲后的轴线也与外力在同一平面内，这种弯曲称为**平面弯曲**。

通常梁的横截面往往都具有对称轴，如图 8-5a 所示。各横截面的对称轴组成梁的纵向（沿其轴线方向）对称面，而外力亦作用于该纵向对称平面之内，如图 8-5b 所示。变形后梁的轴线仍为对称平面内的一条平面曲线，这样的弯曲称为**对**

称弯曲。对称弯曲是一种平面弯曲，它是弯曲变形中最基本、最常见的情况。本章只研究直梁在平面弯曲时的内力、应力与强度计算。

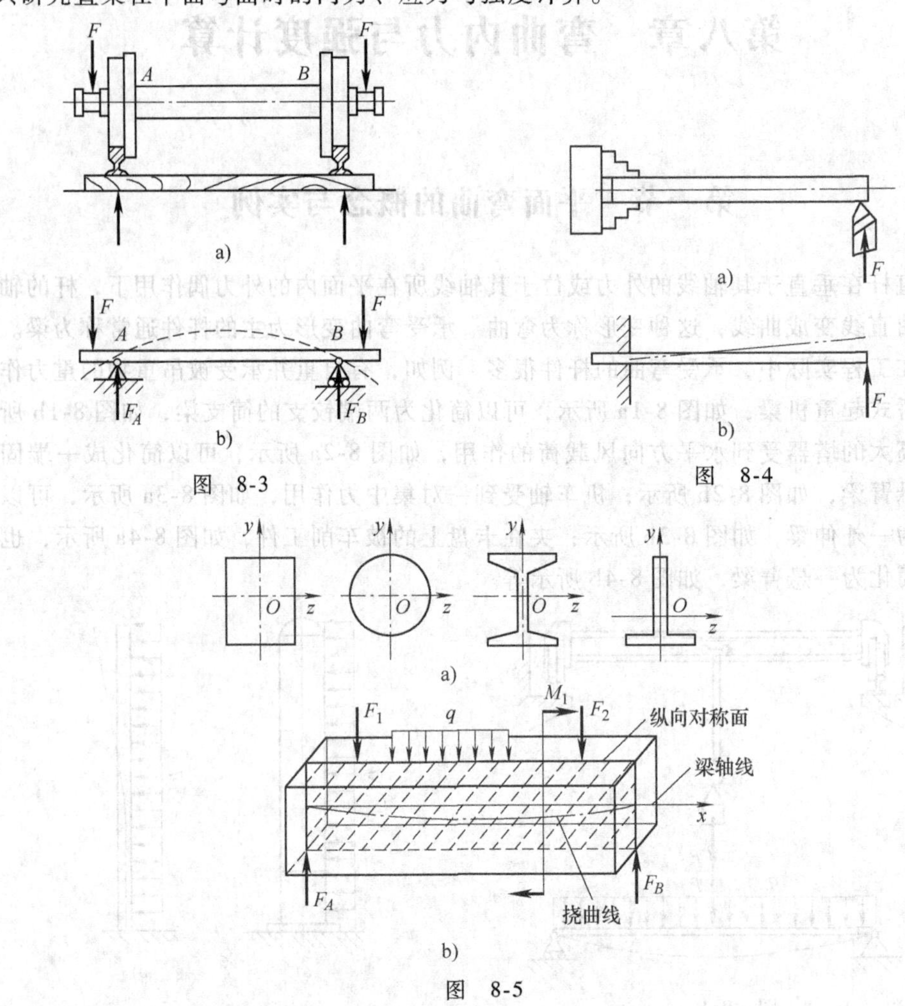

图 8-3

图 8-4

图 8-5

第二节 梁的内力——剪力与弯矩

分析梁的应力及变形，首先需计算梁的内力。为此，仍然用截面法。现以图 8-6a 所示简支梁为例，F_1、F_2 和 F_3 为作用于梁上的载荷，先由静力平衡方程求出两端的支座约束力 F_A 和 F_B。按截面法可假想沿 m-m 截面把梁截开，分为左、右两部分。现保留左段，如图 8-6b 所示，研究其平衡。作用于左部分上的力，除外力 F_A 和 F_1 外，在截面 m-m 上还有右部分对其作用的内力。由于所讨论的是平面弯曲问题，且外力是与轴线相垂直的平行力系，所以，作用于 m-m 截面上的内力只能简化为一个与横截面平行的力 F_S 及一个作用面与横截面相垂直的力偶 M，如图 8-6b 所示。

由平衡方程 $\sum F_y=0$，得

$$F_A-F_1-F_S=0$$
$$F_S=F_A-F_1$$

称 F_S 为横截面 m-m 上的剪力。它有使梁沿横截面 m-m 被剪断的趋势，它是与横截面相切的分布内力系的合力。若把左部分上的所有外力和内力对截面 m-m 的形心 O 取矩，其力矩总和应等于零。

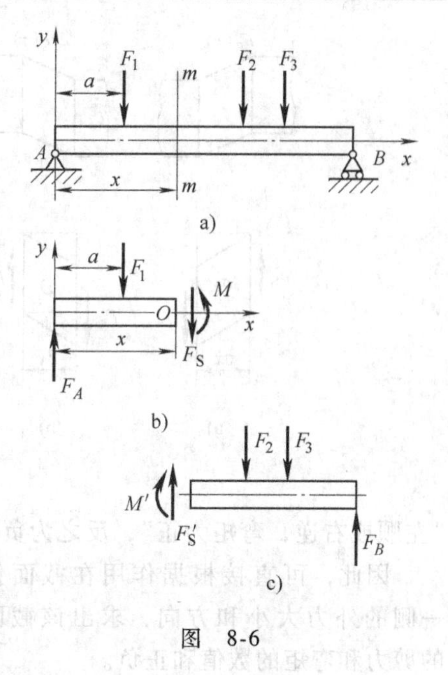

图 8-6

由 $\sum M_O=0$，得

$$M+F_1(x-a)-F_Ax=0$$
$$M=F_Ax-F_1(x-a)$$

M 称为横截面 m-m 上的弯矩，它有使梁的横截面 m-m 产生转动而使梁弯曲的趋势，它是与横截面垂直的分布内力系的合力偶矩。剪力 F_S 与弯矩 M 是平面弯曲时梁横截面上的两种内力。

当保留右部分时，如图 8-6c 所示，同样可以求得剪力 F'_S 与弯矩 M'。剪力 F_S 与弯矩 M 是截面左、右两部分间的相互作用力。因此，作用于左、右两部分上的剪力 F_S 与弯矩 M 大小相等、方向相反。

从以上计算过程可知：

1）梁的任一横截面上的剪力 F_S，其数值等于该截面任一侧所有外力的代数和。

2）梁的任一横截面上的弯矩 M，其数值等于该截面任一侧所有外力对该截面形心取力矩的代数和。

计算剪力 F_S 和弯矩 M 时应注意其正负号规定。为使保留不同部分进行内力计算所得剪力与弯矩不仅大小相等，而且符号也能相同，剪力、弯矩的正负不能按其方向来规定，必须根据其相应的变形来确定。

剪力的正、负号规定为：凡使一微段梁发生左侧截面向上、右侧截面向下相对错动的剪力为正，如图 8-7a 所示；反之为负，如图 8-7b 所示。亦可规定为：凡作用在截面左侧向上的外力或作用在截面右侧向下的外力，将使该截面产生正的剪力。简单概括为“左上或右下，剪力为正”，反之为负。

弯矩的正、负号规定为：当弯矩 M 使微段梁凸向下方时为正，如图 8-7c 所示；反之为负，如图 8-7d 所示。但计算时为了方便也可规定为：凡作用在微段梁截面左侧的外力及外力偶对截面形心的矩为顺时针转向，或作用在截面右侧的外力及外力偶对截面形心的矩为逆时针方向，将使该截面产生正的弯矩。简单概括为

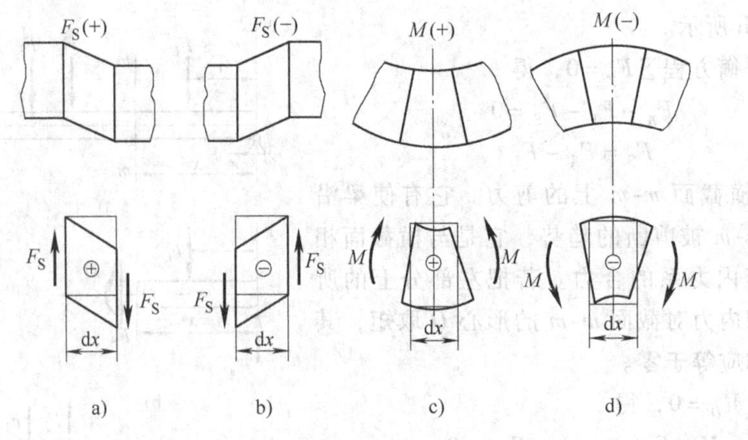

图 8-7

“左顺或右逆，弯矩为正”，反之为负。

因此，可直接根据作用在截面任一侧的外力大小和方向，求出该截面的剪力和弯矩的数值和正负。

例 8-1 求图 8-8 所示简支梁 1-1 与 2-2 截面的剪力和弯矩。

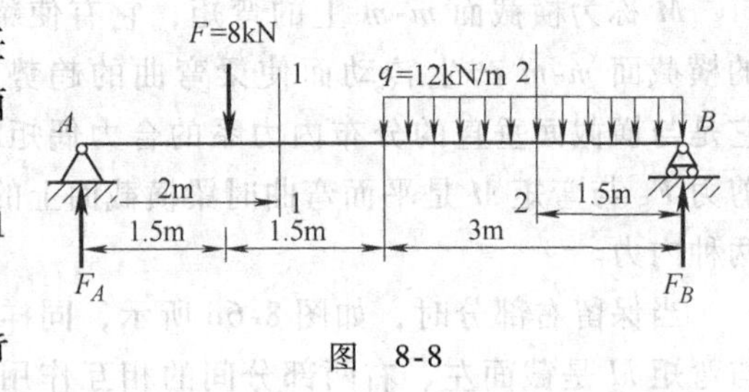

图 8-8

解 (1) 求支座约束力 由平衡方程，得

$$\sum M_B = 0, F_A \times 6\text{m} = [8 \times 4.5 + (12 \times 3) \times 1.5]\text{kN}$$

所以

$$F_A = 15\text{kN}$$

又由于

$$\sum M_A = 0, F_B \times 6\text{m} = [8 \times 1.5 + (12 \times 3) \times 4.5]\text{kN}$$

所以

$$F_B = 29\text{kN}$$

(2) 求 1-1 截面上的剪力 F_{S1}、弯矩 M_1，根据 1-1 截面左侧的外力来计算，可得

$$F_{S1} = F_A - F = (15 - 8)\text{kN} = 7\text{kN}$$

$$M_1 = F_A \times 2\text{m} - F \times (2 - 1.5)\text{m}$$

$$= (15 \times 2 - 8 \times 0.5)\text{kN} \cdot \text{m} = 26\text{kN} \cdot \text{m}$$

同样，也可从 1-1 截面右侧的外力来计算，可得

$$F_{S1} = (q \times 3\text{m}) - F_B = (12 \times 3 - 29)\text{kN} = 7\text{kN}$$

$$M_1 = -(q \times 3\text{m}) \times 2.5\text{m} + F_B \times 4\text{m}$$

$$= [-(12 \times 3) \times 2.5 + 29 \times 4]\text{kN} \cdot \text{m} = 26\text{kN} \cdot \text{m}$$

可见，计算所得结果完全相同。

(3) 求 2-2 截面上的剪力 F_{S2}、弯矩 M_2，根据 2-2 截面右侧的外力来计算，

可得

$$F_{S2}=(q\times1.5\text{m})-F_B=(12\times1.5-29)\text{kN}=-11\text{kN}$$

$$M_2=-(q\times1.5\text{m})\times\frac{1.5}{2}\text{m}+F_B\times1.5\text{m}=30\text{kN}\cdot\text{m}$$

第三节　剪力图与弯矩图

通常，梁在不同截面上的剪力、弯矩不相同。对梁进行强度计算，需要知道梁各横截面上剪力与弯矩随横截面的位置的变化以及它们的最大值和所在截面的位置。为此，以梁左端为原点，沿梁轴线取坐标轴 x 表示截面的位置。将剪力、弯矩表示为坐标 x 的函数，即

$$F_S=F_S(x)$$
$$M=M(x)$$

上两式分别称为梁的剪力方程和弯矩方程，为了形象地描述剪力、弯矩沿梁轴线的变化，常将剪力、弯矩方程用图线表示。这种图线分别称为剪力图和弯矩图。现用例题说明列出剪力方程和弯矩方程以及绘制剪力图和弯矩图的具体方法。

例 8-2　求图 8-9 所示简支梁各截面内力，并作内力图。

解　(1) 求约束力。注意固定铰 A 处 $F_{Ax}=0$，故梁 AB 受力如图 8-9a 所示。列平衡方程：

$$\sum M_A(F)=0。$$
$$F_{By}(2a+b)-Fa-F(a+b)=0$$
$$\sum F_y=0。F_{Ay}+F_{By}-2F=0$$

得到 $F_{Ay}=F_{By}=F$

(2) 求截面内力。

$0\leqslant x_1<a$；左段受力如图 8-9b 所示。

由平衡方程求截面内力：

$$\sum F_y=0,F_{Ay}-F_{S1}=0,F_{S1}=F_{Ay}=F$$
$$\sum M_C(F)=0\quad M_1-F_{Ay}x_1=0,M_1=Fx_1$$

$a\leqslant x_2<a+b$；左段受力如图 8-9c 所示。

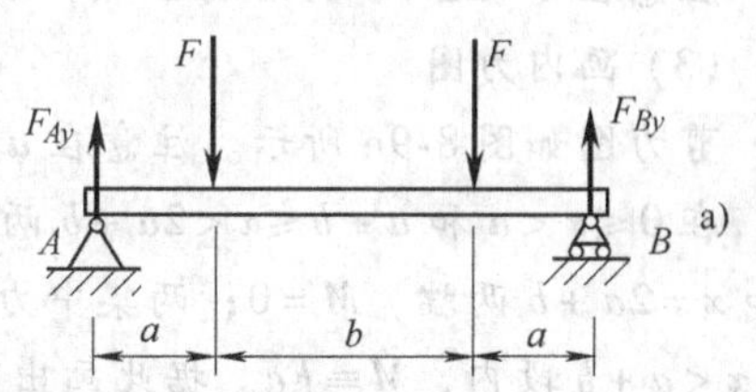

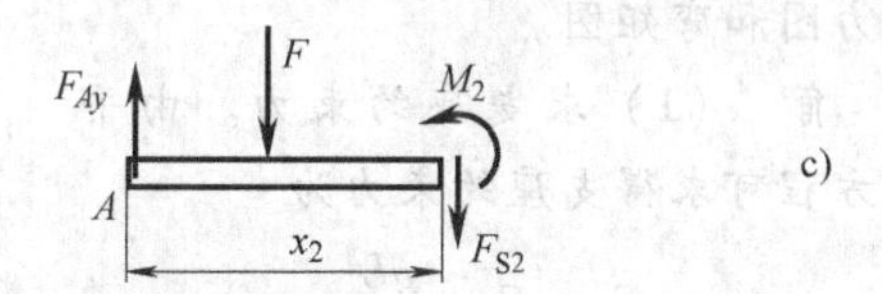

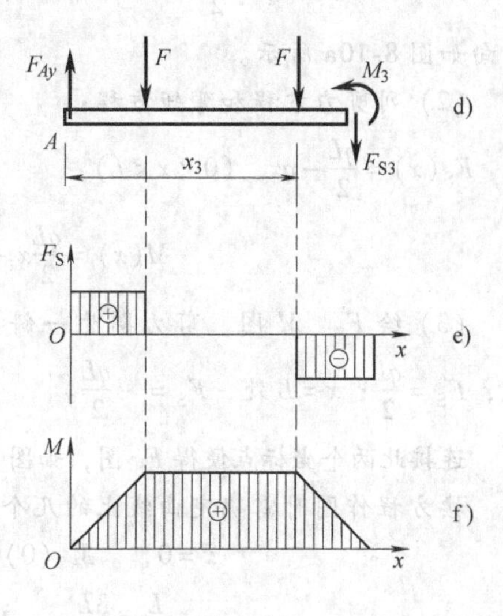

图　8-9

由平衡方程求得

$$F_{S2}=F_{Ay}-F=0$$

$$M_2=F_{Ay}x_2-F(x_2-a)=Fa$$

$a+b\leqslant x_3<2a+b$；左段受力如图 8-9d 所示。

由平衡方程求得

$$F_{S3}=F_{Ay}-2F=-F$$

$$M_3=F_{Ay}x_3-F(x_3-a)-F(x_3-a-b)=F(2a+b)-Fx_3$$

注意在 $x=2a+b$ 的右端 B 点，截面之内力（F_S、M）必然回至零。

(3) 画内力图。

剪力图如图 8-9e 所示。注意在 $a\leqslant x\leqslant a+b$ 段内，$F_S\equiv 0$。

在 $0\leqslant x<a$ 和 $a+b\leqslant x<2a+b$ 两段内，弯矩 M 随截面位置 x 线性变化；在 $x=0$ 和 $x=2a+b$ 两端，$M=0$；两集中力作用处，即 $x=a$ 和 $x=a+b$ 处，$M=Fa$；在 $a\leqslant x<a+b$ 段内，$M\equiv Fa$。据此画出弯矩图如图 8-9f 所示。

例 8-3 某填料塔塔盘下的支承梁，在物料重量作用下，可以简化为一承受均布载荷的简支梁，如图 8-10a 所示。如果已知梁所受均布载荷的集度为 q，跨长为 L。画出梁的剪力图和弯矩图。

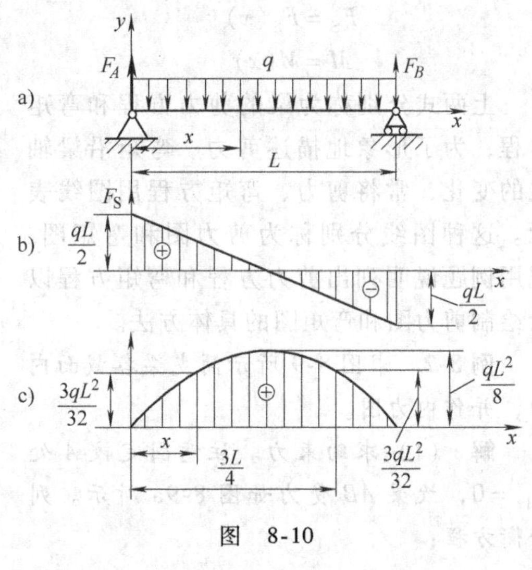

图 8-10

解 (1) 求支座约束力。由平衡方程可求得支座约束力为

$$F_A=F_B=\frac{qL}{2}$$

方向如图 8-10a 所示。

(2) 列剪力方程和弯矩方程：

$$F_S(x)=\frac{qL}{2}-qx \quad (0<x<L)$$

$$M(x)=\frac{qL}{2}x-\frac{qx^2}{2} \quad (0\leqslant x\leqslant L)$$

(3) 绘 F_S、M 图。剪力图为一斜直线，只需确定其两端点的坐标，即 $x=0$ 处，$F_S=\frac{qL}{2}$；$x=L$ 处，$F_S=-\frac{qL}{2}$。

连接此两个坐标点便得 F_S 图，如图 8-10b 所示。图 8-10b 表示弯矩图是一抛物线。按方程作图时需确定曲线上的几个点，对应弯矩值

$$x=0, \quad M(0)=0$$

$$x=\frac{L}{4}\text{或}\frac{3L}{4}, \quad M\left(\frac{L}{4}\right)=M\left(\frac{3L}{4}\right)=\frac{3qL^2}{32}$$

$$x=\frac{L}{2},\quad M\left(\frac{L}{2}\right)=\frac{qL^2}{8}$$

$$x=L,\quad M\ (L)\ =0$$

最后得弯矩图如图 8-10c 所示。

由图可看出，在支座内侧的横截面上剪力为最大值：$|F_S|_{max}=qL/2$。在跨度中点横截面上弯矩为最大值：$M_{max}=qL^2/8$，而在这一截面上剪力 $F_S=0$。

例 8-4　图 8-11a 所示结构，已知 $F=10\text{kN}$，$q=1\text{kN/m}$，做梁的剪力图和弯矩图。

解　(1) 列平衡方程，求约束力：

$$\sum M_A=0, F_{Dy}\times 2\text{m}-F\times 1\text{m}-q\times 1\text{m}\times 2.5\text{m}=0$$

$$\sum F_y=0, F_{Ay}-F+F_{Dy}-q\times 1\text{m}=0$$

从而解得　$F_{Ay}=4.75\text{kN}$，$F_{Dy}=6.25\text{kN}$。

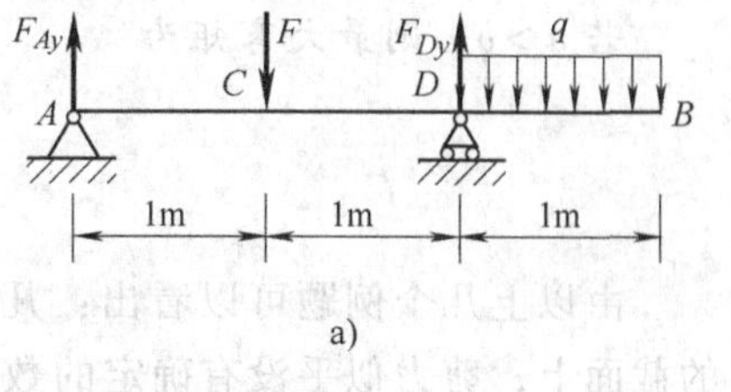

a)

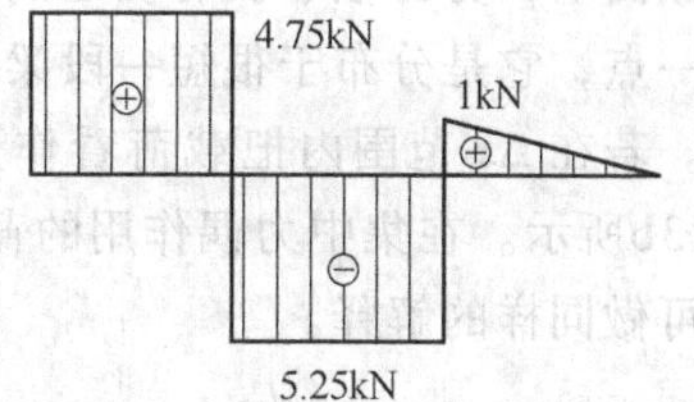

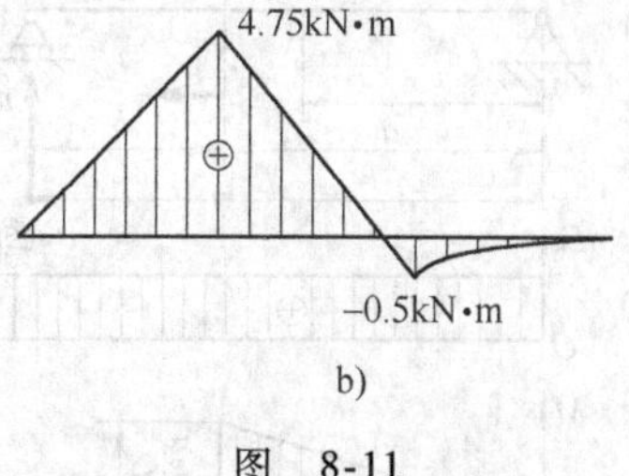

b)

图　8-11

(2) 列剪力方程和弯矩方程：

AC 段：

$$F_S(x)=4.75\text{kN}\quad(0\leqslant x<1\text{m})$$

$$M(x)=4.75\text{kN}\times x\quad(0\leqslant x<1\text{m})$$

CD 段：

$$F_S(x)=-5.25\text{kN}\quad(1\text{m}\leqslant x<2\text{m})$$

$$M(x)=10\text{kN}\cdot\text{m}-5.25\text{kN}\times x\quad(1\text{m}\leqslant x<2\text{m})$$

DB 段：

$$F_S(x)=3\text{kN}-qx\quad(2\text{m}\leqslant x\leqslant 3\text{m})$$

$$M(x)=-\frac{1}{2}qx^2+3\text{kN}\times x-4.5\text{kN}\cdot\text{m}\quad(2\text{m}\leqslant x\leqslant 3\text{m})$$

(3) 由剪力方程和弯矩方程画剪力图与弯矩图（图 8-11b）。

例 8-5　图 8-12a 所示简支梁 *AB*，在 *C* 点作用一集中力偶 M_e，求做梁的剪力图与弯矩图。

解　(1) 由静力平衡方程求出支座约束力为

$$F_A=\frac{M_e}{L}\quad(\text{方向向上})$$

$$F_B=-\frac{M_e}{L}\quad(\text{方向向下})$$

(2) 列剪力方程和弯矩方程

$$F_S(x)=F_A=\frac{M_e}{L}\quad(0<x<L)\qquad\text{(a)}$$

由于力偶在任何方向的投影皆等于零，所以无论在梁的哪一个横截面上，剪力总是

等于支座约束力 F_A（或 F_B）。所以在梁的整个跨度内，只有一个剪力方程式（a）。

弯矩方程

AC 段 $$M(x)=\frac{M_e}{L}x \quad (0\leqslant x<a) \tag{b}$$

CB 段 $$M(x)=\frac{M_e}{L}(x-L) \quad (a<x\leqslant L) \tag{c}$$

图 8-12b、c 所示即为所得剪力图和弯矩图。

若 $a>b$，则最大弯矩为

$$M_{\max}=\frac{M_e a}{L}$$

由以上几个例题可以看出：凡是集中力（包括支座约束力及集中载荷）作用的截面上，剪力似乎没有确定的数值。事实上，所谓集中力不可能“集中”作用于一点，它是分布于很短一段梁内的分布力，经简化后得出的结果，如图 8-13a 所示。若在 Δx 范围内把载荷看作是均布的，则剪力将连续地从 F_{S1} 变到 F_{S2}，如图 8-13b所示。在集中力偶作用的截面上，如图 8-12 所示的弯矩图也有一突然变化，也可做同样的解释。

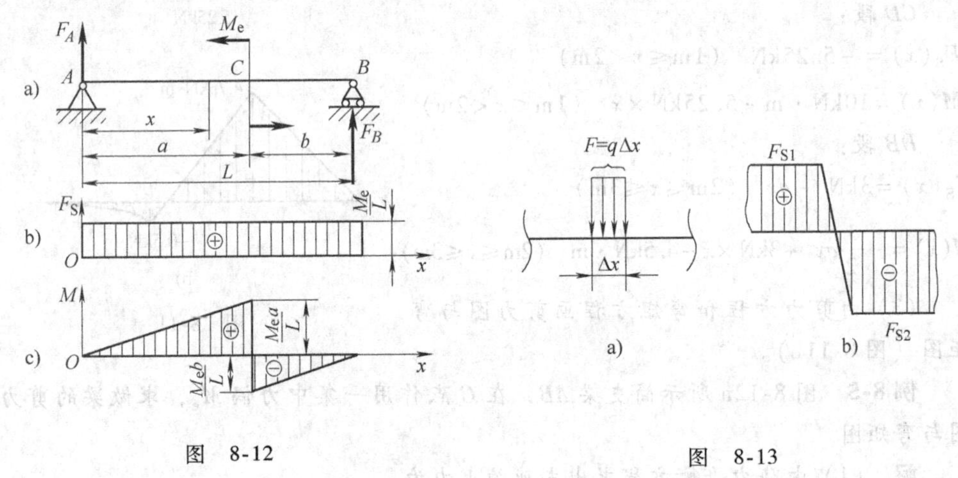

图 8-12　　　　图 8-13

第四节　载荷集度、剪力与弯矩间的关系

分析上节例题所得到的剪力方程和弯矩方程，可以发现剪力、弯矩和分布载荷集度之间存在一定的关系。在例 8-3 中，将剪力方程 $F_S(x)$ 对 x 取导数 $\frac{dF_S}{dx}=-q$，将弯矩方程 $M(x)$ 对 x 取导数 $\frac{dM}{dx}=F_S(x)$。载荷集度 $q(x)$、剪力 $F_S(x)$ 和弯

矩 $M(x)$ 之间的这种微分关系不是个别现象，它具有普遍性。掌握这个关系，对于正确绘制和检查剪力图、弯矩图很有用处。现讨论 $q(x)$、$F_S(x)$ 及$M(x)$ 之间的微分关系式。

如图 8-14a 所示，设梁上作用有任意载荷。以梁的左端为原点，选取坐标系如图所示，梁上分布载荷的集度 $q(x)$ 是 x 的连续函数，以向上规定为正。现从 x 截面处截取长度为 dx 的微段梁，如图 8-14b 所示。设 x 截面上剪力为 $F_S(x)$，弯矩为 $M(x)$，均为正号；经过 dx 后，剪力和弯矩将有一个微增量。因此，在微段梁右截面上的剪力为 $F_S(x)+\mathrm{d}F_S(x)$，弯矩为 $M(x)+\mathrm{d}M(x)$。

由微段梁的平衡方程 $\sum F_y=0$，得

$$F_S(x)-[F_S(x)+\mathrm{d}F_S(x)]+\mathrm{d}x\,q(x)=0$$

由此导出

$$\frac{\mathrm{d}F_S(x)}{\mathrm{d}x}=q(x) \tag{8-1}$$

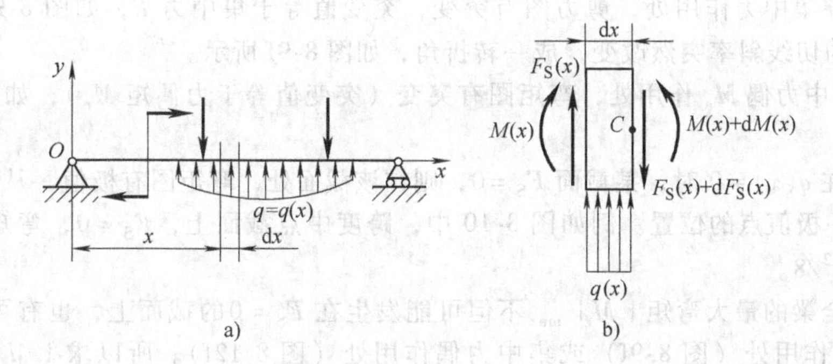

图 8-14

再由平衡方程 $\sum M_C=0$，得

$$M(x)+\mathrm{d}M(x)-M(x)-F_S(x)\mathrm{d}x-q(x)\mathrm{d}x\frac{\mathrm{d}x}{2}=0$$

略去二阶微量 $q(x)\mathrm{d}(x)\dfrac{\mathrm{d}x}{2}$，又可得到

$$\frac{\mathrm{d}M(x)}{\mathrm{d}x}=F_S(x) \tag{8-2}$$

如果将公式（8-2）再对 x 取导数，并利用公式（8-1），即可得到

$$\frac{\mathrm{d}^2M(x)}{\mathrm{d}x^2}=q(x) \tag{8-3}$$

上述三式都是直梁的弯矩、剪力与分布载荷集度之间普遍存在的关系。

从微分学可知以上各公式所具有的几何意义：公式（8-1）说明了剪力图上某点处的切线斜率与梁上相应截面处的载荷集度相等；公式（8-2）说明了弯矩图上某点处的切线斜率与梁上相应截面上的剪力相等；从公式（8-3）可知，$q(x)$的正、负号与弯矩图上曲率的正、负号相同。

根据上述导数关系和第三节中所研究过的例题，可以总结出 F_S、M 图之间存在如下的规律：

1）当 $q(x)=0$ 时（即梁上无分布载荷），即 $F_S(x)$ 为常量，剪力图为水平线，如图 8-9e 所示。$M(x)$ 为 x 的一次函数，弯矩图为斜直线，如图 8-9f 所示。

若 $F_S>0$ 时，则 M 图斜率为正；

若 $F_S<0$ 时，则 M 图斜率为负；

若 $F_S=0$ 时，则 M 图斜率为零。

2）当 $q(x)=$ 常量时，即梁上作用了均布载荷，则 $F_S(x)$ 为 x 的一次函数，剪力图为斜直线；$M(x)$ 为 x 的二次函数，弯矩图为二次抛物线，如图 8-10b、c 所示。

若均布载荷向上作用，即 $q>0$ 时，则 F_S 图斜率为正，弯矩图抛物线向下凸。

若均布载荷向下作用，即 $q<0$ 时，则 F_S 图斜率为负，如图 8-10b 所示，弯矩图抛物线向上凸，如图 8-10c 所示。

3）在集中力作用处，剪力图有突变，突变值等于集中力 F，如图 8-9e 所示，而 M 图的切线斜率突然改变，成一转折角，如图 8-9f 所示。

在集中力偶 M_e 作用处，弯矩图有突变（突变值等于力偶矩 M_e），如图 8-12c 所示。

4）在 $q(x)\neq 0$ 时，某截面 $F_S=0$，则在该截面处，弯矩图有极值，从 F_S 图确定 M 图中极值点的位置。例如图 8-10 中，跨度中点截面上，$F_S=0$，弯矩为极值 $M_{max}=qL^2/8$。

5）全梁的最大弯矩 $|M|_{max}$ 不但可能发生在 $F_S=0$ 的截面上，也有可能发生在集中力作用处（图 8-9f）或集中力偶作用处（图 8-12f）。所以求 $|M|_{max}$ 时，应考虑上述几种可能性。

利用上述规律可使绘制剪力图、弯矩图大为简化，现举例说明。

例 8-6 外伸梁所受载荷如图 8-15a 所示，q、a 均为已知，试做梁的剪力图和弯矩图。

解 (1) 求支座约束力

$$\sum M_A=0,\quad F_B\cdot 4a-qa^2-4qa\cdot 2a-qa\cdot 5a=0$$

$$\sum M_B=0,\quad -F_A\cdot 4a-qa^2+4qa\cdot 2a-qa\cdot a=0$$

得

$$F_A=\frac{3}{2}qa,\quad F_B=\frac{7}{2}qa$$

取 $\sum F_y=0$ 进行校核，得

$$\frac{3}{2}qa+\frac{7}{2}qa-4qa-qa=0\quad（无误）$$

(2) 列剪力方程和弯矩方程

AB 段

$$F_S(x)=\frac{3}{2}qa-qx\quad(0<x<4a)$$

$$M(x)=qa^2+\frac{3}{2}qax-\frac{1}{2}qx^2\quad(0\leqslant x\leqslant 4a)$$

BC 段　　　$F_S(x)=qa\quad(4a<x<5a)$

$$M(x)=-qa(5a-x)\quad(4a\leqslant x\leqslant 5a)$$

(3) 绘 F_S 和 M 图　先计算几个控制点处的剪力和弯矩的数值，列表如下：

内力 \ x	0	$\frac{3}{2}a$	4a		5a
			B 点稍左	B 点稍右	
F_S	$\frac{3}{2}qa$	0	$-\frac{5}{2}qa$	qa	qa
M	qa^2	$\frac{17}{8}qa^2$	$-qa^2$	$-qa^2$	0

然后画出剪力图和弯矩图，如图 8-15b、c 所示。最大弯矩发生在 $x=\dfrac{3}{2}a$ 处的横截面上，其值为 $M_{\max}=\dfrac{17}{8}qa^2$。

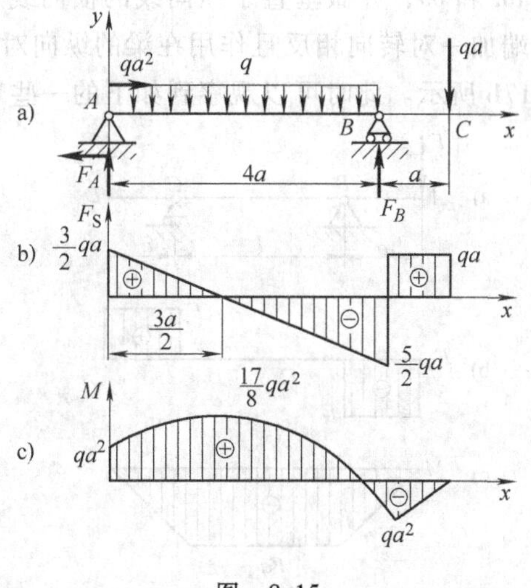

图　8-15

(4) 用导数关系进行校核　在剪力图中，因 AB 段梁受有向下的均布载荷，故 F_S 图是一向右下倾斜的直线；BC 段梁上无载荷，故 F_S 图是一水平直线。在支座 B 处，因有约束力作用，故 F_S 图有一突变。

在弯矩图中，在 $x=0$ 处，因有一集中力偶作用，故 M 图有 qa^2 值；AB 段梁受有向下的均布载荷，故 M 图是一向上凸的抛物线。由 $\dfrac{dM}{dx}=F_S=\dfrac{3}{2}qa-qx=0$ 得知，在 $x=\dfrac{3}{2}a$ 处，M 图有一极值。BC 段梁上无载荷，故 M 图是一斜直线。在 B 处因有约束力作用，故 M 图有一转折角。

第五节　纯弯曲时梁横截面上的正应力

求出梁横截面上的剪力和弯矩后，为了进行梁的强度计算，需进一步研究其横截面上各点的应力分布规律。在本章第二节中曾指出，剪力就是横截面上切向内力系的合力，而弯矩则是横截面上的法向内力系的合力偶矩。因此，梁横截面上有剪力 F_S 时，就必然存在切应力 τ；有弯矩 M 时，就必然存在正应力 σ。

图 8-16a 所示外伸梁上的两个外力 F 对称地作用于梁的纵向对称面内。其剪力图和弯矩图分别如图 8-16b、c 所示。由图可见，AB 和 CD 段梁的各横截面上同时存在有剪力和弯矩，因此这些截面上既有切应力又有正应力。该两段梁的弯曲变形

称为横力弯曲或剪切弯曲。在 BC 段梁上剪力等于零，而弯矩为常量，因而横截面上就只有正应力而无切应力。这种情况称为 **“纯弯曲”**。

分析纯弯曲时梁横截面上的正应力，可采用如同研究圆轴扭转时切应力的方法，也要综合考虑变形的几何关系、应力与应变的物理关系和静力学关系等三个方面才能解决。

一、变形几何关系

为了研究与横截面上正应力相应的纵向线应变，首先观察梁在纯弯曲时的变形现象。为此，做纯弯曲实验。取一矩形截面梁段，在变形前的梁的侧表面画上纵向线 aa 和 bb，并做垂直于纵向线的横向线 mm 和 nn，如图 8-17a 所示。然后在梁的两端加一对转向相反且作用在梁的纵向对称面内的弯矩 M，梁发生纯弯曲变形如图 8-17b 所示。此时可以观察到如下的一些现象。

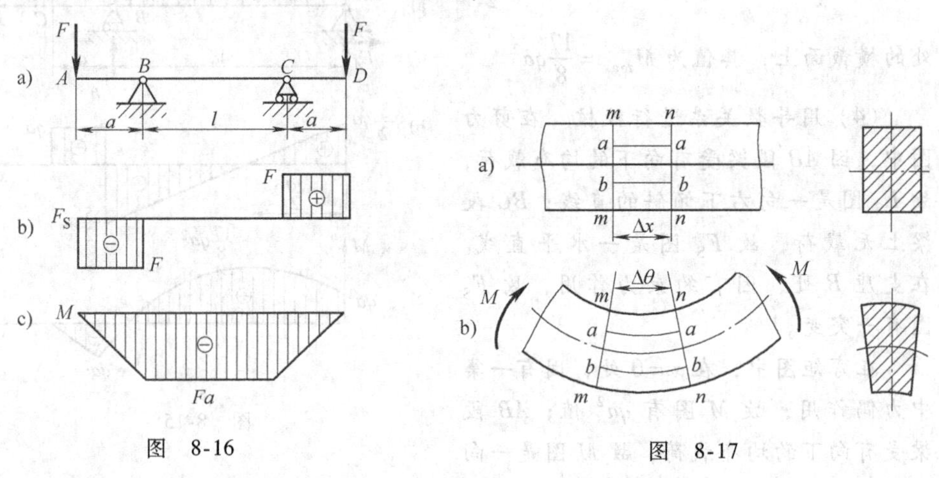

图 8-16　　图 8-17

1）各纵向线在梁变形后都弯成了圆弧线，靠近顶面的纵向线 aa 缩短了，靠近底面的纵向线 bb 则伸长了。

2）横向线 mm 和 nn 仍保持为直线，且与已经变为弧线的 $\overset{\frown}{aa}$ 和 $\overset{\frown}{bb}$ 垂直，只是相对地转了一个角度，如图 8-17b 所示。

3）梁横截面的高度不变，变形后上部变宽，下部变窄。

根据上述从梁表面观察到的变形现象，可以对梁内部的变形情况做出如下两个假设：

1）变形前梁的横截面与变形后仍保持为平面，且垂直于变形后的梁轴线，只是绕截面内的某一轴线旋转了一个角度。该假设称为平面假设。

2）纵向纤维之间没有相互挤压，纵向纤维只受到简单拉伸或压缩。

根据平面假设，把梁看成是由无数层纵向纤维所组成。靠近底面的纵向纤维被拉长；靠近顶面一侧的纤维缩短，由于变形是连续的，所以中间必有一层纤维长度不变，这层纤维称为中性层。中性层与横截面的交线称为中性轴，如图 8-18 所示。

由于外力偶作用在梁的纵向对称面内，故梁在变形后的形状也应该对称于此平面，因此，中性轴必然垂直于横截面的对称轴。

根据平面假设和上述分析结果，即可建立纯弯曲时梁横截面上任一点处线应变的表达式。纯弯曲时梁的纵向纤维由直线弯成圆弧，如图 8-19a 所示。相距为 dx 的两相邻截面 m-m 和 n-n 延长交于 O 处，O 点即为中性层的曲率中心。梁轴线的曲率半径以 ρ 表示，两截面间的夹角以 dθ 表示。距中性层为 y 处的纤维变形后的长度$\widehat{b'b'}$应为

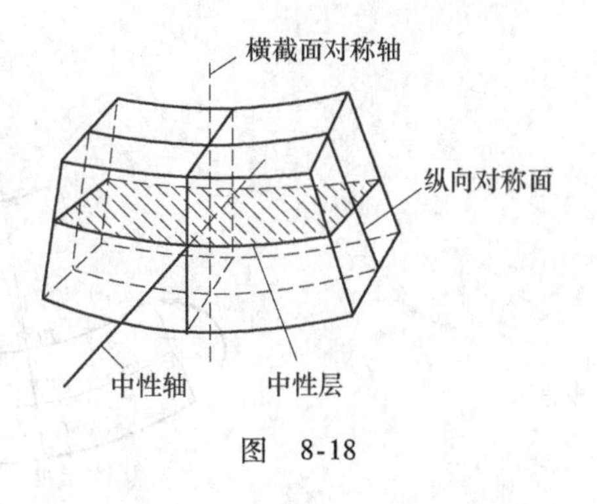

图　8-18

$$\widehat{b'b'}=(\rho+y)\mathrm{d}\theta$$

原长$\widehat{O'O'}=\mathrm{d}x=\rho\mathrm{d}\theta$，所以上述距中性层为 y 处的纵向纤维的线应变为

$$\varepsilon=\frac{(\rho+y)\mathrm{d}\theta-\rho\mathrm{d}\theta}{\rho\mathrm{d}\theta}=\frac{y}{\rho} \tag{8-4}$$

式（8-4）表明，线应变 ε 随 y 按线性规律变化。

二、物理关系

因假设纵向纤维之间不存在相互挤压，于是各纵向纤维只有轴向拉伸或压缩的变形。因而当应力小于比例极限时，每一纵向纤维都可应用单向拉伸（或压缩）时的胡克定律，即

$$\sigma=E\varepsilon$$

将式（8-4）中的 ε 代入上式，即得

$$\sigma=E\varepsilon=E\frac{y}{\rho} \tag{8-5}$$

式（8-5）表达了梁横截面上正应力的变化规律。由于 E 是常量，故由式（8-5）可知，横截面上任一点处的正应力与该点到中性轴的距离 y 成正比，而距中性轴等远的各点处的正应力均相同。正应力在梁横截面上的分布规律如图 8-19b 所示。在中性轴上，各点的 y 坐标等于零，故中性轴上的正应力等于零。

三、静力学关系

由式（8-5）还不能计算横截面上各点处的正应力，这是因为式中的中性层曲率半径 ρ 尚不确定，以及 y 值因中性轴的位置未定也不确定。这需借助于静力学方面的分析来解决。在图 8-19c 中取中性轴为 z 轴，对称轴为 y 轴，过 z、y 轴的交点并沿横截面外法线方向的轴取为 x 轴，作用于微面积 dA 上的法向微内力为 σdA。整个横截面上所有这样的微内力构成一个垂直于横截面的空间平行力系。此力系只可能组成三个内力分量：一个沿轴线方向的力 F_N，一个对 y 轴的力偶矩 M_y 和一个对 z 轴的力偶矩 M_z。从截面法可知，在纯弯曲情况下，F_N 和 M_y 都等于零，而 M_z

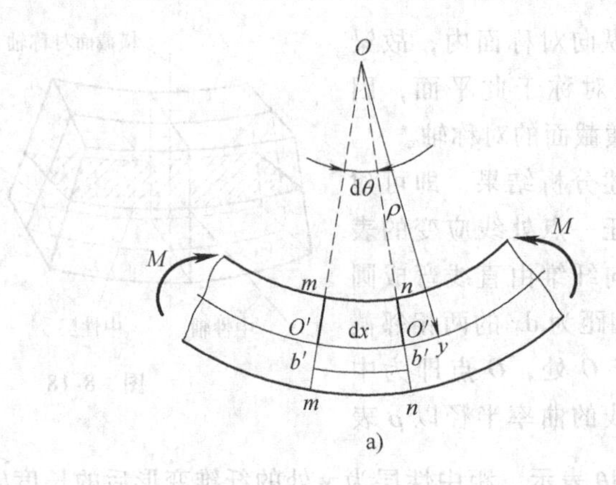

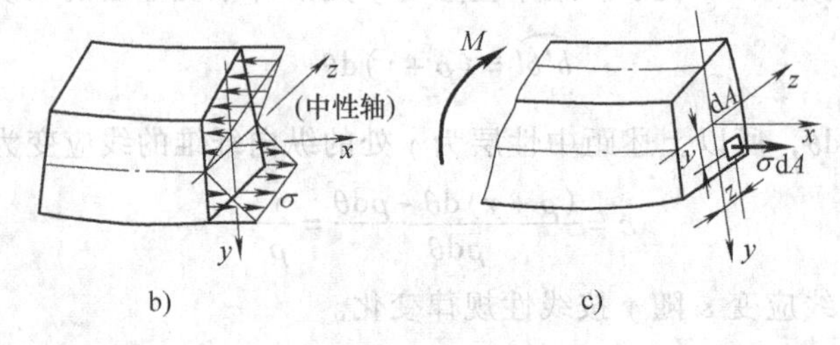

图 8-19

的矩就是横截面上的弯矩 M。于是得

$$F_{\mathrm{N}} = \int_A \sigma \mathrm{d}A = 0 \tag{8-6}$$

$$M_y = \int_A z\sigma \mathrm{d}A = 0 \tag{8-7}$$

$$M_z = \int_A y\sigma \mathrm{d}A \tag{8-8}$$

首先讨论式（8-6）所表达的物理意义。将式（8-5）代入式（8-6）得

$$F_{\mathrm{N}} = \int_A E\frac{y}{\rho}\mathrm{d}A = \frac{E}{\rho}\int_A y\mathrm{d}A = 0 \tag{8-9}$$

式中，因 E/ρ 不可能等于零，故应有

$$\int_A y\mathrm{d}A = 0$$

上式等于零，按照第三章第四节中的有关结论可知，z 轴通过截面形心。故式（8-9）表明，中性轴 z 必然通过横截面的形心。这样，就确定了中性轴的位置。

其次，讨论式（8-7）。将式（8-5）代入式（8-7），得

$$M_y = \int_A E\frac{y}{\rho}z\mathrm{d}A = \frac{E}{\rho}\int_A yz\mathrm{d}A = 0 \tag{8-10}$$

式中，积分 $\int_A yz\mathrm{d}A = I_{yz}$ 称为横截面对 y 轴和 z 轴的**惯性积**。由于 y 轴是横截面的对称轴，故必然有 $I_{yz}=0$。所以式（8-10）是自然满足的。

最后将式（8-5）代入式（8-8），得

$$M_z = \int_A E\frac{y}{\rho}y\mathrm{d}A = M$$

即

$$\frac{E}{\rho}\int_A y^2\mathrm{d}A = M \tag{8-11}$$

式中积分

$$\int_A y^2\mathrm{d}A = I_z$$

是横截面对 z 轴（中性轴）的惯性矩。于是式（8-11）可以写成

$$\frac{1}{\rho} = \frac{M}{EI_z} \tag{8-12}$$

此式是用曲率表示的梁轴线的弯曲变形公式，它是弯曲理论的基本公式。式中的 EI_z 称为梁的**抗弯刚度**，它反映了梁抵抗弯曲变形的能力。

至此，已经解决了中性层曲率半径 ρ 的计算和中性轴的位置这两个问题。将公式（8-12）与式（8-5）联立求解，得到

$$\sigma = \frac{My}{I_z} \tag{8-13}$$

上式即为梁在纯弯曲时横截面上任一点处的正应力计算公式。式中的 M 为梁横截面上的弯矩，可通过截面法从梁上的外力求得；y 为欲求正应力的点到中性轴的距离；I_z 为横截面对中性轴的惯性矩。

在公式（8-13）中正应力是拉应力还是压应力虽可从弯矩 M 及 y 坐标的正、负号来确定，但从梁的变形情况来判断更为简便。此法即以中性层为界，梁变形后靠凸边一侧必为拉应力，靠凹边一侧则为压应力。显然用这一方法判定正应力是拉或压时，只需将 M 与 y 均以绝对值代入式（8-13）即可。

由公式（8-13）可知，梁横截面上的最大拉应力和最大压应力发生在离中性轴最远处，对于中性轴为对称的截面，如矩形、圆形和工字形等截面，最大拉应力和最大压应力相等。设 $y_{\max}$ 为截面最远点到中性轴的距离，则此最大正应力值为

$$\sigma_{\max} = \frac{My_{\max}}{I_z}$$

若令

$$W_z = \frac{I_z}{y_{\max}} \tag{8-14}$$

则有

$$\sigma_{\max} = \frac{M}{W_z} \tag{8-15}$$

式中，W_z 称为**抗弯截面系数**。它是仅与截面形状及尺寸有关的几何量，量纲为 L^3。

对于不对称于中性轴的截面，如 T 形截面，它应有两个抗弯截面系数值。在

此情况下，截面上的最大拉应力与最大压应力值必不相等。

公式（8-12）和公式（8-13）是在平面假设和各纵向纤维间互不挤压假设的基础上得出的，它们已为实验和进一步理论所证实。必须指出，这些公式只有当梁的材料服从胡克定律，而且在拉伸或压缩时的弹性模量相等的条件下才能应用。为了满足前一个条件，梁内的最大正应力值应不超过材料的比例极限。

纯弯曲正应力计算公式还可推广用于横力弯曲时梁的正应力计算。工程实际中的梁，常见的是承受横向力作用而发生横力弯曲。在这种情况下，梁的横截面上不仅有弯矩，而且还有剪力。同时，由于横向力的作用，还使梁的纵向纤维之间发生挤压。这些都与推导公式的前提相矛盾。但是，精确的计算分析业已证明，对于横截面上有剪力作用的细长梁，例如，对于跨度与横截面高度之比 $L/h>5$ 的矩形截面梁，应用纯弯曲时的公式计算该梁横截面上的正应力，是能够满足工程精度要求的。但应注意，此时应该用相应横截面上的弯矩 $M(x)$ 代替以上公式中的 M。

第六节　梁的弯曲正应力强度条件及其应用

一、常用截面的惯性矩　平行移轴公式

1. 常用截面的惯性矩

在推导纯弯曲正应力公式时，我们把积分 $\int_A y^2\mathrm{d}A$ 用 I_z 表示，称为横截面对中性轴的惯性矩。很明显，惯性矩 I_z 只与横截面的几何形状及尺寸有关，反映截面的几何性质。

（1）矩形截面　求图 8-20 所示矩形截面对其对称轴 z 的惯性矩 I_z 和抗弯截面系数 W_z。取图中距 z 轴为 y 处的高度为 $\mathrm{d}y$ 和宽度为 b 的狭长矩形面积为微面积，即 $\mathrm{d}A=b\mathrm{d}y$，得

$$I_z=\int_A y^2\mathrm{d}A=\int_{-\frac{h}{2}}^{+\frac{h}{2}} y^2(b\mathrm{d}y)=\frac{bh^3}{12} \tag{8-16}$$

$$W_z=\frac{I_z}{y_{\max}}=\frac{bh^3}{12}\bigg/\frac{h}{2}=\frac{bh^2}{6} \tag{8-17}$$

同理，可得对 y 轴的惯性矩 I_y 和抗弯截面系数 W_y 分别为

$$I_y=\frac{hb^3}{12},\quad W_y=\frac{hb^2}{6}$$

（2）圆形及圆环形截面　在扭转一章中，已知圆截面对其圆心的极惯性矩 $I_\mathrm{p}=\pi D^4/32$，由于圆截面对圆心是中心对称的，所以它对任一通过其圆心的轴的惯性矩均相等（图 8-21a），即

$$I_z=I_y$$

因

$$\rho^2=y^2+z^2$$

故有
$$I_{\mathrm{p}} = \int_A \rho^2 \mathrm{d}A = \int_A (y^2 + z^2) \mathrm{d}A = I_z + I_y$$

或
$$I_z = I_y = \frac{I_{\mathrm{p}}}{2} = \frac{\pi D^4}{64} \tag{8-18}$$

抗弯截面系数为
$$W_z = W_y = \frac{\frac{\pi D^4}{64}}{\frac{D}{2}} = \frac{\pi D^3}{32} \tag{8-19}$$

同理，可得外直径为 D、内直径为 d 的圆环形截面，如图 8-21b 所示，对其形心轴 y 和 z 的惯性矩为

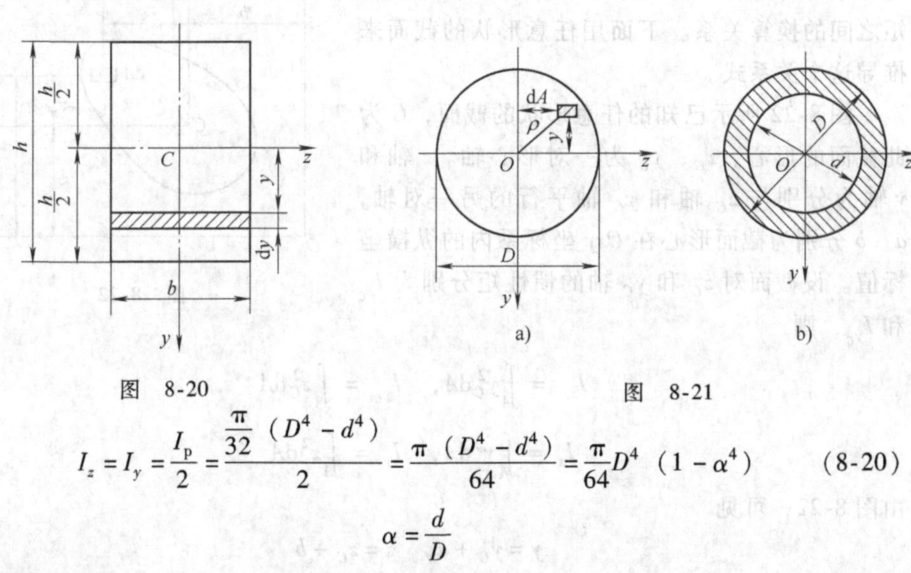

图　8-20　　　　图　8-21

$$I_z = I_y = \frac{I_{\mathrm{p}}}{2} = \frac{\frac{\pi}{32}\ (D^4 - d^4)}{2} = \frac{\pi\ (D^4 - d^4)}{64} = \frac{\pi}{64} D^4\ (1 - \alpha^4) \tag{8-20}$$

式中
$$\alpha = \frac{d}{D}$$

抗弯截面系数为
$$W_z = W_y = \frac{\frac{\pi}{64}(D^4 - d^4)}{\frac{D}{2}} = \frac{\pi(D^4 - d^4)}{32D} = \frac{\pi D^3}{32}(1 - \alpha^4) \tag{8-21}$$

其他简单几何形状截面的惯性矩可查附录 B 或有关手册。型钢截面的惯性矩可查热轧型钢表（见附录 A）。

（3）组合截面　工程上常见的组合截面是由矩形、圆形等几个简单图形组成的，或由几个型钢截面组成的。设 A 为组合截面的面积；A_1，A_2，…等为各组成部分的面积，则
$$I_z = \int_A y^2 \mathrm{d}A = \int_{A1} y^2 \mathrm{d}A + \int_{A2} y^2 \mathrm{d}A + \cdots = I_{z1} + I_{z2} + \cdots$$

即
$$I_z = \sum_{i=1}^{n} I_{zi} \tag{8-22}$$

同理可得

$$I_y = \sum_{i=1}^{n} I_{yi} \tag{8-23}$$

上式表示组合截面对于任一轴的惯性矩，等于各个组成部分对于同一轴的惯性矩之和。例如，圆环形截面对其对称轴的惯性矩可看作是大圆的截面对其对称轴的惯性矩，减去小圆的截面对同一轴的惯性矩，如图 8-21b 所示。

2. 平行移轴公式

在计算组合截面的惯性矩时，通常只知道各个简单图形对于其自身形心轴的惯性矩。因此，必须找到截面对其自身形心轴的惯性矩与对另一个与此形心轴平行的轴的惯性矩之间的换算关系。下面用任意形状的截面来推导这个关系式。

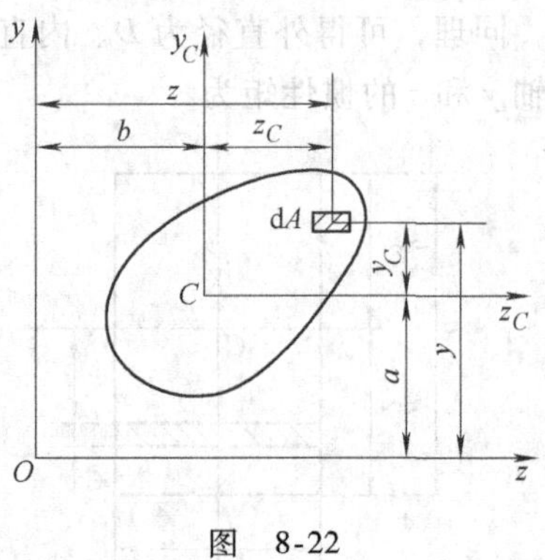

图 8-22

图 8-22 所示已知的任意形状的截面，C 为此截面的形心，z_C、y_C 为一对形心轴。z 轴和 y 轴为分别与 z_C 轴和 y_C 轴平行的另一对轴，a、b 分别为截面形心在 Ozy 坐标系内的纵横坐标值。设截面对 z_C 和 y_C 轴的惯性矩分别为 I_{z_C} 和 I_{y_C}，则

$$I_{z_C} = \int_A y_C^2 \mathrm{d}A, \quad I_{y_C} = \int_A z_C^2 \mathrm{d}A$$

$$I_z = \int_A y^2 \mathrm{d}A, \quad I_y = \int_A z^2 \mathrm{d}A$$

由图 8-22，可见

$$y = y_C + a, \quad z = z_C + b$$

整个截面对 z 轴的惯性矩可写成

$$\begin{aligned} I_z &= \int_A y^2 \mathrm{d}A = \int_A (y_C + a)^2 \mathrm{d}A \\ &= \int_A (y_C^2 + 2ay_C + a^2) \mathrm{d}A \\ &= \int_A y_C^2 \mathrm{d}A + 2a\int_A y_C \mathrm{d}A + a^2\int_A \mathrm{d}A \end{aligned}$$

因为 z_C 轴过截面的形心 C，故

$$\int_A y_C \mathrm{d}A = 0$$

于是有

$$I_z = I_{z_C} + a^2 A \tag{8-24}$$

同理可得截面对 y 轴的惯性矩

$$I_y = I_{y_C} + b^2 A \tag{8-25}$$

式（8-24）及式（8-25）称为**平行移轴公式**。它表示截面对任一轴的惯性矩，等于它对平行于该轴的形心轴的惯性矩和截面面积与两轴间距离平方的乘积之和。因 a^2A 和 b^2A 恒为正值，故截面对其形心轴的惯性矩，是所有平行于该形心轴的各惯性矩中最小者。

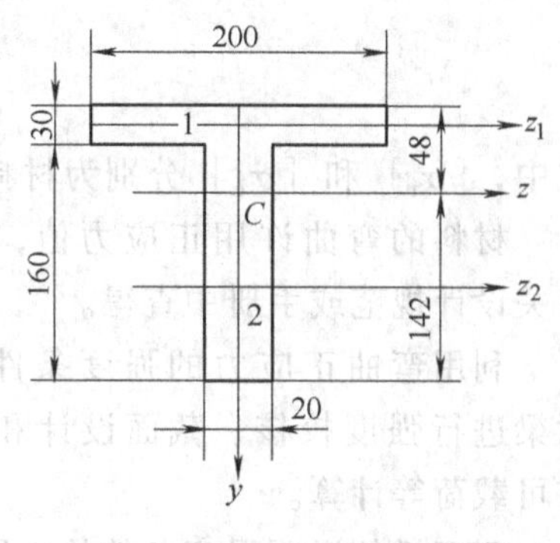

图　8-23

例 8-7　求如图 8-23 所示，T 形截面对通过形心 C 的 z 轴的惯性矩。

解　将 T 形截面视为由 1、2 两个矩形组成的组合图形。它们对形心轴 z_1 和 z_2 的惯性矩分别为 $\left(\frac{1}{12}\times200\times30^3\right)\text{mm}^4$ 及 $\left(\frac{1}{12}\times20\times160^3\right)\text{mm}^4$。按平行移轴公式（8-24），分别求出每个矩形对 z 轴的惯性矩，然后求其和，就得到 T 形截面对 z 轴的惯性矩 I_z。用 I_{z_1} 和 I_{z_2} 分别表示矩形 1 和矩形 2 对 z 轴的惯性矩，由式（8-22）得

$$
\begin{aligned}
I_z &= I_{z_1} + I_{z_2} \\
&= \left[\frac{1}{12}\times200\times30^3 + 200\times30\times(48-15)^2\right]\text{mm}^4 + \\
&\quad \left[\frac{1}{12}\times20\times160^3 + 20\times160\times(142-80)^2\right]\text{mm}^4 \\
&= 26.1\times10^6\,\text{mm}^4 = 26.1\times10^{-6}\,\text{m}^4
\end{aligned}
$$

二、弯曲正应力的强度条件及其应用

由式（8-13）知梁的最大正应力发生在最大弯矩截面的上、下边缘处，即

$$
\sigma_{\max} = \frac{M_{\max}y_{\max}}{I_z} = \frac{M_{\max}}{W_z} \tag{8-26}
$$

为了保证梁能安全工作，最大工作应力 $\sigma_{\max}$ 不得超过材料的弯曲许用正应力 $[\sigma]$。求得最大弯曲正应力后，建立弯曲正应力的强度条件如下：

$$
\sigma_{\max} = \frac{M_{\max}}{W_z} \leqslant [\sigma] \tag{8-27}
$$

对拉伸强度和压缩强度相等的材料（如碳钢），只要梁横截面上绝对值最大的正应力不超过材料的弯曲许用应力即可满足强度条件；对拉伸强度和压缩强度不等的材料（如铸铁），这种材料的梁的横截面一般做成不对称于中性轴的截面，如图 8-24 所示的 T 形截面，则要求它的最大拉应力和最大压应力分别不得超过弯曲许用拉应力和弯曲许用压应力，如下式所示：

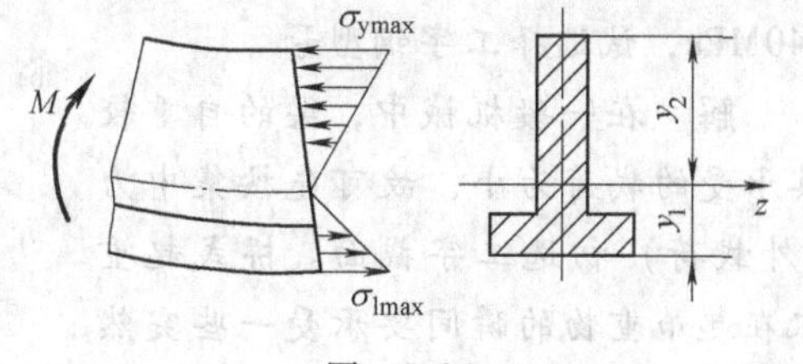

图　8-24

$$\left.\begin{array}{l}\sigma_{\mathrm{lmax}} \leqslant [\sigma_{\mathrm{t}}] \\ \sigma_{\mathrm{ymax}} \leqslant [\sigma_{\mathrm{c}}]\end{array}\right\} \tag{8-28}$$

式中，$[\sigma_t]$ 和 $[\sigma_c]$ 分别为材料的弯曲许用拉应力和弯曲许用压应力。

材料的弯曲许用正应力值，可由有关设计规范或手册中查得。

利用弯曲正应力的强度条件，可对梁进行强度校核、截面设计和确定许可载荷等计算。

下面举例说明强度条件的应用。

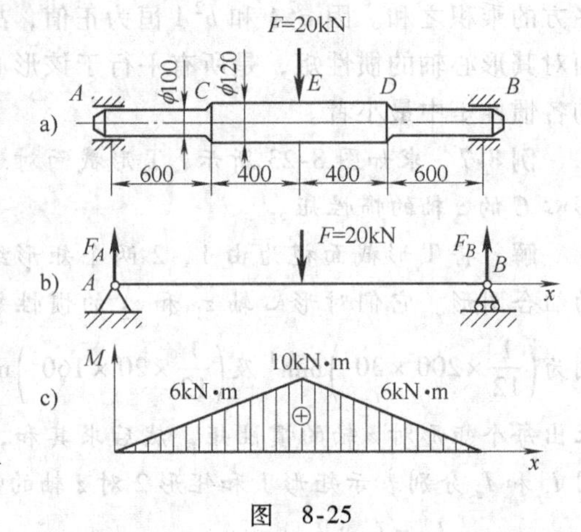

图 8-25

例 8-8 阶梯形圆截面轴，尺寸如图 8-25 所示。中点受力 $F=20\text{kN}$，已知 $[\sigma]=65\text{MPa}$，试校核轴的强度。

解 由静力平衡方程求出梁的支座约束力

$$F_A = F_B = 10\text{kN}$$

画弯矩图如图 8-25c 所示，横截面上最大正应力可能在 E 或 C 截面，故需分别校核。

对于截面 E：

$$\sigma_{\max} = \frac{M_E}{(W_z)_E} = \frac{10 \times 10^3}{\dfrac{\pi(120 \times 10^{-3})^3}{32}}\text{Pa} = 59\text{MPa} < [\sigma]$$

对于截面 C：

$$\sigma_{\max} = \frac{W_C}{(W_z)_C} = \frac{6 \times 10^3}{\dfrac{\pi(100 \times 10^{-3})^3}{32}}\text{Pa} = 61.1\text{MPa} < [\sigma]$$

故轴的强度足够。

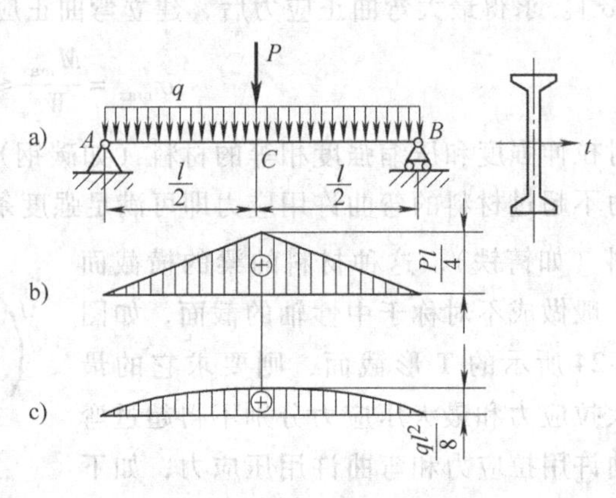

图 8-26

例 8-9 某车间安装一简易桥式起重机，如图 8-26a 所示，其起吊重力 $P_1=50\text{kN}$，跨度 $l=9.5\text{m}$，电葫芦自重 $P_2=6.7\text{kN}$，许用应力 $[\sigma]=140\text{MPa}$，试选择工字钢型号。

解 在一般机械中，梁的自重较其承受的载荷为小，故可先按集中力（外载荷）初选工字截面。桥式起重机在起吊重物的瞬间要承受一些突然加的动载作用，故梁在中央承受的集

中力 (P_1+P_2) 应乘以动荷因数 $K_d=1.2$（根据设计规范），即

$$P=(P_1+P_2)K_d$$
$$=(50+6.7)\times1.2\text{kN}=68\text{kN}$$

当起吊重力 P_1 连同电葫芦自重 P_2 位于梁跨中点时，该点横截面所产生的弯矩最大，如图 8-26b 所示，其值为

$$M_P=\frac{Pl}{4}=\left(\frac{1}{4}\times68\times9.5\right)\text{kN}\cdot\text{m}=161.5\text{kN}\cdot\text{m}$$

只考虑此弯矩时的强度条件为

$$\sigma_{\max}=\frac{M_{\max}}{W_z}\leqslant[\sigma]$$

所以
$$W_z\geqslant\frac{M_{\max}}{[\sigma]}=\frac{161.5\times10^3}{140\times10^6}\text{m}^3=1.153\times10^{-3}\text{m}^3=1153\text{cm}^3$$

由热轧型钢表查出 45a 工字钢，其 $W_z=1430\text{cm}^3$，此钢号的单位长度自重 $q=80.42\text{kg/m}$。这时自重在中央截面引起的弯矩为（图 8-26c）

$$M_q=\frac{1}{8}ql^2=\left(\frac{1}{8}\times80.42\times9.8\times9.5^2\right)\text{N}\cdot\text{m}=8.89\times10^3\text{N}\cdot\text{m}$$
$$=8.89\text{kN}\cdot\text{m}$$

因此中央截面的总弯矩为

$$M_{\max}=M_P+M_q=170.39\text{kN}\cdot\text{m}$$

考虑自重在内的强度条件是

$$\sigma_{\max}=\frac{170.39\times10^3}{1430\times10^{-6}}\text{Pa}=119.15\times10^6\text{Pa}=119.2\text{MPa}<[\sigma]$$

故梁的强度足够。如果未满足强度条件，则应重选型刚号，再进行相应的强度验算。

例 8-10　图 8-27a 所示矩形截面钢梁，承受载荷 F_1 与 F_2 作用，且 $F_1=2F_2=5\text{kN}$，许用应力 $[\sigma]=176\text{MPa}$。试确定截面尺寸 b。

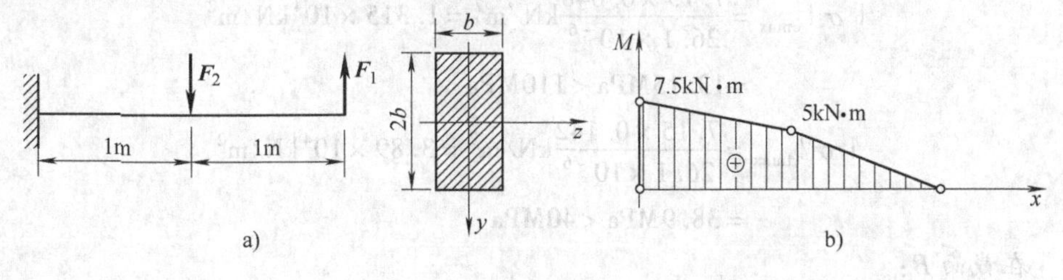

图　8-27

解　(1) 画梁的弯矩图，如图 8-27b 所示。

(2) 最大弯矩：

$$M_{\max}=7.5\text{kN}\cdot\text{m}$$

(3) 设计尺寸：

由弯曲强度公式，有

$$\sigma_{\max}=\frac{M_{\max}}{W_z}=\frac{7500}{\frac{4b^3}{6}}\text{Pa}\leqslant[\sigma]=176\times10^6\text{Pa}$$

从而解得

$$b\geqslant40\text{mm}$$

例 8-11 试按弯曲正应力强度条件校核图 8-28a 所示铸铁梁的强度。已知梁的横截面为 T 形，如图 8-28b 所示，惯性矩 $I_z=26.1\times10^{-6}\text{m}^4$，材料的许用拉应力 $[\sigma_t]=40\text{MPa}$，许用压应力 $[\sigma_c]=110\text{MPa}$。

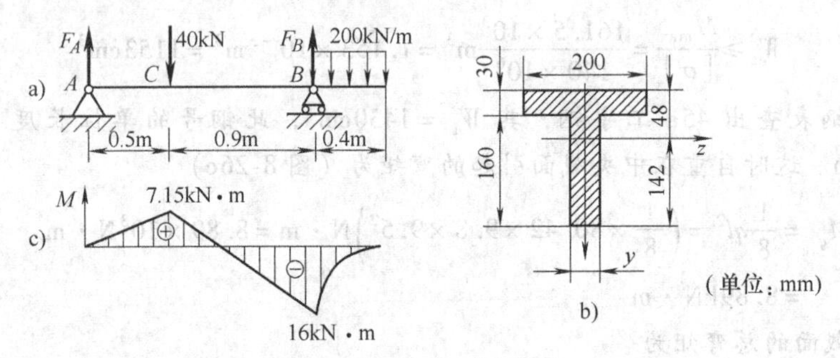

图 8-28

解 首先由静力平衡方程求出梁的支座约束力为 $F_A=14.3\text{kN}$，$F_B=105.6\text{kN}$，绘出梁的弯矩图，如图 8-28c 所示。由图可知，最大正弯矩在截面 C 上，即 $|M|_{C\max}=7.15\text{kN}\cdot\text{m}$；最大负弯矩在截面 B 上，即 $|M|_{B\max}=16\text{kN}\cdot\text{m}$。因为 T 形不对称于中性轴 z，且材料的两种许用应力 $[\sigma_t]\neq[\sigma_c]$。所以要分别校核危险截面 C 和 B 上的最大正应力。

在截面 C：

$$|\sigma|_{\text{cmax}}=\frac{7.15\times0.048}{26.1\times10^{-6}}\text{kN/m}^2=1.315\times10^4\text{kN/m}^2$$
$$=13.15\text{MPa}<110\text{MPa}$$
$$|\sigma|_{\text{tmax}}=\frac{7.15\times0.142}{26.1\times10^{-6}}\text{kN/m}^2=3.89\times10^4\text{kN/m}^2$$
$$=38.9\text{MPa}<40\text{MPa}$$

在截面 B：

$$|\sigma|_{\text{cmax}}=\frac{16\times0.142}{26.1\times10^{-6}}\text{kN/m}^2=8.7\times10^4\text{kN/m}^2$$
$$=87\text{MPa}<110\text{MPa}$$
$$|\sigma|_{\text{tmax}}=\frac{16\times0.048}{26.1\times10^{-6}}\text{kN/m}^2=2.94\times10^4\text{kN/m}^2$$

$$=29.4\text{MPa}<40\text{MPa}$$

故知铸铁梁的强度是足够的。

第七节　弯曲切应力

横力弯曲时，梁横截面的内力既有弯矩又有剪力。因此，横截面上既有正应力又有切应力。一般情况下，正应力是引起梁破坏的主要因素。但当梁的跨度较短、截面较高，或者像工字梁腹板较窄的情况下，切应力的数值也可能相当大。这时，除了对梁的正应力进行强度计算外，还需要校核梁的剪切强度。因此，需要计算弯曲切应力。下面介绍矩形截面梁弯曲切应力计算公式和它们的分布规律，对于圆形和圆环形截面只给出最大切应力计算公式。对于这些计算公式将不予以推导。

一、矩形截面

图 8-29a 所示一宽为 b，高为 h 的矩形截面，沿 y 轴有向下的剪力 F_S。如 $h>b$，我们可以假设截面上每一点的切应力τ的方向都和剪力 F_S 平行。此外，可以假设与中性轴等距离的各点，切应力τ大小相等。根据以上假设，经过理论分析，再利用一些其他条件，就可以导出矩形截面梁弯曲切应力的计算公式。

$$\tau=\frac{F_S S_z^*}{bI_z} \tag{8-29}$$

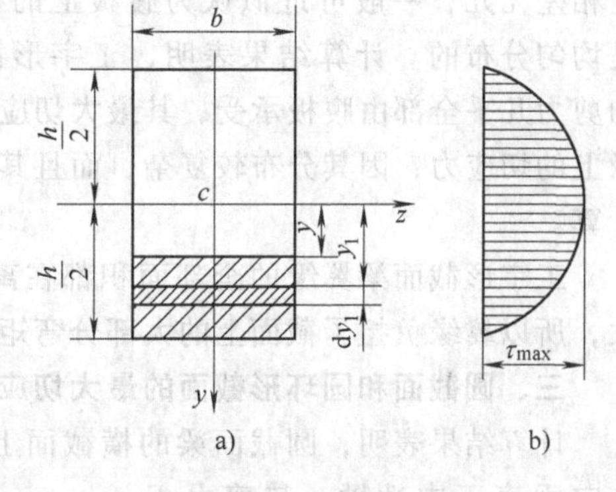

图　8-29

式中，F_S 为横截面上的剪力；I_z 为整个横截面对中性轴的惯性矩；b 为横截面的宽度；S_z^* 为横截面上距中性轴为 y 的横线以外部分面积对中性轴的静矩。

切应力公式（8-29）中，F_S、I_z 为常量，因此，横截面上切应力的变化规律主要取决于静矩 S_z^* 的变化规律。例如，求距中性轴为 y 的一点的切应力时，S_z^* 就是图 8-29a 中阴影面积对中性轴 z 的静矩。即

$$S_z^*=b\left(\frac{h}{2}-y\right)\left(y+\frac{\frac{h}{2}-y}{2}\right)=\frac{b}{2}\left(\frac{h^2}{4}-y^2\right)$$

代入式（8-29）就得离中性轴为 y 处的切应力为

$$\tau=\frac{F_S}{2I_z}\left(\frac{h^2}{4}-y^2\right) \tag{8-30}$$

由上式可见，矩形截面梁的切应力是沿着截面高度按抛物线规律变化的，如图 8-29b所示。当 $y=\pm h/2$ 时，即在截面上下边缘处，$\tau=0$；当 $y=0$ 时，即在中性

轴上，切应力最大，代入 $I_z=bh^3/12$ 得

$$\tau_{\max}=\frac{3}{2}\frac{F_S}{bh} \tag{8-31}$$

可见矩形截面梁的最大切应力为截面上平均切应力值的 1.5 倍。

二、工字形截面

工字形截面系由腹板和翼缘组成，如图 8-30a 所示。其中腹板为一狭长矩形，主要承受剪力，由公式（8-29）求得沿腹板的高度是按抛物线规律分布的，如图 8-30b 所示。中性层处的最大切应力及腹板与翼缘交界处的最小切应力分别为

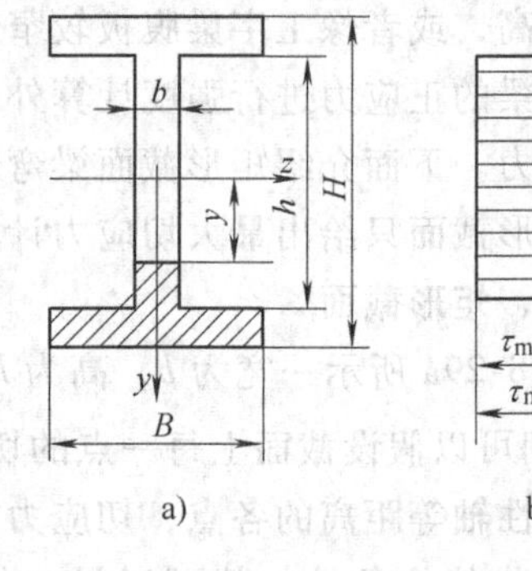

图 8-30

$$\tau_{\max}=\frac{F_S}{8I_zb}[BH^2-(B-b)h^2] \tag{8-32}$$

$$\tau_{\min}=\frac{F_S}{8I_zb}(BH^2-Bh^2) \tag{8-33}$$

由于工字形截面的翼缘宽度 B 远大于腹板宽度 b，即 $B\gg b$。由以上两式可见，$\tau_{\max}$ 及 $\tau_{\min}$ 实际上相差无几，一般可近似认为腹板上的切应力是均匀分布的。计算结果表明，工字形截面梁的剪力几乎全部由腹板承受，其最大切应力近似地等于剪力除以腹板面积。至于翼缘上的切应力，因其分布较复杂，而且其数值远小于腹板上的切应力，通常不进行计算。

工字形截面梁翼缘的全部面积都在离中性轴最远处，每一点的正应力都比较大，所以翼缘负担了截面上的大部分弯矩。

三、圆截面和圆环形截面的最大切应力

计算结果表明，圆截面梁的横截面上最大切应力 $\tau_{\max}$ 发生在中性轴上各点处，方向垂直于中性轴，与剪力 F_S 同向，如图 8-31a 所示。最大切应力为

$$\tau_{\max}=\frac{4}{3}\frac{F_S}{\pi R^2}=\frac{4}{3}\frac{F_S}{A} \tag{8-34}$$

式中，R 为圆截面的半径；A 为圆截面面积。

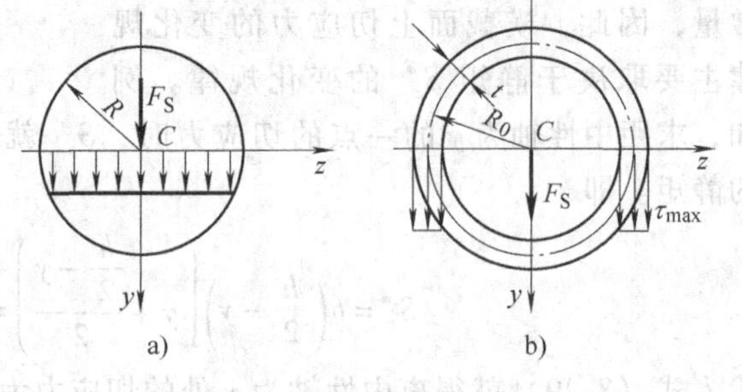

图 8-31

对于壁厚 t 远小于平均半径 R_0 的薄壁圆环截面，最大弯曲切应力仍发生在中性轴处，其值为

$$\tau_{\max}=\frac{F_S}{\pi R_0 t}=2\frac{F_S}{A} \tag{8-35}$$

式中，R_0 为圆环的平均半径；t 为壁厚；A 为横截面面积。

最大切应力的方向和分布规律如图 8-31b 所示。

例 8-12　若$[\sigma]=160\text{MPa}$，$[\tau]=100\text{MPa}$，试为图 8-32a 所示梁选择工字钢型号。

解　画 F_S 图和 M 图，如图 8-32b、c 所示。根据弯曲正应力强度条件选择截面。

$$\sigma_{\max}=\frac{M_{\max}}{W_z}\leqslant[\sigma]$$

所以

$$W_z\geqslant\frac{M_{\max}}{[\sigma]}=\frac{100\times10^3}{160\times10^6}\text{m}^3$$

$$=625\times10^{-6}\text{m}^3=625\text{cm}^3$$

查型钢表（附录 A），选 32a 工字钢，$W_z=692\text{cm}^3$。

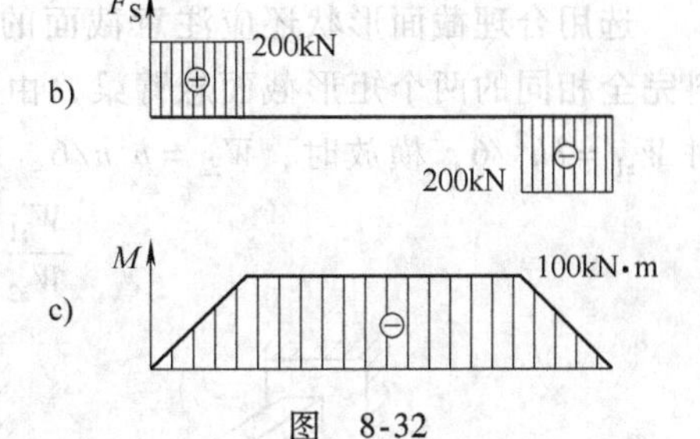

图　8-32

下面校核切应力，由表查出，$I_z/S_z^*=27.5\text{cm}$，腹板的宽度 $b=0.95\text{cm}$，S_z^* 是中性轴一边的截面面积对中性轴的静矩，故

$$\tau_{\max}=\frac{F_{S\max}S_z^*}{I_zb}=\frac{200\times10^3}{27.5\times10^{-2}\times0.95\times10^{-2}}\text{Pa}=76.6\text{MPa}<[\tau]$$

因此，要同时满足正应力和切应力强度条件，应选用型号为 32a 的工字钢。

第八节　提高梁的弯曲强度的措施

弯曲正应力是控制弯曲强度的主要因素。因此，采取各种可能措施，降低梁的横截面上的正应力，是提高梁的弯曲强度的重要途径。

一、选择合理的截面形状

若把弯曲正应力的强度条件式（8-27）改写成

$$M_{\max}\leqslant[\sigma]W_z$$

可见，梁能承受的最大弯矩 $M_{\max}$ 与抗弯截面系数 W_z 成正比。W_z 值不但和截面尺寸有关，且与截面形状有关。为了减少材料消耗、减轻自重，应选用抗弯截面系数 W_z 较大而截面面积 A 较小的截面形状，即一般所谓的合理截面形状。为了比较各种截面的合理性和经济性，可用 W_z/A 来衡量。表 8-1 给出了几种常见截面的 W_z/A 值。在 $d=h$，即四种截面高度相同的条件下，工字形截面的 W_z/A 值最大，圆截面最小，这就表明在这四种截面形状中，工字钢的截面形状最为合理，而圆形截面是其中最差的一种。从弯曲正应力的分布规律来看，这一点也是容易理解的。因为弯曲时在梁截面上离中性轴越远，正应力越大。为了充分利用材料，应尽可能地把材料放置到离中性轴较远的地方。圆截面在中性轴附近聚集了较多的材料，使其未能充分发挥作用。为了将材料移到离中性轴较远处，可将实心圆截面改成与其等面积的空心圆截面，显然会提高 W_z 值。工程中合理截面构件的实例很多。如机车常采用空心圆轴，桥梁和房屋建筑中常用工字钢梁、钢筋混凝土圆孔板等。

表 8-1　几种常用截面的 W_z/A 值

截面形状	W_z/A
圆形	$0.125d$
矩形	$0.167h$
横钢	$(0.27 \sim 0.31)\ h$
工字钢	$(0.29 \sim 0.31)\ h$

选用合理截面形状还应注意截面的合理安放位置。如图 8-33 所示的尺寸及材料完全相同的两个矩形截面悬臂梁，由于安放位置不同，抗弯能力亦不相同。竖放时 $W_{z1}=bh^2/6$，横放时，$W_{z2}=b^2h/6$。两者之比是

$$\frac{W_{z1}}{W_{z2}}=\frac{h}{b}>1$$

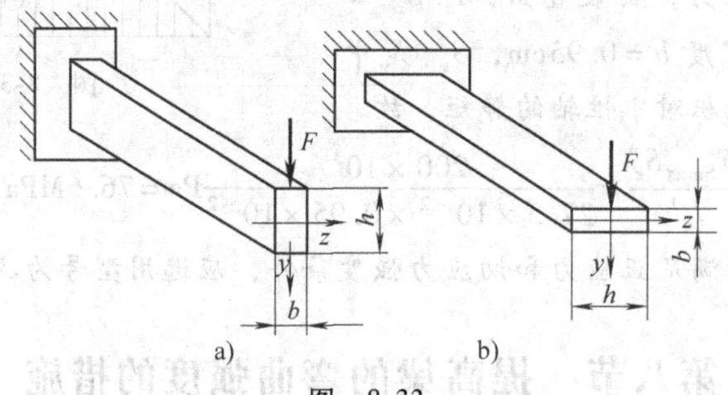

图　8-33

所以竖放比横放有较高的弯曲强度，更为合理。

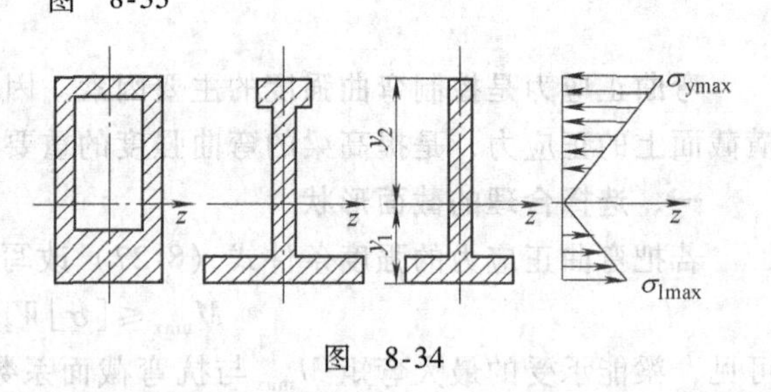

图　8-34

选择合理截面形状时，还应考虑材料的特性。为了充分地利用材料，最好使横截面上最大拉应力和最大压应力同时达到各自的许用应力值。据此，对于拉、压许用应力相等的材料应采用对称于中性的截面；对于拉、压许用应力不相等的材料（如大多数脆性材料）宜采用中性轴偏于受拉一侧的截面形状。如图 8-34 所示，它们的中性轴位置可按下列关系确定

$$\frac{\sigma_{\mathrm{tmax}}}{\sigma_{\mathrm{cmax}}}=\frac{\dfrac{M_{\max}y_1}{I_z}}{\dfrac{M_{\max}y_2}{I_z}}=\frac{y_1}{y_2}=\frac{[\sigma_{\mathrm{t}}]}{[\sigma_{\mathrm{c}}]}\tag{8-36}$$

式中，$[\sigma_t]$ 和 $[\sigma_c]$ 分别表示拉伸和压缩的弯曲许用应力。

二、采用变截面梁

一般等截面直梁在横力弯曲时，弯矩最大（包括最大正弯矩和最大负弯矩）的横截面都是梁的危险截面。

弯曲正应力强度条件是以危险截面上的最大正应力为依据的。所以当危险截面上的最大正应力达到材料的许用应力值时，梁的其余各截面上的最大正应力尚未达到这一数值，甚至远小于这一数值。因此，为了节省材料或减轻梁的重量，常将受弯构件设计成变截面的，使截面的尺寸随弯矩值的变化而改变，这就是变截面梁。若变截面梁的截面变化比较平缓，前述弯曲正应力计算公式仍可近似使用。

为了充分地利用材料，理想的变截面梁使其所有的截面上最大弯曲正应力相等，且等于许用应力，这样的梁称为等强度梁。即

$$\sigma_{\max}=\frac{M(x)}{W_z(x)}=[\sigma]$$

于是，可得等强度梁的抗弯截面系数随截面位置的变化规律为

$$W_z(x)=\frac{M(x)}{[\sigma]} \tag{8-37}$$

例如，图 8-35a 所示在集中力 F 作用下的简支梁为等强度梁，横截面为圆形，现求其截面直径的变化规律。梁左右段对称于梁跨度中点 C，AC 段的弯矩方程$M(x)=1/2Fx$，由公式（8-37）得

$$W(x)=\frac{\pi d^3(x)}{32}=\frac{\frac{1}{2}Fx}{[\sigma]}\left(0\leqslant x\leqslant\frac{l}{2}\right)$$

于是

$$d(x)=\sqrt[3]{\frac{16Fx}{\pi[\sigma]}} \tag{8-38}$$

所以，梁的横截面直径 $d(x)$ 沿轴线方向按三次抛物线规律变化。按式（8-38），当 $x=0$ 时，$d(x)=0$，显然不能满足剪切强度要求。应按弯曲切应力强度条件确定此支承截面的直径，即

$$\tau_{\max}=\frac{4F_S}{3A}=\frac{4}{3}\frac{\frac{F}{2}}{\frac{\pi}{4}d^2}\leqslant[\tau]$$

由此求得

$$d_{\min}=\sqrt{\frac{8F}{3\pi[\tau]}} \tag{8-39}$$

由于梁的左、右两段对称，因此，根据式（8-38）和式（8-39）可绘出此梁的形状，如图 8-35b 所示。这种抛物线形状的等强度梁在制造上是非常困难的。在工程实际中，如传动轴，除了考虑轴上零件定位方便外，为了便于加工，常做成阶梯轴来近似于等强度梁，如图 8-35c 所示。

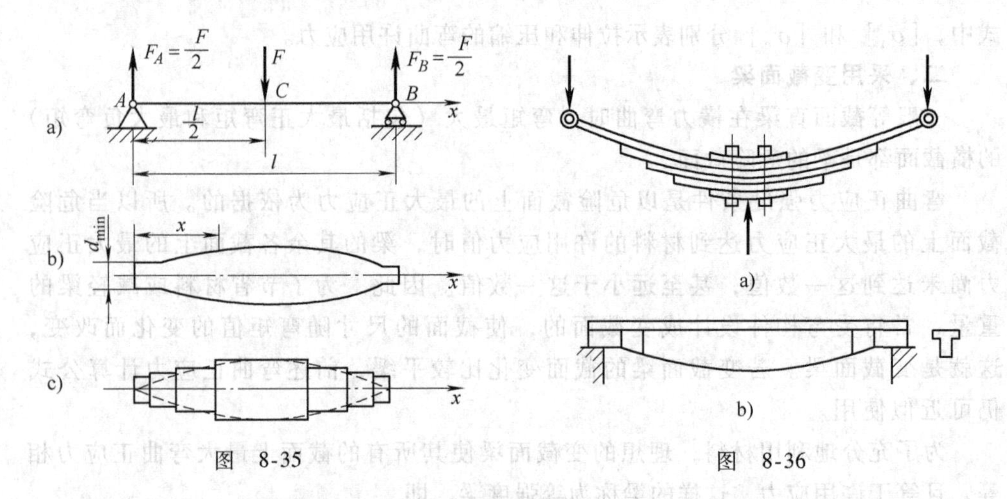

图 8-35　　图 8-36

图 8-36a、b 所示为车辆中用的叠板弹簧和鱼腹式起重机梁都是按等强度梁的原理设计的。变截面梁比等直梁能节约材料和减轻自重，但梁的变形会比等直梁的大一些。

三、合理地布置载荷和支座

改善梁的受力方式和约束情况，可以降低梁上的最大弯矩。梁的最大弯矩值不但与梁上的外力（载荷和支座约束力）的大小有关，而且和载荷与支座的相对位置有关。因此，合理地布置载荷和支座位置，可以达到降低最大弯矩值的目的。例如，图 8-37a 所示为跨度中点承受集中力的简支梁，其最大弯矩 $M_{\max}=Fl/4$。若把载荷 F 平移至距左端 $l/6$ 处，则最大弯矩 $M_{\max}=5Fl/36$，如图 8-37b 所示。由此可见，将载荷尽量布置在靠近支座的位置，可显著地降低最大弯矩值。在一些机械装置中，应尽可能地将齿轮和带轮布置在靠近轴承的位置上，以提高轴的强度。在某些情况下，改变加载方式，如在 AB 梁上设置一个半跨长的副梁，如图 8-37c 所示，则主梁上的最大弯矩变为 $M_{\max}=Fl/8$，是原来的一半。由此可见，如有可能，将载荷分散也可提高梁的承载能力。

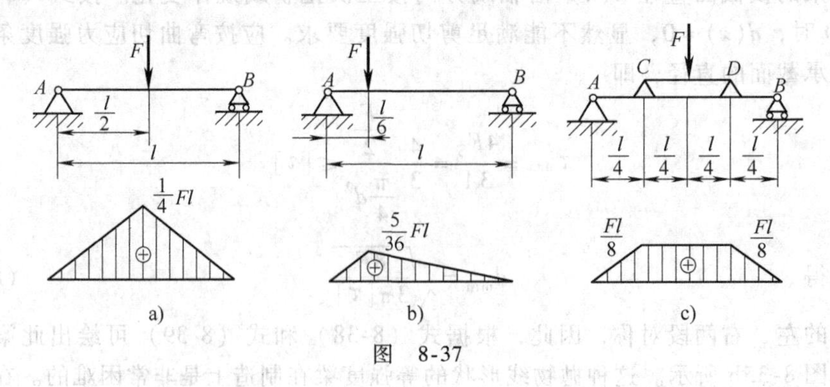

图　8-37

又如，合理布置梁的支座。以图 8-38a 所示在均布载荷作用下的简支梁为例，由例 8-3 知

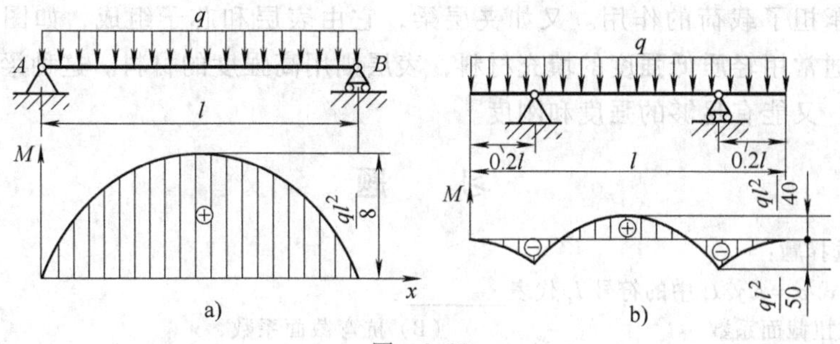

图 8-38

$$M_{\max}=\frac{ql^2}{8}=0.125ql^2$$

若将两端支承各向里移动 $0.2l$，如图 8-38b 所示，则最大弯矩减小为

$$M_{\max}=\frac{ql^2}{40}=0.025ql^2$$

仅是前者的 1/5 大小。也就是说，按图 8-38b 所示的支座条件，载荷可增至原来的五倍。

另外，载荷的方向对最大弯矩值也会发生影响。例如，一根轴受两个集中力，如图 8-39 所示。若集中力的作用点不变，只是将其中一个力反向（相当于改变齿轮啮合点的位置），最大弯矩将减至原来的$\frac{1}{3}$。

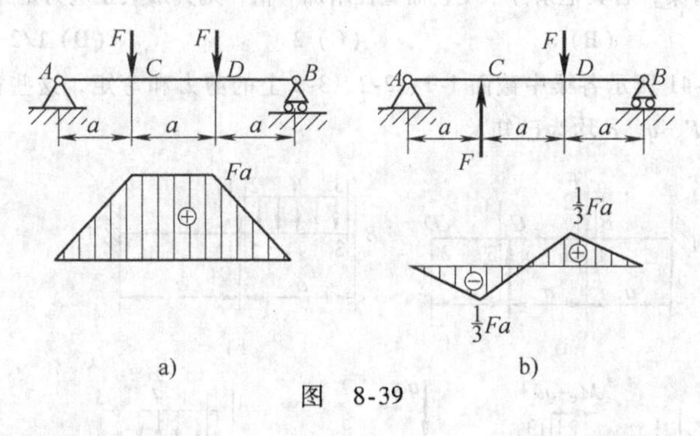

图 8-39

四、合理地使用材料

不同材料的力学性能不同，应该尽量利用每一种材料的长处。例如，混凝土的抗压性能较好而抗拉能力远低于它的抗压能力，在用它制造梁时，可在梁的受拉区域放置钢筋，组成钢筋混凝土梁，如图 8-40a 所示。在这种梁中，钢筋承受拉力，混凝土承受压力，它们合理地组成一个整

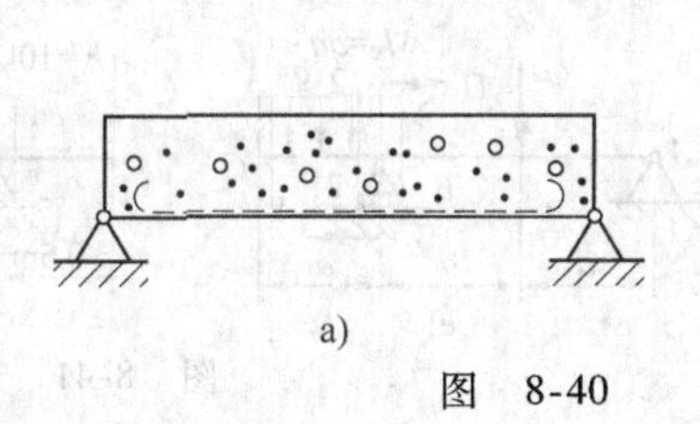

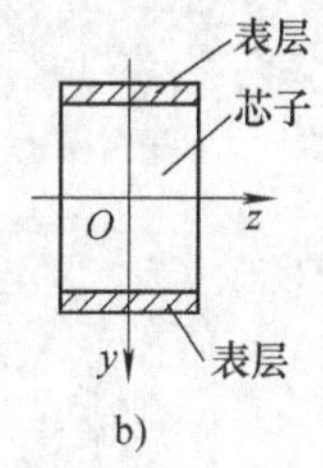

图 8-40

体，共同承担了载荷的作用。又如夹层梁，它由表层和芯子组成，如图 8-40b 所示。芯子通常用轻质低强度的填充材料，表层则用高强度的材料。这种梁既能大大降低自重，又能有足够的强度和刚度。

习　题

8-1　选择题：

(1) 公式 $\sigma = My/I_z$ 中的符号 I_z 代表________。

(A) 抗扭截面系数　(B) 抗弯截面系数

(C) 横截面的极惯性矩　(D) 横截面对中性轴的惯性矩

(2) 一纯弯曲圆截面梁，已知该截面上的弯矩为 $M = 6\text{kN}\cdot\text{m}$，$d = 100\text{mm}$，该截面的抗弯截面系数为________。

(A) $9.81\times10^{-5}\text{m}^3$　(B) $6.38\times10^{-6}\text{m}^4$　(C) $5.71\times10^{-5}\text{m}^3$　(D) $4.9\times10^{-6}\text{m}^4$

(3) 题 (2) 中梁最大的弯曲正应力大小为________。

(A) 47MPa　(B) 61MPa　(C) 0　(D) 122MPa

(4) 题 (2) 中梁中性轴上各点应力为________。

(A) 47MPa　(B) 61MPa　(C) 0　(D) 122MPa

(5) 在下列诸因素中，梁的内力图通常与________有关。

(A) 梁的材料　(B) 横截面面积　(C) 载荷作用位置　(D) 横截面形状

(6) 梁发生平面弯曲时，其横截面绕________旋转。

(A) 梁的轴线　(B) 中性轴　(C) 截面对称轴　(D) 截面形心

(7) 圆截面悬臂梁，若其他条件不变，而直径增加一倍，则其最大正应力是原来的______倍。

(A) 1/8　(B) 8　(C) 2　(D) 1/2

8-2　试求图 8-41 所示各梁中截面 1-1、2-2、3-3 上的剪力和弯矩，这些截面无限接近于截面 B 或截面 C。设 F、q、a 均为已知。

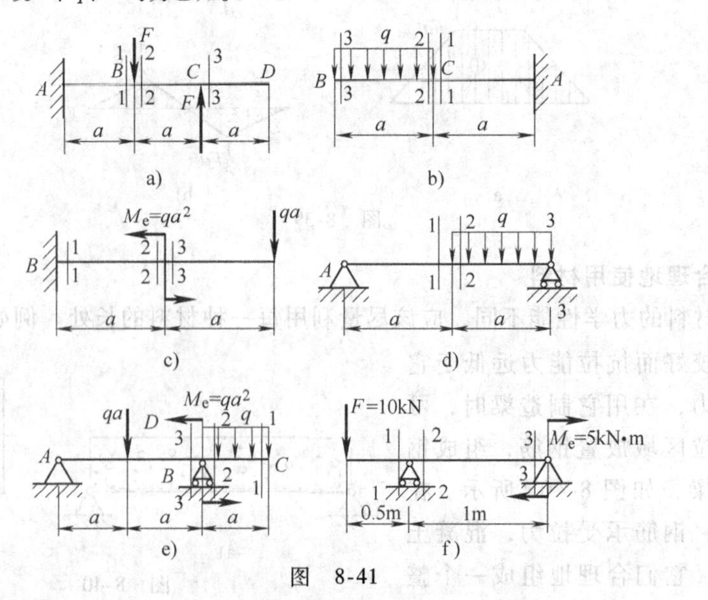

图　8-41

8-3　试列出图 8-42 所示各梁的剪力方程及弯矩方程，画剪力图和弯矩图，并求出 $|F_S|_{max}$ 及 $|M|_{max}$。设 F、q、a 均为已知。

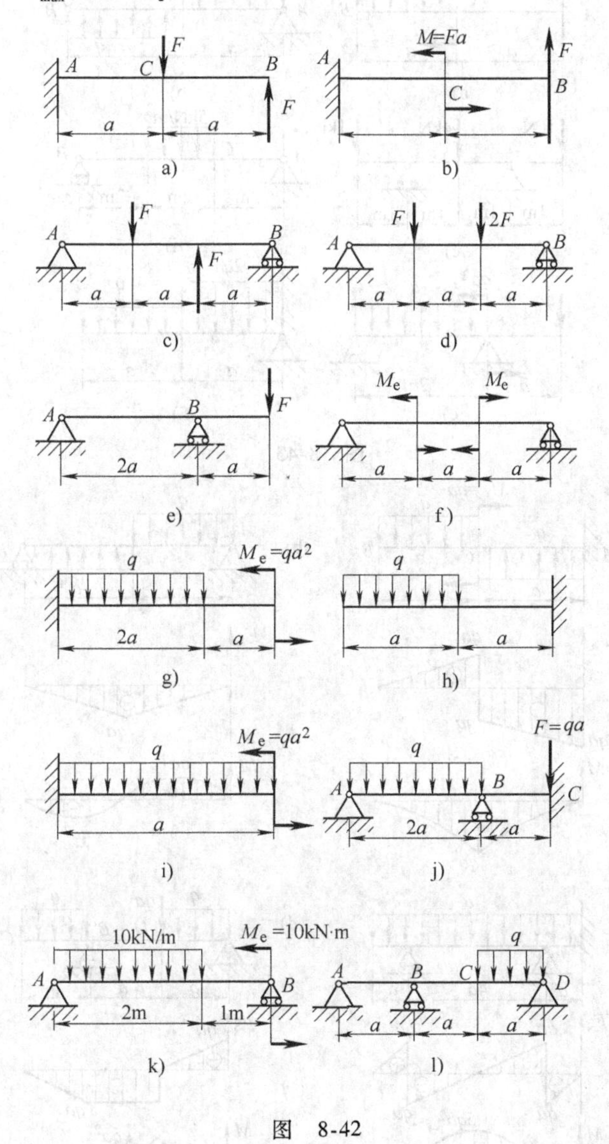

图　8-42

8-4　试利用 q、F_S 及 M 间的微分关系绘制图 8-43 所示各梁的剪力图和弯矩图，并求出 $|F_S|_{max}$ 及 $|M|_{max}$。

8-5　试利用 q、F_S、M 间的微分关系检查并改正图 8-44 所示各梁的剪力图和弯矩图中的错误。

8-6　画出图 8-45 所示梁 ABC 的剪力图和弯矩图。

8-7　如图 8-46 所示，试根据弯曲内力的知识，说明标准双杠为什么设计成 $a=L/4$ 是合理的？

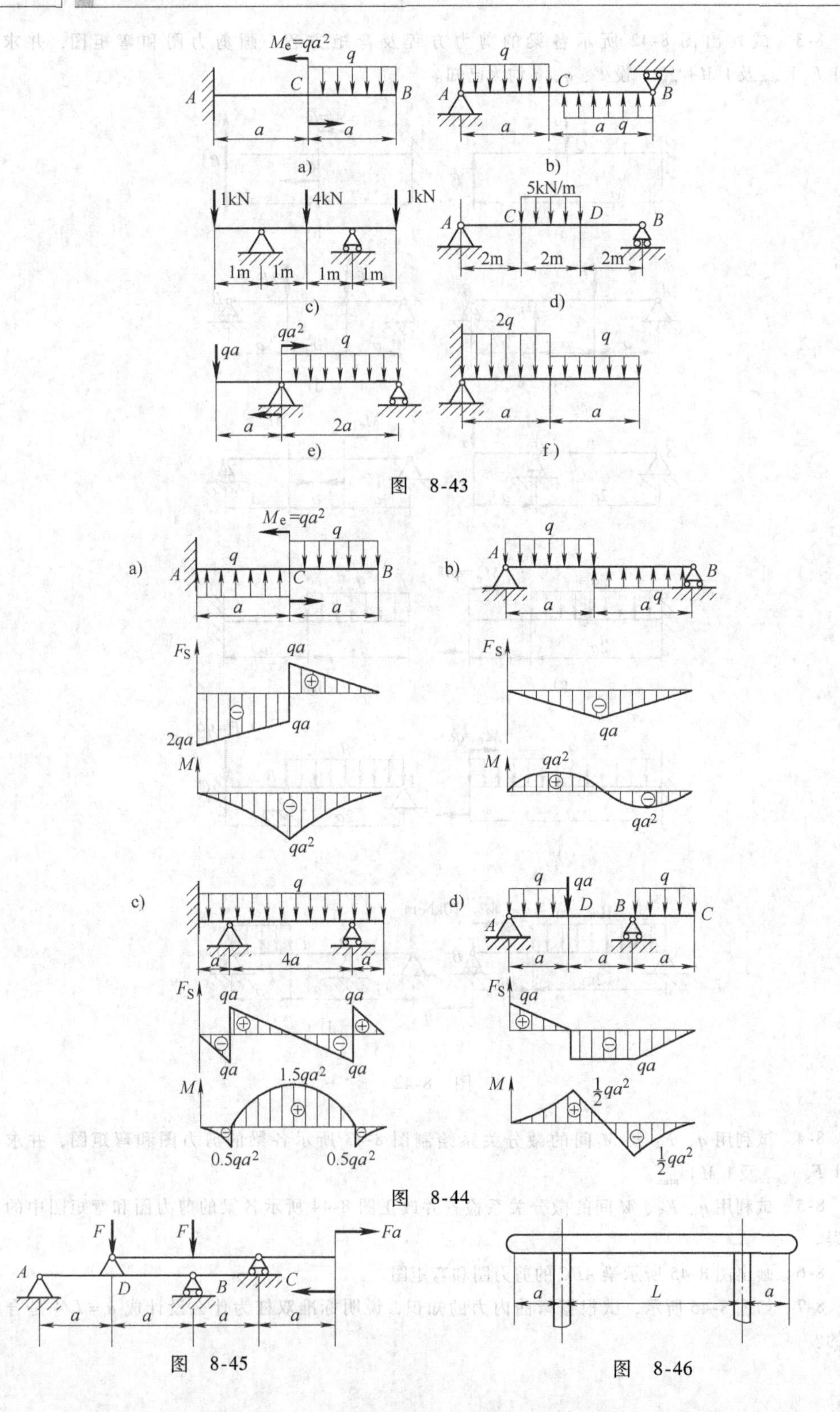

图 8-43

图 8-44

图 8-45

图 8-46

8-8　用起重机吊装一钢管如图 8-47 所示。已知钢管长为 L，钢管单位长度重力为 q，试求吊索的合理位置。

8-9　梁在对称平面内受力而发生平面弯曲，若梁的截面为图 8-48 所示形状时，试绘制截面上正应力的分布图。

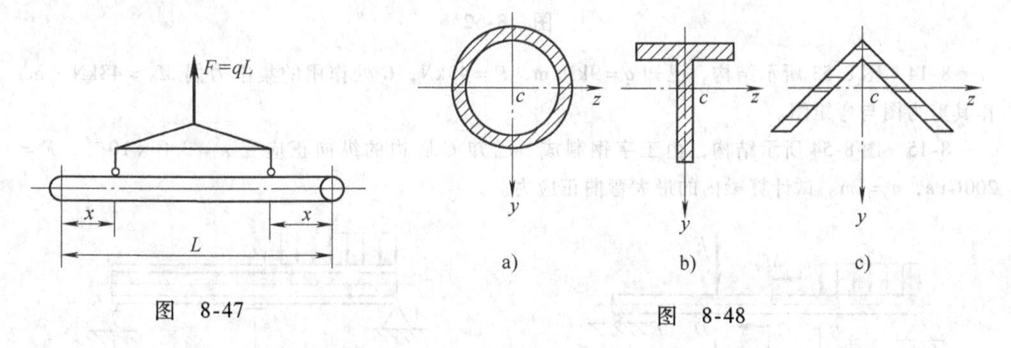

图　8-47

图　8-48

8-10　一根正方形截面梁，按图 8-49 所示两种位置放置，若它的最大弯曲正应力相等，试求它们能承受的弯矩的比值。

8-11　简支梁如图 8-50 所示。试求Ⅰ-Ⅰ截面上 A、B、C 三点处的正应力及切应力，并画出该截面上的正应力及切应力分布图。

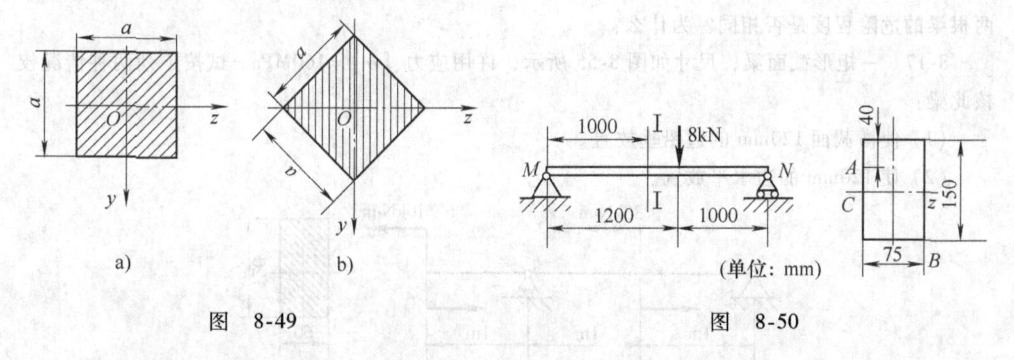

图　8-49

图　8-50

8-12　等截面外伸梁受力如图 8-51a 所示。试求梁的最大正应力及图 8-51b 所示的 B 截面上 a、b 两点的正应力。

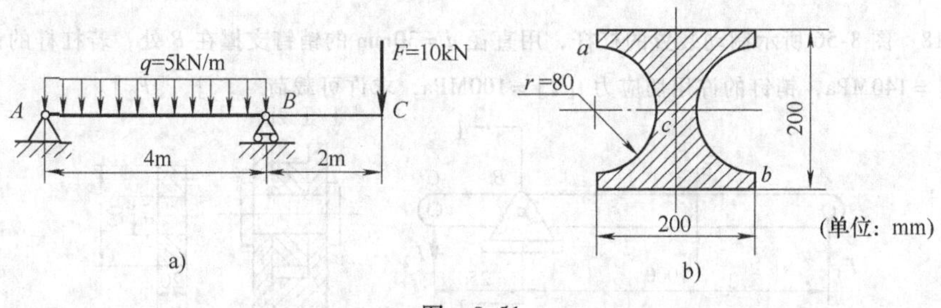

图　8-51

8-13　图 8-52 所示矩形截面钢梁，承受集中载荷 F 与集度为 q 的均布载荷作用，试确定截面尺寸 b。已知载荷 $F=10\text{kN}$，$q=0.5\text{kN/m}$，许用应力 $[\sigma]=160\text{MPa}$。

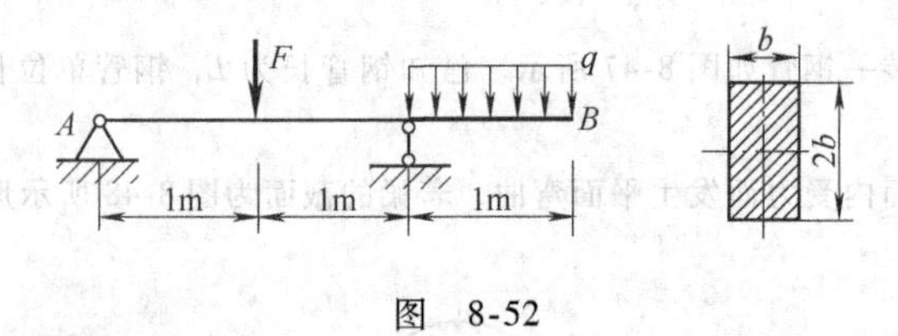

图 8-52

8-14 图 8-53 所示结构，已知 $q=9\text{kN/m}$，$F=45\text{kN}$，C 处作用的集中力偶 $M_0=48\text{kN}\cdot\text{m}$，作其剪力图与弯矩图。

8-15 图 8-54 所示结构，由工字钢制成，已知 C 底边的纵向正应变 $\varepsilon=3.0\times10^{-4}$，$E=200\text{GPa}$，$a=1\text{m}$。试计算梁内的最大弯曲正应力。

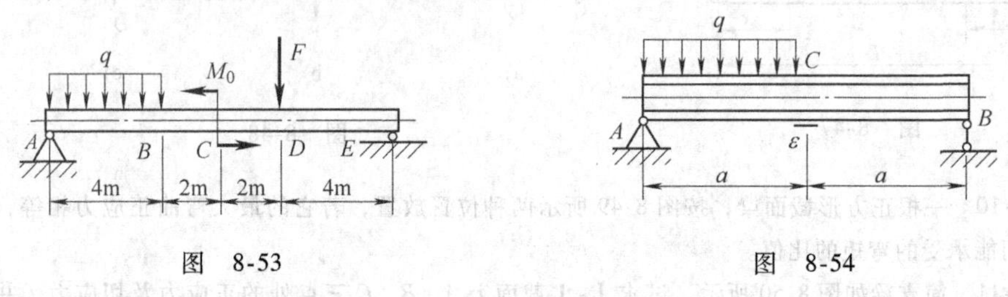

图 8-53　　　　图 8-54

8-16 钢梁与木梁，两者尺寸和受力情况完全相同，试问：两者的最大正应力是否相同？两根梁的危险程度是否相同？为什么？

8-17 一矩形截面梁，尺寸如图 8-55 所示，许用应力 $[\sigma]=160\text{MPa}$。试按下列两种情况校核此梁：

（1）使横截面 120mm 的边铅垂放置。

（2）使 120mm 的边水平放置。

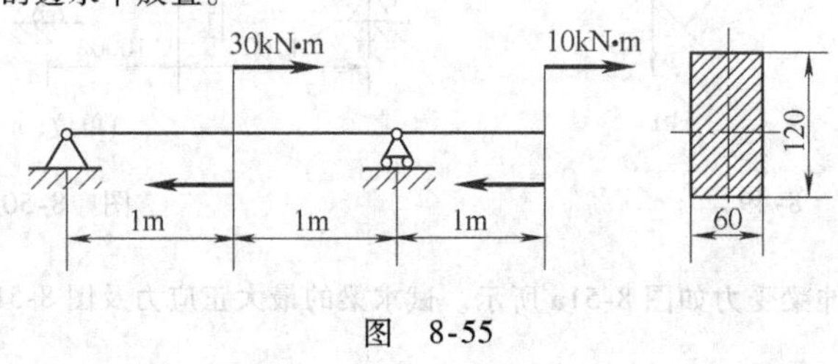

图 8-55

8-18 图 8-56 所示制动装置的杠杆，用直径 $d=30\text{mm}$ 的销钉支撑在 B 处，若杠杆的许用应力 $[\sigma]=140\text{MPa}$，销钉的许用切应力 $[\tau]=100\text{MPa}$，求许可载荷 $[F_1]$、$[F_2]$。

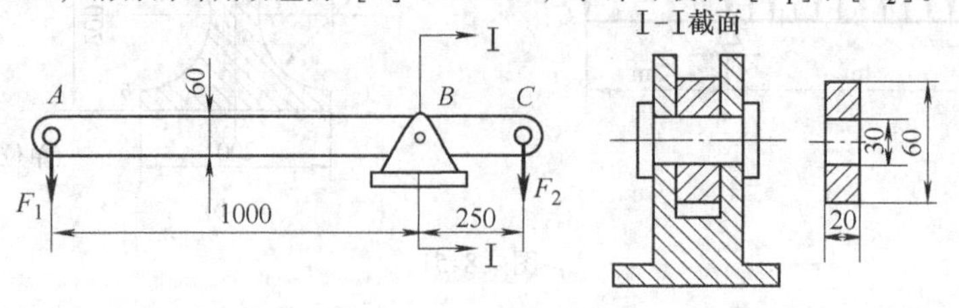

图 8-56

8-19　如图 8-57 所示，起重机下的梁由两根工字钢组成，起重机自重 $P_1=50\text{kN}$，最大起吊重量 $P_2=10\text{kN}$，若许用应力 $[\sigma]=160\text{MN/m}^2$，$[\tau]=100\text{MPa}$，试选定工字钢的型号。

8-20　图 8-58 所示为一承受纯弯曲的铸铁梁，截面如图所示（单位：mm），材料的拉伸和压缩的许用应力之比 $[\sigma_t]/[\sigma_c]=1/3$，求水平翼板的合理宽度 b。

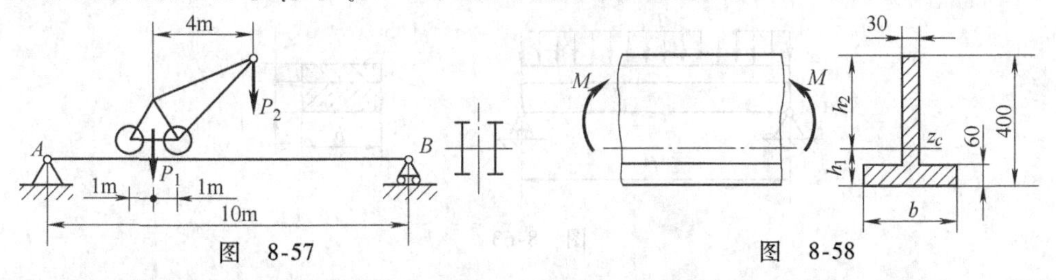

图　8-57　　　　图　8-58

8-21　图 8-59 所示轧辊轴直径 $D=280\text{mm}$，跨长 $L=1000\text{mm}$，$l=450\text{mm}$，$b=100\text{mm}$，轧辊材料的弯曲许用应力 $[\sigma]=100\text{MN/m}^2$，求轧辊能承受的最大允许轧制力。

8-22　有一承受管道的悬臂梁，用两根槽钢组成，两根管道作用在悬臂梁上的重量各为 $F=5.39\text{kN}$，尺寸如图 8-60 所示（单位：mm）。

（1）绘制悬臂梁的弯矩图。

（2）选择槽钢的型号。设材料的许用应力为 $[\sigma]=130\text{MPa}$。

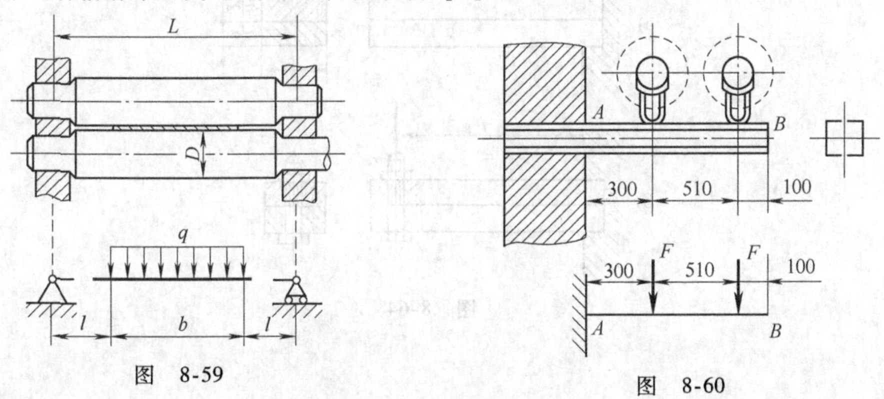

图　8-59　　　　图　8-60

8-23　铸铁材料制成的 T 形截面梁，其尺寸如图 8-61 所示。在自由端受一集中力 F。已知许用拉应力 $[\sigma_t]=40\text{MPa}$，许用压应力 $[\sigma_c]=120\text{MPa}$。求允许承受的载荷 F。

8-24　将直径为 d 的圆柱木料刨成矩形截面梁，如图 8-62 所示。试确定使矩形截面梁抗弯截面系数最大时的高度 h 和宽度 b 之比。

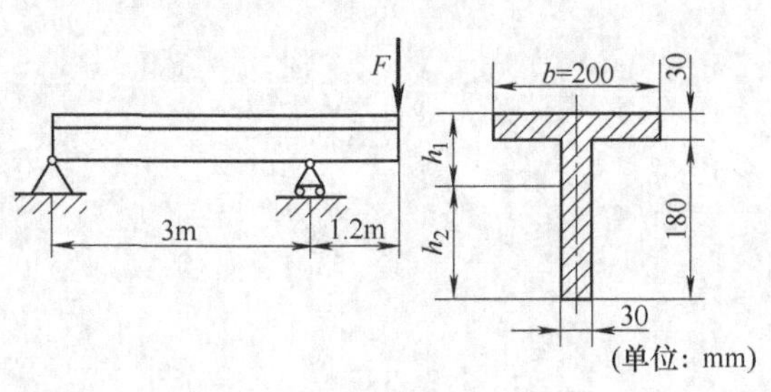

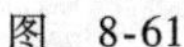

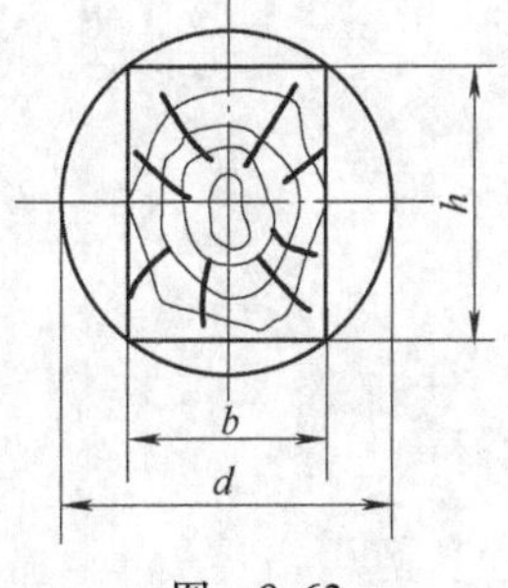

图　8-61　　　　图　8-62

8-25　如图 8-63 所示，材料相同、宽度相等、厚度 $h_1/h_2=1/2$ 的两块板，组成一简支梁，其上承受均布载荷为 q。

（1）若两块板只是互相叠置在一起，求此时两块板内的最大正应力之比。

（2）若两块板胶合在一起，不互相滑动，问此时的最大正应力比前一种情况减少了多少？

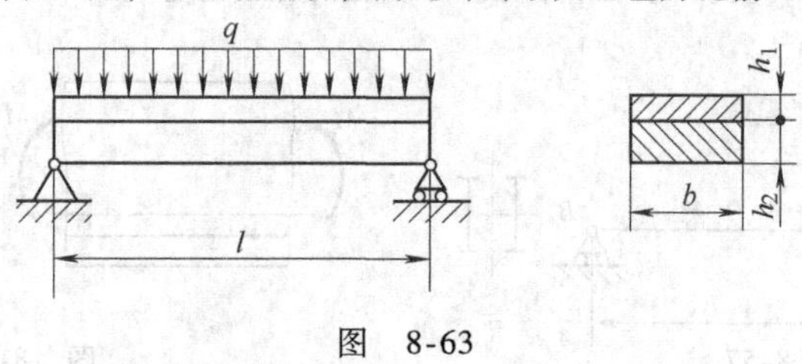

图　8-63

8-26　设有叠在一起的两根相同的悬臂梁，受集中力 F（图 8-64a）的作用。当两根梁之间的摩擦力很小，可忽略不计时，每根梁可独自弯曲。如果用刚度足够的螺栓将两根梁紧固地联接在一起，就像整体一样地弯曲，如图 8-64b 所示。试比较以上两种情况下梁的承载能力，并确定螺栓的直径 d。设 l、b、h 以及螺栓材料的许用切应力 $[\tau]$ 均为已知。

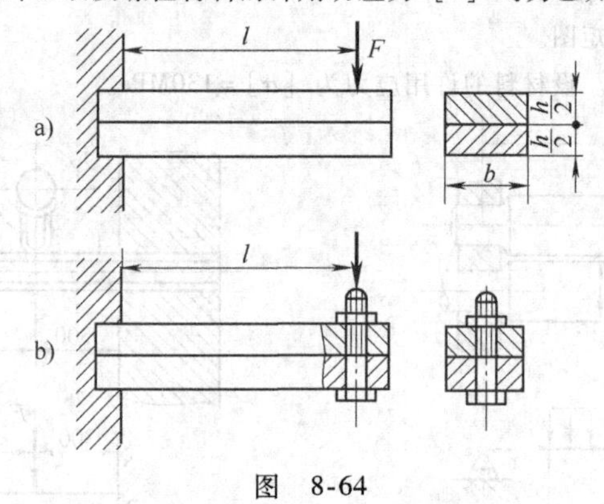

图　8-64

第九章　弯曲变形与刚度计算

上一章研究了梁的强度计算，本章将研究梁的刚度计算，即研究直梁在平面弯曲时的变形，研究梁平面弯曲的变形主要有两个目的：①对梁做刚度校核；②解超静定梁。

梁的强度条件和刚度条件必须同时满足，否则会影响正常工作。

例如，在很多建筑规范中，梁的最大变形不得超过梁长的1/300；机床的主轴如果变形过大，将影响加工精度；细纱机的罗拉，如果变形过大，将直接影响细纱质量；传动轴变形过大，使齿轮不能正常啮合，加速齿轮的磨损，并产生噪声、振动；造纸机上的轧辊，如果变形过大，就生产不出合格的纸张。

解决超静定梁的问题，首先根据梁变形的几何条件、物理条件，列出补充方程，再同静力平衡方程一起使超静定梁得到唯一的解。

第一节　梁的挠度与转角

一、弹性曲线

平面弯曲时，梁轴线的弯曲为一平面曲线称为**弹性曲线**。它是连续而又光滑的平面曲线，又称**挠曲线**。图9-1中$AC'B$即为挠曲线。选取直角坐标系，挠曲线的方程式可以写成

$$y=f\ (x) \tag{9-1}$$

二、挠度与转角

梁轴线上的点（即横截面形心）在垂直于x轴方向的线位移y，称为该点的**挠度**。用f表示全梁的最大挠度。横截面绕其中性轴转动的角度θ，称为该截面的**转角**。如图9-1所示，根据平面假设，梁变形后，各横截面仍垂直于梁的挠曲线，θ同时也是挠曲线$AC'B$在C'点的切线与x轴之间的夹角。x方向的线位移分量，是二阶微量，可略去不计。

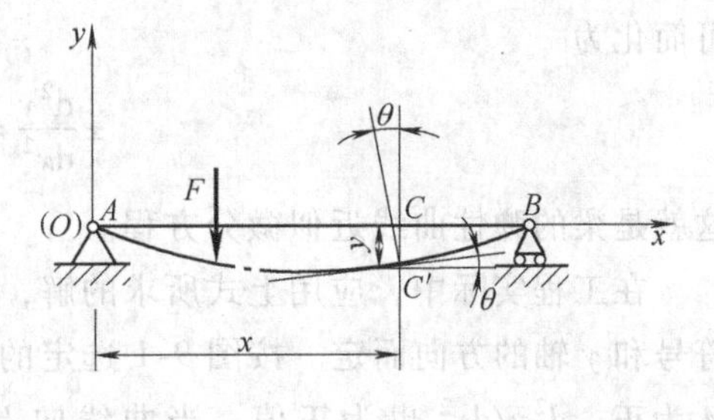

图　9-1

由方程式（9-1）可求转角θ的表达式。因为挠曲线是连续而光滑的平坦曲线，故有下述关系：

$$\theta \approx \tan\theta = \frac{dy}{dx} = f'(x) \tag{9-2}$$

挠曲线上任一点处切线的斜率y'都可以

足够精确地代表该点处横截面的转角 θ。

由此可见，只要知道挠曲线方程（9-1），就能确定梁轴线上任一点处挠度的大小和方向，通过式（9-2）可确定任一横截面转角的大小和转向。如图 9-1 所示坐标系中，正值的挠度向上，负值的向下；正值的转角为逆时针转向（从 x 轴量起至切线的倾角），反之为负。

确定梁的位移的方法很多，本书只介绍积分法和叠加法两种。

第二节　挠曲线的微分方程

在纯弯曲的情况下，梁的曲率公式为

$$\frac{1}{\rho}=\frac{M}{EI}$$

在横力弯曲时，梁横截面上除弯矩 M 外还有剪力 F_S，但工程上常用的梁，当梁长大于横截面高度 10 倍时，F_S 对梁的位移影响很小，可略去不计，所以上式仍可应用。但此时，M 和 ρ 都是 x 的函数。即

$$\frac{1}{\rho(x)}=\frac{M(x)}{EI}$$

从高等数学可知，平面曲线的曲率可写成

$$\frac{1}{\rho(x)}=\pm\frac{\dfrac{\mathrm{d}^2y}{\mathrm{d}x^2}}{\left[1+\left(\dfrac{\mathrm{d}y}{\mathrm{d}x}\right)^2\right]^{\frac{3}{2}}}$$

由上面两式得梁的弹性曲线的微分方程为

$$\pm\frac{\dfrac{\mathrm{d}^2y}{\mathrm{d}x^2}}{\left[1+\left(\dfrac{\mathrm{d}y}{\mathrm{d}x}\right)^2\right]^{\frac{3}{2}}}=\frac{M(x)}{EI}$$

在小挠度的条件下，$\mathrm{d}y/\mathrm{d}x=\theta\leqslant 1(\mathrm{rad})$，故 $(\mathrm{d}y/\mathrm{d}x)^2$ 可略去不计，于是上式可简化为

$$\pm\frac{\mathrm{d}^2y}{\mathrm{d}x^2}=\frac{M(x)}{EI}$$

这就是梁的弹性曲线近似微分方程。

在工程实际中，应用上式所求的解，已足够精确。上式中的正负号要看弯矩的符号和 y 轴的方向而定。按图 9-1 选定的坐标系 y 轴向上为正，当曲线向下凸时，M 为正，$\mathrm{d}^2y/\mathrm{d}x^2$ 也为正值；当曲线向上凸时，M 为负，$\mathrm{d}^2y/\mathrm{d}x^2$ 也为负值（图 9-2）。因此，上式左边取正号，即

$$\frac{d^2y}{dx^2}=\frac{M(x)}{EI} \tag{9-3}$$

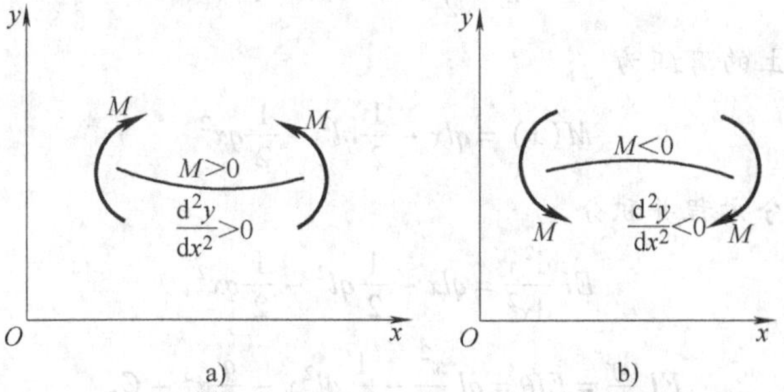

a)　b)

图　9-2

第三节　用积分法求梁的变形

对于材料是均质的等截面直梁，EI 为常量。式（9-3）可改写成

$$EI\frac{d^2y}{dx^2}=M(x)$$

对 x 积分一次，得转角方程

$$EI\theta = EI\frac{dy}{dx} = \int M(x)\,dx + C_1$$

再对 x 积分一次，得挠曲线方程

$$EIy = \int\left[\int M(x)\,dx\right]dx + C_1x + C_2$$

式中，C_1、C_2 为积分常数，可由边界条件来决定。例如，固定端处的边界条件，该处的挠度 $y=0$，截面转角 $\theta=0$；铰支座处的边界条件，挠度 $y=0$。

对于梁上有集中力、集中力偶、间断的分布力等，各段梁的弯矩方程不同，梁的挠度和转角也具有不同的函数形式。对各段梁进行积分时，都出现两个积分常数。边界条件已不能定出所有常数，必须应用连续条件，即两段梁在交界处具有相等的挠度和转角。

这种通过两次积分求梁变形的方法，称为**积分法**。

例 9-1　如图 9-3 所示，均质等截面直梁，一端固定另一端自由，已知梁的长度 l 和弯曲刚度 EI，求其在均布载荷 q 作用下，自由端 B 的转角 θ_B 和挠度 y_B。

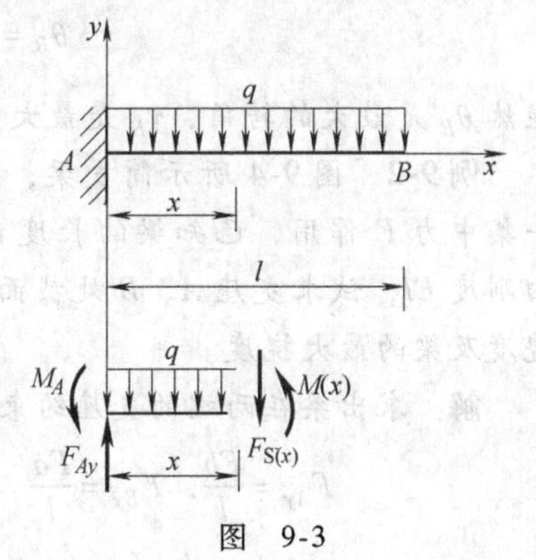

图　9-3

解 支座约束力为

$$M_A = \frac{1}{2}ql^2，F_{Ay} = ql$$

坐标为 x 的截面上的弯矩为

$$M(x) = qlx - \frac{1}{2}ql^2 - \frac{1}{2}qx^2$$

列挠曲线近似微分方程并积分

$$EI\frac{\mathrm{d}^2 y}{\mathrm{d}x^2} = qlx - \frac{1}{2}ql^2 - \frac{1}{2}qx^2$$

$$EI\frac{\mathrm{d}y}{\mathrm{d}x} = EI\theta = ql\frac{x^2}{2} - \frac{1}{2}ql^2 x - \frac{q}{6}x^3 + C_1 \tag{a}$$

$$EIy = ql\frac{x^3}{6} - \frac{1}{4}ql^2 x^2 - \frac{1}{24}qx^4 + C_1 x + C_2 \tag{b}$$

确定积分常数：

根据边界条件，A 为固定端，即

当 $x=0$ 时，$\theta_A=0$ 代入式（a）得

$$C_1 = 0$$

当 $x=0$ 时，$y_A=0$ 代入式（b）得

$$C_2 = 0$$

确定转角方程和挠曲线方程：

把 C_1、C_2 代入式（a）、式（b）得

转角方程式为

$$EI\theta = -\frac{qx}{6}(x^2 - 3lx + 3l^2) \tag{c}$$

挠曲线方程式为

$$EIy = -\frac{qx^2}{24}(x^2 - 4lx + 6l^2) \tag{d}$$

把 B 端的坐标值 $x=l$ 代入式（c）、式（d）得

$$\theta_B = -\frac{ql^3}{6EI}，y_B = -\frac{ql^4}{8EI}$$

显然 θ_B 是最大的转角，y_B 是最大的挠度。

例 9-2 图 9-4 所示简支梁，在 C 点处受一集中力 F 作用，已知梁的长度 l、a、b，弯曲刚度 EI，试求支座 A、B 处截面转角，C 处挠度及梁的最大挠度。

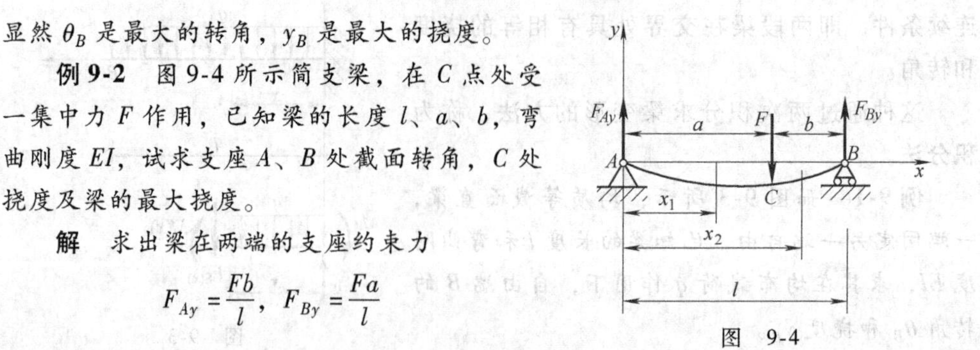

图 9-4

解 求出梁在两端的支座约束力

$$F_{Ay} = \frac{Fb}{l}，F_{By} = \frac{Fa}{l}$$

分段列出弯矩方程

AC 段　$M_1=\frac{Fb}{l}x_1\quad(0\leqslant x_1\leqslant a)$

CB 段　$M_2=\frac{Fb}{l}x_2-F(x_2-a)\quad(a\leqslant x_2\leqslant l)$

列挠曲线近似微分方程并积分

AC 段　$0\leqslant x_1\leqslant a$

$$EIy_1''=\frac{Fb}{l}x_1 \tag{a}$$

$$EIy_1'=\frac{Fb}{l}\frac{x_1^2}{2}+C_1 \tag{b}$$

$$EIy_1=\frac{Fb}{l}\frac{x_1^3}{6}+C_1x_1+D_1 \tag{c}$$

CB 段　$a\leqslant x_2\leqslant l$

$$EIy_2''=\frac{Fb}{l}x_2-F\ (x_2-a) \tag{d}$$

$$EIy_2'=\frac{Fb}{l}\frac{x_2^2}{2}-\frac{F}{2}\ (x_2-a)^2+C_2 \tag{e}$$

$$EIy_2=\frac{Fb}{l}\frac{x_2^3}{6}-\frac{F}{6}\ (x_2-a)^3+C_2x_2+D_2 \tag{f}$$

为了确定积分常数，在 CB 段内将（x_2-a）作为自变量计算起来简单。确定积分常数 C_1、D_1、C_2、D_2 需要四个已知条件。由边界条件和连续条件可确定这四个常数。

连续条件：在 C 处

当 $x_1=x_2=a$ 时，　　$\theta_1=\theta_2$　　(g)

$x_1=x_2=a$ 时，　　$y_1=y_2$　　(h)

把式（b）和式（e）代入式（g）得

$$C_1=C_2$$

把式（c）和式（f）代入式（h）得

$$D_1=D_2$$

再应用两个边界条件：

当 $x_1=0$ 时，　　$y_A=0$

$x_2=l$ 时，　　$y_B=0$

代入式（c）得

$$EIy_A=D_1=0$$

所以

$$D_1=D_2=0$$

代入式（f）得

$$C_2 = -\frac{Fb}{6l}(l^2 - b^2)$$

所以 $$C_1 = C_2 = -\frac{Fb}{6l}(l^2 - b^2) = -\frac{Fab}{6l}(l + b)$$

把 C_1、C_2、D_1、D_2 代入式（b）、式（c）、式（e）、式（f）得

转角方程

$$EI\theta_1 = \frac{Fb}{l}\frac{x_1^2}{2} - \frac{Fb}{6l}(l^2 - b^2) \quad \text{(i)}$$

$$EI\theta_2 = \frac{Fb}{l}\frac{x_2^2}{2} - \frac{F}{2}(x_2 - a)^2 - \frac{Fb}{6l}(l^2 - b^2) \quad \text{(j)}$$

挠曲线方程

$$EIy_1 = \frac{Fb}{l}\frac{x_1^3}{6} - \frac{Fbx_1}{6l}(l^2 - b^2) \quad \text{(k)}$$

$$EIy_2 = \frac{Fb}{l}\frac{x_2^3}{6} - \frac{F}{6}(x_2 - a)^3 - \frac{Fbx_2}{6l}(l^2 - b^2) \quad \text{(l)}$$

把 $x_1 = a$ 代入式（k），得 C 处挠度为

$$y_C = -\frac{Fa^2b^2}{3EIl}$$

把 $x_1 = 0$ 代入式（i），得 A 截面转角为

$$\theta_A = -\frac{Fab}{6EIl}(l + b)$$

把 $x_2 = l$ 代入式（j），得 B 截面转角为

$$\theta_B = \frac{Fab(l + a)}{6EIl}$$

求梁的最大挠度：

在 $dy/dx = 0$ 处可求得挠度的极值，先计算 $dy/dx = 0$ 处的 x 坐标值。如果 $a > b$，最大挠度在 AC 段。

令

$$\frac{dy_1}{dx_1} = \theta_1 = 0$$

$$EI\theta_1 = \frac{Fb}{l}\frac{x_1^2}{2} - \frac{Fb}{6l}(l^2 - b^2) = 0$$

$$x_1 = \sqrt{\frac{l^2 - b^2}{3}} \quad (a \geqslant b) \quad \text{(m)}$$

把 x_1 值代入式（k）得

$$f = y_{max} = -\frac{\sqrt{3}Fb}{27EIl}(l^2 - b^2)^{3/2} \quad (a \geqslant b)$$

讨论：

从式（m）看到，b 值越小，x_1 值越大。当集中力 F 从中点移到右端时（$b\to 0$），则 x_1 从 $l/2$ 变化到 $l/\sqrt{3}=0.577l$，说明最大挠度总是出现在靠近 $x_1=l/2$ 处。把 $x_1=l/2$ 代入式（k）得

$$y_{\frac{l}{2}}=-\frac{Fb(3l^2-4b^2)}{48EI}\quad (a\geqslant b)$$

此时，$y_{\frac{l}{2}}$ 和 y_{max} 两值很接近。

当 F 力移到接近于右端，b 很小时，b^2 相对于 l^2 可略去，得

$$y_{max}=-\frac{\sqrt{3}Fbl^2}{27EI}$$

$$y_{\frac{l}{2}}\approx-\frac{Fb}{48EI}\cdot 3l^2=-\frac{Fbl^2}{16EI}$$

这时用 $y_{\frac{l}{2}}$ 代替 y_{max} 的误差为

$$\frac{y_{max}-y_{\frac{l}{2}}}{y_{max}}\times 100\%=2.65\%$$

由此可见，在简支梁中，只要挠曲线上无拐点，总可用跨度中点的挠度值代替最大值，误差不大。

用积分法求梁的变形，步骤如下：

1）列出梁上各段的弯矩方程，并建立挠曲线近似微分方程。

2）分段对挠曲线近似微分方程进行积分。

3）利用边界条件和连续条件定积分常数。

4）根据 x 坐标值，用相应段的转角方程和挠度方程，求得所求截面处的转角和挠度。

第四节　用叠加法求梁的变形

由于梁的变形微小和材料服从胡克定律，转角和挠度都与载荷成线性关系，因此，梁上某一载荷引起的变形，不受同时作用的其他载荷的影响，即每一个载荷对弯曲变形的影响是各自独立的。所以，当梁上同时作用几个载荷时，可分别计算每个载荷单独作用时所引起的变形，然后求代数和，即为全部载荷共同作用时的变形，这就是用**叠加法**求梁的变形。

工程上将简单载荷作用下，均质等截面直梁的挠度和转角的计算结果列成表格，见附录 C，利用表中的结果，应用叠加原理，便可求得在复杂载荷作用下梁的变形。

例 9-3　简支梁受力如图 9-5a 所示。试用叠加法求梁跨度中点的挠度 y_C 和支座处横截面的转角 θ_A、θ_B。

解 梁上的载荷可以分为两项简单的载荷如图9-5b、c所示。应用附录C查出它们分别作用时的相应位移值，然后叠加求代数和。

$$y_C = y_{Cq} + y_{CM_e} = -\frac{5ql^4}{384EI} - \frac{M_e l^2}{16EI}$$

$$\theta_A = \theta_{Aq} + \theta_{AM_e} = -\frac{ql^3}{24EI} - \frac{M_e l}{3EI}$$

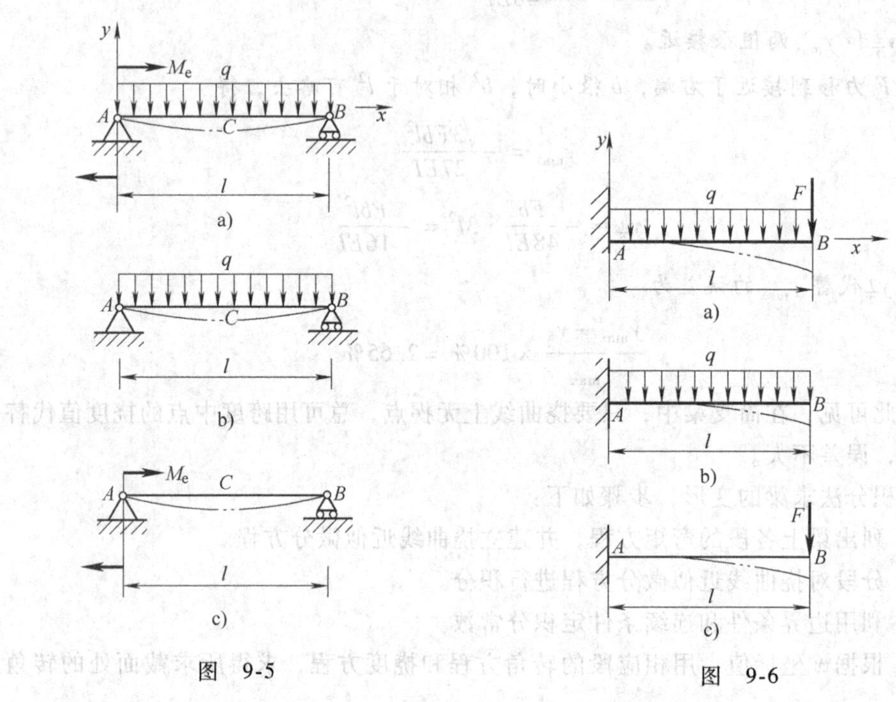

图 9-5　　图 9-6

例9-4 悬臂梁受力如图9-6a所示，EI、l、F、q为已知。试用叠加法求y_B和θ_B。

解 将梁上载荷分为图9-6b、c两种受力形式的叠加，于是有$y_B = y_{Bq} + y_{BF}$，查表得

$$y_{Bq} = -\frac{ql^4}{8EI}$$

$$y_{BF} = -\frac{Fl^3}{3EI}$$

所以

$$y_B = -\frac{ql^4}{8EI} - \frac{Fl^3}{3EI}$$

同理，有

$$\theta_B = \theta_{Bq} + \theta_{BF} = -\frac{ql^3}{6EI} - \frac{Fl^2}{2EI}$$

第五节　梁的刚度校核　提高梁的刚度的主要措施

一、梁的刚度校核

为了保证机器的正常工作，为了保证梁的安全，在按强度条件选择了梁的截面后，往往还要对梁进行刚度校核。需要把梁的变形限制在一定的范围内，即满足刚度条件

$$|y_{max}| \leqslant [y]$$
$$|\theta_{max}| \leqslant [\theta]$$

式中，$[y]$ 是梁的许用挠度值；$[\theta]$ 是梁的许用转角值，单位为 rad。

$[y]$ 和 $[\theta]$ 的值，在各类工程设计中，根据梁的工作情况，有各种不同的规定。例如，一般的轴，$[y]=(0.0003\sim0.0005)l$，l 为两轴承间距离；滑动轴承的 $[\theta]=(0.001\sim0.005)$ rad；起重机梁的 $[y]=(0.0025\sim0.003)l$；细纱机的罗拉规定 $[y]=0.25\text{mm}$。对于没有特殊规定的梁，其 $[y]$ 和 $[\theta]$ 可参考有关手册。

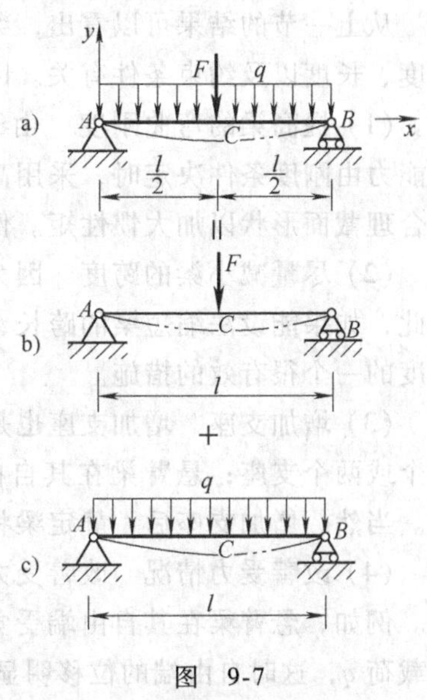

图 9-7

例 9-5　某起重机梁，如图 9-7a 所示，其跨度 $l=10\text{m}$，吊起的最大重量为 15kN，小车重 3kN，如选用 32a 工字钢，其自重为均布载荷 $q=516\text{N/m}$，$E=200\text{GN/m}^2$，起重机梁的许用挠度为跨度的 1/500，试校核起重机梁的刚度。

解　图 9-7a 所示为起重机梁简化后的计算简图。

(1) 起重机梁承受的载荷

$$F=(15+3)\text{kN}=18\text{kN}$$

梁自重为均布载荷　$q=516\text{N/m}$

(2) 计算起重机梁的最大挠度

最大挠度发生在中点 C，用叠加法求 y_C，即 F 作用下的最大挠度和 q 作用下的最大挠度的叠加。

$$y_{max}=y_C=y_{CF}+y_{Cq}$$

利用附录 C，查得

$$y_{CF}=-\frac{Fl^3}{48EI},\ y_{Cq}=-\frac{5ql^4}{384EI}$$

则

$$y_{max}=-\frac{Fl^3}{48EI}-\frac{5ql^4}{384EI}=-\frac{l^3(8F+5ql)}{384EI}$$

查型钢表得

32a 工字钢 $I=11100\text{cm}^4$，故

$$y_{\max}=-\frac{10^3(8\times18\times10^3+5\times516\times10)}{384\times200\times10^9\times111\times10^{-6}}\text{m}$$

$$=-0.02\text{m}=-20\text{mm}$$

(3) 刚度校核

$$[y]=\frac{l}{500}=\frac{10\times10^3}{500}\text{mm}=20\text{mm}$$

$|y_{\max}|=[y]$，满足刚度条件。

二、提高梁刚度的主要措施

从上一节的结果可以看出，梁的挠度与转角不仅与受力有关，而且与梁的弯曲刚度、长度以及约束条件有关。因此，可采取以下措施提高梁的刚度。

(1) 提高梁的弯曲刚度　由于碳钢和合金钢的弹性模量 E 很接近，当梁的承载能力由刚度条件决定时，采用高强度优质钢来代替普通钢意义不大。所以，应选择合理截面形状以加大惯性矩。例如，薄壁工字形和箱形以及空心轴等。

(2) 尽量减小梁的跨度　因为梁的挠度和转角值与梁的跨长的 n 次幂成正比，因此，如果能设法缩短梁的跨长，将能显著地减小其挠度和转角值。这是提高梁的刚度的一个很有效的措施。

(3) 增加支座　增加支座也是提高梁的刚度的有效途径。例如，简支梁中间加一个或两个支座；悬臂梁在其自由端加上支座，也可以在中间某个位置加一个支座。当然，增加支座后，静定梁将变成超静定梁。

(4) 改善受力情况　改善受力情况可以使弯矩值减小，从而减小梁的挠度和转角。例如，悬臂梁在其自由端受集中力 F 作用，如果有可能，将集中力 F 变成均布载荷 q，这时自由端的位移明显减小。

(5) 在可能的条件下，让轴上的齿轮、带轮等尽可能地靠近支座，也能达到减小变形的目的。

第六节　简单超静定梁的解法

为了减小梁的变形，提高梁的强度，常常在静定梁上增加支座，成为超静定梁。用平衡方程无法求得唯一解，必须再应用变形的几何条件和物理条件，才能求出唯一的解。

在超静定梁中，超过了维持梁的静力平衡所必需的约束，称为“**多余约束**”，相应的约束力（包括约束力偶），称为多余约束力。

解超静定梁的方法较多，本书介绍变形比较法。

步骤如下：

1）判断超静定次数。梁上未知约束力的个数与独立的平衡方程数之差，称为超静定次数。

对于给定的梁，解题时首先应判断它是静定的还是超静定的。如果是超静定的，要确定超静定的次数。

2）解除超静定梁的多余约束，并代之以多余约束力，所得系统称为静定基。在多余约束处寻找变形协调条件。

3）写出变形协调条件和物理条件，得补充方程。

4）将补充方程和平衡方程联立，即可求解。

例 9-6　图 9-8a 所示为 AB 梁一端固定另一端铰支，q、EI、l 均为已知。画 F_S、M 图。

解　此梁比静定的悬臂梁多一个可动铰支座，在 q 作用下，共有三个未知的支座约束力，而平衡方程只有两个，故为一次超静定问题，需要再找一个补充方程。

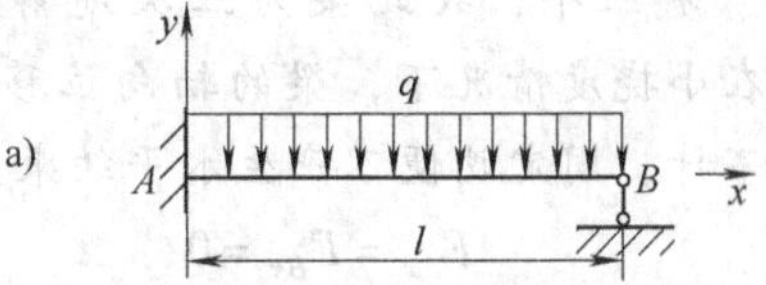

在求解超静定梁时，设想 B 处的约束当作"多余"约束解除。用约束力 F_{By} 来代替，从而得到一个静定的悬臂梁，如图 9-8b 所示。

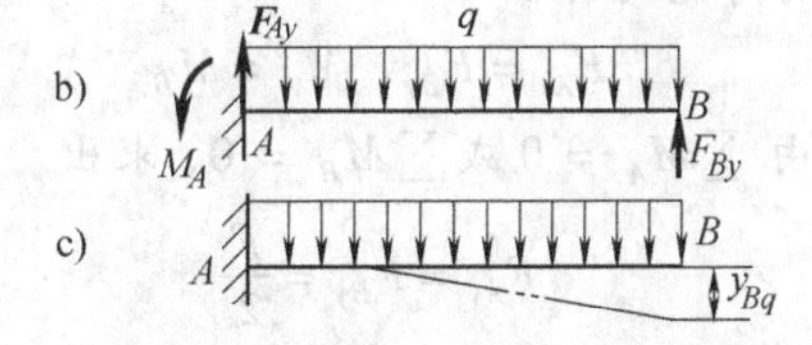

此悬臂梁在 B 点处的挠度等于零。

在均布载荷 q 单独作用下，B 点的挠度为 y_{Bq}，如图 9-8c 所示。

在 F_{By} 单独作用下，B 点的挠度为 y_{BF}，如图 9-8d 所示。在 q 和 F_{By} 两者共同作用下 B 点的挠度为

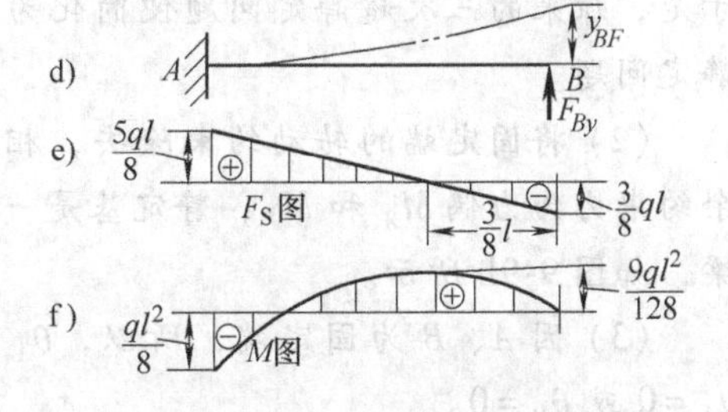

图　9-8

$$y_B = y_{Bq} + y_{BF}$$

由变形的几何条件，知 $y_B = 0$，即

$$y_{Bq} + y_{BF} = 0$$

上式中的两挠度 y_{Bq} 和 y_{BF} 可按附录中公式求得

$$y_{Bq} = -\frac{ql^4}{8EI}$$

$$y_{BF} = +\frac{F_{By}l^3}{3EI}$$

即

$$-\frac{ql^4}{8EI} + \frac{F_{By}l^3}{3EI} = 0$$

$$F_{By} = \frac{3}{8}ql$$

再用平衡方程求出该梁固定端的两个约束力为

$$F_{Ay}=\frac{5}{8}ql,\ M_A=\frac{ql^2}{8}$$

绘出其剪力图和弯矩图，如图 9-8e、f 所示。这就是原超静定梁的解。

例 9-7 图 9-9a 所示 AB 梁两端固定，F、E、I、l 均为已知。试求约束力和最大挠度并画 F_S、M 图。F 作用于梁的中点。

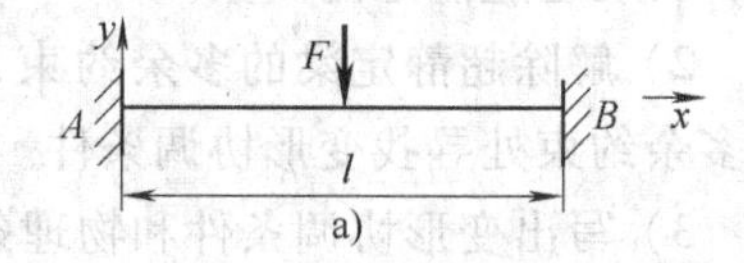

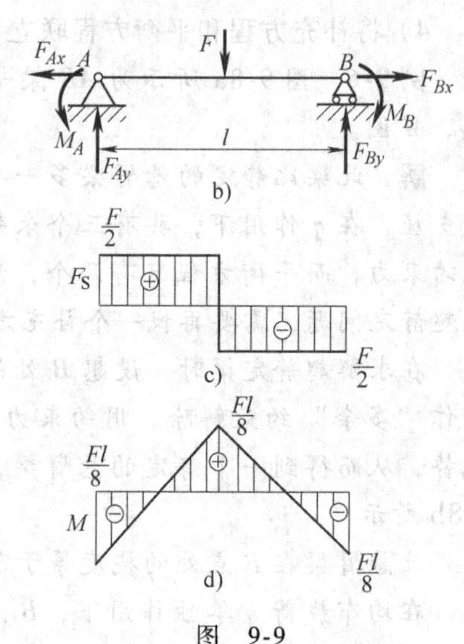

图 9-9

解 (1) 因为每个固定端有三个约束力，所以，A 和 B 两端共有六个约束力，独立平衡方程只有三个，故此梁为三次超静定梁。但是，在小挠度情况下，梁的轴向位移很小，故略去不计，固定端便不产生水平约束力。即

$$F_{Ax}=F_{Bx}=0$$

再考虑对称性

$$F_{Ay}=F_{By},\ M_A=M_B$$

由 $\sum M_A=0$ 或 $\sum M_B=0$，求出

$$F_{Ay}=F_{By}=\frac{F}{2}$$

于是，原来的三次超静定问题便简化为一次超静定问题。

(2) 将固定端的转动约束除去，相应的多余约束力为力偶 M_A 和 M_B，静定基是一个简支梁，如图 9-9b 所示。

(3) 因 A、B 为固定端，所以，$\theta_A=\theta_B=0$。因为 $M_A=M_B$，故只需利用条件 $\theta_A=0$ 或 $\theta_B=0$。

查表可得

M_A 单独作用时

$$\theta_A'(M_A)=+\frac{M_Al}{3EI}\ \text{（逆时针）}$$

M_B 单独作用时

$$\theta_A''(M_B)=+\frac{M_Bl}{6EI}\ \text{（逆时针）}$$

F 单独作用时

$$\theta_A'''(F)=-\frac{Fl^2}{16EI}\ \text{（顺时针）}$$

所以

$$\theta_A=\theta_A'(M_A)+\theta_A''(M_B)+\theta_A'''(F)$$

即

$$\theta_A = \frac{M_A l}{3EI} + \frac{M_B l}{6EI} - \frac{Fl^2}{16EI} = 0$$

$$M_A = M_B = \frac{Fl}{8} \quad \text{（方向如图所示）}$$

（4）求梁的最大挠度。显然，最大挠度发生在梁的中点。应用叠加法，有

$$y_{\max} = y_{\max}(F) + y_{\max}(M_A) + y_{\max}(M_B)$$

查表得

$$y_{\max} = +\frac{M_A l^2}{16EI} + \frac{M_B l^2}{16EI} - \frac{Fl^3}{48EI}$$

把 $M_A = M_B = \frac{Fl}{8}$代入上式得

$$y_{\max} = -\frac{Fl^3}{192EI}$$

这一结果与集中力作用下简支梁的最大挠度 $y_{\max} = -Fl^3/(48EI)$ 相比较，前者仅为后者的1/4。

画 F_S、M 图如图9-9c、d所示。

最大弯矩（$Fl/8$）仅是简支梁（$Fl/4$）的1/2。

习　题

9-1　说明什么是梁的挠度和转角以及它们之间的关系。

9-2　试用积分法求图9-10所示各梁（EI为常量）的转角方程和挠度方程，并求A截面转角和C截面挠度。

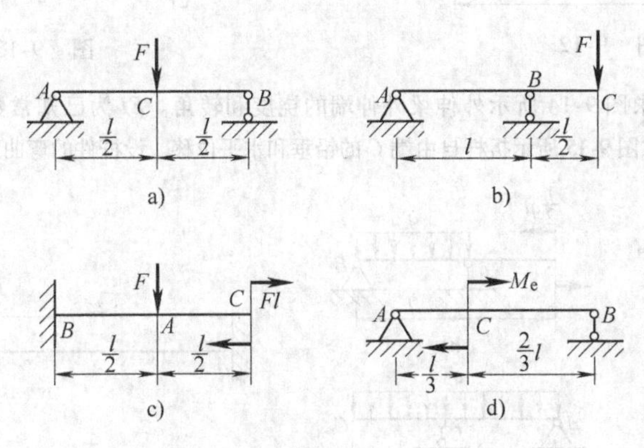

图　9-10

9-3　用积分法求图9-11所示梁挠曲线方程时，要分几段积分？将出现几个积分常数？根据什么条件确定其积分常数？图9-11b右端支于弹簧上，其弹簧刚度系数为k。

9-4　如图9-12所示，滚轮在桥式起重机梁上滚动。现将梁做成向上微弯，若要求滚轮在梁上恰好能走一水平路径，问需把梁先弯成什么形状（$y=f(x)$ 的方程表示）才能达到此要求？

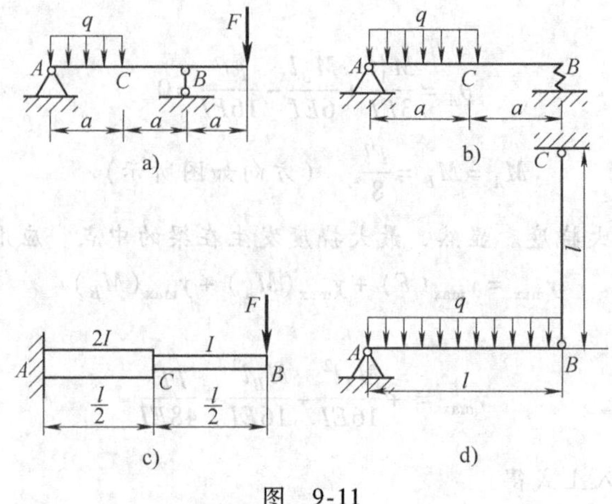

图　9-11

设 EI 在全梁不变。

9-5　用叠加法求图 9-13 所示各梁截面 A 的挠度，截面 B 的转角。EI 为已知常数。

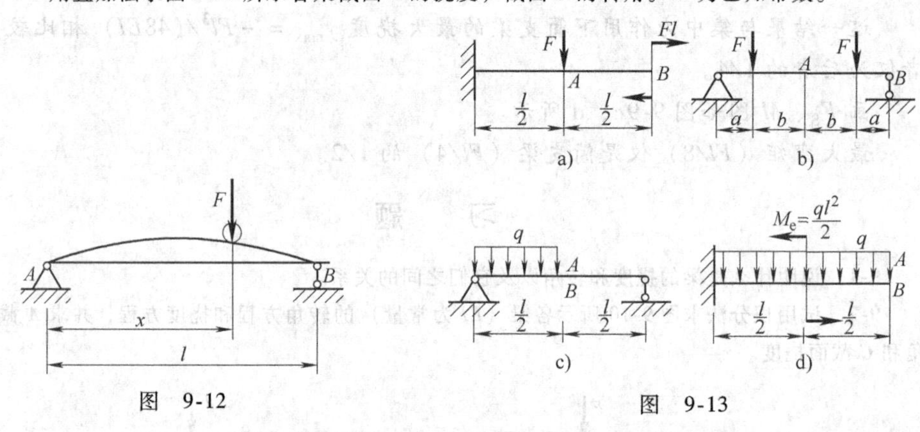

图　9-12　　　　图　9-13

9-6　用叠加法求图 9-14 所示外伸梁外伸端的挠度和转角。EI 为已知常数。

9-7　用叠加法求图 9-15 所示折杆自由端 C 的铅垂和水平位移。设杆件的弯曲刚度 EI = 常数。

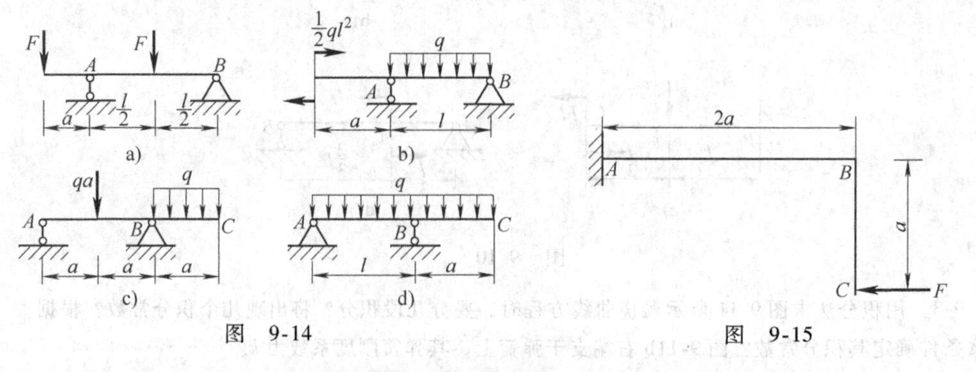

图　9-14　　　　图　9-15

9-8　求图 9-16 所示变截面梁自由端的挠度和转角。

9-9　如图 9-17 所示，桥式起重机的最大载荷为 $P=20\text{kN}$。起重机大梁为 32a 工字钢，$E=$

210GN/m^2，$l=8.76\text{m}$。规定 $[f]=l/500$。校核大梁的刚度。

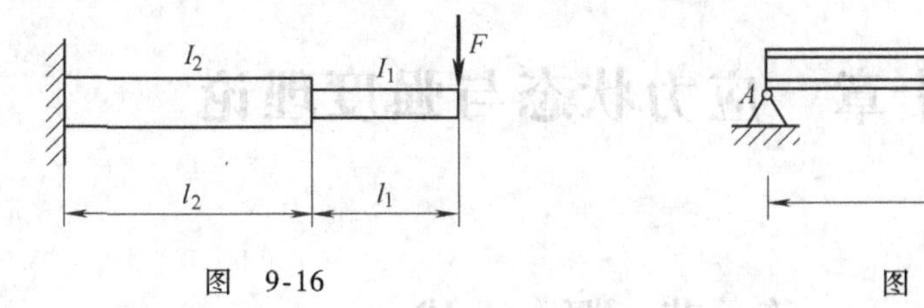

图　9-16 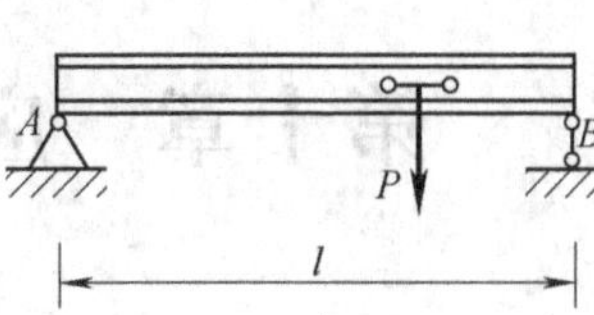　　　　图　9-17

9-10　某齿轮轴简化后如图 9-18 所示，试求轴承处截面的转角。已知 $E=200\text{GPa}$，若许可转角 $[\theta]=0.01\text{rad}$，问刚度条件满足否？

9-11　如图 9-19 所示，有三个支座的连续梁，已知 q、l，EI 为常量。求支座约束力。并绘出 F_S、M 图。

9-12　试求图 9-20 所示超静定梁的支座约束力。

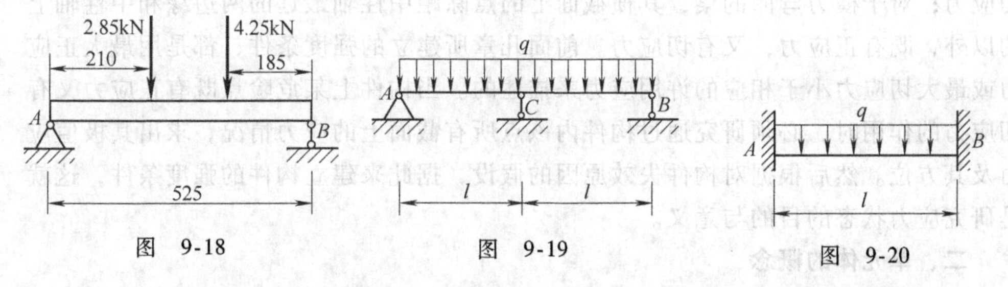

图　9-18　　　　图　9-19　　　　图　9-20

9-13　如图 9-21 所示，载荷 F 作用在梁 AB 及 CD 的连接处。试求每个梁在连接处受多大的力？设已知它们的跨度比和刚度比分别为

$$\frac{l_1}{l_2}=\frac{3}{2}\text{和}\frac{EI_1}{EI_2}=\frac{4}{5}$$

9-14　梁 AB 因强度和刚度不足，用同一材料同样截面的短梁 AC 加固，如图 9-22 所示。试求：

(1) 两梁接触处的压力 F_C。

(2) 加固后梁 AB 的最大弯矩和 B 点的挠度减小的百分数。

9-15　图 9-23 所示结构中梁为 16 工字钢，拉杆的截面为圆形，$d=10\text{mm}$，两者均为 Q235 钢，$E=200\text{GPa}$。试求梁及拉杆内的最大正应力。

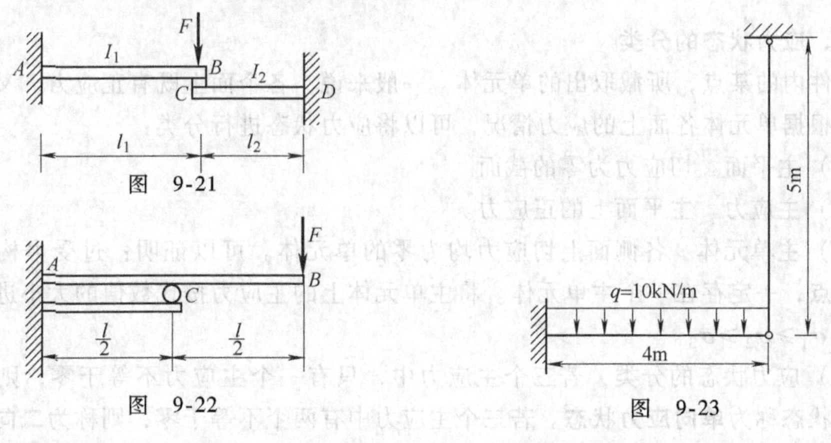

图　9-21

图　9-22　　　　图　9-23

第十章 应力状态与强度理论

第一节 概　　述

一、一点处的应力状态

过一点不同方向面上应力的集合，称为这一点的应力状态。对于轴向拉伸（压缩）的杆件，其横截面上只有正应力；对于扭转变形的圆轴，其横截面上只有切应力；对于横力弯曲的梁，其横截面上的点除距中性轴最远的两边缘和中性轴上的以外，既有正应力，又有切应力。前面几章所建立的强度条件，都是用最大正应力或最大切应力小于相应的许用应力来描述的。当构件上某危险点既有正应力又有切应力的作用时，必须研究通过构件内该点所有截面上的应力情况，求出其极值应力及其方位。然后根据对构件失效原因的假设，据此来建立构件的强度条件，这就是研究应力状态的目的与意义。

二、单元体的概念

单元体是指围绕受力构件内任意点切取的一个微小正六面体。单元体具有如下特征：

1）单元体各截面上的应力分布是均匀的。

2）两个相互平行截面上的应力情况是相同的。

3）该单元体能够代表该点三个相互垂直方向上的应力情况。

若已知通过一点的三个互相垂直面上的应力，则这一点的应力状态就确定了。即过此点任意斜截面上的应力都可以求得。因此，单元体可以描述一点的应力状态。

三、应力状态的分类

构件内的某点，所截取出的单元体，一般来说，各个面上既有正应力，又有切应力。根据单元体各面上的应力情况，可以将应力状态进行分类：

（1）主平面　切应力为零的截面。

（2）主应力　主平面上的正应力。

（3）主单元体　各侧面上切应力均为零的单元体。可以证明：过受力构件中任意一点，一定存在一个主单元体。将主单元体上的主应力按代数值的大小进行排列，即 $\sigma_1 \geqslant \sigma_2 \geqslant \sigma_3$。

（4）应力状态的分类　若三个主应力中，只有一个主应力不等于零，则这样的应力状态称为**单向应力状态**。若三个主应力中有两个不等于零，则称为**二向应力**

状态或**平面应力状态**。若三个主应力皆不为零，则称为**三向应力状态**或**空间应力状态**。

第二节　平面应力状态分析——解析法

平面应力状态分析，就是在平面应力状态下，已知通过一点的互相垂直截面上的应力情况，运用解析法确定通过该点的其他截面上的应力，从而进一步求出过该点的主极值应力以及其所在的平面。

一、斜截面上的应力

图 10-1 所示为平面应力状态的最一般情况。已知 σ_x、σ_y、τ_{xy}和τ_{yx}。现在研究图中虚线所示任一斜截面上的应力，设截面上外法向 n 与 x 轴的夹角为 α。

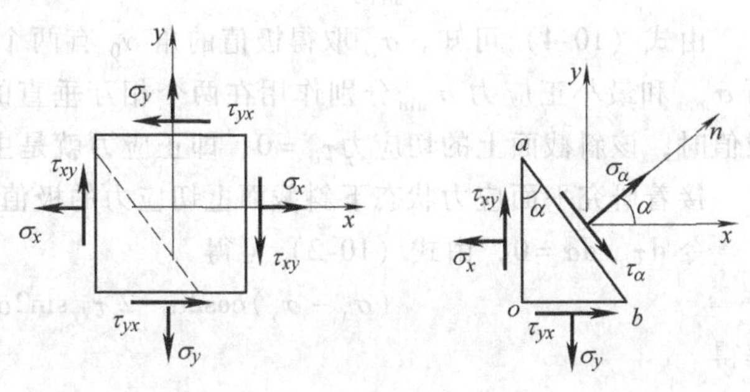

图　10-1

单位厚度的微元 oab 如图 10-1 所示，截面 oa 上作用的应力为 σ_x 和τ_{xy}，截面 ob 上作用的应力为 σ_y 和τ_{yx}，设斜截面 ab 上的应力为 σ_α 和 τ_α。列平衡方程，有

$$\sum F_x = \sigma_\alpha \cdot ab\cos\alpha + \tau_\alpha \cdot ab\sin\alpha - \sigma_x \cdot ab\cos\alpha + \tau_{yx} \cdot ab\sin\alpha = 0$$

$$\sum F_y = \sigma_\alpha \cdot ab\sin\alpha - \tau_\alpha \cdot ab\cos\alpha - \sigma_y \cdot ab\sin\alpha + \tau_{xy} \cdot ab\cos\alpha = 0$$

由于$\tau_{xy} = \tau_{yx}$，得

$$\sigma_\alpha = \sigma_x\cos^2\alpha + \sigma_y\sin^2\alpha - 2\tau_{xy}\sin\alpha\cos\alpha$$

$$\tau_\alpha = (\sigma_x - \sigma_y)\sin\alpha\cos\alpha + \tau_{xy}(\cos^2\alpha - \sin^2\alpha)$$

利用 $\cos^2\alpha = (1+\cos2\alpha)/2$，$\sin^2\alpha = (1-\cos2\alpha)/2$，$\sin2\alpha = 2\sin\alpha\cos\alpha$，可得平面应力状态下斜截面上应力的计算公式为

$$\sigma_\alpha = \frac{\sigma_x + \sigma_y}{2} + \frac{\sigma_x - \sigma_y}{2}\cos2\alpha - \tau_{xy}\sin2\alpha \tag{10-1}$$

$$\tau_\alpha = \frac{\sigma_x - \sigma_y}{2}\sin2\alpha + \tau_{xy}\cos2\alpha \tag{10-2}$$

式中，α 角是 x 轴与斜截面外法向 n 的夹角，规定从 x 轴到外法线 n 逆时针转动时 α 为正。

二、主应力、主平面与极限切应力

斜截面上应力是 α 角的函数，现在研究正应力的极值及其方位。

令 $d\sigma_\alpha/d\alpha = 0$，由式（10-1）可得

$$\frac{\sigma_x-\sigma_y}{2}\sin 2\alpha+\tau_{xy}\cos 2\alpha=0 \tag{10-3}$$

解得

$$\tan 2\alpha_0=-\frac{2\tau_{xy}}{\sigma_x-\sigma_y} \tag{10-4}$$

通过运算，可以得到斜截面上正应力的极值为

$$\left.\begin{matrix}\sigma_{\max}\\ \sigma_{\min}\end{matrix}\right\}=\frac{\sigma_x+\sigma_y}{2}\pm\sqrt{\left(\frac{\sigma_x-\sigma_y}{2}\right)^2+\tau_{xy}^2} \tag{10-5}$$

由式（10-4）可知，σ_α 取得极值的角 α_0 有两个，二者相差 90°，即最大正应力 $\sigma_{\max}$ 和最小正应力 $\sigma_{\min}$ 分别作用在两个相互垂直的截面上。当 $\alpha=\alpha_0$，σ_α 取得极值时，该斜截面上的切应力 $\tau_\alpha=0$，即正应力就是主应力。

接着研究平面应力状态下斜截面上切应力的极值。

令 $d\tau_\alpha/d\alpha=0$，由式（10-2）可得

$$(\sigma_x-\sigma_y)\cos 2\alpha-2\tau_{xy}\sin 2\alpha=0$$

解得

$$\tan 2\alpha_1=\frac{\sigma_x-\sigma_y}{2\tau_{xy}} \tag{10-6}$$

同样通过运算，可以得到斜截面上切应力的极值为

$$\left.\begin{matrix}\tau_{\max}\\ \tau_{\min}\end{matrix}\right\}=\pm\sqrt{\left(\frac{\sigma_x-\sigma_y}{2}\right)^2+\tau_{xy}^2} \tag{10-7}$$

由式（10-6）可知，τ_α 取得极值的角 α_1 也有两个，二者相差 90°。即 $\tau_{\max}$ 与 $\tau_{\min}$ 二者大小相等、符号相反，分别作用在两个相互垂直的截面上。

若应力状态由主应力表示，并且在 $\sigma_{\max}>0$ 和 $\sigma_{\min}<0$ 的情况下，则式（10-7）成为

$$\left.\begin{matrix}\tau_{\max}\\ \tau_{\min}\end{matrix}\right\}=\pm\frac{\sigma_{\max}-\sigma_{\min}}{2}=\pm\frac{\sigma_1-\sigma_3}{2} \tag{10-8}$$

进一步讨论，由式（10-4）和式（10-6）可知

$$\tan 2\alpha_1=-\frac{1}{\tan 2\alpha_0} \tag{10-9}$$

上式表明 α_1 与 α_0 之间有如下关系：

$$\alpha_1=\alpha_0+\frac{\pi}{4}$$

可见，切应力取得极值的平面与主平面之间的夹角为 45°。

例 10-1 已知构件内一点的平面应力状态如图 10-2 所示。求图示斜截面上的应力 σ_α 和 τ_α，并画出它们的方向。

解 由图可知 $\sigma_x=50\text{MPa}$，$\sigma_y=100\text{MPa}$，$\tau_{xy}=0$，$\alpha=150°$，将其代入式（10-

1）和式（10-2）得

$$\sigma_\alpha=\frac{\sigma_x+\sigma_y}{2}+\frac{\sigma_x-\sigma_y}{2}\cos2\alpha-\tau_{xy}\sin2\alpha$$

$$=\left(\frac{50+100}{2}+\frac{50-100}{2}\cos300^\circ\right)\text{MPa}$$

$$=62.5\text{MPa}$$

$$\tau_\alpha=\frac{\sigma_x-\sigma_y}{2}\sin2\alpha+\tau_{xy}\cos2\alpha$$

$$=\frac{50-100}{2}\sin300^\circ\text{MPa}=21.65\text{MPa}$$

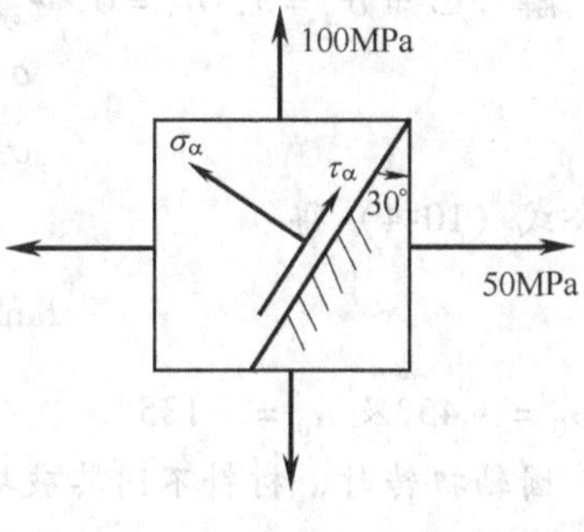

图　10-2

例 10-2　图 10-3 中所示单元体的应力情况已知，试求主应力的大小和方向，并按主平面画出主单元体。

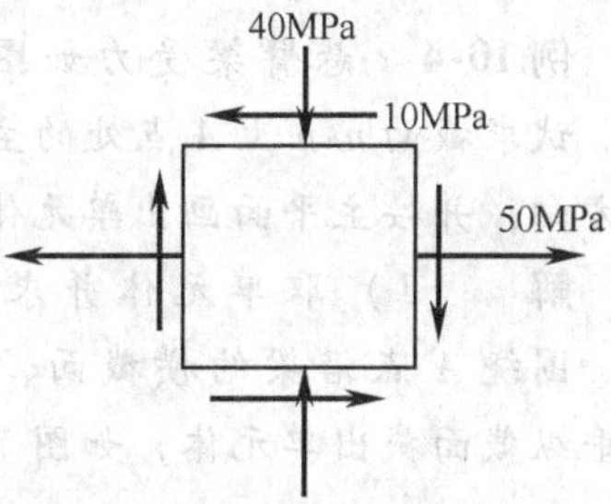

解　由图 10-3 可知：$\sigma_x=50\text{MPa}$，$\sigma_y=-40\text{MPa}$，$\tau_x=10\text{MPa}$，将其代入式（10-5）得

$$\left.\begin{matrix}\sigma_{\max}\\ \sigma_{\min}\end{matrix}\right\}=\frac{\sigma_x+\sigma_y}{2}\pm\sqrt{\left(\frac{\sigma_x-\sigma_y}{2}\right)^2+\tau_x^2}$$

$$=\begin{cases}51.1\text{MPa}\\ -41.1\text{MPa}\end{cases}$$

图　10-3

所以，三个主应力为

$$\sigma_1=51.1\text{MPa},\ \sigma_2=0,\ \sigma_3=-41.1\text{MPa}$$

主方向角由式（10-4）确定，有

$$\tan2\alpha_0=-\frac{2\tau_x}{\sigma_x-\sigma_y}=-\frac{2\times10}{50+40}=-0.22$$

解得

$$\alpha_0=-6.2^\circ,\ \alpha_0+\frac{\pi}{2}=83.8^\circ$$

故两个主平面外法向与 x 轴的夹角为 -6.2° 和 83.8°。主单元体如图 10-4 所示。

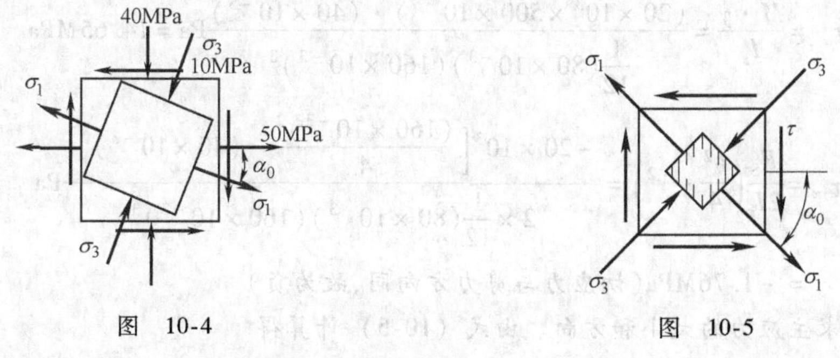

图　10-4　　　　图　10-5

例 10-3　已知圆轴扭转时，轴表面上任一点的应力状态为纯切应力状态，如图 10-5 所示。求主应力的数值及其方向。

解 已知$\sigma_x=0$，$\sigma_y=0$，$\tau_{xy}=\tau$，$\tau_{yx}=-\tau$代入式（10-5）得

$$\left.\begin{matrix}\sigma_{\max}\\ \sigma_{\min}\end{matrix}\right\}=\pm\sqrt{\tau^2}=\pm\tau$$

由公式（10-4）得

$$\tan 2\alpha_0=-\frac{2\tau}{0-0}=-\infty$$

即$\alpha_0=-45°$及$\alpha_0=-135°$。

圆轴扭转时，材料不同其破坏形式也不同。例如，塑性材料将沿着横截面被剪断，如图10-6a所示。而脆性材料则沿着与轴成45°的斜截面的法线方向即主应力方向被拉断，如图10-6b所示。

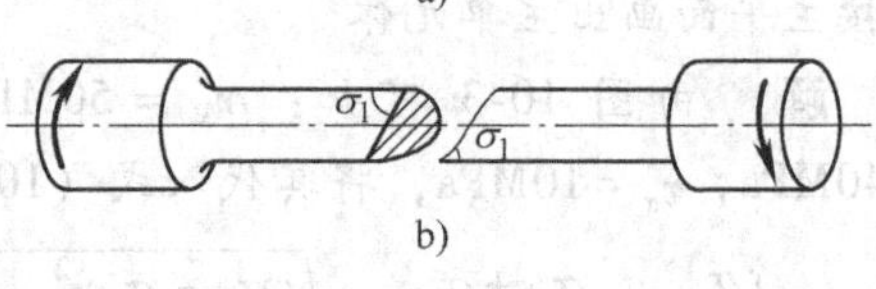

图 10-6

例10-4 悬臂梁受力如图10-7a所示。试求截面n-n上A点处的主应力大小和方向，并按主平面画出单元体。

解 （1）取单元体并求其上的应力。围绕A点沿梁的横截面、水平面和铅垂纵截面截出单元体，如图10-7b所示。

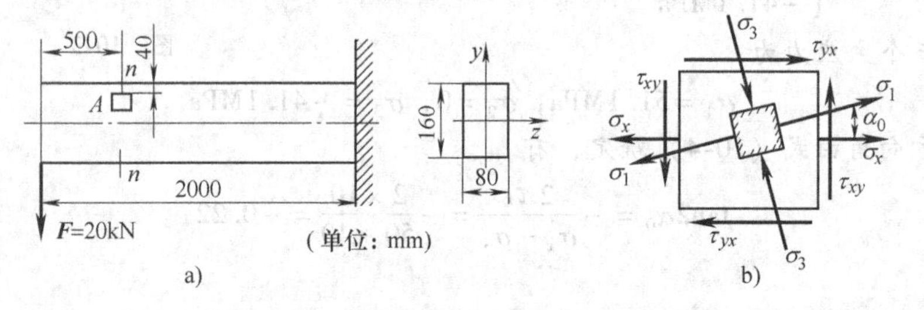

图 10-7

梁弯曲时A点处横截面上的正应力σ_x和切应力τ_{yx}，其值分别计算得

$$\sigma_x=\frac{M\cdot y}{I_z}=\frac{(20\times10^3\times500\times10^{-3})\cdot(40\times10^{-3})}{\frac{1}{12}(80\times10^{-3})(160\times10^{-3})^3}\text{Pa}=14.65\text{MPa}$$

$$\tau_{yx}=\frac{F_S}{2I_z}\left(\frac{h^2}{4}-y^2\right)=\frac{-20\times10^3\left[\frac{(160\times10^{-3})^2}{4}-(40\times10^{-3})^2\right]}{2\times\frac{1}{12}(80\times10^{-3})(160\times10^{-3})^3}\text{Pa}$$

$=-1.76\text{MPa}$（切应力与剪力方向同，故为负）

（2）求主应力的大小和方向。由式（10-5）计算得

$$\left.\begin{matrix}\sigma_{\max}\\ \sigma_{\min}\end{matrix}\right\}=\left[\frac{14.65}{2}\pm\sqrt{\left(\frac{14.65}{2}\right)^2+(-1.76)^2}\right]\text{MPa}$$

$$=(7.33\pm7.53)\text{MPa}=\begin{cases}14.86\text{MPa}\\-0.2\text{MPa}\end{cases}$$

即 $\sigma_1=14.86\text{MPa}$，$\sigma_2=0$，$\sigma_3=-0.2\text{MPa}$。

由式（10-4）得主方向

$$\tan2\alpha_0=-\frac{2\times(-1.76)}{14.65-0}=0.2403$$

即

$$2\alpha_0=13.5°,\ \alpha_0=6.75°$$

主平面单元体如图 10-7b 所示。

第三节　平面应力状态分析的图解法——应力圆

平面应力状态求任意斜截面上的应力，可用简便而实用的图解法——应力圆。

用式（10-1）和式（10-2）求解 σ_α 和 τ_α，可见二者都是以 α 为参数的变量，现将公式改写为

$$\sigma_\alpha-\frac{\sigma_x+\sigma_y}{2}=\frac{\sigma_x-\sigma_y}{2}\cos2\alpha-\tau_{xy}\sin2\alpha$$

$$\tau_\alpha=\frac{\sigma_x-\sigma_y}{2}\sin2\alpha+\tau_{xy}\cos2\alpha$$

对上两式等号两边各自平方后相加，便得

$$\left(\sigma_\alpha-\frac{\sigma_x+\sigma_y}{2}\right)^2+\tau_\alpha^2=\left(\frac{\sigma_x-\sigma_y}{2}\right)^2+\tau_{xy}^2$$

因 σ_x、σ_y、τ_{xy} 都是已知，则该式是以 σ_α 和 τ_α 为变量的圆周方程。若横坐标表示 σ，纵坐标表示 τ，圆心的坐标为 $\left(\frac{\sigma_x+\sigma_y}{2},\ 0\right)$，其半径为 $\sqrt{\left(\frac{\sigma_x-\sigma_y}{2}\right)^2+\tau_{xy}^2}$。

现说明应力圆的具体作法，如图 10-8 所示，建立 σ-τ 坐标系。按一定比例，先确定 D_1（σ_x，τ_{xy}）点，再确定 D_2（σ_y，τ_{yx}）点，连接 D_1D_2 与横坐标交于 C 点，以 C 点为圆心，以 D_1D_2 为直径作圆，即是应力圆，又称莫尔圆。它是德国工程师奥托·莫尔于 1882 年首先提出的。应力圆上任一点的坐标对应于单元体上相应某斜截面上的应力。

（1）求某斜截面上的应力　若由 x 轴到某斜截面的法线 n 的夹角为逆时针的 α 角，在应力圆上从 D_1 点沿圆周亦逆时针量取 $\overset{\frown}{D_1E}$ 弧，弧所对的圆心角为 2α，则 E 点的横坐标和纵坐标就是该截面上相应的正应力和切应力。证明从略。

（2）主应力和主平面　应力圆上纵坐标为零的两点 A、B，其横坐标最大和最小，代表了主平面上的主应力。

主平面的位置，在应力圆上由 D_1 点沿圆周到 A 的弧，它所对的圆心角为顺时针 $2\alpha_0$，对应单元体上就由 x 轴按顺时针量取角 α_0，便确定了 σ_1 所在平面的法线。

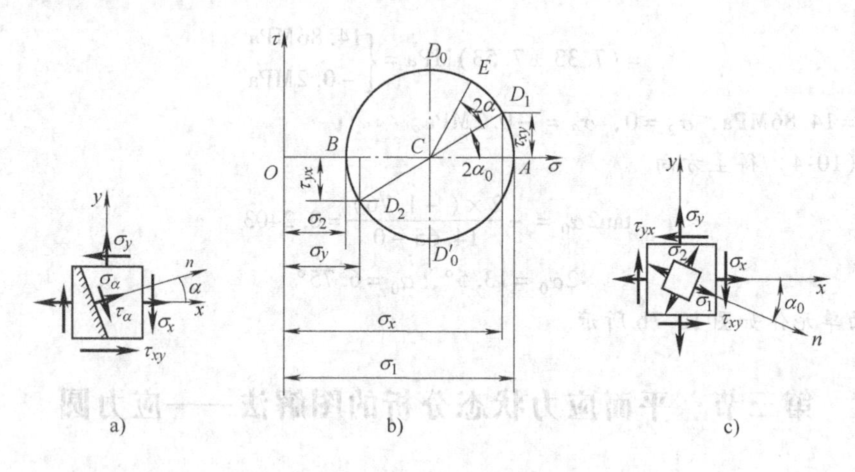

a) b) c)

图 10-8

弧$\widehat{AB}$所对圆心角为180°，在单元体上σ_1和σ_2所在平面两法线间夹角为90°。

(3) 最大最小切应力　应力圆上的最高点D_0和最低点D_0'，它们的纵坐标分别为最大及最小切应力，其绝对值就是应力圆的半径。由A点到D_0点所量弧对的圆心角为逆时针90°，在单元体上σ_1和τ_{max}它们所在平面两法线间的夹角为45°。

例 10-5　如图 10-9a 所示单元体的$\sigma_x = 40\text{MPa}$，$\sigma_y = -20\text{MPa}$，$\tau_{xy} = -30\text{MPa}$。试用应力圆求：

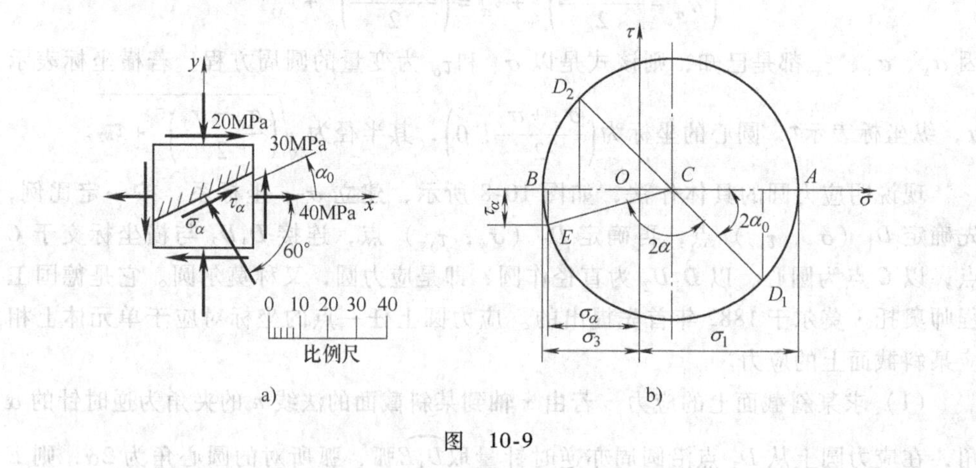

a) b)

图 10-9

(1) 主应力及主平面的位置。

(2) $\alpha = -60°$斜截面上的正应力及切应力。

解　(1) 按选定的比例，在σ-τ的坐标系中，确定D_1（40，-30）点，再确定D_2（-20，30）点，连接D_1D_2与横坐标交于C点，以C点为圆心，D_1D_2为直径作应力圆如图 10-9b 所示。用同一比例尺量得

$$\sigma_{\max} = \overline{OA} = 53\text{MPa} = \sigma_1$$

$$\sigma_{\min} = \overline{OB} = -33\text{MPa} = \sigma_3$$

$$\sigma_2 = 0$$

在应力圆上由 D_1 点到 A 点为逆时针转向，而且 $2\alpha_0 = 45°$，在单元体上从 x 轴以逆时针转向量取 $\alpha_0 = 22.5°$，便是 σ_1 所在主平面的法线。

（2）在单元体中由 x 轴到斜截面的法线为顺时针转向60°。在应力圆中，从 D_1 点沿圆周亦按顺时针转向量取圆心角120°，以确定 E 点。E 点的坐标即为所求斜截面上的应力。用比例尺量得

$$\sigma_\alpha = -30\text{MPa}，\tau_\alpha = -11\text{MPa}$$

第四节　三向应力状态简介

三向应力状态比较复杂，本节只对这种状态的最大应力作介绍。

设自受力构件内某点，按三个主平面方向取出一个单元体。已知 $\sigma_1 > \sigma_2 > \sigma_3$，如图10-10a所示，现在研究各斜截面上的应力。

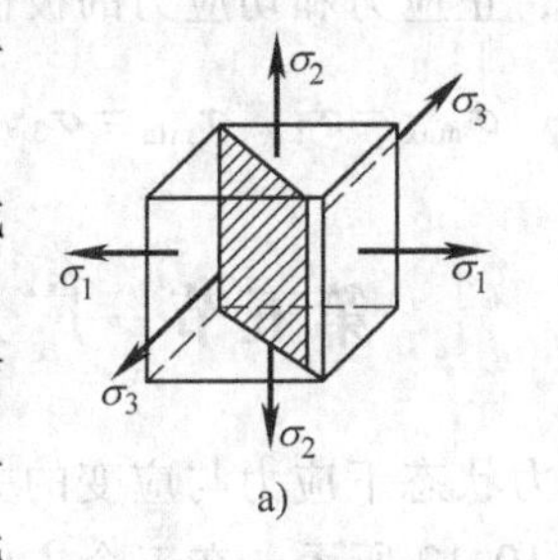

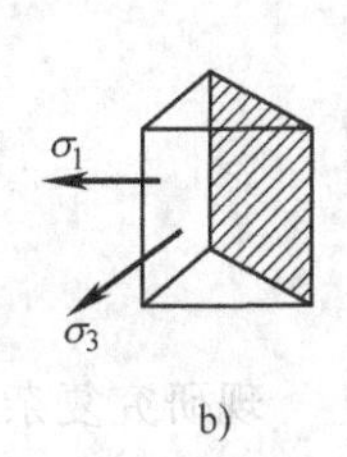

图　10-10

先研究平行于任一个主应力的截面上的应力。设想以平行于主应力 σ_2 的平面（图10-10a中的阴影平面），将单元体截开，任取一部分（左部）三棱柱（图10-10b）来研究。它的顶和底的面积相等，应力都是 σ_2，故在 σ_2 方向的力自成平衡，对斜截面上的应力不发生影响。该应力只决定于 σ_3 和 σ_1。这就如同已知 σ_1 及 σ_3 的平面应力状态，去求斜截面（垂直于 $\sigma_2 = 0$ 主平面之各斜截面）上的应力一样，其中最大切应力

$$\tau_{13} = \frac{1}{2}(\sigma_1 - \sigma_3)$$

它所在的平面与 σ_1 和 σ_3 两个主平面各成45°角。同样，平行于 σ_1 斜截面上的应力问题，可当作 $\sigma_1 = 0$ 的二向应力状态来处理；平行于 σ_3 斜截面上的应力问题，可当作 $\sigma_3 = 0$ 的二向应力状态来处理。在这两种截面中，最大切应力各为

$$\tau_{23} = \frac{1}{2}(\sigma_2 - \sigma_3),\tau_{12} = \frac{1}{2}(\sigma_1 - \sigma_2)$$

其所在的平面各与其他两主平面成45°角。

至于与三个主应力不平行的一般斜截面上的应力，均可用截面法来求，其计算公式仍可由静力平衡方程求得

$$\sigma_\alpha = \sigma_1 \cos^2\alpha_1 + \sigma_2 \cos^2\alpha_2 + \sigma_3 \cos^2\alpha_3 \tag{10-10}$$

$$\tau_\alpha = \sqrt{\sigma_1^2 \cos^2\alpha_1 + \sigma_2^2 \cos^2\alpha_2 + \sigma_3^2 \cos^2\alpha_3 - \sigma_\alpha^2} \tag{10-11}$$

式中，α_1、α_2 及 α_3 各为该斜截面的外法线与相应主应力 σ_1、σ_2 和 σ_3 方向所夹的空间角。

对于平行于 σ_1、σ_2 或 σ_3 的各斜截面上应力，亦可分别由 σ_2、σ_3 和 σ_1、σ_3 以及 σ_1、σ_2 所画的应力圆来求得。图 10-11 所示为在 σ-τ 坐标系内画在一起的三个应力圆，就是对应一点为三向应力状态的"三向应力圆"。应力圆上各点的坐标就代表这些特殊截面上的应力。至于一般斜截面上的应力，亦可用图 10-11 中阴影范围内一点的坐标表示。由图可见，阴影范围内任一点 G 的横坐标小于 A_1 点的横坐标，且大于 B_1 点的横坐标。而 G 点的纵坐标小于 G_1 点的纵坐标。可见，正应力和切应力的极值分别是

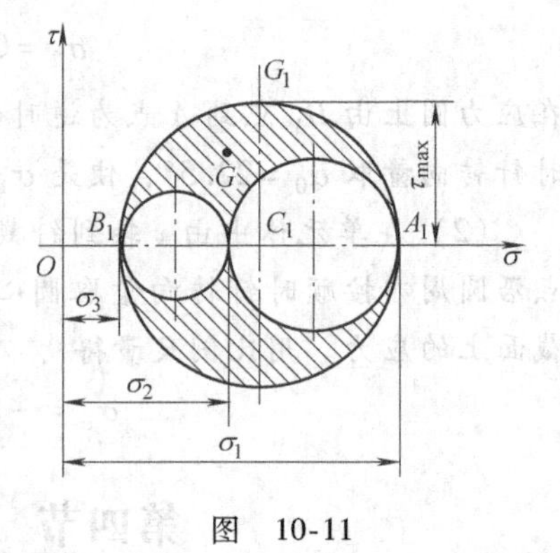

图 10-11

$$\sigma_{\max} = \sigma_1,\ \sigma_{\min} = \sigma_3,\ \tau_{\max} = \frac{1}{2}(\sigma_1 - \sigma_3)$$

第五节 广义胡克定律

现研究复杂应力状态下应力与应变的关系。从受力构件内，按三个主平面方向取一单元体，如图 10-12 所示。在三个主应力的作用下，求沿三个主方向的线应变。在应力小于比例极限时，可根据胡克定律及横向变形的关系，分别求出每个主应力单独作用下所引起的变形，而后叠加即得。

在三个主应力共同作用下，单元体沿 σ_1 方向棱边的总线应变计算如下：

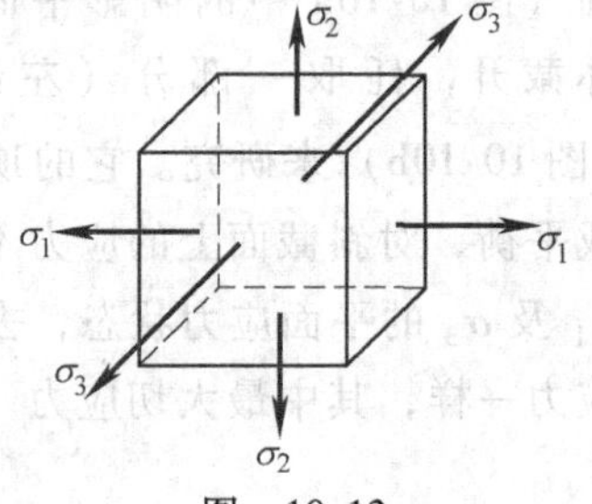

图 10-12

在 σ_1 单独作用下，产生纵向线应变 $\varepsilon_1' = \frac{\sigma_1}{E}$；在 σ_2 单独作用下，产生横向线应变 $\varepsilon_1'' = -\mu\frac{\sigma_2}{E}$；在 σ_3 单独作用下，产生横向线应变 $\varepsilon_1''' = -\mu\frac{\sigma_3}{E}$。叠加后为

$$\begin{aligned}\varepsilon_1 &= \varepsilon_1' + \varepsilon_1'' + \varepsilon_1''' = \frac{\sigma_1}{E} - \mu\frac{\sigma_2}{E} - \mu\frac{\sigma_3}{E} \\ &= \frac{1}{E}[\sigma_1 - \mu(\sigma_2 + \sigma_3)]\end{aligned}$$

同理，可得出沿 σ_2、σ_3 方向棱边各自的总线应变，于是有

$$\left.\begin{aligned}\varepsilon_1&=\frac{1}{E}[\sigma_1-\mu(\sigma_2+\sigma_3)]\\\varepsilon_2&=\frac{1}{E}[\sigma_2-\mu(\sigma_3+\sigma_1)]\\\varepsilon_3&=\frac{1}{E}[\sigma_3-\mu(\sigma_1+\sigma_2)]\end{aligned}\right\}\tag{10-12}$$

式（10-12）为**广义胡克定律**。它表示在三向应力状态下，主应力与主应变之间的关系。这个定律只适用于应力未超过比例极限和小变形的情况。公式中的主应力和主应变均为代数量。线应变为正值，表示相对伸长；负值则为相对缩短。计算结果按代数值的大小顺序排列成 $\varepsilon_1>\varepsilon_2>\varepsilon_3$，最大线应变就是 ε_1。

再来研究单元体在复杂应力状态下，体积的改变。

设单元体变形前各棱边的长度分别为 a、b、c，体积为

$$V=abc$$

变形后各棱边的长度改变为

$$a(1+\varepsilon_1),b(1+\varepsilon_2),c(1+\varepsilon_3)$$

则体积为

$$V_1=a(1+\varepsilon_1)\times b(1+\varepsilon_2)\times c(1+\varepsilon_3)$$

展开后略去主应变的高阶微量，可得

$$V_1=V(1+\varepsilon_1+\varepsilon_2+\varepsilon_3)$$

单位体积的改变，亦称体积应变，为

$$\theta=\frac{V_1-V}{V}=\varepsilon_1+\varepsilon_2+\varepsilon_3\tag{10-13}$$

将式（10-12）代入上式，化简后得

$$\theta=\frac{1-2\mu}{E}(\sigma_1+\sigma_2+\sigma_3)\tag{10-14}$$

由上式可见，体积应变只决定于三个主应力的代数和，而与各个主应力之间的比值无关。若三个主应力 σ_1、σ_2 和 σ_3 各用其平均值，即

$$\sigma_m=\frac{\sigma_1+\sigma_2+\sigma_3}{3}\tag{10-15}$$

代替，则单元体的体积应变 θ 仍然相同；若三个主应力的代数和为零，则 $\theta=0$，即单元体体积未变。

例 10-6　一正方形钢块，顶部受压力 $F=6\text{kN}$ 的作用，其泊松比 $\mu=0.33$，体积为 $(10\times10\times10)\text{mm}^3$，放入宽、深都为 10mm 的刚性槽内，如图 10-13 所示。试求钢块内任一点的主应力。

解　在钢块内垂直于 y 轴的截面上的应力为

$$\sigma_3 = -\frac{F}{A} = -\frac{6\times10^3}{(10\times10^{-3})^2}\text{Pa}$$
$$= -6\times10^7\text{Pa} = -60\text{MPa}$$

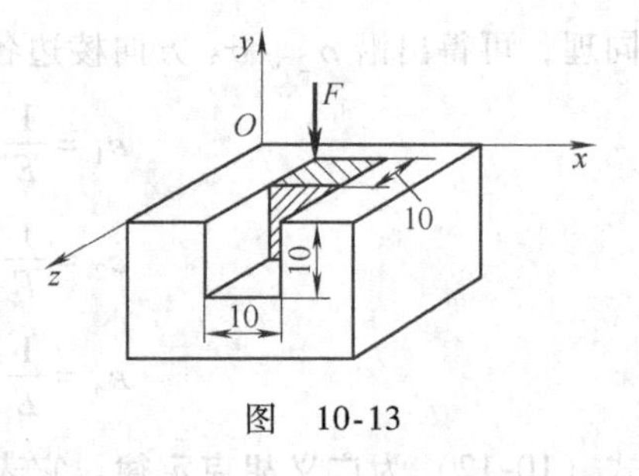

图 10-13

因 z 方向钢块不受约束，故 $\sigma_1=0$。

在 F 力作用下，钢块产生横向膨胀。由于槽为刚性的，因此在 x 方向应变为零，即 $\varepsilon_2=0$，根据广义胡克定律和变形条件得

$$\varepsilon_2=\frac{1}{E}[\sigma_2-\mu(\sigma_3+\sigma_1)]$$
$$=\frac{1}{E}[\sigma_2-0.33\times(-60+0)]=0$$

由此得
$$\sigma_2=-19.8\text{MPa}$$

所以钢块内任一点的三个主应力分别为

$$\sigma_1=0,\ \sigma_2=-19.8\text{MPa},\ \sigma_3=-60\text{MPa}$$

第六节 强度理论

由上面应力状态分析可知，一点上的应力状态可以用三个主应力及其方向来描述。对于给定的构件，是否发生破坏或屈服，取决于其危险点的应力状态。对于单向应力状态的构件，可以把拉伸或压缩试验确定的极限应力作为构件中危险点处正应力的临界值，由此给出了构件是否发生破坏或屈服的强度条件。对于二向或三向应力状态的构件，由于两个或三个主应力间的比例有多种不同的组合，所以进行复杂应力状态的试验，要比单向拉伸或压缩试验困难得多，也难以直接给出破坏或屈服的强度条件。为此，人们根据大量的破坏现象，通过判断推理、概括，提出了种种关于破坏原因的假说，继而找出引起破坏的主要因素，再经过实践检验，得以不断完善，进而在一定范围与实际相符合，从而上升为理论。为了建立复杂应力状态下的强度条件，而提出的关于材料破坏原因的假设及计算方法，称之为**强度理论**。

材料发生强度失效的主要形式是破坏（脆性材料断裂）或屈服（塑性材料开始出现大的变形）。第一强度理论和第二强度理论适用于脆性材料，第三强度理论和第四强度理论适用于塑性材料，下面分别进行介绍。

一、最大拉应力理论（第一强度理论）

最大拉应力理论是最早的强度理论，意大利著名的物理学家伽利略就做过简单的强度实验。通常认为该理论主要归功于著名的英国教育家朗肯（W. J. M. Rankine，1820—1872），该理论有时也称为Rankine's Theory。

最大拉应力理论认为：不论材料处于何种应力状态，只要最大拉应力 σ_1 达到单向拉伸破坏时的极限应力 σ_b，材料即发生破坏。故材料发生破坏的条件是

$$\sigma_1=\sigma_b$$

对于脆性材料，在二向或三向应力状态下，即使 σ_3 是压应力，只要其绝对值不大于 σ_1，最大拉应力理论的预测与实验结果还是相当接近的。

最大拉应力理论的强度条件则为

$$\sigma_1\leqslant[\sigma]=\frac{\sigma_b}{n} \tag{10-16}$$

式中，σ_1 是构件危险点处的第一主应力；$[\sigma]$ 是材料的许用应力；n 是安全因数。

第一强度理论可以很好地解释铸铁等脆性材料在轴向拉伸和扭转时的破坏情况。铸铁在单向拉伸下，沿最大拉应力所在的横截面发生断裂；在扭转时，沿最大拉应力所在的斜截面发生断裂。这些都与最大拉应力理论相一致。但是，这一理论却没有考虑其他两个主应力的影响，且对于没有拉应力的应力状态（如单向压缩、三向压缩等）也无法解释。

二、最大拉应变理论（第二强度理论）

最大拉应变理论，最早是由著名物理学家 Mariotte 在 1682 年提出的。该理论常被认为由法国著名弹性理论专家圣维南所创立，因此也称为 St. Venant's Theory。圣维南是针对屈服失效提出的，后人用于断裂，并修正为最大拉应变理论。

最大拉应变理论认为：不论材料处于何种应力状态，只要最大拉应变 ε_1 达到单向拉伸破坏时的最大拉应变 ε_f，材料即发生破坏。故材料发生破坏的条件是

$$\varepsilon_1=\varepsilon_f$$

对于脆性材料，直至破坏，其应力-应变关系都可以用胡克定律来描述，故破坏时的最大拉应变可以写为 $\varepsilon_f=\dfrac{\sigma_b}{E}$。另外，在最一般的三向应力状态下，最大拉应变 ε_1 可以通过广义胡克定律求得。

故最大拉应变破坏条件 $\varepsilon_1=\varepsilon_f$ 就可以用应力的形式写为

$$\sigma_1-\mu(\sigma_2+\sigma_3)=\sigma_b$$

最大拉应变理论的强度条件则为

$$\sigma_1-\mu(\sigma_2+\sigma_3)\leqslant[\sigma]=\frac{\sigma_b}{n} \tag{10-17}$$

对于脆性材料，在二向或三向应力状态下，若 σ_3 是压应力且其绝对值大于 σ_1 或在压缩应力状态下（$\sigma_1\leqslant0$），最大拉应变理论的预测与实验结果比用最大拉应力理论更接近一些。在有拉应力存在且压应力 σ_3 不是很大的情况下，还是采用最大拉应力理论更合适些。

三、最大切应力理论（第三强度理论）

最大切应力理论，最初由库仑（C. A. Coulomb）于 1773 年提出。1868 年，特雷斯卡（H. Tresca）在法国科学院发表了《金属在高压下的流动》，现在该理论常用他的名字，故也称为 Tresca 屈服条件。

最大切应力理论认为：不论材料处于何种应力状态，只要最大切应力τ_{max}达到单向拉伸屈服时的最大切应力值τ_s，材料即开始进入屈服。故材料的屈服条件是

$$\tau_{max}=\tau_s$$

由式（10-8）知，在三向应力状态下，最大切应力τ_{max}为

$$\tau_{max}=\frac{\sigma_1-\sigma_3}{2}$$

另外，单向拉伸屈服时有$\sigma_1=\sigma_s$，$\sigma_2=\sigma_3=0$，发生屈服时的最大切应力为

$$\tau_s=\frac{\sigma_1-\sigma_3}{2}=\frac{\sigma_s}{2}$$

由此，可得到最大切应力理论的用应力表示的屈服条件为

$$\sigma_1-\sigma_3=\sigma_s$$

最大切应力理论的强度条件则为

$$\sigma_1-\sigma_3\leqslant[\sigma]=\frac{\sigma_s}{n} \tag{10-18}$$

式中，σ_1、σ_3是构件危险点处的最大、最小主应力；$[\sigma]$是材料的许用应力。

这一理论既解释了材料出现塑性变形的现象，而且又具有形式简单、概念明确的特点，因此在机械工程中得到了广泛的应用。但是，这一理论忽略了中间主应力的影响，并且计算的结果与实验相比，偏于保守。

四、形状改变比能理论（第四强度理论）

意大利数学家 E. Beltrami 于 1885 年提出了最大应变能理论。但是，它不能解释三向等压情况下的实验。为了与实验结果更加符合，波兰学者 M. T. Huber 于 1904 年将其修正为最大形状改变能密度理论；后来又由德国 R. Von Mises（1913）和美国 H. Hencky（1925）所发展和解释。这个广泛应用的理论常称为 Von Mises 屈服条件。

形状改变比能理论认为：使材料发生屈服流动的主要因素是形状改变比能，即不论材料处于何种应力状态，只要形状改变比能u_s达到单向拉伸屈服时形状改变比能的临界值u_{sc}，材料即开始进入屈服。故形状改变比能给出的材料的屈服条件是

$$u_s=u_{sc}$$

单向拉伸屈服时的应力等于σ_s，应力状态为$\sigma_1=\sigma_s$、$\sigma_2=\sigma_3=0$，则形状改变比能的临界值u_{sc}为

$$u_{sc}=\frac{(1+\mu)\sigma_s^2}{3E}$$

一般应力状态下，材料的形状改变比能由下式给出：

$$u_s=\frac{1+\mu}{6E}[(\sigma_1-\sigma_2)^2+(\sigma_2-\sigma_3)^2+(\sigma_3-\sigma_1)^2]$$

故有

$$u_s = \frac{1+\mu}{6E}[(\sigma_1-\sigma_2)^2+(\sigma_2-\sigma_3)^2+(\sigma_3-\sigma_1)^2] = u_{sc} = \frac{(1+\mu)\ \sigma_s^2}{3E}$$

由此，可得到形状改变比能理论的用应力表示的屈服条件为

$$\frac{1}{\sqrt{2}}\sqrt{(\sigma_1-\sigma_2)^2+(\sigma_2-\sigma_3)^2+(\sigma_3-\sigma_1)^2} = \sigma_s$$

形状改变比能理论的强度条件为

$$\frac{1}{\sqrt{2}}\sqrt{(\sigma_1-\sigma_2)^2+(\sigma_2-\sigma_3)^2+(\sigma_3-\sigma_1)^2} \leqslant [\sigma] = \frac{\sigma_s}{n} \tag{10-19}$$

第四强度理论考虑了 σ_1、σ_2、σ_3 三个主应力的影响。对于延性金属材料的屈服，形状改变比能理论的预测比最大切应力理论的预测更接近实验结果。但最大切应力理论比形状改变比能理论简单，且二者相差也不大，故第三和第四强度理论在工程中均得到了广泛应用。

结合式（10-16）、式（10-17）、式（10-18）、式（10-19），可把四个强度理论的强度条件写成以下统一的形式：

$$\sigma_r \leqslant [\sigma] \tag{10-20}$$

式中，σ_r 称为相当应力。它由三个主应力按一定形式组合而成。按照从第一强度理论到第四强度理论的顺序，相当应力分别为

$$\left.\begin{aligned} &\sigma_{r1} = \sigma_1 \\ &\sigma_{r2} = \sigma_1 - \mu(\sigma_2+\sigma_3) \\ &\sigma_{r3} = \sigma_1 - \sigma_3 \\ &\sigma_{r4} = \sqrt{\frac{1}{2}[(\sigma_1-\sigma_2)^2+(\sigma_2-\sigma_3)^2+(\sigma_3-\sigma_1)^2]} \end{aligned}\right\} \tag{10-21}$$

例 10-7 试按强度理论，由材料的许用拉应力 $[\sigma]$ 来确定纯剪切应力状态下的许用切应力 $[\tau]$。

解 纯剪切应力状态是拉-压二向应力状态，且

$$\sigma_1 = \tau, \quad \sigma_2 = 0, \quad \sigma_3 = -\tau$$

对于脆性材料，若采用第一强度理论

$$\sigma_{r1} = \sigma_1 = \tau \leqslant [\sigma]$$

与剪切的强度条件 $\tau \leqslant [\tau]$ 相比较，所得许用切应力为

$$[\tau] = [\sigma] \tag{a}$$

若用第二强度理论

$$\sigma_{r2} = \sigma_1 - \mu(\sigma_2+\sigma_3) \leqslant [\sigma]$$

例如对铸铁取 $\mu = 0.27$，则有

$$\sigma_{r2} = \tau - 0.27(0-\tau) \leqslant [\sigma]$$

$$\tau \leqslant 0.787[\sigma]$$

亦与 $\tau \leqslant [\tau]$ 比较，则得

$$[\tau]=0.787\ [\sigma] \tag{b}$$

对于塑性材料，采用第三强度理论

$$\sigma_{r3}=\sigma_1-\sigma_3=\tau-(-\tau)\leqslant[\sigma]$$

得

$$\tau\leqslant 0.5[\sigma]$$

与$\tau\leqslant[\tau]$ 相比较，则得

$$[\tau]=0.5\ [\sigma] \tag{c}$$

若用第四强度理论

$$\sigma_{r4}=\sqrt{\sigma_1^2+\sigma_3^2-\sigma_3\sigma_1}=\sqrt{\tau^2+(-\tau)^2-(-\tau)\cdot\tau}\leqslant[\sigma]$$

$$\tau\leqslant 0.577[\sigma]$$

与$\tau\leqslant[\tau]$ 相比较，则得

$$[\tau]=0.577\ [\sigma] \tag{d}$$

对于脆性材料，由式（a）与式（b），一般规定

$$[\tau]=(0.8\sim1.0)\ [\sigma]$$

对于塑性材料，由式（c）与式（d），一般规定

$$[\tau]=(0.5\sim0.6)\ [\sigma]$$

习　题

10-1　选择题：

（1）图 10-14 所示单元体的主应力为____________________。

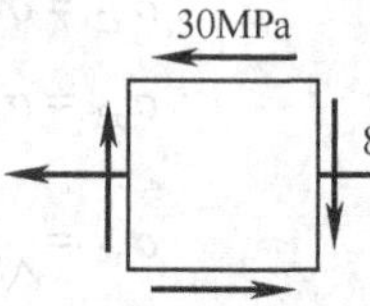

（A）$\sigma_1=100$，$\sigma_2=0$，$\sigma_3=-20$

（B）$\sigma_1=0$，$\sigma_2=20$，$\sigma_3=-100$

（C）$\sigma_1=90$，$\sigma_2=0$，$\sigma_3=-10$

（D）$\sigma_1=0$，$\sigma_2=10$，$\sigma_3=-90$

30MPa　80MPa

图　10-14

（2）第二强度理论的表达式为____________________。

（A）$\sigma_{r2}=\sigma_1\leqslant[\sigma]$

（B）$\sigma_{r2}=\sqrt{\frac{1}{2}[(\sigma_1-\sigma_2)^2+(\sigma_2-\sigma_3)^2+(\sigma_3-\sigma_1)^2]}\leqslant[\sigma]$

（C）$\sigma_{r2}=\sigma_1-\sigma_3\leqslant[\sigma]$

（D）$\sigma_{r2}=\sigma_1-\mu(\sigma_2+\sigma_3)\leqslant[\sigma]$

（3）已知 $\sigma_1=80\text{MPa}$，$\sigma_2=0$，$\sigma_3=-80\text{MPa}$，则单元体最大切应力为________________。

（A）60MPa　　（B）－60MPa　　（C）80MPa　　（D）－80MPa

（4）图 10-15 所示单元体斜截面上的正应力和切应力为____________。

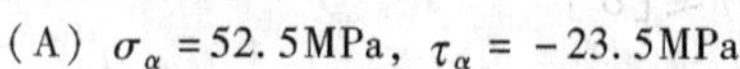

（A）$\sigma_\alpha=52.5\text{MPa}$，$\tau_\alpha=-23.5\text{MPa}$

（B）$\sigma_\alpha=52.5\text{MPa}$，$\tau_\alpha=23.5\text{MPa}$

（C）$\sigma_\alpha=62.5\text{MPa}$，$\tau_\alpha=-23.5\text{MPa}$

（D）$\sigma_\alpha=62.5\text{MPa}$，$\tau_\alpha=23.5\text{MPa}$

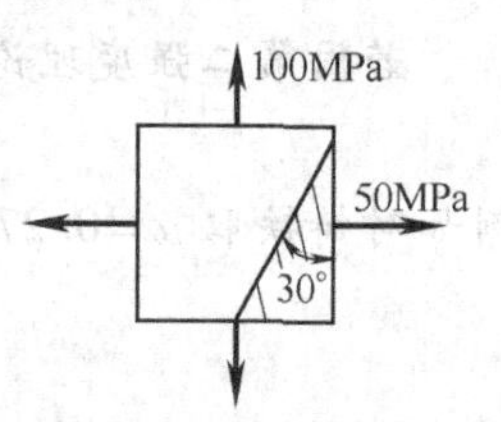

图　10-15

（5）杆件发生轴向拉伸（压缩）变形时，横截面上的应力

是____________。

（A）只有正应力　　（B）只有切应力

（C）既有正应力也有切应力　　（D）只有轴力

（6）杆件发生扭转变形时，横截面上的应力是____________。

（A）只有正应力　　（B）只有切应力

（C）既有正应力也有切应力　　（D）只有轴力

10-2　在图 10-16 所示各单元体中，试用解析法或图解法求斜截面 m-m 上的正应力和切应力，并画出它们的方向。

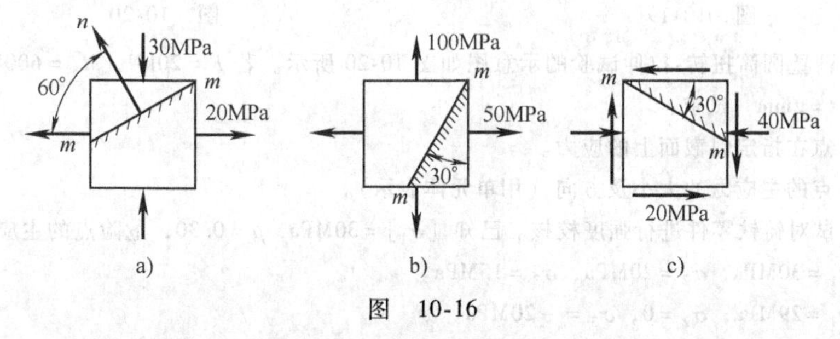

图　10-16

10-3　何谓主平面及主应力？通过受力构件内某点有几个主平面？图 10-17 中各单元体应力情况已知，试求主应力的大小和方向，并按主平面画出单元体。

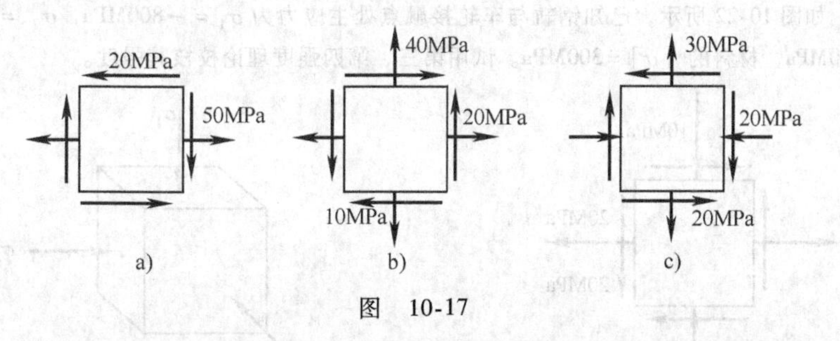

图　10-17

10-4　二向及三向应力状态中最大切应力发生在哪些平面？最大切应力的数值与主应力的关系如何？试求图 10-18 所示应力状态的主应力及最大切应力。应力单位 MPa。

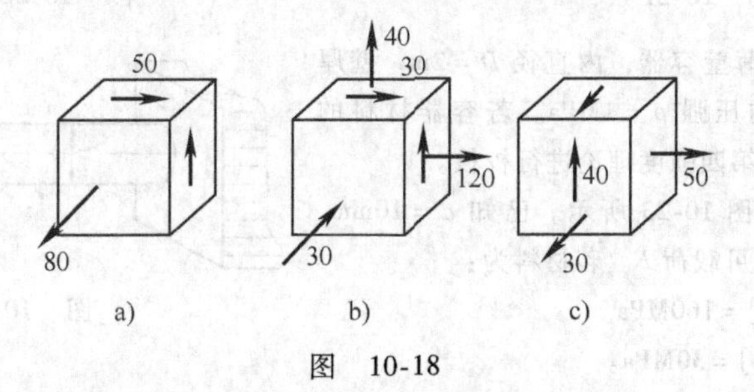

图　10-18

10-5　图 10-19 所示为构件内取出的棱柱形单元体，在 AB 平面和平行于 ABC 平面的棱柱的平面上，都无应力作用。试求在 AC 及 BC 面上的切应力，以及这个单元体的主应力的大小和方向。

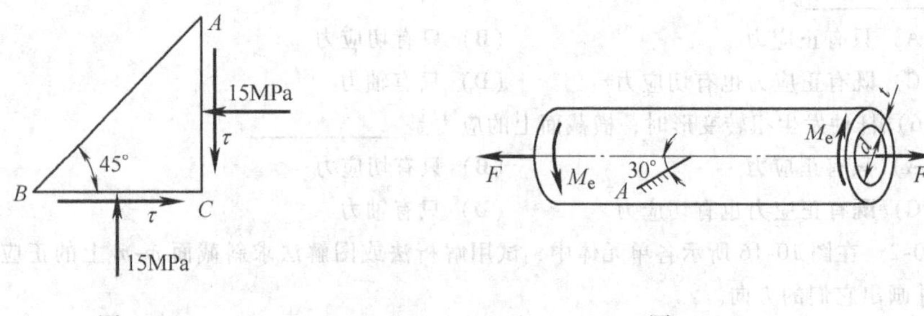

图 10-19　　　　图 10-20

10-6 薄壁圆筒扭转-拉伸试验的示意图如图 10-20 所示。若 $F=20\text{kN}$，$M_e=600\text{N}\cdot\text{m}$，且 $d=50\text{mm}$，$t=2\text{mm}$。试求：

（1）A 点在指定斜截面上的应力。

（2）A 点的主应力的大小及方向（用单元体表示）。

10-7 试对铸铁零件进行强度校核。已知 $[\sigma_1]=30\text{MPa}$，$\mu=0.30$，危险点的主应力为

（1）$\sigma_1=30\text{MPa}$，$\sigma_2=20\text{MPa}$，$\sigma_3=15\text{MPa}$。

（2）$\sigma_1=29\text{MPa}$，$\sigma_2=0$，$\sigma_3=-20\text{MPa}$。

10-8 铸铁构件危险点处单元体如图 10-21 所示。已知 $[\sigma_t]=35\text{MPa}$，$[\sigma_c]=140\text{MPa}$。试按第一强度理论校核其强度。

10-9 如图 10-22 所示，已知钢轨与车轮接触点处主应力为 $\sigma_1=-800\text{MPa}$，$\sigma_2=-900\text{MPa}$，$\sigma_3=-1100\text{MPa}$，材料的 $[\sigma]=300\text{MPa}$。试用第三、第四强度理论校核其强度。

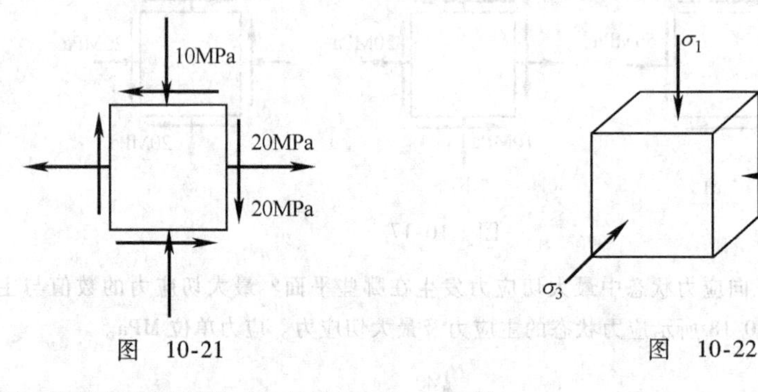

图 10-21　　　　图 10-22

10-10 圆筒形薄壁容器，内直径 $D=2\text{m}$，壁厚 $t=10\text{mm}$，所受的内压强 $p=1\text{MPa}$。若容器材料的 $[\sigma]=90\text{MPa}$。试按第四强度理论进行校核。

10-11 圆杆如图 10-23 所示。已知 $d=10\text{mm}$，$M_e=Fd/10$，试求许可载荷 F。若材料为：

（1）钢材，$[\sigma]=160\text{MPa}$。

（2）铸铁，$[\sigma_1]=30\text{MPa}$。

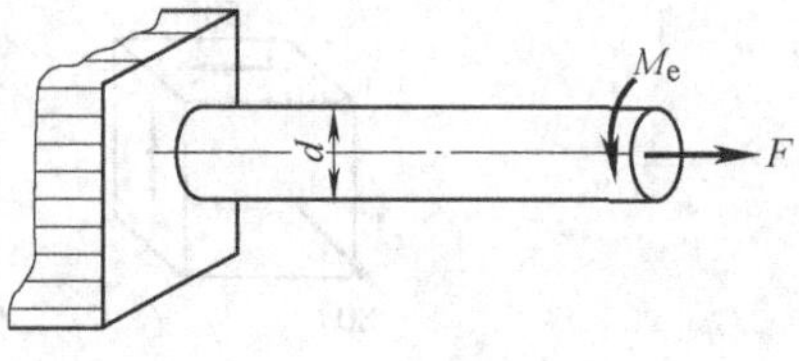

图 10-23

10-12 设有一钢制圆轴，直径 $D=50\text{mm}$，传递功率 $P=7.35\text{kW}$，转速 $n=100\text{r/min}$，同时又受弯矩 $M=500\text{N}\cdot\text{m}$ 的作用。若材料的 $[\sigma]=80\text{MPa}$，试用第三强度理论校核此轴的强度是否足够。

第十一章　组合变形时杆件的强度计算

第一节　组合变形的概念与实例

前几章研究了杆件在拉伸（压缩）、剪切、扭转和弯曲等基本变形时的强度和刚度计算。但工程实际中，有些杆件在外力作用下往往同时存在着两种或两种以上基本变形。这类变形形式称为**组合变形**。例如，图 11-1 所示反应釜搅拌轴，除了在搅拌物料时桨叶受到阻力的作用而发生扭转变形外，同时还受到搅拌轴和桨叶的自重作用，而发生拉伸变形。又如，图 11-2 所示转轴，除扭转变形外，还有弯曲变形。可见，这些杆件都将产生组合变形。

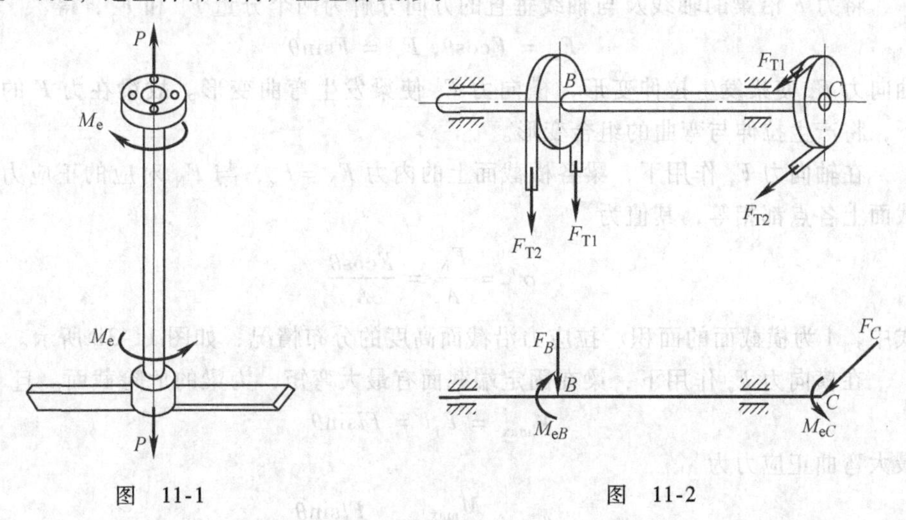

图　11-1　　　　图　11-2

在材料服从胡克定律且杆件变形很小的条件下，计算杆件在组合变形下的应力，可以应用叠加原理。即假定载荷的作用是独立的，每一载荷所引起的应力和变形都不受其他载荷的影响。因此，当杆件发生组合变形时，可将外载荷适当地分解和平移而分成几组，使每一组外力只产生一种基本变形。分别计算每一种基本变形下杆件的应力，然后将每一种基本变形下横截面的应力叠加起来，就得到原来载荷所引起的应力。进而分析危险点的应力状态，建立相应的强度条件，进行强度计算。

第二节　弯曲与拉伸（压缩）的组合

杆件在外力作用下发生弯曲与拉伸（压缩）的组合变形有下述两种情况。

一、杆件同时受到轴向力和横向力的作用

设有一矩形截面悬臂梁，如图 11-3a 所示。在自由端的截面形心上受到一集中力 F 的作用，其作用线位于梁的纵向对称平面内，与梁轴线的夹角为 θ。因为 F 的作用线既不重合又不垂直于梁的轴线，故不符合引起基本变形的载荷情况。

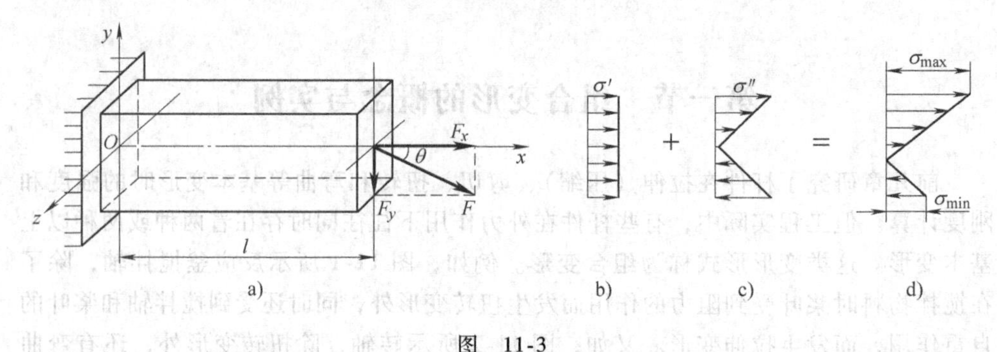

图 11-3

将力 F 沿梁的轴线及与轴线垂直的方向分解为两个分量 F_x 和 F_y，得

$$F_x = F\cos\theta,\ F_y = F\sin\theta$$

轴向力 F_x 使梁发生拉伸变形，横向力 F_y 使梁发生弯曲变形。故梁在力 F 的作用下，将产生拉伸与弯曲的组合变形。

在轴向力 F_x 作用下，梁各横截面上的内力 $F_N = F_x$，与 F_N 对应的正应力在横截面上各点都相等，其值为

$$\sigma' = \frac{F_N}{A} = \frac{F\cos\theta}{A}$$

式中，A 为横截面的面积。拉应力沿截面高度的分布情况，如图 11-3b 所示。

在横向力 F_y 作用下，梁在固定端截面有最大弯矩，为梁的危险截面。且

$$M_{max} = F_y l = Fl\sin\theta$$

最大弯曲正应力为

$$\sigma'' = \pm\frac{M_{max}}{W_z} = \pm\frac{Fl\sin\theta}{W_z}$$

式中，W_z 为横截面的抗弯截面系数。弯曲正应力沿截面高度的分布情况，如图 11-3c所示。

危险截面上总的正应力可由拉应力与弯曲正应力叠加而得。该截面的应力分布情况，如图 11-3d 所示。截面的上边缘各点有最大正应力，且

$$\sigma_{max} = \sigma' + \sigma'' = \frac{F_N}{A} + \frac{M_{max}}{W_z}$$

截面的下边缘各点有最小正应力，且

$$\sigma_{min} = \sigma' - \sigma'' = \frac{F_N}{A} - \frac{M_{max}}{W_z}$$

按上式所得$\sigma_{\min}$可为拉应力，也可为压应力，视等式右边两项的数值大小而定。图11-3d是根据第一项小于第二项的情况画出。

由此可见，危险截面上危险点处于单向应力状态。上边缘各点有最大拉应力，对于塑性材料，其强度条件为

$$\sigma_{\max}=\frac{F_{\mathrm{N}}}{A}+\frac{M_{\max}}{W_z}\leqslant[\sigma] \tag{11-1}$$

对于脆性材料，如最小正应力为压应力，应分别建立强度条件

$$\left.\begin{aligned}\sigma_{\max}&=\frac{F_{\mathrm{N}}}{A}+\frac{M_{\max}}{W_z}\leqslant[\sigma_{\mathrm{t}}]\\|\sigma_{\min}|&=\left|\frac{F_{\mathrm{N}}}{A}-\frac{M_{\max}}{W_z}\right|\leqslant[\sigma_{\mathrm{c}}]\end{aligned}\right\} \tag{11-2}$$

上述计算方法，完全适用于压缩与弯曲的组合，区别仅在于轴向力引起压应力而已。

应指出，如果梁的挠度与横截面尺寸相比不能忽略，则轴向力引起的附加弯矩也不能忽略。这时便不能应用叠加原理，应考虑横向力与轴向力间的相互影响。

例11-1 起重机架由18工字钢AB及拉杆AC组成，如图11-4a所示。横梁AB的跨度$l=2.6\text{m}$。作用在AB梁中点的载荷$P=25\text{kN}$，材料的许用应力$[\sigma]=100\text{MPa}$，$\alpha=30°$。试校该横梁AB的强度。（不计横梁自重）

解 作用于梁AB上的力有载荷P，拉杆的拉力F_A及支座约束力F_{Bx}、F_{By}，如图11-4b所示。将力F_A在作用点分解为F_{Ax}、F_{Ay}。则力P、F_{Ay}、F_{By}使梁发生弯曲变形，力F_{Ax}和F_{Bx}使梁发生压缩变形。故横梁AB发生压缩与弯曲的组合变形。

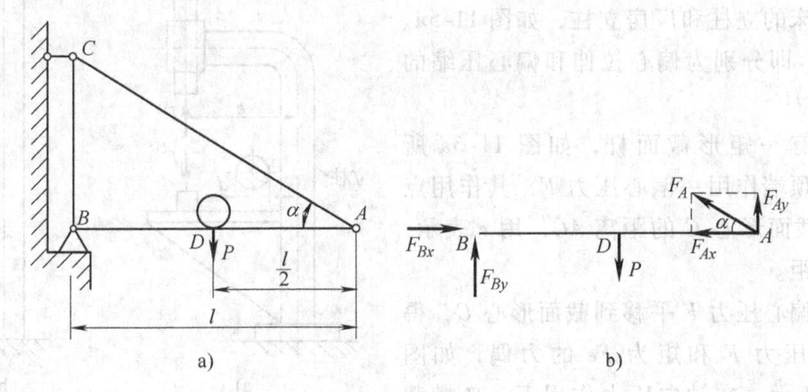

图 11-4

梁AB受到压缩时，轴向压力为F_{Ax}。不难看出$F_{Ay}=F_{By}=\dfrac{P}{2}$，所以

$$F_{Ax}=\frac{F_{Ay}}{\tan\alpha}=\frac{25}{2\tan30°}\text{kN}=21.65\text{kN}$$

梁 AB 发生弯曲时，最大弯矩在跨度中点 D，该截面为梁的危险截面。且

$$M_{\max} = \frac{Pl}{4} = \frac{25 \times 2.6}{4} \mathrm{kN \cdot m} = 16.25 \mathrm{kN \cdot m}$$

由型钢表查得 18 工字钢横截面面积 $A = 30.756\mathrm{cm}^2 \approx 3.08 \times 10^{-3}\mathrm{m}^2$；抗弯截面系数 $W = 185\mathrm{cm}^3 = 1.85 \times 10^{-4}\mathrm{m}^3$。

在危险截面上，由轴向力引起的压应力为

$$\sigma' = \frac{F_{\mathrm{N}}}{A} = -\frac{21.65}{3.08 \times 10^{-3}} \mathrm{kN/m^2} = -7.03 \times 10^3 \mathrm{kN/m^2} = -7.03\mathrm{MPa}$$

在危险截面的上、下边缘各点，由弯矩引起的最大弯曲正应力为

$$\sigma'' = \frac{M_{\max}}{W} = \pm \frac{16.25}{1.85 \times 10^{-4}} \mathrm{kN/m^2} = \pm 8.784 \times 10^4 \mathrm{kN/m^2}$$

$$= \pm 87.84\mathrm{MPa}$$

将正应力 σ' 和 σ'' 叠加，可知危险截面的上边缘各点总的正应力最大，故它们均为危险点。因危险点上总的应力为压应力，所以

$$\sigma_{\max} = \left| \frac{F_{\mathrm{N}}}{A} - \frac{M_{\max}}{W} \right| = |-7.03 - 87.84| \mathrm{MPa}$$

$$= 94.87\mathrm{MPa} < [\sigma] = 100\mathrm{MPa}$$

可见，横梁 AB 的强度足够。

二、偏心拉伸或压缩

作用于直杆上的外力沿着杆件轴线时，则产生轴向拉伸或压缩。如果作用于直杆上的外力平行于杆的轴线，但不通过截面形心，则将引起偏心拉伸或压缩。例如，钻床的立柱和厂房立柱，如图 11-5a、b 所示，即分别为偏心拉伸和偏心压缩的实例。

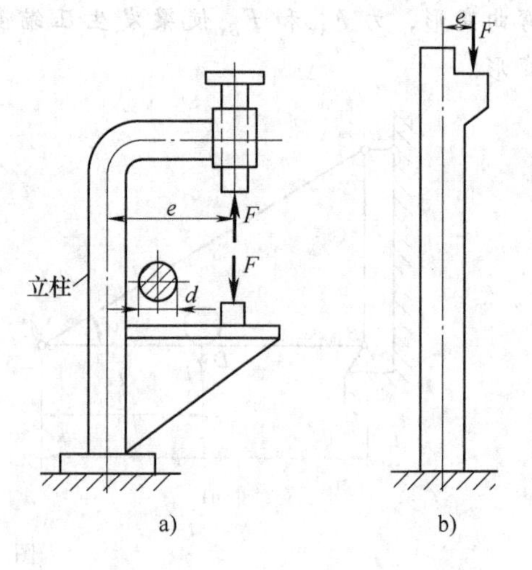

图 11-5

设有一矩形截面杆，如图 11-6a 所示，在顶端作用一偏心压力 F，其作用点 A 与横截面形心 C 的距离 AC，用 e 表示，称偏心距。

将偏心压力 F 平移到截面形心 C，得到轴向压力 F 和矩为 Fe 的力偶，如图 11-6b 所示。在轴向压力作用下，各横截面的轴向压力为 $F_{\mathrm{N}} = -F$；在力偶作用下，杆件在 xy 平面内发生纯弯曲，各横截面的弯矩为 $M = Fe$。可见，杆件在偏心压力 F 的作用下，将是压缩与弯曲的组合变形。

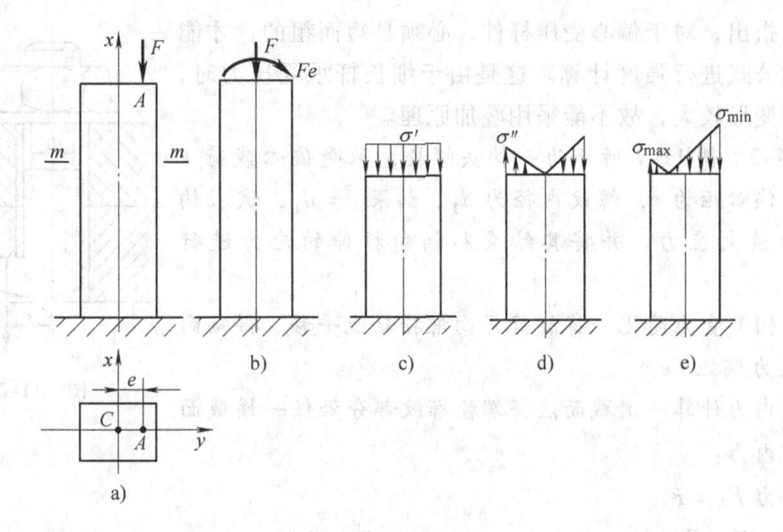

图　11-6

由轴向压力 $F_N = -F$ 所对应的压应力，沿截面宽度均匀分布，如图 11-6c 所示。其值为

$$\sigma' = -\frac{F}{A}$$

式中，A 为横截面面积。由弯矩 $M = Fe$ 所对应的弯曲正应力沿截面宽度的分布规律，如图 11-6d 所示。最大弯曲正应力为

$$\sigma'' = \pm\frac{M}{W} = \pm\frac{Fe}{W}$$

式中，W 为横截面对 z 轴的抗弯截面系数。

将压应力和弯曲正应力叠加，即得到截面上总的正应力，其沿截面宽度的分布规律，如图 11-6e 所示。在截面的左、右边缘任意一点的最大与最小正应力分别为

$$\sigma_{max} = -\frac{F}{A} + \frac{Fe}{W}$$

$$\sigma_{min} = -\frac{F}{A} - \frac{Fe}{W}$$

可见，就绝对值而言，σ_{min} 比 σ_{max} 要大。如果杆件为塑性材料，截面右边缘各点均为危险点，且处于单向应力状态，则强度条件为

$$|\sigma_{min}| = \left|-\frac{F}{A} - \frac{Fe}{W}\right| \leqslant [\sigma] \tag{11-3}$$

如果杆件为脆性材料，当杆件横截面上出现拉应力时，则应分别建立强度条件

$$\left.\begin{aligned} \sigma_{max} &= -\frac{F}{A} + \frac{Fe}{W} \leqslant [\sigma_t] \\ |\sigma_{min}| &= \left|-\frac{F}{A} - \frac{Fe}{W}\right| \leqslant [\sigma_c] \end{aligned}\right\} \tag{11-4}$$

应该指出，对于偏心受压杆件，必须是短而粗的，才能应用上述公式进行强度计算。这是由于细长杆承受压力时，由于弯曲变形较大，故不能采用叠加原理。

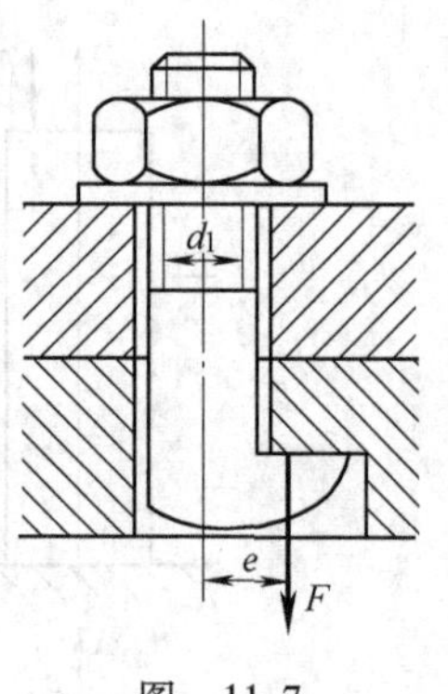

图 11-7

例 11-2 图 11-7 所示为一钩头螺栓，承受偏心载荷 F 的作用，偏心距为 e，螺纹内径为 d_1。如果 $e=d_1$，试求钩头螺栓的最大应力。并将其结果和轴向拉伸的应力进行比较。

解 (1) 受力简化　将载荷 F 向螺栓轴线平移，得轴向拉力 F 及力偶矩 Fe。

(2) 内力计算　用截面法将螺栓螺纹部分沿任一横截面截开，有内力：

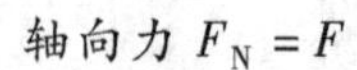

轴向力 $F_N=F$

弯矩　$M=Fe$

故螺栓的变形为拉伸与弯曲的组合。

(3) 应力计算

与轴向力 F_N 对应的拉应力

$$\sigma'=\frac{F_N}{A}=\frac{4F}{\pi d_1^2}$$

与弯矩 M 对应的弯曲正应力

$$\sigma''=\frac{M}{W}=\frac{32Fe}{\pi d_1^3}$$

故螺栓的最大正应力为

$$\sigma_{max}=\sigma'+\sigma''=\frac{4F}{\pi d_1^2}+\frac{32Fe}{\pi d_1^3}=\frac{4F}{\pi d_1^2}\left(1+\frac{8e}{d_1}\right)$$

按题给条件 $e=d_1$，则

$$\sigma_{max}=\frac{4F}{\pi d_1^2}(1+8)=9\sigma'$$

即螺栓受偏心拉伸的最大应力比轴向拉伸的应力大 8 倍。对此应引起重视，并尽量避免偏心拉伸和压缩。

第三节　弯曲与扭转的组合

弯曲与扭转的组合变形是机器与设备中常见的情况。现以图 11-8 所示拐轴为例，来说明弯扭组合变形时强度计算的方法。

拐轴 AB 段为等直圆杆，直径为 d，A 端为固定端约束。现讨论在 F 力作用下，AB 轴的受力情况。

将 F 力向 AB 轴 B 端的形心简化，即得到一横向力 F 及作用在轴端平面内的力偶矩 $T_e = Fa$。AB 轴的受力简图如图 11-9a 所示。横向力 F 使轴发生弯曲变形，力偶矩 T_e 使轴发生扭转变形。一般情况下，横向力引起的剪力影响很小，可忽略不计。于是，圆轴 AB 即为弯曲与扭转的组合变形。

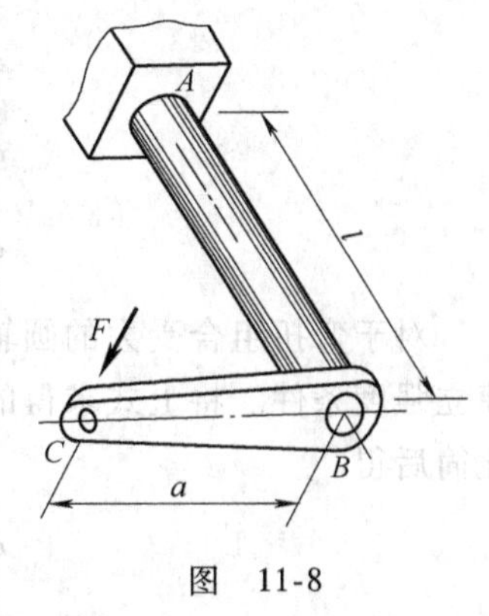

图　11-8

分别绘制轴的弯矩图和扭矩图，如图 11-9b、c 所示。

由图可见，各横截面上的扭矩相同，其值为 $T = Fa$，各截面上的弯矩则不同。固定端截面有最大弯矩，其值为 $M = -Fl$。显然，圆轴的危险截面为固定端截面。

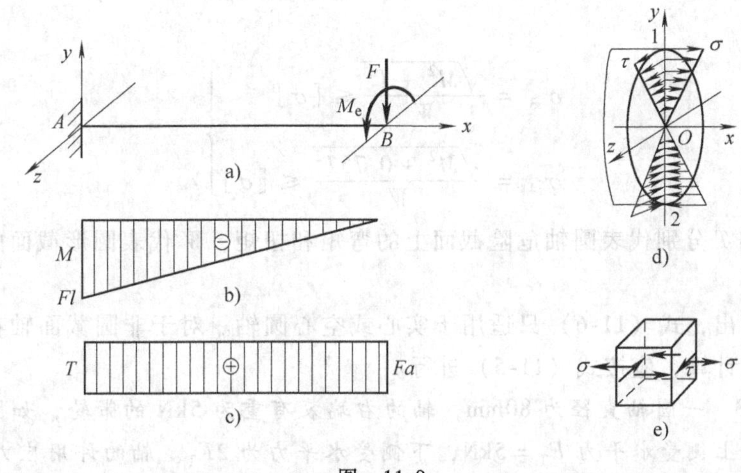

图　11-9

在危险截面上，与弯矩所对应的正应力，沿截面高度按线性规律变化，如图 11-9d 所示。铅垂直径的两端点“1”和“2”点处的正应力为最大，其值为

$$\sigma = \pm \frac{M}{W}$$

在危险截面上，与扭矩所对应的切应力，沿半径按线性规律变化，如图 11-9d 所示。该截面周边各点的切应力为最大，其值为

$$\tau = \frac{T}{W_p}$$

由上可见，危险截面上铅垂直径的两端点“1”和“2”两点的弯曲正应力和扭转剪应力均为最大，故“1”和“2”两点均为危险点。现取“1”点来研究。在“1”点附近切取一单元体，如图 11-9e 所示。单元体左右两个侧面上，既有正应力又有切应力，为一复杂应力状态，必须用强度理论进行强度校核。为此，求出“1”点的主应力为

$$\sigma_1 = \frac{1}{2}[\sigma + \sqrt{\sigma^2 + 4\tau^2}]$$

$$\sigma_2 = 0$$

$$\sigma_3 = \frac{1}{2}[\sigma - \sqrt{\sigma^2 + 4\tau^2}]$$

对于弯扭组合受力的圆轴，一般用塑性材料制成，应选用第三或第四强度理论建立强度条件。将上式求得的主应力，分别代入第三或第四强度理论的强度条件，化简后得

$$\left.\begin{aligned} \sigma_{r3} &= \sqrt{\sigma^2 + 4\tau^2} \leqslant [\sigma] \\ \sigma_{r4} &= \sqrt{\sigma^2 + 3\tau^2} \leqslant [\sigma] \end{aligned}\right\} \tag{11-5}$$

如果将 $\sigma = M/W$ 和 $\tau = T/W_p$ 代入上式，并考虑到对于圆截面有 $W_p = 2W$，则强度条件可改写为

$$\left.\begin{aligned} \sigma_{r3} &= \frac{\sqrt{M^2 + T^2}}{W} \leqslant [\sigma] \\ \sigma_{r4} &= \frac{\sqrt{M^2 + 0.75T^2}}{W} \leqslant [\sigma] \end{aligned}\right\} \tag{11-6}$$

式中，M 和 T 分别代表圆轴危险截面上的弯矩和扭矩；W 代表圆形截面的抗弯截面系数。

应该指出，式（11-6）只适用于实心或空心圆轴。对于非圆截面轴在弯扭组合时的强度计算，应按式（11-5）进行。

例 11-3 一圆轴直径为 80mm，轴的右端装有重为 5kN 的带轮，如图 11-10a 所示。带轮上侧受水平力 $F_T = 5\text{kN}$，下侧受水平力为 $2F_T$。轴的许用应力 $[\sigma] = 70\text{MN/m}^2$。试按第三强度理论校核轴的强度。

解 轴的计算简图，如图 11-10b 所示。作用于轴上的外力偶矩为

$$M_e = [(10-5) \times 0.4]\text{kN} \cdot \text{m} = 2\text{kN} \cdot \text{m}$$

于是各截面的扭矩

$$T = M_e = 2\text{kN} \cdot \text{m}$$

扭矩图如图 11-10c 所示。

根据铅垂力与水平力分别作出铅垂平面内的弯矩图 M_y 和水平平面内的弯矩图 M_z，如图 11-10d、e 所示。由图可见，铅垂平面最大弯矩为 0.75kN · m，水平平面最大弯矩为 2.25kN · m，均发生在 B 截面。由任一截面 M_y 和 M_z 的数值，按几何和可求得相应截面的合成弯矩 M，如图 11-10f 所示。B 截面有合成弯矩的最大值，故为危险截面。该截面的合成弯矩为

$$M = \sqrt{0.75^2 + 2.25^2}\text{kN} \cdot \text{m} = 2.37\text{kN} \cdot \text{m}$$

此轴危险点的应力状态与图 11-9e 同属一类，可应用公式（11-6）计算相当应

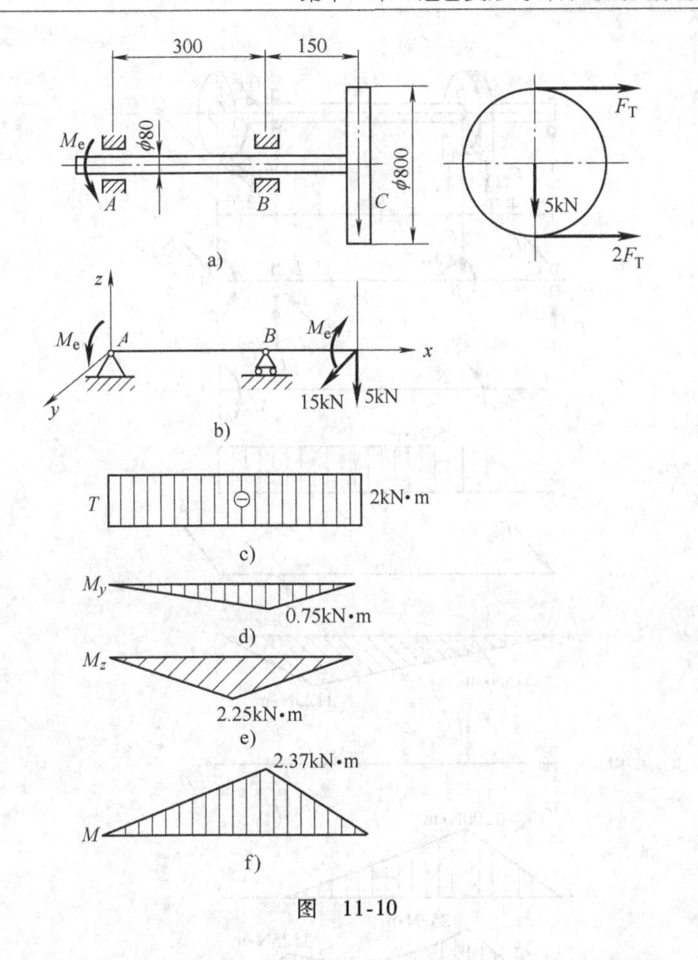

图　11-10

力。即

$$\sigma_{r3} = \frac{1}{W}\sqrt{M^2 + T^2} = \frac{32}{\pi \times 0.08^3}\sqrt{2.37^2 + 2^2}\mathrm{MN/m^2}$$

$$= 61.7\mathrm{MN/m^2} < [\sigma]$$

故圆轴满足强度条件。

例 11-4　图 11-11a 所示为传动轴，其上装有两个带轮。A 轮传送带为水平的，B 轮传送带为铅垂的。两轮传送带张力均为 $F_{T1} = 3\mathrm{kN}$，$F_{T2} = 1.5\mathrm{kN}$。如果两轮的直径均为 $D = 600\mathrm{mm}$，轴材料的许用应力 $[\sigma] = 100\mathrm{MPa}$，试按第三强度理论选择轴的直径。

解　将两轮传送带张力向各自的截面形心简化，得到轴的计算简图，如图 11-11b 所示。其中

$$F_z = F_{T1} + F_{T2} = (3 + 1.5)\mathrm{kN} = 4.5\mathrm{kN}$$

同理

$$F_y = 4.5\mathrm{kN}$$

$$T_e = (F_{T1} - F_{T2})\frac{D}{2} = (3 - 1.5) \times \frac{0.6}{2}\mathrm{kN \cdot m}$$

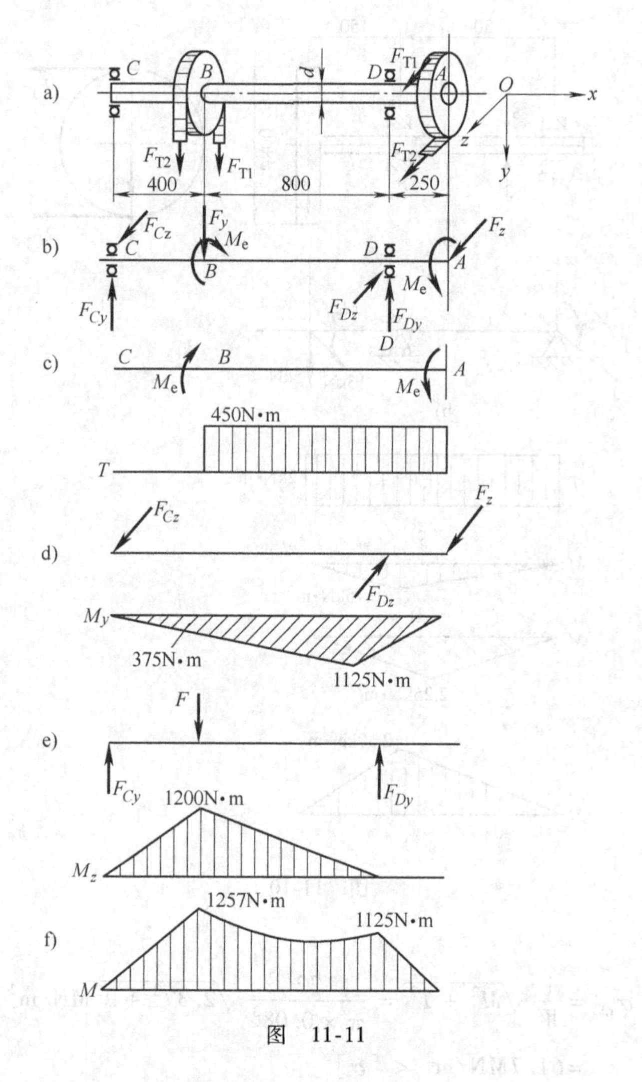

图 11-11

$$=0.45\text{kN} \cdot \text{m} = 450\text{N} \cdot \text{m}$$

由计算简图可见，在 F_z、F_{Cz}、F_{Dz} 作用下，轴在水平面内弯曲；在 F_y、F_{Cy}、F_{Dy} 作用下，轴在铅垂面内弯曲；在 T_e 的作用下，轴产生扭转。所以，该轴为弯扭组合变形。

画出轴的扭矩图、水平平面内的弯矩图和铅垂平面内的弯矩图。分别如图11-11c、d、e所示。根据任一截面的水平弯矩 M_y 和铅垂弯矩 M_z，按几何和可以求得相应截面的合成弯矩 M。合成弯矩图，如图11-11f所示。不难看出，B 截面有最大弯矩，故为危险截面。其弯矩值为

$$M_B = \sqrt{M_{By}^2 + M_{Bz}^2} = \sqrt{375^2 + 1200^2}\text{N} \cdot \text{m} = 1257\text{N} \cdot \text{m}$$

按第三强度理论选择轴径，采用式（11-6）。即

$$\sigma_{r3} = \frac{1}{W}\sqrt{M^2 + T^2} \leqslant [\sigma]$$

其中抗弯截面系数 $W = \frac{\pi d^3}{32}$，并代入数据得

$$\frac{32}{\pi d^3}\sqrt{1257^2 + 450^2}\text{N}\cdot\text{m} \leqslant 100 \times 10^6\text{Pa}$$

解得
$$d \geqslant 51.4\text{mm}$$

习　题

11-1　试求图 11-12 所示各杆指定截面 A 及 B 上的内力。

11-2　图 11-5a 所示钻床的立柱为铸铁制成，许用拉应力 $[\sigma_1] = 35\text{MPa}$。若工作时受力 $F = 15\text{kN}$，偏心距 $e = 0.4\text{m}$。试确定立柱所需直径 d。

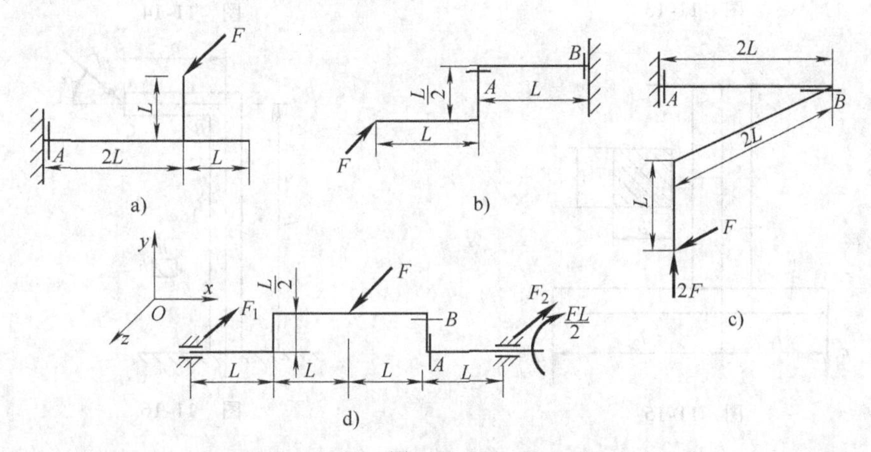

图　11-12

11-3　图 11-13 所示起重机结构，$a = 3\text{m}$，$b = 1\text{m}$，受力 $P = 36\text{kN}$。若 $[\sigma] = 140\text{MPa}$，试为水平杆选择一对槽钢截面。

11-4　图 11-14 所示矩形截面杆受偏心拉力 F 的作用。实验测得杆左右两侧的纵向线应变为 ε_a 和 ε_b。试证明偏心距 e 与 ε_a、ε_b 之间满足下列关系：

$$e = \frac{\varepsilon_a - \varepsilon_b}{\varepsilon_a + \varepsilon_b} \cdot \frac{h}{6}$$

11-5　试求图 11-15 中 AB 杆横截面上的最大正应力。已知 $F_1 = 20\text{kN}$，$F_2 = 30\text{kN}$，$l_1 = 200\text{mm}$，$l_2 = 300\text{mm}$，$a = 100\text{mm}$。

11-6　矩形截面折杆 ABC，承受载荷 F 如图 11-16 所示。已知 $\alpha = \arctan 4/3$，$a = l/4$。如果 $l = 12h$，试求杆内横截面上的最大正应力，并绘制危险截面上的正应力分布图。

11-7　一塔器高 $h_1 = 10\text{m}$，$h_2 = 7\text{m}$，内径 $d = 1000\text{mm}$。塔器底部为裙式支座，裙座的外径与塔的外径相同，其壁厚为 $t = 8\text{mm}$。塔及物料的自重为 $P = 97.64\text{kN}$，承受风载荷为 $q_1 = 655\text{N/m}$，$q_2 = 745\text{N/m}$。裙座材料的许用应力为 $[\sigma] = 140\text{MPa}$，试校核裙座筒壁的强度。

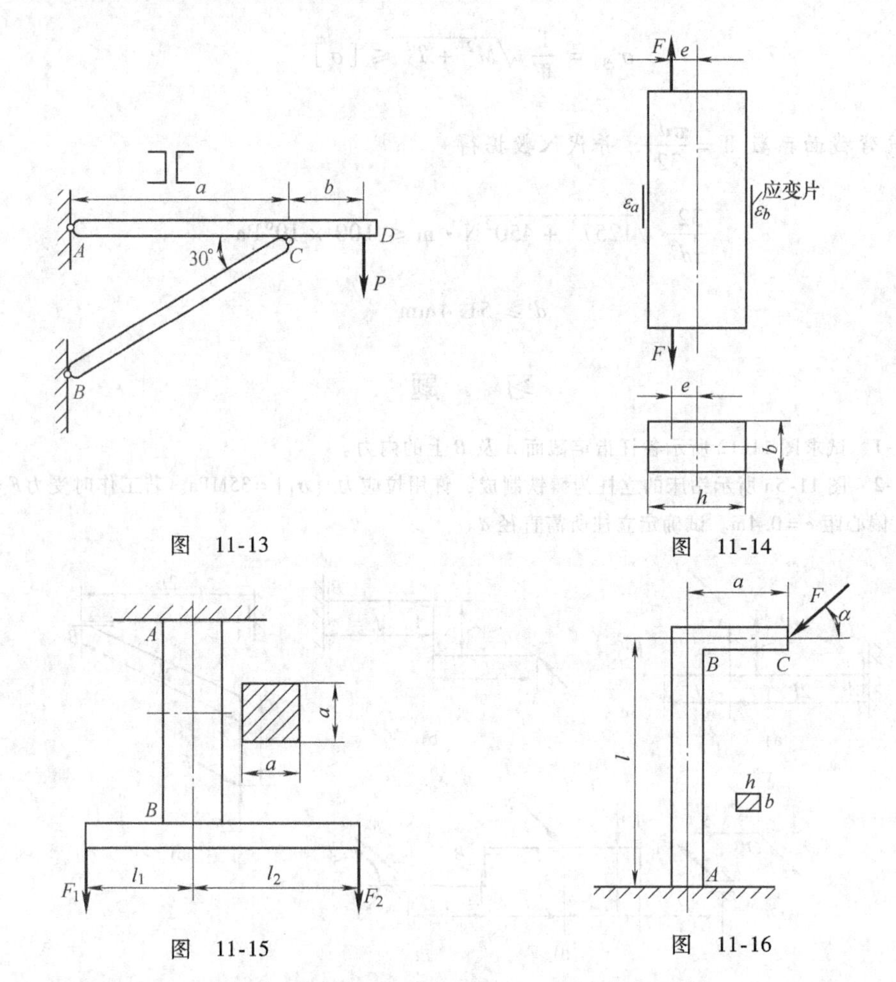

图 11-13

图 11-14

图 11-15

图 11-16

11-8 如图 11-18 所示作用于曲柄上的 F 力垂直于纸面，方向向里，若 $F = 50\text{kN}$，$[\sigma] = 90\text{MN/m}^2$，试按第三强度理论校核截面 A 的强度。

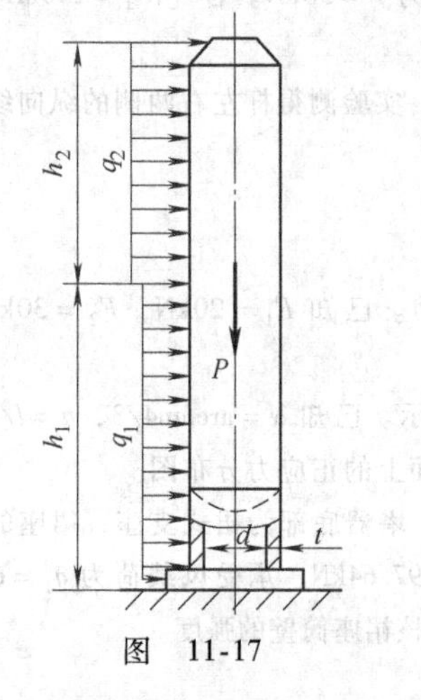

图 11-17

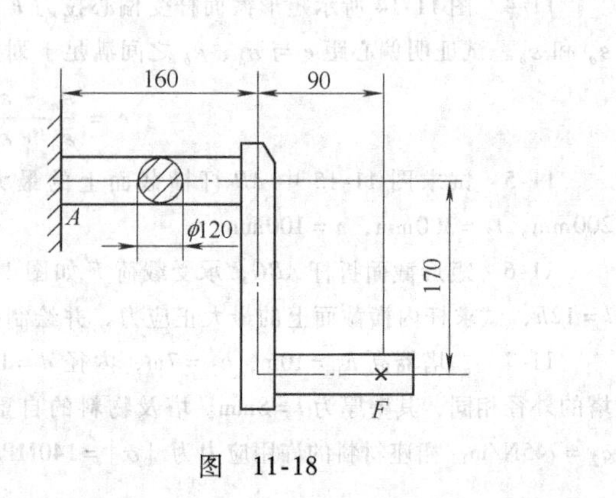

图 11-18

11-9　图 11-19 所示传动轴，在外力偶矩 T_e 的作用下，做匀速转动。轮直径 $D=0.5\text{m}$，拉力 $F_{T1}=8\text{kN}$，$F_{T2}=4\text{kN}$，轴的直径 $d=90\text{mm}$，$l=500\text{mm}$。若轴的许用应力 $[\sigma]=50\text{MPa}$，试按第三强度理论校核轴的强度。

11-10　如图 11-20 所示，电动机带动一装有带轮的轴，传送带拉力分别为 $F_{T1}=5\text{kN}$，$F_{T2}=2.5\text{kN}$，带轮自重 $P=10\text{kN}$，轮直径 $D=2\text{m}$，轴的许用应力 $[\sigma]=80\text{MPa}$，试按第三强度理论计算轴径 d。

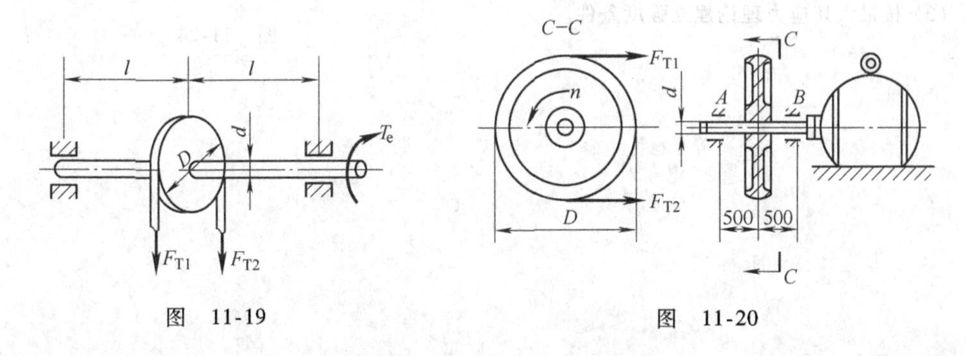

图　11-19　　　图　11-20

11-11　图 11-21 所示某发动机凸轮轴，$[\sigma]=100\text{MPa}$，试按第三强度理论校核强度。

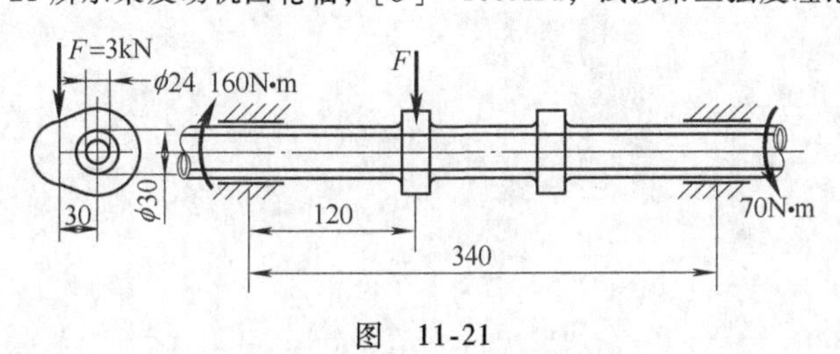

图　11-21

11-12　图 11-22 所示为操纵装置水平杆，截面为空心圆形，内径 $d=24\text{mm}$，外径 $D=30\text{mm}$。材料许用应力 $[\sigma]=100\text{MN/m}^2$。控制片受力 $F_1=600\text{N}$。试用第三强度理论校核杆的强度。

11-13　图 11-23 所示圆轴装有两个带轮 A 和 B，两轮直径相同，$D_A=D_B=1\text{m}$；重量相同，$P_A=P_B=5\text{kN}$。轮 A 上的传送带拉力沿水平方向，轮 B 上的传送带拉力沿铅垂方向，拉力的大小为 $F_{T1}=5\text{kN}$，$F_{T2}=2\text{kN}$。设许用应力 $[\sigma]=80\text{MPa}$，试按第三强度理论求圆轴所需的直径 d。

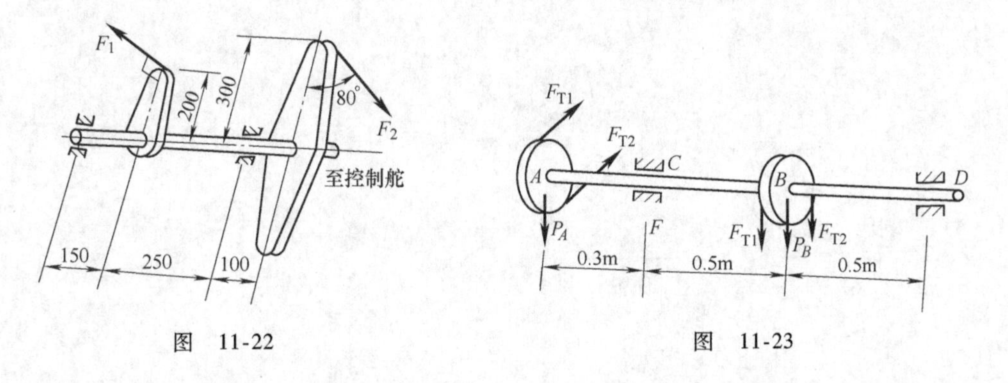

图　11-22　　　图　11-23

11-14 一圆截面悬臂梁如图11-24所示，同时受到轴向力、横向力和扭转力偶矩的作用。如果横截面面积 A、抗弯截面系数 W、抗扭截面系数 W_p 及许用应力 $[\sigma]$ 均为已知。

(1) 指出危险截面和危险点的位置；

(2) 画出危险点的应力状态；

(3) 按最大切应力理论建立强度条件。

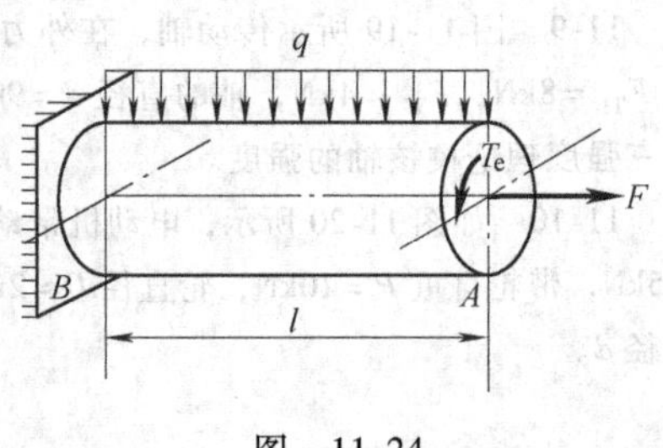

图 11-24

第十二章 压杆的稳定

第一节 概 述

当细长杆件受到轴向压力作用时，会出现与强度失效、刚度失效完全不同的失效现象，也就是会发生由于平衡的不稳定性而失效情况，这种失效形式称为**稳定性失效**，简称**失稳**。图 12-1 所示为两端铰支的受轴向压力的直杆，首先给直杆水平方向的微小扰动，然后观察水平方向的微小扰动去掉后的现象。对于图 12-1a 所示情况，直杆的轴线能够回到原来的平衡位置，平衡是稳定的；对于图 12-1b 所示情况，直杆的轴线将发生微小的弯曲，压杆不能回复到原来的平衡位置，扰动引起的微小弯曲也不继续增大，保持微弯状态的平衡，这是不稳定的平衡；对于图 12-1c 所示情况，直杆轴线的弯曲挠度会越来越大，直至完全丧失承载能力。

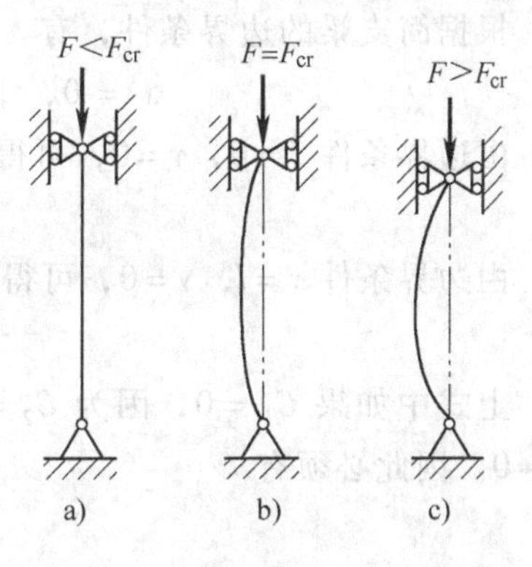

图 12-1

上述压杆上的作用力小于某临界值时，压杆的平衡是稳定的，而大于某临界值时，压杆的平衡是不稳定的。细长压杆随着压力的变化，其平衡的稳定性也会发生变化，由稳定平衡状态转为不稳定平衡状态的临界值称为压杆的临界力。显然，解决压杆稳定性问题的关键是确定其临界力。

在工程实际中，有很多压杆失稳的实例，如房屋中的立柱、液压装置中的活塞杆、桁架中的受压杆等。因此，细长压杆的稳定性校核是实际工程设计中必须考虑的重要因素之一。

第二节 两端铰支细长压杆的临界载荷

图 12-2 所示为两端铰支的细长压杆，压杆沿轴向压力 F 作用下保持微弯平衡状态。此时，压杆的临界载荷 $F_{cr}=F$，现用静力学的方法求其临界载荷。

压杆在距坐标原点 O 为 x 处的弯矩是

$$M(x) = -Fy$$

在弹性小变形条件下，处于微弯平衡状态的杆的挠曲线微分方程由下式给出：

$$EI\frac{d^2y}{dx^2}=M(x)$$

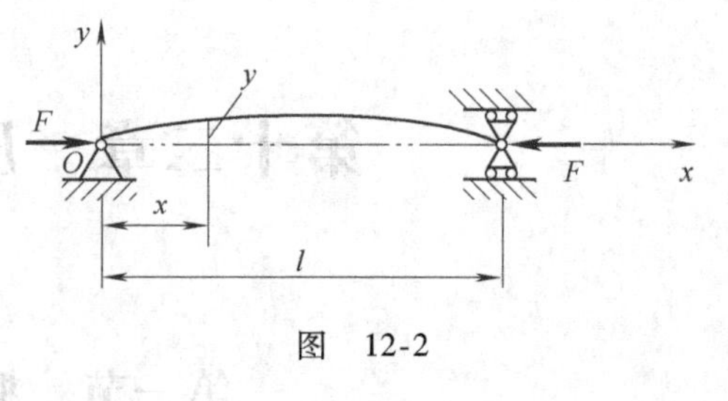

图 12-2

将 $M(x)=-Fy$ 代入上式，可得图示压杆的挠曲线微分方程为

$$\frac{d^2y}{dx^2}+k^2y=0$$

式中，$k^2=F/(EI)$。上式是一个二阶齐次常微分方程，其通解为

$$y=C_1\sin kx+C_2\cos kx$$

式中，积分常数 C_1、C_2 由边界条件确定。

根据简支梁的边界条件，有

$$x=0,\quad y=0;\quad x=l,\quad y=0$$

由边界条件 $x=0$，$y=0$，可得

$$C_2=0$$

由边界条件 $x=l$，$y=0$，可得

$$C_1\sin kl=0$$

上式中如果 $C_1=0$，因为 $C_2=0$，则 $y\equiv0$。这与所研究的实际问题不符，故 $C_1\neq0$。因此必须有

$$\sin kl=0$$

由此求得

$$kl=n\pi\quad(n=0,1,2,\cdots)$$

由 $k^2=F/(EI)$，可得

$$F=\frac{n^2\pi^2EI}{l^2}\quad(n=0,1,2,\cdots)$$

上式中若取 $n=0$，则 $F=0$，与实际情况不符。故 $n=1$ 是两端铰支压杆的最小临界载荷

$$F_{cr}=\frac{\pi^2EI}{l^2}\tag{12-1}$$

式（12-1）称为两端铰支压杆稳定临界载荷的欧拉公式。

第三节　不同约束条件下压杆的临界载荷

采用与前面类似的方法，可以由压杆微弯平衡的力学模型，研究不同约束条件下的临界载荷，也可用较简单的方法求出。

图 12-3 所示为一端固定另一端自由的细长压杆，它相当于两端铰支长为 $2l$ 的压杆的挠曲线的一半。

由此可推出其临界载荷公式为

$$F_{\mathrm{cr}}=\frac{\pi^2 EI}{(2l)^2} \tag{12-2}$$

图 12-4 所示为两端固定的细长压杆，其中间部分 $0.5l$ 相当于两端铰支长为 $0.5l$ 的压杆。

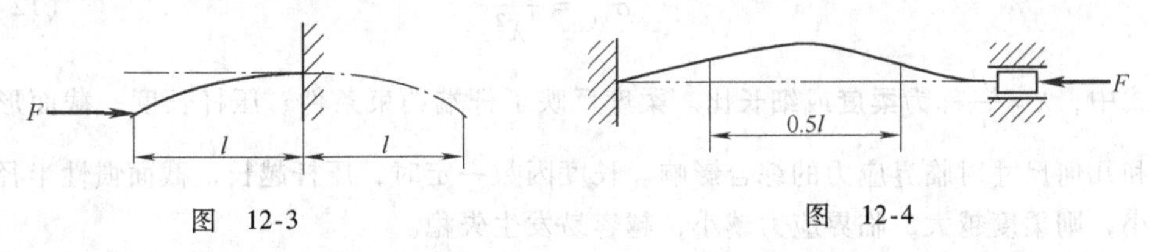

图　12-3　　　　图　12-4

由此可推出其临界载荷公式为

$$F_{\mathrm{cr}}=\frac{\pi^2 EI}{(0.5l)^2} \tag{12-3}$$

图 12-5 所示为一端固定另一端铰支的细长压杆，其中的一部分 $0.7l$ 相当于两端铰支长为 $0.7l$ 的压杆。

由此可推出其临界载荷公式为

$$F_{\mathrm{cr}}=\frac{\pi^2 EI}{(0.7l)^2} \tag{12-4}$$

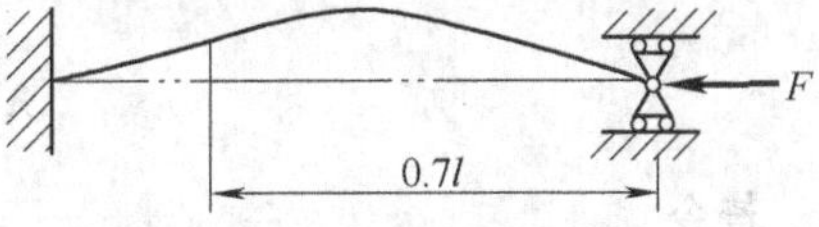

图　12-5

综上所述，可得细长压杆临界载荷统一的欧拉公式为

$$F_{\mathrm{cr}}=\frac{\pi^2 EI}{(\mu l)^2} \tag{12-5}$$

式中，μ 称为**长度因数**；μl 称为**相当长度**。它们根据压杆两端不同的约束条件来确定。表 12-1 是四种约束条件下的长度因数表。

表 12-1　压杆的长度因数

约束情况	长度因数 μ
两端铰支	1
一端固定另一端自由	2
两端固定	0.5
一端固定另一端铰支	0.7

第四节　临界应力　柔度　临界应力总图

一、临界应力与杆的柔度

压杆的临界应力，由欧拉公式（12-5）计算得到

$$\sigma_{cr} = \frac{F_{cr}}{A} = \frac{\pi^2 EI}{A(\mu l)^2} \tag{12-6}$$

式中，σ_{cr}称为**临界应力**。将截面惯性矩写成 $I = i^2 A$，其中 i 称为截面的惯性半径。

这样，临界应力公式成为

$$\sigma_{cr} = \frac{\pi^2 E}{\lambda^2} \tag{12-7}$$

式中，$\lambda = \frac{\mu l}{i}$称为**柔度**或**细长比**。柔度反映了杆端约束条件、压杆长度、截面形状和几何尺寸对临界应力的综合影响。长度因数一定时，压杆越长，截面惯性半径越小，则柔度越大，临界应力越小，越容易发生失稳。

欧拉公式的临界载荷的推导是在线弹性条件下得到的，故临界应力不能超过材料的比例极限，即

$$\sigma_{cr} = \frac{\pi^2 E}{\lambda^2} \leqslant \sigma_p$$

也即

$$\lambda \geqslant \sqrt{\frac{\pi^2 E}{\sigma_p}}$$

若令

$$\lambda_p = \sqrt{\frac{\pi^2 E}{\sigma_p}} \tag{12-8}$$

则只有当 $\lambda \geqslant \lambda_p$ 时，欧拉公式才可以使用。

由式（12-8）可见，λ_p 与材料性质有关。对于 Q235 钢，$E = 206\text{GPa}$，$\sigma_p = 200\text{MPa}$，将其代入式（12-8），得到

$$\lambda_p = \sqrt{\frac{\pi^2 \times 206 \times 10^3}{200}} \approx 100$$

二、临界应力总图

将三类压杆的临界应力与柔度间的关系图（图 12-6），称为**临界应力总图**。从图上可以看出，中、长压杆的临界应力随柔度的增加而减小，而短压杆的临界应力则与柔度无关。

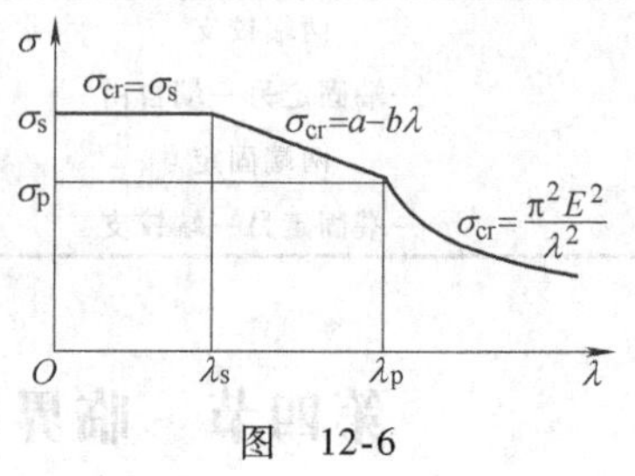

图 12-6

1）当 $\lambda \geqslant \lambda_p$ 时，压杆称为大柔度杆，其破坏形式是弹性失稳破坏，临界应力由欧拉公式（12-6）计算。

2）当 $\lambda_s \leqslant \lambda \leqslant \lambda_p$ 时，压杆称为中柔度杆，其破坏形式是非弹性失稳破坏，临界应力由经验公式计算。

目前已有很多经验公式，由于直线公式比较简单，使用方便，经常被采用，其

具体形式为

$$\sigma_{cr} = a - b\lambda \tag{12-9}$$

式中，a，b 是与压杆材料有关的常数。一些常用材料的 a，b 值见表 12-2。

表 12-2 直线公式的常数 a 和 b

材料（σ_b、σ_s 的单位为 MPa）		a/MPa	b/MPa
Q235 钢	$\sigma_b \geqslant 372$ $\sigma_s = 235$	304	1.12
优质碳钢	$\sigma_b \geqslant 471$ $\sigma_s = 306$	461	2.57
硅 钢	$\sigma_b \geqslant 510$ $\sigma_s = 353$	578	3.74
铬钼钢		9807	5.29
硬铝		392	3.26
铸铁		332.2	1.45
松木		28.7	0.19

中柔度杆的下限 λ_s 可写为

$$\lambda_s = \frac{a - \sigma_{cr}}{b} \tag{12-10}$$

对于塑性材料，式中 $\sigma_{cr} = \sigma_s$；对于脆性材料，$\sigma_{cr} = \sigma_b$。

例如，对于 Q235 钢，$a = 304\text{MPa}$，$b = 1.12\text{MPa}$，$\sigma_s = 235\text{MPa}$，将其代入式(12-10)，得到

$$\lambda_s = \frac{304 - 235}{1.12} = 61.6$$

3）当 $\lambda \leqslant \lambda_s$ 时，压杆称为小柔度杆，其破坏形式是强度破坏，临界应力为 $\sigma_{cr} = \sigma_s$（塑性材料）或 $\sigma_{cr} = \sigma_b$（脆性材料）。

例 12-1 一圆截面直杆两端铰支，其直径 $d = 20\text{mm}$，杆长 $l = 800\text{mm}$。已知材料为 Q235 钢，其弹性模量 $E = 200\text{GPa}$，其屈服极限 $\sigma_s = 240\text{MPa}$，试求此压杆的临界载荷和屈服载荷。

解 （1）计算柔度

根据压杆约束形式，得 $\mu = 1$

惯性半径为

$$i = \sqrt{\frac{I}{A}} = \frac{d}{4} = 5\text{mm}$$

故柔度为

$$\lambda = \frac{\mu l}{i} = \frac{1 \times 800}{5} = 160$$

（2）确定柔度范围

由$\lambda \geqslant \lambda_p = 100$，所以此压杆为大柔度杆，按欧拉公式有

$$F_{cr} = \frac{\pi^2 E}{l^2} \times \frac{\pi d^4}{64} = \frac{\pi^3 \times 200 \times 10^9 \times (0.02)^4}{(0.8)^2 \times 64}\text{N} = 24.2 \times 10^3\text{N}$$

压杆的屈服载荷为

$$F_s = \sigma_s A = \frac{\pi d^2 \sigma_s}{4} = \frac{\pi \times 20^2 \times 240}{4}\text{N} = 75.4 \times 10^3\text{N}$$

从以上可知，$F_{cr} \leqslant F_s$，因此当压力达到F_{cr}时，压杆首先发生的是失稳破坏。

例 12-2 两端铰支的压杆，长$l = 1.5\text{m}$，横截面直径$d = 50\text{mm}$，材料是Q235钢，弹性模量$E = 200\text{GPa}$，$\sigma_p = 190\text{MPa}$；求压杆的临界力；如果：（1）$l_1 = 0.75l$；（2）$l_2 = 0.5l$，材料选用优质碳钢；压杆的临界力变为多大?

解 （1）计算压杆的柔度

$$i = \sqrt{\frac{I}{A}} = \sqrt{\frac{\frac{1}{64}\pi d^4}{\frac{1}{4}\pi d^2}} = \frac{d}{4}$$

$$\lambda = \frac{\mu l}{i} = \frac{4\mu l}{d} = 120$$

（2）判别压杆的性质

$$\lambda_1 = \sqrt{\frac{\pi^2 E}{\sigma_p}} = 102$$

$$\lambda > \lambda_p$$

压杆是大柔度杆，用欧拉公式计算临界力。

（3）计算临界应力

$$F_{cr} = \sigma_{cr} \cdot A = \frac{\pi^2 E}{\lambda^2} \cdot A = 269\text{kN}$$

（4）当$l_1 = 0.75l$时，压杆的柔度$\lambda = 0.75 \times 120 = 90$，判别压杆的性质。而

$$\lambda_s = \frac{a - \sigma_s}{b} = \frac{304 - 235}{1.12} = 62$$

$$\lambda_s < \lambda < \lambda_p$$

压杆是中柔度杆，选用经验公式计算临界力

$$F_{cr} = \sigma_{cr} \cdot A = (a - b\lambda)A = 399\text{kN}$$

（5）当$l_2 = 0.5l$时，压杆的柔度$\lambda = 0.5 \times 120 = 60$，判别压杆的性质。而

$$\lambda_s = \frac{a - \sigma_s}{b} = \frac{461 - 306}{2.568} = 60.4$$

$$\lambda < \lambda_s$$

压杆是小柔度杆，临界应力就是屈服应力

$$F_{cr} = \sigma_s \cdot A = 306 \times 10^6 \times \frac{1}{4}\pi \times 0.05^2 \text{N} = 600\text{kN}$$

第五节　压杆的稳定计算

压杆的实际工作载荷不能超过许可载荷，则稳定条件为

$$F \leqslant [F] = \frac{F_{cr}}{n_w} \tag{12-11}$$

式中，n_w 为压杆的稳定安全因数。

定义工作安全因数为 $n = \frac{F_{cr}}{F}$，则稳定条件又可表示为

$$n \geqslant n_w \tag{12-12}$$

由于实际压杆总是不可避免地存在初曲率、载荷的偏心以及材料的不均匀等不利因素的影响，稳定许用安全因数的选取，一般应大于强度安全因数。一般情况下，钢材稳定许用安全因数取1.8～3.0，铸铁取5.0～5.5，机床丝杠取2.5～4.0，磨床油缸活塞杆取4.0～6.0等。稳定许用安全因数可在专业设计手册中查到。

利用压杆的稳定条件，可以进行稳定性设计，包括稳定性校核、截面尺寸或杆长设计、求许可载荷等方面。

例12-3　有一压杆约束为两端铰支。压杆由优质碳钢制成，压杆的直径 $d=40\text{mm}$，杆长 $L=700\text{mm}$，最大工作载荷 $F=80\text{kN}$。若规定的许用稳定安全因数为 $n_w=4$，试校核其稳定性。

解　(1) 计算柔度

根据压杆约束形式，得　$\mu = 1$

惯性半径为

$$i = \sqrt{\frac{I}{A}} = \frac{d}{4} = 10\text{mm}$$

故柔度为

$$\lambda = \frac{\mu L}{i} = \frac{1 \times 700}{10} = 70$$

(2) 确定柔度范围

由 $\lambda_s < \lambda < \lambda_p$，所以此压杆为中柔度杆，按经验公式有

$$F_{cr} = \sigma_{cr} A = (a - b\lambda)\frac{\pi d^2}{4}$$

$$= \left[(461 - 2.57 \times 70) \times 10^6 \times \frac{\pi \times 40^2 \times 10^{-6}}{4}\right]\text{N} = 353.24\text{kN}$$

(3) 稳定性校核

由稳定性条件，有

$$n = \frac{F_{cr}}{F} = \frac{353.24}{80} = 4.415 > n_w = 4$$

因此，此压杆是稳定的。

例 12-4 图 12-7a 所示结构，受到 F 作用，试校核 BG 杆的稳定性。已知 $F = 12\text{kN}$，BG 杆的外径 $D = 45\text{mm}$，内径 $d = 36\text{mm}$，稳定安全因数 $n_w = 2.5$。BG 杆材料是 Q235 钢。

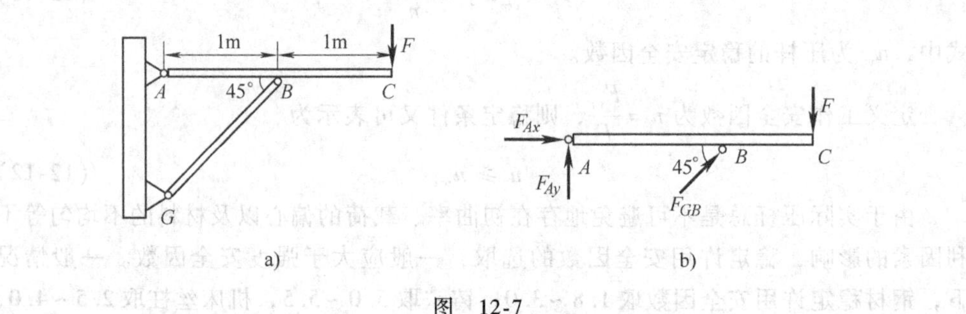

图 12-7

解 (1) 受力分析：以梁 AC 为研究对象，受力图如图 12-7b 所示。由静力平衡条件可得

$$\sum M_C = 0, \quad F_{GB} \sin 45° \times 1\text{m} - F \times 2\text{m} = 0$$

$$F_{GB} = \frac{2F}{\sin 45°} = 33.9\text{kN}$$

(2) 计算 BG 杆的柔度

$$i = \sqrt{\frac{I}{A}} = \frac{\sqrt{D^2 + d^2}}{4} = 0.0144\text{m}$$

$$\lambda = \frac{\mu l}{i} = \frac{1 \times (1/\sin 45°)}{0.0144} = 98.1$$

(3) 确定柔度范围

由 $\lambda_s < \lambda < \lambda_p$ 可知此压杆为中柔度杆，按经验公式有

$$F_{cr} = \sigma_{cr} \times A = (a - b\lambda)A$$

$$= \left[(304 - 1.12 \times 98.1) \times 10^6 \times \frac{\pi(0.045^2 - 0.036^2)}{4}\right]\text{N}$$

$$= 111\text{kN}$$

(4) 稳定性校核

$$n = \frac{F_{cr}}{F_{GB}} = \frac{111 \times 10^3}{33.9 \times 10^3} = 3.27 > n_w = 2.5$$

故此压杆满足稳定要求。

例 12-5 在图 12-8 所示结构中，AB 为圆截面杆，直径 $d = 80\text{mm}$，BC 为正方

形截面，边长 $a=70\text{mm}$。两杆材料均为 Q235 钢，弹性模量 $E=210\text{GPa}$，它们可以各自独立发生弯曲变形。已知 A 端为固定，B、C 为球铰，$l=3\text{m}$。规定稳定安全因数 $n_w=2.5$，试求此结构的许可载荷。

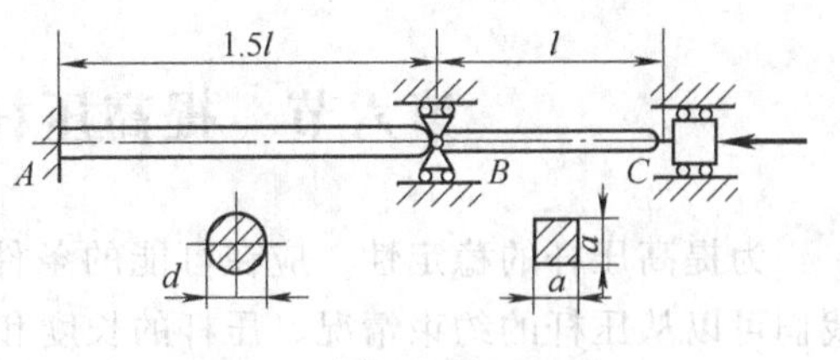

图　12-8

解　(1) 求 AB 杆的临界力和许可载荷

对于 AB 杆，长度因数 $\mu=0.7$，$l_{AB}=1.5l=(1.5\times3)\text{m}=4.5\text{m}$，惯性半径 $i=d/4=(80/4)\text{mm}=20\text{mm}$，于是柔度为

$$\lambda_{AB}=\frac{\mu l}{i}=\frac{0.7\times4500}{20}=157.5$$

可见，$\lambda_{AB}>\lambda_1=100$，为大柔度杆，故可按欧拉公式计算临界力

$$F_{cr}=\frac{\pi^2EI}{(\mu l)^2}=\frac{\pi^2\times210\times10^3\times\pi\times80^4}{(0.7\times4.5\times10^3)^2\times64}\text{N}=42\times10^4\text{N}$$

$$=420\text{kN}$$

AB 杆的许可载荷为

$$F_{AB}\leqslant\frac{F_{cr}}{n_w}=\frac{420}{2.5}\text{kN}=168\text{kN}$$

(2) 求 BC 杆的临界力和许可载荷

对于 BC 杆，$\mu=1$，$l=3\text{m}$，惯性半径为

$$i=\sqrt{\frac{I}{A}}=\frac{\sqrt{\frac{1}{12}a^4}}{a^2}=\frac{a}{2\sqrt{3}}=\frac{70}{2\sqrt{3}}\text{mm}=20.2\text{mm}$$

柔度为

$$\lambda_{BC}=\frac{\mu l}{i}=\frac{1\times3\times10^3}{20.2}=148.5$$

可见，BC 杆也是大柔度杆，其临界力为

$$F_{cr}=\frac{\pi^2\times210\times10^3\times70^4}{(1\times3\times10^3)^2\times12}\text{N}=460.3\text{kN}$$

BC 杆的许可载荷为

$$F_{BC}\leqslant\frac{F_{cr}}{n_w}=\frac{460.3}{2.5}\text{kN}=184.1\text{kN}$$

(3) 结构的许可载荷

比较 AB 和 BC 两杆的许可载荷，取其小者作为结构的许可载荷。于是，该结构的许可载荷为 168kN。

第六节 提高压杆稳定性的措施

为提高压杆的稳定性，应在可能的条件下，尽量提高压杆的临界应力。为此，我们可以从压杆的约束情况、压杆的长度和截面形状以及材料性质等方面来考虑。

一、加强约束的牢固性

压杆约束的类型，决定了长度因数μ的数值。杆端的固定性越强，长度因数越小。从而降低了柔度，提高了临界应力。所以，在条件允许时，应尽量使杆端不易转动。例如，长为l两端铰支的压杆，将两端改为固定端，临界应力就变为原来的四倍。

二、尽量减小压杆长度

压杆长度增加，柔度也随着增加，由式（12-7）和式（12-9）可见，其临界应力迅速下降。所以，在结构允许的条件下，应尽量减小压杆长度。这样可明显地提高压杆的稳定性。

如果结构不允许减小杆长，也可采用增加支座的方法。如果两端铰支的压杆，在中点增加一铰链支座，其临界应力也变为原来的四倍。

三、选择合理的截面形状

柔度λ与惯性半径i成反比，而$i=\sqrt{I/A}$，所以，在截面积A为一定的情况下，选择I值较大的截面形状，就比较合理。如图12-9中，用四根等边角钢制成的组合截面压杆，显然，图12-9b较图12-9a合理。许多压杆采用空心截面杆，也是基于上述考虑。

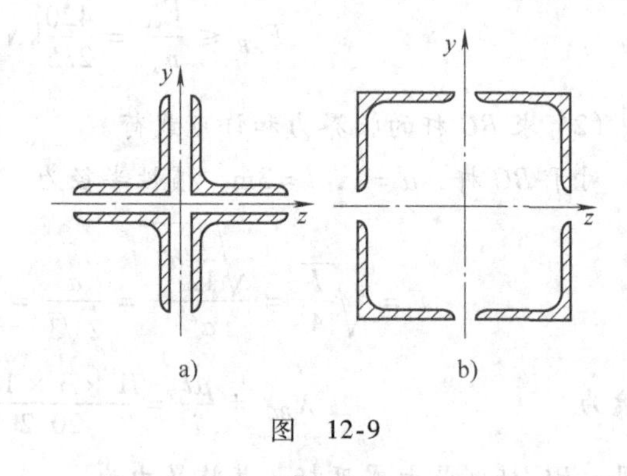

图 12-9

如果压杆在各纵向截面的支承相同，则宜采用圆形或正方形截面。这些截面对任一形心轴的惯性半径i相等，压杆在各纵向平面内的柔度相等，致使杆在各纵向平面内的稳定性相同。如果压杆在两个纵向对称平面内的支承情况不同，则应尽量使压杆在两个纵向对称平面内的柔度相等，以使压杆在两个纵向对称平面内的稳定性相同。

四、合理选用材料

对于大柔度杆，材料对临界应力的影响，反映在弹性模量E上。而对各种钢材而言，E值相差无几。所以，选用合金钢、优质钢对提高临界应力的作用不大，反而是不经济的。而对于中、小柔度杆，临界应力与材料的强度指标有关，选用高强度钢，可以提高压杆的稳定性。

习　题

12-1　选择题：

(1) 已知中柔度杆的柔度为 100，材料的常数 $a=304\text{MPa}$，$b=1.12\text{MPa}$，$E=200\text{GPa}$，则压杆临界应力大小为__________。

(A) 92MPa　(B) 102MPa　(C) 132MPa　(D) 192MPa

(2) 已知杆件的约束方式为两端铰支，外径 $D=80\text{mm}$，内径 $d=60\text{mm}$，杆件的长度为 2m，则杆件的柔度为__________。

(A) 50　(B) 75　(C) 80　(D) 125

(3) 以下不能提高压杆稳定性的措施是__________。

(A) 选择合理的截面形状　(B) 加强约束的牢固性

(C) 增加压杆的长度　(D) 合理选用材料

(4) 根据__________来判断压杆的类型。

(A) 压杆的柔度　(B) 压杆横截面的惯性矩

(C) 压杆的长度因数　(D) 压杆的约束方式

(5) 中柔度杆的破坏形式是__________。

(A) 弹性失稳　(B) 屈服破坏　(C) 刚度破坏　(D) 非弹性失稳

(6) 正方形截面杆，横截面边长 a 和杆长 l 成比例增加，它的细长比__________。

(A) 成比例增加　(B) 保持不变

(C) 按 $(l/a)^2$ 变化　(D) 按 $(a/l)^2$ 变化

(7) 长方形截面细长压杆，$b/h=1/2$；如果将 b 改为 h 后仍为细长杆，临界力 F_{cr} 是原来的__________。

(A) 2 倍　(B) 4 倍　(C) 8 倍　(D) 16 倍

(8) 两端铰支的压杆，其长度因数为__________。

(A) 0.5　(B) 0.7　(C) 1　(D) 2

12-2　有一千斤顶，一端固支另一端自由，材料为 Q235 钢。螺纹直径 $d=5.2\text{cm}$，最大高度 $l=50\text{cm}$，求其临界载荷。

12-3　三根圆截面压杆，直径均为 $d=160\text{mm}$，材料为 Q235 钢，$E=200\text{GN/m}^2$，$\sigma_s=240\text{MN/m}^2$，两端均为铰支，长度分别为 l_1、l_2 和 l_3，而 $l_1=2l_2=4l_3=5\text{m}$。试求各杆临界压力 F_{cr}。

12-4　某内燃机挺杆为中空圆截面，外径 $D=10\text{mm}$，内径 $d=7\text{mm}$，两端都是球铰支座。挺杆承受载荷 $F=1.4\text{kN}$。材料为 Q235 钢，$E=206\text{GN/m}^2$。杆长 $l=456\text{mm}$，取安全因数 $n_w=3$，试校核挺杆的稳定性。

12-5　一简易起重机的摇臂如图 12-10 所示，最大载重量 $P=20\text{kN}$。已知 AB 杆的外径 $D=50\text{mm}$，内径 $d=40\text{mm}$，材料为 Q235 钢，许用应力 $[\sigma]=140\text{MPa}$，试按折减因数法校核此压杆是否稳定。

12-6　图 12-11 所示为一个机器的连杆，材料为优质碳钢，所受最大轴向压力 $F=60\text{kN}$，设规定的稳定安全因数 $n_w=4$，试校核连杆的稳定性。

12-7　一铸铁立柱，下端固定，上端自由，$E=120\text{GN/m}^2$，$\lambda_1=80$，尺寸如图 12-12 所示。规定的稳定安全因数 $n_w=3$，试确定此立柱的许可载荷 F。

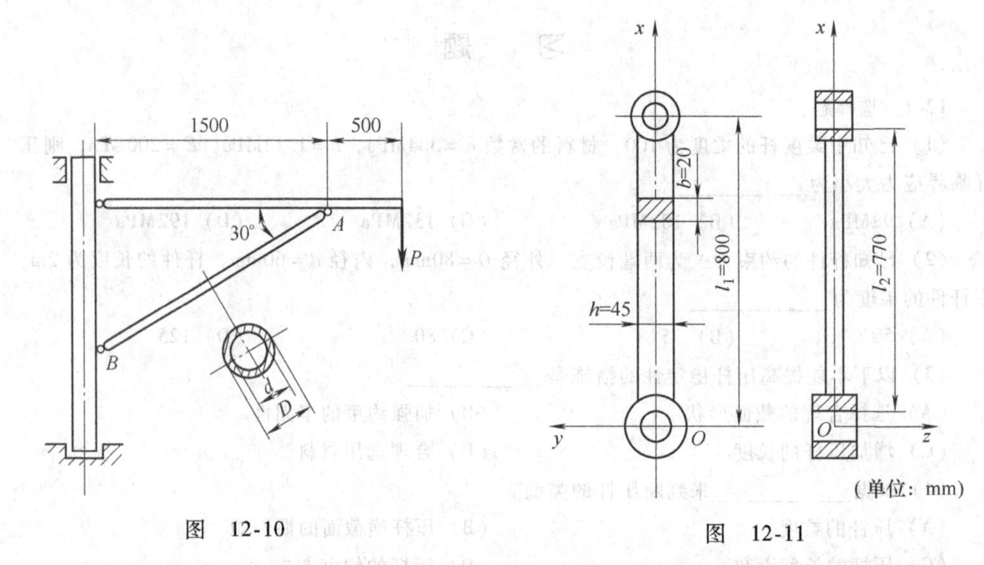

图 12-10　　　图 12-11

12-8　图 12-13 所示一转臂起重机架 ABC，受压杆 AB 采用 $\phi 76\text{mm} \times 4$ 的钢管制成，两端为铰支，材料为 Q235 钢。若结构的自重不计，取安全因数 $n_w = 3.5$，试求最大起重量 P。

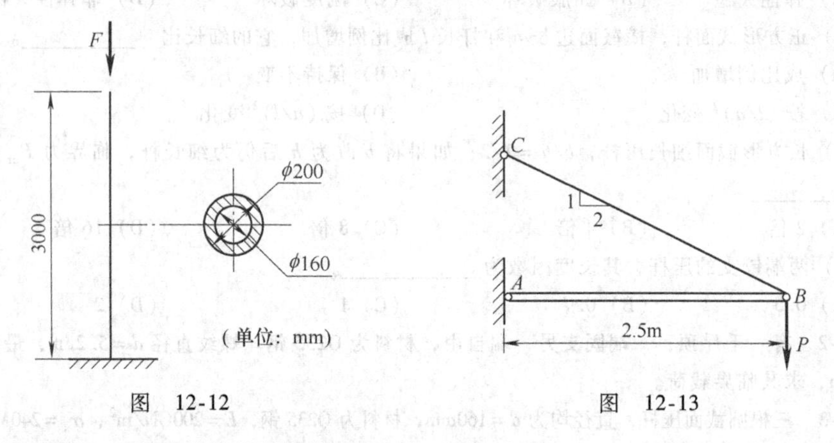

图 12-12　　　图 12-13

12-9　图 12-14 所示结构的材料为 Q235 钢，已知 $d = 20\text{mm}$，$a = 1.25\text{m}$，$l = 0.55\text{m}$，$\alpha = 30°$，$F = 25\text{kN}$，$[\sigma] = 610\text{MPa}$。试问此结构是否安全。

12-10　图 12-15 所示结构，已知等截面杆 AB 和杆 BC 弯曲刚度 EI 相同，载荷 F 与杆 AB 的轴线的夹角为 θ，且 $0 < \theta < \pi/2$。求当 θ 取什么值时，载荷 F 达到最大值，并且最大值是多少。

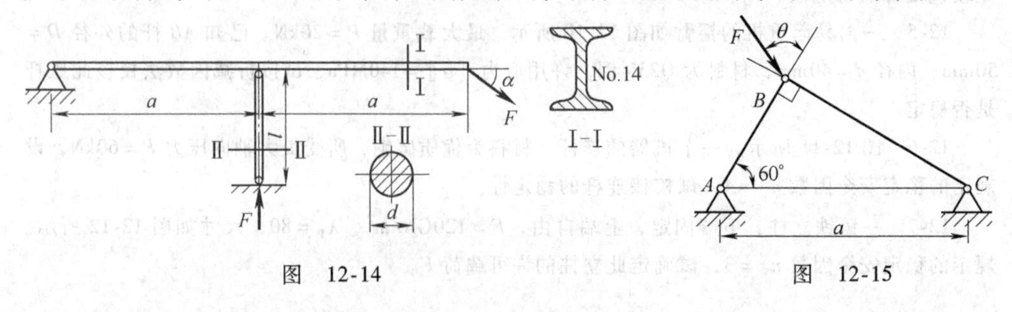

图 12-14　　　图 12-15

附　　录

附录 A　热轧型钢表（GB/T 706—2008）

表 A-1　等边角钢截面尺寸、截面面积、理论重量及截面特性

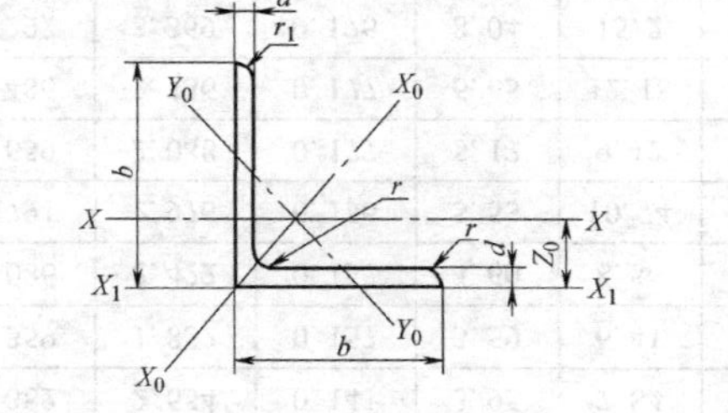

符号意义：

b——边宽　　I——惯性矩

d——边厚　　i——惯性半径

r——内圆弧半径　　W——截面模数

r_1——边端内弧半径　　Z_0——重心距离

型号	截面尺寸/mm			截面面积/cm²	理论重量/(kg/m)	外表面积/(m²/m)	惯性矩/cm⁴				惯性半径/cm			截面模数/cm³			重心距离/cm
	b	d	r				I_x	I_{x1}	I_{x0}	I_{y0}	i_x	i_{x0}	i_{y0}	W_x	W_{x0}	W_{y0}	Z_0
2	20	3	3.5	1.132	0.889	0.078	0.40	0.81	0.63	0.17	0.59	0.75	0.39	0.29	0.45	0.20	0.60
		4		1.459	1.145	0.077	0.50	1.09	0.78	0.22	0.58	0.73	0.38	0.36	0.55	0.24	0.64
2.5	25	3		1.432	1.124	0.098	0.82	1.57	1.29	0.34	0.76	0.95	0.49	0.46	0.73	0.33	0.73
		4		1.859	1.459	0.097	1.03	2.11	1.62	0.43	0.74	0.93	0.48	0.59	0.92	0.40	0.76

（续）

型号	截面尺寸/mm			截面面积/cm²	理论重量/(kg/m)	外表面积/(m²/m)	惯性矩/cm⁴				惯性半径/cm			截面模数/cm³			重心距离/cm
	b	d	r				I_x	I_{x1}	I_{x0}	I_{y0}	i_x	i_{x0}	i_{y0}	W_x	W_{x0}	W_{y0}	Z_0
3.0	30	3	4.5	1.749	1.373	0.117	1.46	2.71	2.31	0.61	0.91	1.15	0.59	0.68	1.09	0.51	0.85
		4		2.276	1.786	0.117	1.84	3.63	2.92	0.77	0.90	1.13	0.58	0.87	1.37	0.62	0.89
3.6	36	3		2.109	1.656	0.141	2.58	4.68	4.09	1.07	1.11	1.39	0.71	0.99	1.61	0.76	1.00
		4		2.756	2.163	0.141	3.29	6.25	5.22	1.37	1.09	1.38	0.70	1.28	2.05	0.93	1.04
		5		3.382	2.654	0.141	3.95	7.84	6.24	1.65	1.08	1.36	0.70	1.56	2.45	1.00	1.07
4	40	3	5	2.359	1.852	0.157	3.59	6.41	5.69	1.49	1.23	1.55	0.79	1.23	2.01	0.96	1.09
		4		3.086	2.422	0.157	4.60	8.56	7.29	1.91	1.22	1.54	0.79	1.60	2.58	1.19	1.13
		5		3.791	2.976	0.156	5.53	10.74	8.76	2.30	1.21	1.52	0.78	1.96	3.10	1.39	1.17
4.5	45	3		2.659	2.088	0.177	5.17	9.12	8.20	2.14	1.40	1.76	0.89	1.58	2.58	1.24	1.22
		4		3.486	2.736	0.177	6.65	12.18	10.56	2.75	1.38	1.74	0.89	2.05	3.32	1.54	1.26
		5		4.292	3.369	0.176	8.04	15.2	12.74	3.33	1.37	1.72	0.88	2.51	4.00	1.81	1.30
		6		5.076	3.985	0.176	9.33	18.36	14.76	3.89	1.36	1.70	0.8	2.95	4.64	2.06	1.33
5	50	3	5.5	2.971	2.332	0.197	7.18	12.5	11.37	2.98	1.55	1.96	1.00	1.96	3.22	1.57	1.34
		4		3.897	3.059	0.197	9.26	16.69	14.70	3.82	1.54	1.94	0.99	2.56	4.16	1.96	1.38
		5		4.803	3.770	0.196	11.21	20.90	17.79	4.64	1.53	1.92	0.98	3.13	5.03	2.31	1.42
		6		5.688	4.465	0.196	13.05	25.14	20.68	5.42	1.52	1.91	0.98	3.68	5.85	2.63	1.46
5.6	56	3	6	3.343	2.624	0.221	10.19	17.56	16.14	4.24	1.75	2.20	1.13	2.48	4.08	2.02	1.48
		4		4.390	3.446	0.220	13.18	23.43	20.92	5.46	1.73	2.18	1.11	3.24	5.28	2.52	1.53
		5		5.415	4.251	0.220	16.02	29.33	25.42	6.61	1.72	2.17	1.10	3.97	6.42	2.98	1.57
		6		6.420	5.040	0.220	18.69	35.26	29.66	7.73	1.71	2.15	1.10	4.68	7.49	3.40	1.61
		7		7.404	5.812	0.219	21.23	41.23	33.63	8.82	1.69	2.13	1.09	5.36	8.49	3.80	1.64
		8		8.367	6.568	0.219	23.63	47.24	37.37	9.89	1.68	2.11	1.09	6.03	9.44	4.16	1.68

（续）

型号	截面尺寸/mm			截面面积/cm²	理论重量/(kg/m)	外表面积/(m²/m)	惯性矩/cm⁴				惯性半径/cm			截面模数/cm³			重心距离/cm
	b	d	r				I_x	I_{x1}	I_{x0}	I_{y0}	i_x	i_{x0}	i_{y0}	W_x	W_{x0}	W_{y0}	Z_0
6	60	5	6.5	5.829	4.576	0.236	19.89	36.05	31.57	8.21	1.85	2.33	1.19	4.59	7.44	3.48	1.67
		6		6.914	5.427	0.235	23.25	43.33	36.89	9.60	1.83	2.31	1.18	5.41	8.70	3.98	1.70
		7		7.977	6.262	0.235	26.44	50.65	41.92	10.96	1.82	2.29	1.17	6.21	9.88	4.45	1.74
		8		9.020	7.081	0.235	29.47	58.02	46.66	12.28	1.81	2.27	1.17	6.98	11.00	4.88	1.78
6.3	63	4	7	4.978	3.907	0.248	19.03	33.35	30.17	7.89	1.96	2.46	1.26	4.13	6.78	3.29	1.70
		5		6.143	4.822	0.248	23.17	41.73	36.77	9.57	1.94	2.45	1.25	5.08	8.25	3.90	1.74
		6		7.288	5.721	0.247	27.12	50.14	43.03	11.20	1.93	2.43	1.24	6.00	9.66	4.46	1.78
		7		8.412	6.603	0.247	30.87	58.60	48.96	12.79	1.92	2.41	1.23	6.88	10.99	4.98	1.82
		8		9.515	7.469	0.247	34.46	67.11	54.56	14.33	1.90	2.40	1.23	7.75	12.25	5.47	1.85
		10		11.657	9.151	0.246	41.09	84.31	64.85	17.33	1.88	2.36	1.22	9.39	14.56	6.36	1.93
7	70	4	8	5.570	4.372	0.275	26.39	45.74	41.80	10.99	2.18	2.74	1.40	5.14	8.44	4.17	1.86
		5		6.875	5.397	0.275	32.21	57.21	51.08	13.31	2.16	2.73	1.39	6.32	10.32	4.95	1.91
		6		8.160	6.406	0.275	37.77	68.73	59.93	15.61	2.15	2.71	1.38	7.48	12.11	5.67	1.95
		7		9.424	7.398	0.275	43.09	80.29	68.35	17.82	2.14	2.69	1.38	8.59	13.81	6.34	1.99
		8		10.667	8.373	0.274	48.17	91.92	76.37	19.98	2.12	2.68	1.37	9.68	15.43	6.98	2.03
7.5	75	5	9	7.412	5.818	0.295	39.97	70.56	63.30	16.63	2.33	2.92	1.50	7.32	11.94	5.77	2.04
		6		8.797	6.905	0.294	46.95	84.55	74.38	19.51	2.31	2.90	1.49	8.64	14.02	6.67	2.07
		7		10.160	7.976	0.294	53.57	98.71	84.96	22.18	2.30	2.89	1.48	9.93	16.02	7.44	2.11
		8		11.503	9.030	0.294	59.96	112.97	95.07	24.86	2.28	2.88	1.47	11.20	17.93	8.19	2.15
		9		12.825	10.068	0.294	66.10	127.30	104.71	27.48	2.27	2.86	1.46	12.43	19.75	8.89	2.18
		10		14.126	11.089	0.293	71.98	141.71	113.92	30.05	2.26	2.84	1.46	13.64	21.48	9.56	2.22
8	80	5		7.912	6.211	0.315	48.79	85.36	77.33	20.25	2.48	3.13	1.60	8.34	13.67	6.66	2.15
		6		9.397	7.376	0.314	57.35	102.50	90.98	23.72	2.47	3.11	1.59	9.87	16.08	7.65	2.19

（续）

型号	截面尺寸/mm			截面面积/cm²	理论重量/(kg/m)	外表面积/(m²/m)	惯性矩/cm⁴				惯性半径/cm			截面模数/cm³			重心距离/cm
	b	d	r				I_x	I_{x1}	I_{x0}	I_{y0}	i_x	i_{x0}	i_{y0}	W_x	W_{x0}	W_{y0}	Z_0
8	80	7	9	10.860	8.525	0.314	65.58	119.70	104.07	27.09	2.46	3.10	1.58	11.37	18.40	8.58	2.23
		8		12.303	9.658	0.314	73.49	136.97	116.60	30.39	2.44	3.08	1.57	12.83	20.61	9.46	2.27
		9		13.725	10.774	0.314	81.11	154.31	128.60	33.61	2.43	3.06	1.56	14.25	22.73	10.29	2.31
		10		15.126	11.874	0.313	88.43	171.74	140.09	36.77	2.42	3.04	1.56	15.64	24.76	11.08	2.35
9	90	6	10	10.637	8.350	0.354	82.77	145.87	131.26	34.28	2.79	3.51	1.80	12.61	20.63	9.95	2.44
		7		12.301	9.656	0.354	94.83	170.30	150.47	39.18	2.78	3.50	1.78	14.54	23.64	11.19	2.48
		8		13.944	10.946	0.353	106.47	194.80	168.97	43.97	2.76	3.48	1.78	16.42	26.55	12.35	2.52
		9		15.566	12.219	0.353	117.72	219.39	186.77	48.66	2.75	3.46	1.77	18.27	29.35	13.46	2.56
		10		17.167	13.476	0.353	128.58	244.07	203.90	53.26	2.74	3.45	1.76	20.07	32.04	14.52	2.59
		12		20.306	15.940	0.352	149.22	293.76	236.21	62.22	2.71	3.41	1.75	23.57	37.12	16.49	2.67
10	100	6	12	11.932	9.366	0.393	114.95	200.07	181.98	47.92	3.10	3.90	2.00	15.68	25.74	12.69	2.67
		7		13.796	10.830	0.393	131.86	233.54	208.97	54.74	3.09	3.89	1.99	18.10	29.55	14.26	2.71
		8		15.638	12.276	0.393	148.24	267.09	235.07	61.41	3.08	3.88	1.98	20.47	33.24	15.75	2.76
		9		17.462	13.708	0.392	164.12	300.73	260.30	67.95	3.07	3.86	1.97	22.79	36.81	17.18	2.80
		10		19.261	15.120	0.392	179.51	334.48	284.68	74.35	3.05	3.84	1.96	25.06	40.26	18.54	2.84
		12		22.800	17.898	0.391	208.90	402.34	330.95	86.84	3.03	3.81	1.95	29.48	46.80	21.08	2.91
		14		26.256	20.611	0.391	236.53	470.75	374.06	99.00	3.00	3.77	1.94	33.73	52.90	23.44	2.99
		16		29.627	23.257	0.390	262.53	539.80	414.16	110.89	2.98	3.74	1.94	37.82	58.57	25.63	3.06
11	110	7		15.196	11.928	0.433	177.16	310.64	280.94	73.38	3.41	4.30	2.20	22.05	36.12	17.51	2.96
		8		17.238	13.535	0.433	199.46	355.20	316.49	82.42	3.40	4.28	2.19	24.95	40.69	19.39	3.01
		10		21.261	16.690	0.432	242.19	444.65	384.39	99.98	3.38	4.25	2.17	30.68	49.42	22.91	3.09
		12		25.200	19.782	0.431	282.55	534.60	448.17	116.93	3.35	4.22	2.15	36.05	57.62	26.15	3.16
		14		29.056	22.809	0.431	320.71	625.16	508.01	133.40	3.32	4.18	2.14	41.31	65.31	29.14	3.24

（续）

型号	截面尺寸/mm			截面面积/cm^2	理论重量/(kg/m)	外表面积/(m^2/m)	惯性矩/cm^4				惯性半径/cm			截面模数/cm^3			重心距离/cm
	b	d	r				I_x	I_{x1}	I_{x0}	I_{y0}	i_x	i_{x0}	i_{y0}	W_x	W_{x0}	W_{y0}	Z_0
12.5	125	8	14	19.750	15.504	0.492	297.03	521.01	470.89	123.16	3.88	4.88	2.50	32.52	53.28	25.86	3.37
		10		24.373	19.133	0.491	361.67	651.93	573.89	149.46	3.85	4.85	2.48	39.97	64.93	30.62	3.45
		12		28.912	22.696	0.491	423.16	783.42	671.44	174.88	3.83	4.82	2.46	41.17	75.96	35.03	3.53
		14		33.367	26.193	0.490	481.65	915.61	763.73	199.57	3.80	4.78	2.45	54.16	86.41	39.13	3.61
		16		37.739	29.625	0.489	537.31	1048.62	850.98	223.65	3.77	4.75	2.43	60.93	96.28	42.96	3.68
14	140	10	14	27.373	21.488	0.551	514.65	915.11	817.27	212.04	4.34	5.46	2.78	50.58	82.56	39.20	3.82
		12		32.512	25.522	0.551	603.68	1099.28	958.79	248.57	4.31	5.43	2.76	59.80	96.85	45.02	3.90
		14		37.567	29.490	0.550	688.81	1284.22	1093.56	284.06	4.28	5.40	2.75	68.75	110.47	50.45	3.98
		16		42.539	33.393	0.549	770.24	1470.07	1221.81	318.67	4.26	5.36	2.74	77.46	123.42	55.55	4.06
15	150	8		23.750	18.644	0.592	521.37	899.55	827.49	215.25	4.69	5.90	3.01	47.36	78.02	38.14	3.99
		10		29.373	23.058	0.591	637.50	1125.09	1012.79	262.21	4.66	5.87	2.99	58.35	95.49	45.51	4.08
		12		34.912	27.406	0.591	748.85	1351.26	1189.97	307.73	4.63	5.84	2.97	69.04	112.19	52.38	4.15
		14		40.367	31.688	0.590	855.64	1578.25	1359.30	351.98	4.60	5.80	2.95	79.45	128.16	58.83	4.23
		15		43.063	33.804	0.590	907.39	1692.10	1441.09	373.69	4.59	5.78	2.95	84.56	135.87	61.90	4.27
		16		45.739	35.905	0.589	958.08	1806.21	1521.02	395.14	4.58	5.77	2.94	89.59	143.40	64.89	4.31
16	160	10	16	31.502	24.729	0.630	779.53	1365.33	1237.30	321.76	4.98	6.27	3.20	66.70	109.36	52.76	4.31
		12		37.441	29.391	0.630	916.58	1639.57	1455.68	377.49	4.95	6.24	3.18	78.98	128.67	60.74	4.39
		14		43.296	33.987	0.629	1048.36	1914.68	1665.02	431.70	4.92	6.20	3.16	90.95	147.17	68.24	4.47
		16		49.067	38.518	0.629	1175.08	2190.82	1865.57	484.59	4.89	6.17	3.14	102.63	164.89	75.31	4.55
18	180	12		42.241	33.159	0.710	1321.35	2332.80	2100.10	542.61	5.59	7.05	3.58	100.82	165.00	78.41	4.89
		14		48.896	38.383	0.709	1514.48	2723.48	2407.42	621.53	5.56	7.02	3.56	116.25	189.14	88.38	4.97
		16		55.467	43.542	0.709	1700.99	3115.29	2703.37	698.60	5.54	6.98	3.55	131.13	212.40	97.83	5.05
		18		61.055	48.634	0.708	1875.12	3502.43	2988.24	762.01	5.50	6.94	3.51	145.64	234.78	105.14	5.13

（续）

型号	截面尺寸/mm			截面面积/cm^2	理论重量/(kg/m)	外表面积/(m^2/m)	惯性矩/cm^4				惯性半径/cm			截面模数/cm^3			重心距离/cm
	b	d	r				I_x	I_{x1}	I_{x0}	I_{y0}	i_x	i_{x0}	i_{y0}	W_x	W_{x0}	W_{y0}	Z_0
20	200	14	18	54.642	42.894	0.788	2103.55	3734.10	3343.26	863.83	6.20	7.82	3.98	144.70	236.40	111.82	5.46
		16		62.013	48.680	0.788	2366.15	4270.39	3760.89	971.41	6.18	7.79	3.96	163.65	265.93	123.96	5.54
		18		69.301	54.401	0.787	2620.64	4808.13	4164.54	1076.74	6.15	7.75	3.94	182.22	294.48	135.52	5.62
		20		76.505	60.056	0.787	2867.30	5347.51	4554.55	1180.04	6.12	7.72	3.93	200.42	322.06	146.55	5.69
		24		90.661	71.168	0.785	3338.25	6457.16	5294.97	1381.53	6.07	7.64	3.90	236.17	374.41	166.65	5.87
22	220	16	21	68.664	53.901	0.866	3187.36	5681.62	5063.73	1310.99	6.81	8.59	4.37	199.55	325.51	153.81	6.03
		18		76.752	60.250	0.866	3534.30	6395.93	5615.32	1453.27	6.79	8.55	4.35	222.37	360.97	168.29	6.11
		20		84.756	66.533	0.865	3871.49	7112.04	6150.08	1592.90	6.76	8.52	4.34	244.77	395.34	182.16	6.18
		22		92.676	72.751	0.865	4199.23	7830.19	6668.37	1730.10	6.73	8.48	4.32	266.78	428.66	195.45	6.26
		24		100.512	78.902	0.864	4517.83	8550.57	7170.55	1865.11	6.70	8.45	4.31	288.39	460.94	208.21	6.33
		26		108.264	84.987	0.864	4827.58	9273.39	7656.98	1998.17	6.68	8.41	4.30	309.62	492.21	220.49	6.41
25	250	18	24	87.842	68.956	0.985	5268.22	9379.11	8369.04	2167.41	7.74	9.76	4.97	290.12	473.42	224.03	6.84
		20		97.045	76.180	0.984	5779.34	10426.97	9181.94	2376.74	7.72	9.73	4.95	319.66	519.41	242.85	6.92
		24		115.201	90.433	0.983	6763.93	12529.74	10742.67	2785.19	7.66	9.66	4.92	377.34	607.70	278.38	7.07
		26		124.154	97.461	0.982	7238.08	13585.18	11491.33	2984.84	7.63	9.62	4.90	405.50	650.05	295.19	7.15
		28		133.022	104.422	0.982	7709.60	14643.62	12219.39	3181.81	7.61	9.58	4.89	433.22	691.23	311.42	7.22
		30		141.807	111.318	0.981	8151.80	15705.30	12927.26	3376.34	7.58	9.55	4.88	460.51	731.28	327.12	7.30
		32		150.508	118.149	0.981	8592.01	16770.41	13615.32	3568.71	7.56	9.51	4.87	487.39	770.20	342.33	7.37
		35		163.402	128.271	0.980	9232.44	18374.95	14611.16	3853.72	7.52	9.46	4.86	526.97	826.53	364.30	7.48

表 A-2 不等边角钢截面尺寸、截面面积、理论重量及截面特性

符号意义：

B——长边宽度　　b——短边宽度

d——边厚　　r——内圆弧半径

r_1——边端内弧半径　　I——惯性矩

i——惯性半径　　W——截面模数

X_0——重心距离　　Y_0——重心距离

型号	截面尺寸/mm				截面面积/cm²	理论重量/(kg/m)	外表面积/(m²/m)	惯性矩/cm⁴					惯性半径/cm			截面模数/cm³			tgα	重心距离/cm	
	B	b	d	r				I_x	I_{x1}	I_y	I_{y1}	I_u	i_x	i_y	i_u	W_x	W_y	W_u		X_0	Y_0
2.5/1.6	25	16	3	3.5	1.162	0.912	0.080	0.70	1.56	0.22	0.43	0.14	0.78	0.44	0.34	0.43	0.19	0.16	0.392	0.42	0.86
			4		1.499	1.176	0.079	0.88	2.09	0.27	0.59	0.17	0.77	0.43	0.34	0.55	0.24	0.20	0.381	0.46	1.86
3.2/2	32	20	3		1.492	1.171	0.102	1.53	3.27	0.46	0.82	0.28	1.01	0.55	0.43	0.72	0.30	0.25	0.382	0.49	0.90
			4		1.939	1.522	0.101	1.93	4.37	0.57	1.12	0.35	1.00	0.54	0.42	0.93	0.39	0.32	0.374	0.53	1.08
4/2.5	40	25	3	4	1.890	1.484	0.127	3.08	5.39	0.93	1.59	0.56	1.28	0.70	0.54	1.15	0.49	0.40	0.385	0.59	1.12
			4		2.467	1.936	0.127	3.93	8.53	1.18	2.14	0.71	1.36	0.69	0.54	1.49	0.63	0.52	0.381	0.63	1.32
4.5/2.8	45	28	3	5	2.149	1.687	0.143	4.45	9.10	1.34	2.23	0.80	1.44	0.79	0.61	1.47	0.62	0.51	0.383	0.64	1.37
			4		2.806	2.203	0.143	5.69	12.13	1.70	3.00	1.02	1.42	0.78	0.60	1.91	0.80	0.66	0.380	0.68	1.47
5/3.2	50	32	3	5.5	2.431	1.908	0.161	6.24	12.49	2.02	3.31	1.20	1.60	0.91	0.70	1.84	0.82	0.68	0.404	0.73	1.51
			4		3.177	2.494	0.160	8.02	16.65	2.58	4.45	1.53	1.59	0.90	0.69	2.39	1.06	0.87	0.402	0.77	1.60
5.6/3.6	56	36	3	6	2.743	2.153	0.181	8.88	17.54	2.92	4.70	1.73	1.80	1.03	0.79	2.32	1.05	0.87	0.408	0.80	1.65
			4		3.590	2.818	0.180	11.45	23.39	3.76	6.33	2.23	1.79	1.02	0.79	3.03	1.37	1.13	0.408	0.85	1.78
			5		4.415	3.466	0.180	13.86	29.25	4.49	7.94	2.67	1.77	1.01	0.78	3.71	1.65	1.36	0.404	0.88	1.82

（续）

型号	截面尺寸/mm				截面面积	理论重量	外表面积	惯性矩/cm^4					惯性半径/cm			截面模数/cm^3			tgα	重心距离/cm	
	B	b	d	r	/cm^2	/(kg/m)	/(m^2/m)	I_x	I_{x1}	I_y	I_{y1}	I_u	i_x	i_y	i_u	W_x	W_y	W_u		X_0	Y_0
6.3/4	63	40	4	7	4.058	3.185	0.202	16.49	33.30	5.23	8.63	3.12	2.02	1.14	0.88	3.87	1.70	1.40	0.398	0.92	1.87
			5		4.993	3.920	0.202	20.02	41.63	6.31	10.86	3.76	2.00	1.12	0.87	4.74	2.07	1.71	0.396	0.95	2.04
			6		5.908	4.638	0.201	23.36	49.98	7.29	13.12	4.34	1.96	1.11	0.86	5.59	2.43	1.99	0.393	0.99	2.08
			7		6.802	5.339	0.201	26.53	58.07	8.24	15.47	4.97	1.98	1.10	0.86	6.40	2.78	2.29	0.389	1.03	2.12
7/4.5	70	45	4	7.5	4.547	3.570	0.226	23.17	45.92	7.55	12.26	4.40	2.26	1.29	0.98	4.86	2.17	1.77	0.410	1.02	2.15
			5		5.609	4.403	0.225	27.95	57.10	9.13	15.39	5.40	2.23	1.28	0.98	5.92	2.65	2.19	0.407	1.06	2.24
			6		6.647	5.218	0.225	32.54	68.35	10.62	18.58	6.35	2.21	1.26	0.98	6.95	3.12	2.59	0.404	1.09	2.28
			7		7.657	6.011	0.225	37.22	79.99	12.01	21.84	7.16	2.20	1.25	0.97	8.03	3.57	2.94	0.402	1.13	2.32
7.5/5	75	50	5	8	6.125	4.808	0.245	34.86	70.00	12.61	21.04	7.41	2.39	1.44	1.10	6.83	3.30	2.74	0.435	1.17	2.36
			6		7.260	5.699	0.245	41.12	84.30	14.70	25.87	8.54	2.38	1.42	1.08	8.12	3.88	3.19	0.435	1.21	2.40
			8		9.467	7.431	0.244	52.39	112.50	18.53	34.23	10.87	2.35	1.40	1.07	10.52	4.99	4.10	0.429	1.29	2.44
			10		11.590	9.098	0.244	62.71	140.80	21.96	43.43	13.10	2.33	1.38	1.06	12.79	6.04	4.99	0.423	1.36	2.52
8/5	80	50	5		6.375	5.005	0.255	41.96	85.21	12.82	21.06	7.66	2.56	1.42	1.10	7.78	3.32	2.74	0.388	1.14	2.60
			6		7.560	5.935	0.255	49.49	102.53	14.95	25.41	8.85	2.56	1.41	1.08	9.25	3.91	3.20	0.387	1.18	2.65
			7		8.724	6.848	0.255	56.46	119.33	46.96	29.82	10.18	2.54	1.39	1.08	10.58	4.48	3.70	0.384	1.21	2.69
			8		9.867	7.745	0.254	62.83	136.41	18.85	34.32	11.38	2.52	1.38	1.07	11.92	5.03	4.16	0.381	1.25	2.73
9/5.6	90	56	5	9	7.212	5.661	0.287	60.45	121.32	18.32	29.53	10.98	2.90	1.59	1.23	9.92	4.21	3.49	0.385	1.25	2.91
			6		8.557	6.717	0.286	71.03	145.59	21.42	35.58	12.90	2.88	1.58	1.23	11.74	4.96	4.13	0.384	1.29	2.95
			7		9.880	7.756	0.286	81.01	169.60	24.36	41.71	14.67	2.86	1.57	1.22	13.49	5.70	4.72	0.382	1.33	3.00
			8		11.183	8.779	0.286	91.03	194.14	27.15	47.98	16.34	2.85	1.56	1.21	15.27	6.41	5.29	0.380	1.36	3.04

（续）

型号	截面尺寸/mm				截面面积	理论重量	外表面积	惯性矩/cm^4					惯性半径/cm			截面模数/cm^3			tgα	重心距离/cm	
	B	b	d	r	/cm^2	/(kg/m)	/(m^2/m)	I_x	I_{x1}	I_y	I_{y1}	I_u	i_x	i_y	i_u	W_x	W_y	W_u		X_0	Y_0
10/6.3	100	63	6	10	9.617	7.550	0.320	99.06	199.71	30.94	50.50	18.42	3.21	1.79	1.38	14.64	6.35	5.25	0.394	1.43	3.24
			7		11.111	8.722	0.320	113.45	233.00	35.26	59.14	21.00	3.20	1.78	1.38	16.88	7.29	6.02	0.394	1.47	3.28
			8		12.534	9.878	0.319	127.37	266.32	39.39	67.88	23.50	3.18	1.77	1.37	19.08	8.21	6.78	0.391	1.50	3.32
			10		15.467	12.142	0.319	153.81	333.06	47.12	85.73	28.33	3.15	1.74	1.35	23.32	9.98	8.24	0.387	1.58	3.40
10/8	100	80	6		10.637	8.350	0.354	107.04	199.83	61.24	102.68	31.65	3.17	2.40	1.72	15.19	10.16	8.37	0.627	1.97	2.95
			7		12.301	9.656	0.354	122.73	233.20	70.08	119.98	36.17	3.16	2.39	1.72	17.52	11.71	9.60	0.626	2.01	3.0
			8		13.944	10.946	0.353	137.92	266.61	78.58	137.37	40.58	3.14	2.37	1.71	19.81	13.21	10.80	0.625	2.05	3.04
			10		17.167	13.476	0.353	166.87	333.63	94.65	172.48	49.10	3.12	2.35	1.69	24.24	16.12	13.12	0.622	2.13	3.12
11/7	110	70	6	10	10.637	8.350	0.354	133.37	265.78	42.92	69.08	25.36	3.54	2.01	1.54	17.85	7.90	6.53	0.403	1.57	3.53
			7		12.301	9.656	0.354	153.00	310.07	49.01	80.82	28.95	3.53	2.00	1.53	20.60	9.09	7.50	0.402	1.61	3.57
			8		13.944	10.946	0.353	172.04	354.39	54.87	92.70	32.45	3.51	1.98	1.53	23.30	10.25	8.45	0.401	1.65	3.62
			10		17.167	13.476	0.353	208.39	443.13	65.88	116.83	39.20	3.48	1.96	1.51	28.54	12.48	10.29	0.397	1.72	3.70
12.5/8	125	80	7	11	14.096	11.066	0.403	227.98	454.99	74.42	120.32	43.81	4.02	2.30	1.76	26.86	12.01	9.92	0.408	1.80	4.01
			8		15.989	12.551	0.403	256.77	519.99	83.49	137.85	49.15	4.01	2.28	1.75	30.41	13.56	11.18	0.407	1.84	4.06
			10		19.712	15.474	0.402	312.04	650.09	100.67	173.40	59.45	3.98	2.26	1.47	37.33	16.56	13.64	0.404	1.92	4.14
			12		23.351	18.330	0.402	364.41	780.39	116.67	209.67	69.35	3.95	2.24	1.72	44.01	19.43	16.01	0.400	2.00	4.22
14/9	140	90	8	12	18.038	14.160	0.453	365.64	730.53	120.69	195.79	70.83	4.50	2.59	1.98	38.48	17.34	14.31	0.411	2.04	4.50
			10		22.261	17.475	0.452	445.50	913.20	140.03	245.92	85.82	4.47	2.56	1.96	47.31	21.22	17.48	0.409	2.12	4.58
			12		26.400	20.724	0.451	521.59	1096.09	169.79	296.89	100.21	4.44	2.54	1.95	55.87	24.95	20.54	0.406	2.19	4.66
			14		30.456	23.908	0.451	594.10	1279.26	192.10	348.82	114.13	4.42	2.51	1.94	64.18	28.54	23.52	0.403	2.27	4.74
15/9	150	90	8	12	18.839	14.788	0.473	442.05	898.35	122.80	195.96	74.14	4.84	2.55	1.98	43.86	17.47	14.48	0.364	1.97	4.92
			10		23.261	18.260	0.472	539.24	1122.85	148.62	246.26	89.86	4.81	2.53	1.97	53.97	21.38	17.69	0.362	2.05	5.01
			12		27.600	21.666	0.471	632.08	1347.50	172.85	297.46	104.95	4.79	2.50	1.95	63.79	25.14	20.80	0.359	2.12	5.09

（续）

型号	截面尺寸/mm				截面面积	理论重量	外表面积	惯性矩/cm^4					惯性半径/cm			截面模数/cm^3			tgα	重心距离/cm	
	B	b	d	r	/cm^2	/(kg/m)	/(m^2/m)	I_x	I_{x1}	I_y	I_{y1}	I_u	i_x	i_y	i_u	W_x	W_y	W_u		X_0	Y_0
15/9	150	90	14	12	31.856	25.007	0.471	720.77	1572.38	195.62	349.74	119.53	4.76	2.48	1.94	73.33	28.77	23.84	0.356	2.20	5.17
			15		33.952	26.652	0.471	763.62	1684.93	206.50	376.33	126.67	4.74	2.47	1.93	77.99	30.53	25.33	0.354	2.24	5.21
			16		36.027	28.281	0.470	805.51	1797.55	217.07	403.24	133.72	4.73	2.45	1.93	82.60	32.27	26.82	0.352	2.27	5.25
16/10	160	100	10	13	23.315	19.872	0.512	668.69	1362.89	205.03	336.59	121.74	5.14	2.85	2.19	62.13	26.56	21.92	0.390	2.28	5.24
			12		30.054	23.592	0.511	784.91	1635.56	239.06	405.94	142.33	5.11	2.82	2.17	73.49	31.28	25.79	0.388	2.36	5.32
			14		34.709	27.247	0.510	896.30	1908.50	271.20	476.42	162.23	5.08	2.80	2.16	84.56	35.83	29.56	0.385	0.43	5.40
			16		29.281	30.835	0.510	1003.04	2181.79	301.60	548.22	182.57	5.05	2.77	2.16	95.33	40.24	33.44	0.382	2.51	5.48
18/11	180	110	10	14	28.373	22.273	0.571	956.25	1940.40	278.11	447.22	166.50	5.80	3.13	2.42	78.96	32.49	26.88	0.376	2.44	5.89
			12		33.712	26.440	0.571	1124.72	2328.38	325.03	538.94	194.87	5.78	3.10	2.40	93.53	38.32	31.66	0.374	2.52	5.98
			14		38.967	30.589	0.570	1286.91	2716.60	369.55	631.95	222.30	5.75	3.08	2.39	107.76	43.97	36.32	0.372	2.59	6.06
			16		44.139	34.649	0.569	1443.06	3105.15	411.85	726.46	248.94	5.72	3.06	2.38	121.64	49.44	40.87	0.369	2.67	6.14
20/12.5	200	125	12		37.912	29.761	0.641	1570.90	3193.85	483.16	787.74	285.79	6.44	3.57	2.74	116.73	49.99	41.23	0.392	2.83	6.54
			14		43.687	34.436	0.640	1800.97	3726.17	550.83	922.47	326.58	6.41	3.54	2.73	134.65	57.44	47.34	0.390	2.91	6.62
			16		49.739	39.045	0.639	2023.35	4258.88	615.44	1058.86	366.21	6.38	3.52	2.71	152.18	64.89	53.32	0.388	2.99	6.70
			18		55.526	43.588	0.639	2238.30	4792.00	677.19	1197.13	404.83	6.35	3.49	2.70	169.33	71.74	59.18	0.385	3.06	6.78

表 A-3 槽钢截面尺寸、截面面积、理论重量及截面特性

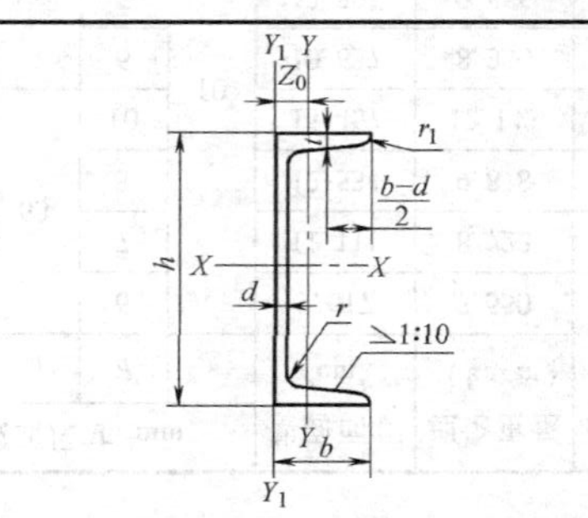

符号意义：

h——高度

b——腿宽

d——腰厚

t——平均腿厚

r——内圆弧半径

r_1——腿端圆弧半径

I——惯性矩

W——截面模数

Z_0——Y-Y 与 Y_1-Y_1 轴线间距离

（续）

型号	截面尺寸 /mm						截面面积 /cm²	理论重量 /(kg/m)	惯性矩 /cm⁴			惯性半径 /cm		截面模数 /cm³		重心距离/cm
	h	b	d	t	r	r_1			I_x	I_y	I_{y1}	i_x	i_y	W_x	W_y	Z_0
5	50	37	4.5	7.0	7.0	3.5	6.928	5.438	26.0	8.30	20.9	1.94	1.10	10.4	3.55	1.35
6.3	63	40	4.8	7.5	7.5	3.8	8.451	6.634	50.8	11.9	28.4	2.45	1.19	16.1	4.50	1.36
6.5	65	40	4.3	7.5	7.5	3.8	8.547	6.709	55.2	12.0	28.3	2.54	1.19	17.0	4.59	1.38
8	80	43	5.0	8.0	8.0	4.0	10.248	8.045	101	16.6	37.4	3.15	1.27	25.3	5.79	1.43
10	100	48	5.3	8.5	8.5	4.2	12.748	10.007	198	25.6	54.9	3.95	1.41	39.7	7.80	1.52
12	120	53	5.5	9.0	9.0	4.5	15.362	12.059	346	37.4	77.7	4.75	1.56	57.7	10.2	1.62
12.6	126	53	5.5	9.0	9.0	4.5	15.692	12.318	391	38.0	77.1	4.95	1.57	62.1	10.2	1.59
14a	140	58	6.0	9.5	9.5	4.8	18.516	14.535	564	53.2	107	5.52	1.70	80.5	13.0	1.71
14b		60	8.0				21.316	16.733	609	61.1	121	5.35	1.69	87.1	14.1	1.67
16a	160	63	6.5	10.0	10.0	5.0	21.962	17.24	866	73.3	144	6.28	1.83	108	16.3	1.80
16b		65	8.5				25.162	19.752	935	83.4	161	6.10	1.82	117	17.6	1.75
18a	180	68	7.0	10.5	10.5	5.2	25.699	20.174	1270	98.6	190	7.04	1.96	141	20.0	1.88
18b		70	9.0				29.299	23.000	1370	111	210	6.84	1.95	152	21.5	1.84
20a	200	73	7.0	11.0	11.0	5.5	28.837	22.637	1780	128	244	7.86	2.11	178	24.2	2.01
20b		75	9.0				32.837	25.777	1910	144	268	7.64	2.09	191	25.9	1.95
22a	220	77	7.0	11.5	11.5	5.8	31.846	24.999	2390	158	298	8.67	2.23	218	28.2	2.10
22b		79	9.0				36.246	28.453	2570	176	326	8.42	2.21	234	30.1	2.03
24a	240	78	7.0	12.0	12.0	6.0	34.217	26.860	3050	174	325	9.45	2.25	254	30.5	2.10
24b		80	9.0				39.017	30.628	3280	194	355	9.17	2.23	274	32.5	2.03
24c		82	11.0				43.817	34.396	3510	213	388	8.96	2.21	293	34.4	2.00
25a	250	78	7.0				34.917	27.410	3370	176	322	9.82	2.24	270	30.6	2.07
25b		80	9.0				39.917	31.335	3530	196	353	9.41	2.22	282	32.7	1.98
25c		82	11.0				44.917	35.260	3690	218	384	9.07	2.21	295	35.9	1.92

（续）

型号	截面尺寸 /mm						截面面积 /cm^2	理论重量 /(kg/m)	惯性矩 /cm^4			惯性半径 /cm		截面模数 /cm^3		重心距离/cm
	h	b	d	t	r	r_1			I_x	I_y	I_{y1}	i_x	i_y	W_x	W_y	Z_0
27a	270	82	7.5	12.5	12.5	6.2	39.284	30.838	4360	216	393	10.5	2.34	323	35.5	2.13
27b		84	9.5				44.684	35.077	4690	239	428	10.3	2.31	347	37.7	2.06
27c		86	11.5				50.084	39.316	5020	261	467	10.1	2.28	372	39.8	2.03
28a	280	82	7.5				40.034	31.427	4760	218	388	10.9	2.33	340	35.7	2.10
28b		84	9.5				45.634	35.823	5130	242	428	10.6	2.30	366	37.9	2.02
28c		86	11.5				51.234	40.219	5500	268	463	10.4	2.29	393	40.3	1.95
30a	300	85	7.5	13.5	13.5	6.8	43.902	34.463	6050	260	467	11.7	2.43	403	41.1	2.17
30b		87	9.5				49.902	39.173	6500	289	515	11.4	2.41	433	44.0	2.13
30c		89	11.5				55.902	43.883	6950	316	560	11.2	2.38	463	46.4	2.09
32a	320	88	8.0	14.0	14.0	7.0	48.513	38.083	7600	305	552	12.5	2.50	475	46.5	2.24
32b		90	10.0				54.913	43.107	8140	336	593	12.2	2.47	509	49.2	2.16
32c		92	12.0				61.313	48.131	8690	374	643	11.9	2.47	543	52.6	2.09
36a	360	96	9.0	16.0	16.0	8.0	60.910	47.814	11900	455	818	14.0	2.73	660	63.5	2.44
36b		98	11.0				68.110	53.466	12700	497	880	13.6	2.70	703	66.9	2.37
36c		100	13.0				75.310	59.118	13400	536	948	13.4	2.67	746	70.0	2.34
40a	400	100	10.5	18.0	18.0	9.0	75.068	58.928	17600	592	1070	15.3	2.81	879	78.8	2.49
40b		102	12.5				83.068	65.208	18600	640	114	15.0	2.78	932	82.5	2.44
40c		104	14.5				91.068	71.488	19700	688	1220	14.7	2.75	986	86.2	2.42

表 A-4 工字钢截面尺寸、截面面积、理论重量及截面特性

符号意义：

h——高度
b——腿宽
d——腰厚
t——平均腿厚
r——内圆弧半径
r_1——腿端圆弧半径
I——惯性矩
W——截面模数
i——惯性半径

型号	截面尺寸/mm						截面面积 /cm^2	理论重量 /(kg/m)	惯性矩/cm^4		惯性半径/cm		截面模数/cm^3	
	h	b	d	t	r	r_1			I_x	I_y	i_x	i_y	W_x	W_y
10	100	68	4.5	7.6	6.5	3.3	14.345	11.261	245	33.0	4.14	1.52	49.0	9.72
12	120	74	5.0	8.4	7.0	3.5	17.818	13.987	436	46.9	4.95	1.62	72.7	12.7
12.6	126	74	5.0	8.4	7.0	3.5	18.118	14.223	488	46.9	5.20	1.61	77.5	12.7
14	140	80	5.5	9.1	7.5	3.8	21.516	16.890	712	64.4	5.76	1.73	102	16.1
16	160	88	6.0	9.9	8.0	4.0	26.131	20.513	1130	93.1	6.58	1.89	141	21.2
18	180	94	6.5	10.7	8.5	4.3	30.756	24.143	1660	122	7.36	2.00	185	26.0
20a	200	100	7.0	11.4	9.0	4.5	35.578	27.929	2370	158	8.15	2.12	237	31.5
20b		102	9.0				39.578	31.069	2500	169	7.96	2.06	250	33.1
22a	220	110	7.5	12.3	9.5	4.8	42.128	33.070	3400	225	8.99	2.31	309	40.9
22b		112	9.5				46.528	36.524	3570	239	8.78	2.27	325	42.7

（续）

型号	截面尺寸/mm						截面面积/cm^2	理论重量/(kg/m)	惯性矩/cm^4		惯性半径/cm		截面模数/cm^3	
	h	b	d	t	r	r_1			I_x	I_y	i_x	i_y	W_x	W_y
24a	240	116	8.0	13.0	10.0	5.0	47.741	37.477	4570	280	9.77	2.42	381	48.4
24b		118	10.0				52.541	41.245	4800	297	9.57	2.38	400	50.4
25a	250	116	8.0				48.541	38.105	5020	280	10.2	2.40	402	48.3
25b		118	10.0				53.541	42.030	5280	309	9.94	2.40	423	52.4
27a	270	122	8.5	13.7	10.5	5.3	54.554	42.825	6550	345	10.9	2.51	485	56.6
27b		124	10.5				59.954	47.064	6870	366	10.7	2.47	509	58.9
28a	280	122	8.5				55.404	43.492	7110	345	11.3	2.50	508	56.6
28b		124	10.5				61.004	47.888	7480	379	11.1	2.49	534	61.2
30a	300	126	9.0	14.4	11.0	5.5	61.254	48.084	8950	400	12.1	2.55	597	63.5
30b		128	11.0				67.254	52.794	9400	422	11.8	2.50	627	65.9
30c		130	13.0				73.254	57.504	9850	445	11.6	2.46	657	68.5
32a	320	130	9.5	15.0	11.5	5.8	67.156	52.717	11100	460	12.8	2.62	692	70.8
32b		132	11.5				73.556	57.741	11600	502	12.6	2.61	726	76.0
32c		134	13.5				79.956	62.765	12200	544	12.3	2.61	760	81.2
36a	360	136	10.0	15.8	12.0	6.0	76.480	60.037	15800	552	14.4	2.69	875	81.2
36b		138	12.0				83.680	65.689	16500	582	14.1	2.64	919	84.3
36c		140	14.0				90.880	71.341	17300	612	13.8	2.60	962	87.4

（续）

型号	截面尺寸/mm						截面面积/cm²	理论重量/(kg/m)	惯性矩/cm⁴		惯性半径/cm		截面模数/cm³	
	h	b	d	t	r	r_1			I_x	I_y	i_x	i_y	W_x	W_y
40a		142	10.5				86.112	67.598	21700	660	15.9	2.77	1090	93.2
40b	400	144	12.5	16.5	12.5	6.3	94.112	73.878	22800	692	15.6	2.71	1140	96.2
40c		146	14.5				102.112	80.158	23900	727	15.2	2.65	1190	99.6
45a		150	11.5				102.446	80.420	32200	855	17.7	2.89	1430	114
45b	450	152	13.5	18.0	13.5	6.8	111.446	87.485	33800	894	17.4	2.84	1500	118
45c		154	15.5				120.446	94.550	35300	938	17.1	2.79	1570	122
50a		158	12.0				119.304	93.654	46500	1120	19.7	3.07	1860	142
50b	500	160	14.0	20.0	14.0	7.0	129.304	101.504	48600	1170	19.4	3.01	1940	146
50c		162	16.0				139.304	109.354	50600	1220	19.0	2.96	2080	151
55a		166	12.5				134.185	105.335	62900	1370	21.6	3.19	2290	164
55b	550	168	14.5				145.185	113.970	65600	1420	21.2	3.14	2390	170
55c		170	16.5	21.0	14.5	7.3	156.185	122.605	68400	1480	20.9	3.08	2490	175
56a		166	12.5				135.435	106.316	65600	1370	22.0	3.18	2340	165
56b	560	168	14.5				146.635	115.108	68500	1490	21.6	3.16	2450	174
56c		170	16.5				157.835	123.900	71400	1560	21.3	3.16	2550	183
63a		176	13.0				154.658	121.407	93900	1700	24.5	3.31	2980	193
63b	630	178	15.0	22.0	15.0	7.5	167.258	131.298	98100	1810	24.2	3.29	3160	204
63c		180	17.0				179.858	141.189	102000	1920	23.8	3.27	3300	214

附录B 简单截面图形的几何性质表

截面图形	面积	形心位置	惯 矩	截面系数	惯性半径
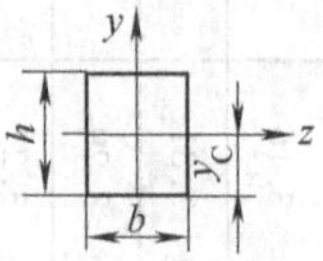	bh	$y_C=\frac{h}{2}$	$I_z=\frac{bh^3}{12}$ $I_y=\frac{hb^3}{12}$	$W_z=\frac{bh^2}{6}$ $W_y=\frac{hb^2}{6}$	$i_z=\frac{h}{\sqrt{12}}$ $i_y=\frac{b}{\sqrt{12}}$
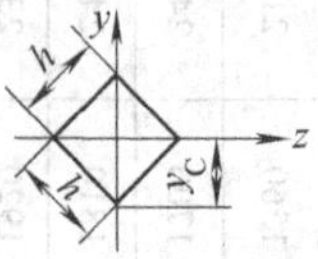	h^2	$y_C=\frac{h}{\sqrt{2}}$	$I_z=I_y=\frac{h^4}{12}$	$W_z=W_y=\frac{h^3}{\sqrt{72}}$	$i_z=i_y=\frac{h}{\sqrt{12}}$
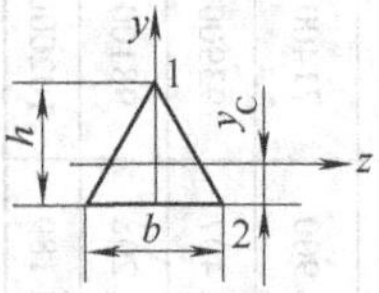	$\frac{bh}{2}$	$y_C=\frac{h}{3}$	$I_z=\frac{bh^3}{36}$ $I_y=\frac{hb^3}{48}$	$W_{z1}=\frac{bh^2}{24}$ $W_{z2}=\frac{bh^2}{12}$ $W_y=\frac{bh^2}{24}$	$i_z=\frac{h}{\sqrt{18}}$ $i_y=\frac{b}{\sqrt{24}}$
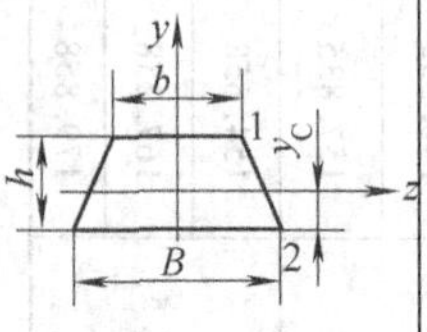	$\frac{(B+b)h}{2}$	$y_C=\frac{B+2b}{3(B+b)}h$	$I_z=\frac{B^2+4Bb+b^2}{36(B+b)}h^3$	$W_{z1}=\frac{B^2+4Bb+b^2}{12(2B+b)}h^2$ $W_{z2}=\frac{B^2+4Bb+b^2}{12(B+2b)}h^3$	$i_z=\frac{\sqrt{B^2+4Bb+b^2}}{\sqrt{18}(B+b)}h$
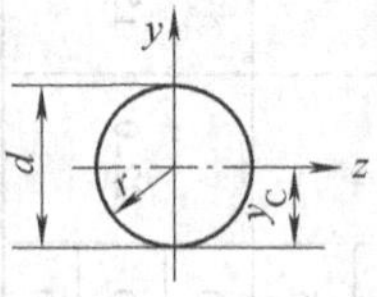	$\pi r^2=\frac{\pi d^2}{4}$	$y_C=r=\frac{d}{2}$	$I_z=I_y=\frac{\pi r^4}{4}$ $=\frac{\pi d^4}{64}$	$W_z=W_y=$ $\frac{\pi r^3}{4}=\frac{\pi d^3}{32}$	$i_z=i_y=\frac{r}{2}=\frac{d}{4}$
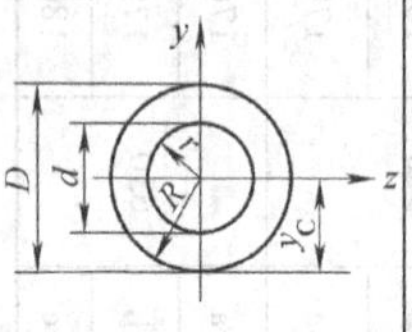	$\pi(R^2-r^2)$ $=\frac{\pi}{4}(D^2-d^2)$	$y_C=R=\frac{D}{2}$	$I_z=I_y$ $=\frac{\pi}{4}(R^4-r^4)$ $=\frac{\pi}{64}(D^4-d^4)$	$W_z=W_y=\frac{\pi}{4R}(R^4-r^4)$ $=\frac{\pi}{32D}(D^4-d^4)$	$i_z=i_y$ $=\frac{1}{2}\sqrt{R^2+r^2}$ $=\frac{1}{4}\sqrt{D^2+d^2}$

（续）

截面图形	面积	形心位置	惯　矩	截面系数	惯性半径
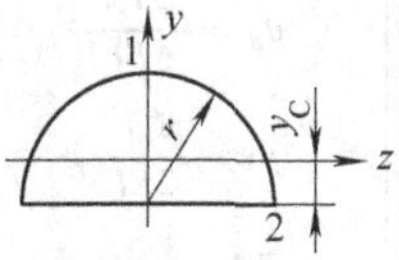	$\frac{\pi r^2}{2}$	$y_C = \frac{4r}{3\pi} \approx 0.424r$	$I_z = \left(\frac{1}{8} - \frac{8}{9\pi^2}\right)\pi r^4 \approx 0.110r^4$ $I_y = \frac{\pi r^4}{8}$	$W_{z1} \approx 0.191r^3$ $W_{z2} \approx 0.259r^3$ $W_y = \frac{\pi r^3}{8}$	$i_z = 0.264y$ $i_y = \frac{r}{2}$
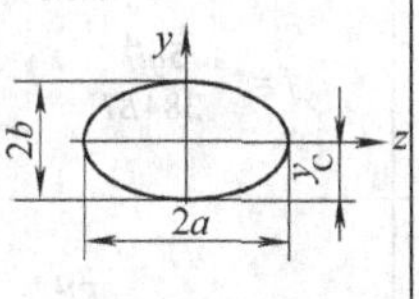	πab	$y_C = b$	$I_z = \frac{\pi ab^3}{4}$ $I_y = \frac{\pi ba^3}{4}$	$W_z = \frac{\pi ab^2}{4}$ $W_y = \frac{\pi ba^2}{4}$	$i_z = \frac{b}{2}$ $i_y = \frac{a}{2}$

附录 C　简单载荷作用下梁的变形表

梁的类型及载荷	挠曲线方程	转角及挠度
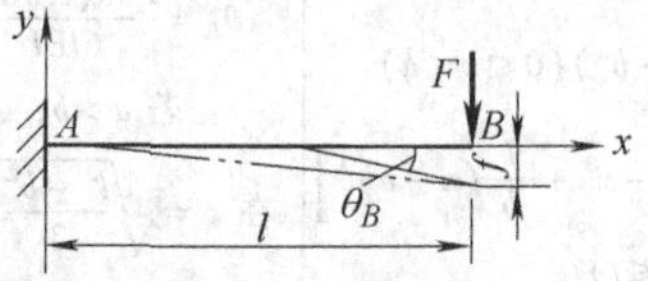	$y = -\frac{Fx^2}{6EI}(3l - x)$	$\theta_B = -\frac{Fl^2}{2EI}$ $f = -\frac{Fl^3}{3EI}$
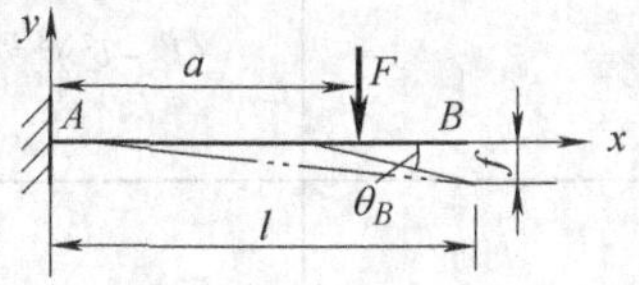	$y = -\frac{Fx^2}{6EI}(3a - x)\ (0 \leqslant x \leqslant a)$ $y = -\frac{Fa^2}{6EI}(3x - a)\ (a \leqslant x \leqslant l)$	$\theta_B = -\frac{Fa^2}{2EI}$ $f = -\frac{Fa^2}{6EI}(3l - a)$
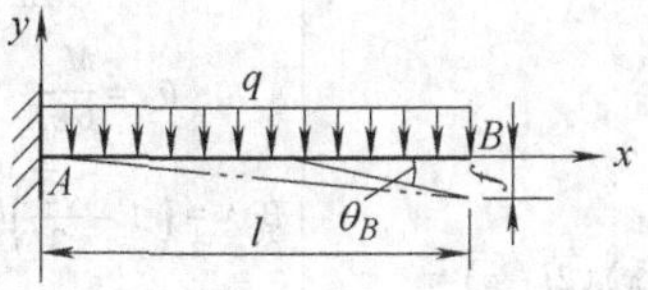	$y = -\frac{qx^2}{24EI}(x^2 - 4lx + 6l^2)$	$\theta_B = -\frac{ql^3}{6EI}$ $f = -\frac{ql^4}{8EI}$
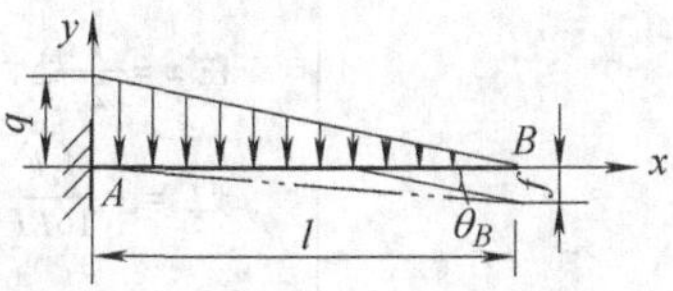	$y = -\frac{qx^2}{120lEI}(10l^3 - 10l^2x + 5lx^2 - x^3)$	$\theta_B = -\frac{ql^3}{24EI}$ $f = -\frac{ql^4}{30EI}$

（续）

梁的类型及载荷	挠曲线方程	转角及挠度
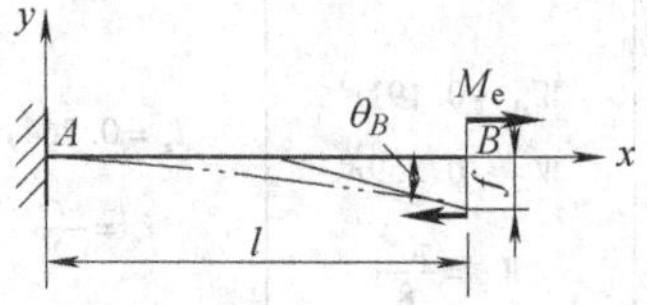	$y=-\frac{M_e x^2}{2EI}$	$\theta_B=-\frac{M_e l}{EI}$ $f=-\frac{M_e l^2}{2EI}$
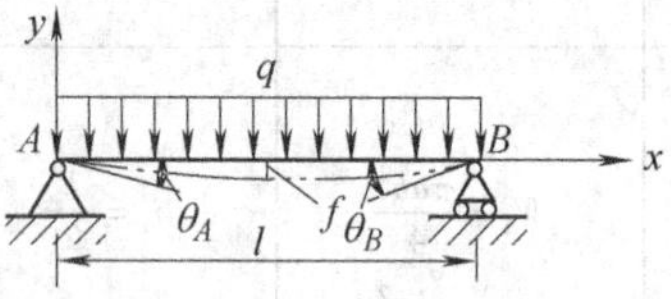	$y=-\frac{qx}{24EI}(l^3-2lx^2+x^3)$	$\theta_A=-\theta_B=-\frac{ql^3}{24EI}$ $f=-\frac{5ql^4}{384EI}$
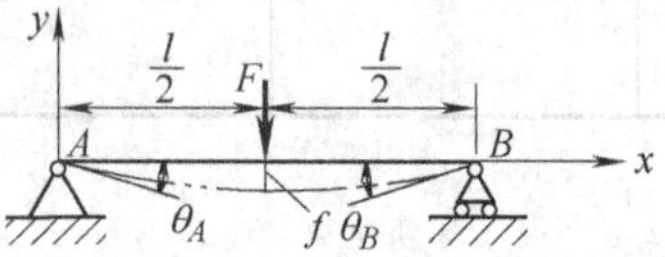	$y=-\frac{Fx}{12EI}\left(\frac{3l^2}{4}-x^2\right)\left(0\leqslant x\leqslant\frac{l}{2}\right)$	$\theta_A=-\theta_B=-\frac{Fl^2}{16EI}$ $f=-\frac{Fl^3}{48EI}$
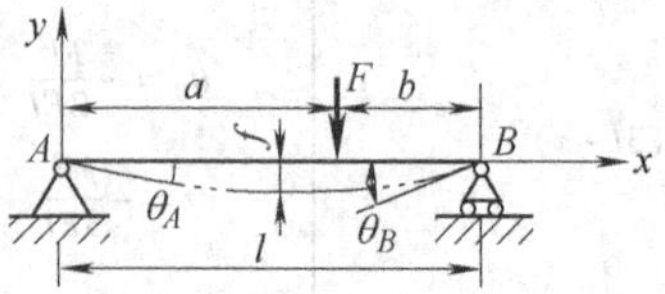	$y=-\frac{Fbx}{6lEI}(l^2-x^2-b^2)\ (0\leqslant x\leqslant a)$ $y=-\frac{Fb}{6lEI}\left[(l^2-b^2)x-x^3+\frac{l}{b}(x-a)^3\right]$ $(a\leqslant x\leqslant l)$	$\theta_A=-\frac{Fab(l+b)}{6lEI}$ $\theta_B=\frac{Fab(l+a)}{6lEI}$ 若 $a>b$， 在 $x=\sqrt{\frac{l^2-b^2}{3}}$ 处， $f=-\frac{\sqrt{3}Fb}{27lEI}$ $(l^2-b^2)^{3/2}$
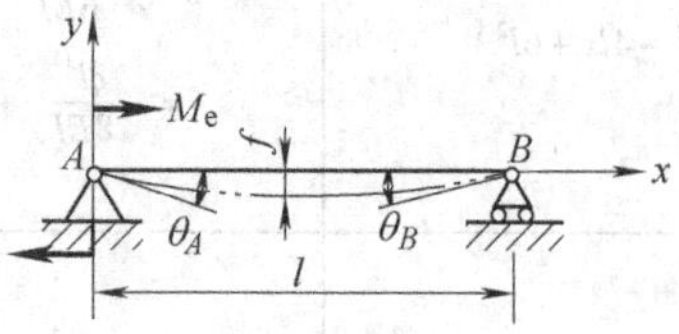	$y=-\frac{M_e x}{6lEI}(l-x)(2l-x)$	$\theta_A=-\frac{M_e l}{3EI}$ $\theta_B=\frac{M_e l}{6EI}$ 在 $x=\left(1-\frac{\sqrt{3}}{3}\right)l$ 处， $f=-\frac{\sqrt{3}M_e l^2}{27EI}$ 在 $x=\frac{l}{2}$ 处， $y_{\frac{l}{2}}=-\frac{M_e l^2}{16EI}$

（续）

梁的类型及载荷	挠曲线方程	转角及挠度
y, M_e, A, B, x, θ_A, f, θ_B, l	$y=-\frac{M_e lx}{6EI}\left(1-\frac{x^2}{l^2}\right)$	$\theta_A=\frac{-M_e l}{6EI}$, $\theta_B=\frac{M_e l}{3EI}$ 在 $x=\frac{\sqrt{3}}{3}l$ 处, $f=-\frac{\sqrt{3}M_e l^2}{27EI}$ 在 $x=\frac{l}{2}$ 处, $y_{\frac{l}{2}}=-\frac{M_e l^2}{16EI}$

附录 D　主要材料的力学性能表

表 D-1　在常温、静载荷及一般工作条件下几种常用材料的基本许用应力约值

材　料	许用应力[σ]/MPa	
	拉　伸	压　缩
灰铸铁	31.4 ~ 78.4	118 ~ 147
Q251A 钢	137	
Q235A 钢	157	
16Mn 钢	235	
45 钢	186	
铜	29.4 ~ 118	
强铝	78.4 ~ 147	
木材(顺纹)	6.86 ~ 11.8	9.8 ~ 11.8
混凝土	0.098 ~ 0.686	0.98 ~ 8.82

表 D-2　材料的弹性模量 E、切变模量 G 及泊松比 μ

材　料	E/GPa	G/GPa	μ
碳　钢	196 ~ 206	78.4 ~ 79.4	0.24 ~ 0.28
合金钢	186 ~ 216	79.4	0.24 ~ 0.33
铸　铁	113 ~ 157	44.1	0.23 ~ 0.27
球墨铸铁	157	60.8 ~ 62.7	0.25 ~ 0.29
铜及其合金	73 ~ 157	39.2 ~ 45.1	0.31 ~ 0.42
铝及其合金	71	25.5 ~ 26.5	0.33
木材:顺纹	9.8 ~ 11.8	0.539	—
横纹	0.49	—	—
混凝土	14 ~ 35	—	0.16 ~ 0.18
橡胶	0.078	—	0.47

表 D-3 几种常用材料在常温、静载荷下拉伸和压缩时的力学性能

材料名称	牌号	σ_s/MPa	σ_b/MPa	δ_5(%)
普通碳素钢(GB700—88)	Q215A Q235A Q275	165 ~ 215 185 ~ 235 225 ~ 275	335 ~ 410 375 ~ 460 490 ~ 610	26 ~ 31 21 ~ 26 15 ~ 20
优质碳素钢(GB699—88)	20 40 45	245 335 355	410 570 600	25 19 16
低合金结构钢(GB1591—88)	12Mn 16Mn 15MnV	235 ~ 295 275 ~ 345 335 ~ 410	390 ~ 590 470 ~ 660 490 ~ 1700	20 ~ 22 20 ~ 22 18 ~ 19
合金结构钢(GB3077—88)	20Cr 40Cr 50Mn2	540 785 785	835 980 930	10 9 9
碳素铸钢(GB5676—85)	ZG200 ~ 400 ZG270 ~ 500	200 270	400 500	25 18
球墨铸铁(GB1348—88)	QT400 ~ 18 QT500 ~ 7 QT600 ~ 3	250 320 370	400 500 600	18 7 3
灰铸铁(GB9439—88)	HT150 HT300		150(拉) 300(拉)	

① 表中 δ_5 是指 $L=5d$ 的标准试件的延伸率

附录 E 部分习题答案

第二章

2-2 (a) $F_R=1.032\text{kN}$, $\alpha=-130.98°$ (b) $F_R=407\text{N}$, $\alpha=-153.5°$

2-3 $M_A(\boldsymbol{F})=-45\text{N}\cdot\text{m}$, $M_B(\boldsymbol{F})=-120\text{N}\cdot\text{m}$

2-5 $F_N=100\text{kN}$

2-6 $M_2=2\text{kN}\cdot\text{m}$

2-7 $F_R=130\text{N}$, $\varphi=22.6°$, 位于 A 点下方

2-8 $F=900\text{N}$ (铅垂向下), $d=3.12\text{m}$ (距 A 端)

2-9 $F_A = 0.354F$，$F_B = 0.791F$

2-10 $F_A = 53\text{kN}$，$F_B = 37\text{kN}$

2-12 $F_T = \dfrac{Fa\cos\alpha}{2h}$，$F_{Ax} = \dfrac{a}{2h}F\cos\alpha$，$F_{Ay} = \dfrac{aF}{2l}$

2-13 $F_{Ax} = 0$，$F_{Ay} = 400\text{N}$，$M_A = 1192.82\text{N}\cdot\text{m}$

2-14 $F_{Ax} = 650\text{N}$，$F_{Ay} = -138.9\text{N}$，$M_A = -1500\text{N}\cdot\text{m}$

2-15 $F_{Ax} = 8\text{kN}$，$F_{Ay} = -12.5\text{kN}$，$F_{Bx} = -8\text{kN}$，$F_{By} = 22.5\text{kN}$

2-16 $F_{Ax} = 388\text{N}$，$F_{Ay} = -31\text{N}$，$F_{Bx} = -388\text{N}$，$F_{By} = 431\text{N}$，$F_{Cz} = 388\text{N}$，$F_{Cy} = -331\text{N}$

2-17 $F_{Ax} = -1.33\text{kN}$，$F_{Ay} = 1\text{kN}$，$M_A = 2\text{kN}\cdot\text{m}$

2-18 $M_1 = 3\text{N}\cdot\text{m}$，$F_{AB} = 5\text{N}$

2-19 $F_{CD} = 11.31\text{kN}$

2-20 $F_{Ax} = 10\text{kN}$，$F_{Ay} = -4\text{kN}$，$M_A = -4\text{kN}\cdot\text{m}$

2-21 $F_{Ax} = 0$，$F_{Ay} = -40\text{kN}$，$F_{By} = 90\text{kN}$，$F_{Dy} = -10\text{kN}$

2-22 $F_{Ax} = 10\text{kN}$，$F_{Ay} = 20\text{kN}$，$M_A = 30\text{kN}\cdot\text{m}$，$F_{Cy} = 14.14\text{kN}$

2-23 $F_{CD} = -3605.5\text{ N}$，$F_{CE} = 2000\text{N}$，$F_{CF} = 1201.85\text{N}$，$F_{AF} = 4807.4\text{N}$，
$F_{BF} = 0$，$F_{AB} = -2666.7\text{N}$，$F_{BC} = -2666.7\text{N}$，$F_{ED} = F_{EF} = 2000\text{N}$

2-24 $F_{CD} = -7.7\text{kN}$，$F_{DG} = 0$，$F_{HG} = 25\text{kN}$

2-25 $F_6 = -4.33\text{kN}$，$F_7 = -6.67\text{kN}$，$F_9 = 10\text{kN}$，$F_{10} = 14.39\text{kN}$

2-26 $F_{\min} = 196.71\text{kN}$

2-27 （1）$P_{A\min} = 32.68\text{N}$，$P_{A\max} = 67.32\text{N}$ （2）$P_A = 50\text{N}$

2-28 （1）$F_{\min} = 65.36\text{N}$，$F_{\max} = 134.64\text{N}$ （2）20N

2-29 $e \leqslant \dfrac{f_D}{2}$

2-30 $M_{\min} = 877.8\text{N}\cdot\text{m}$

第三章

3-1 $F_{1x} = -40\text{N}$，$F_{1y} = 30\text{ N}$，$F_{1z} = 0$

$F_{2x} = 56.58\text{N}$，$F_{2y} = 42.43\text{N}$，$F_{2z} = 70.72\text{N}$

$F_{3x} = 43.73\text{N}$，$F_{3y} = 0$，$F_{3z} = -54.66\text{N}$

$M_x(\boldsymbol{F}_1) = -15\text{ N}\cdot\text{m}$，$M_y(\boldsymbol{F}_1) = -20\text{N}\cdot\text{m}$，$M_z(\boldsymbol{F}_1) = 12\text{N}\cdot\text{m}$

$M_x(\boldsymbol{F}_2) = M_y(\boldsymbol{F}_2) = M_z(\boldsymbol{F}_2) = 0$

$M_x(\boldsymbol{F}_3) = -16.4\text{N}\cdot\text{m}$，$M_y(\boldsymbol{F}_3) = 21.9\text{N}\cdot\text{m}$，$M_z(\boldsymbol{F}_3) = -13.1\text{N}\cdot\text{m}$

3-2 $F_1 = F_3 = \dfrac{P}{2}$，$F_2 = 0$

3-3 $F_A = 4.8\text{kN}$，$F_B = 8.27\text{kN}$，$F_C = 4.93\text{kN}$

3-4 $F_A = F_B = -26.4\text{kN}$，$F_C = 33.9\text{kN}$

3-5 $F_A = F_B = -31.55\text{kN}$，$F_C = -1.55\text{kN}$

3-6 $F_1 = -P$，$F_2 = F_4 = F_6 = 0$，$F_3 = P$，$F_5 = -P$

3-7 $F_T = 353.5\text{N}$，$F_{Ax} = -249.9\text{N}$，$F_{Ay} = 0$，$F_{Az} = 250\text{N}$，$F_{Cx} = 249.9\text{N}$
$F_{Cy} = 249.9\text{N}$，$F_{Cz} = -249.9\text{N}$

3-8 $F_1 = -50\text{N}$，$F_2 = 40\text{N}$，$F_3 = -40\text{N}$，$F_{Ax} = -17.32\text{N}$，$F_{Ay} = 0$，$F_{Az} = 50\text{N}$

3-9 $F_3 = 4000\text{N}$，$F_4 = 2000\text{N}$，$F_{Ax} = -6375\text{N}$，$F_{Az} = 1299\text{N}$，$F_{Bx} = -4125\text{N}$，
$F_{Bz} = 3897\text{N}$

3-10 $F = 70.94\text{N}$，$F_{Ax} = -47.6\text{N}$，$F_{Az} = -68.48\text{N}$，$F_{Bx} = -19.05\text{N}$，
$F_{Bz} = -207.4\text{N}$

第五章

5-5 $F_{N1} = 10\text{kN}$

5-6 a）自左起第一段 $F_{N1} = 0$，$\sigma_{1-1} = 0$；第二段 $F_{N2} = 40\text{kN}$，$\sigma_{2-2} = 81.5\text{MPa}$；第三段 $F_{N3} = 20\text{kN}$，$\sigma_{3-3} = 40.8\text{MPa}$；第四段 $F_{N4} = -30\text{kN}$，$\sigma_{4-4} = -61\text{MPa}$，总变形量 $\Delta l = 0.0306\text{cm}$
b）左段 $F_{N1} = -40\text{kN}$，$\sigma_{1-1} = -81.5\text{MPa}$；中段 $F_{N2} = 20\text{kN}$，$\sigma_{2-2} = 40.8\text{MPa}$；右段 $F_{N3} = -50\text{kN}$，$\sigma_{3-3} = -101.9\text{MPa}$，总变形量 $\Delta l = -0.0173\text{cm}$

5-7 左段 $F_{N1} = -25\text{kN}$，$\sigma_{1-1} = -12.5\text{MPa}$；中段 $F_{N2} = 0$，$\sigma_{2-2} = 0$
右段 $F_{N3} = 10\text{kN}$，$\sigma_{3-3} = 10\text{MPa}$；总变形量 $\Delta l = -0.0075\text{cm}$

5-8 $\sigma_{AB} = 110\text{MPa} < [\sigma] = 160\text{MPa}$，$\sigma_{BC} = 31.8\text{MPa} < [\sigma] = 160\text{MPa}$，安全

5-9 $\Delta l = -0.6\text{mm}$

5-10 $\sigma_1 = 177.6\text{MPa}$，$\sigma_2 = 29.87\text{MPa}$，$\sigma_3 = -19.4\text{MPa}$

5-11 $\sigma_1 = 66.7\text{MPa} < [\sigma]$，$\sigma_2 = 133.3\text{MPa} < [\sigma]$，安全

5-12 许可载荷 $[P] = 355\text{kN}$

5-13 A_{AB}选 4 根 25mm × 25mm × 3mm 角钢，A_{BD}选 4 根 40mm × 40mm × 5mm 角钢，A_{CD}选 4 根 70mm × 70mm × 5mm 角钢

5-14 $A = 2.5\text{cm}^2$

5-15 $A_{AD} = 1.25\text{cm}^2$ 选 20mm × 20mm × 4mm（No. 2）
$A_{AC} = 3.36\text{cm}^2$ 选 40mm × 40mm × 5mm（No. 4）

5-16 $\dfrac{A_1}{A_2} = 2.5\dfrac{E_2}{E_1}$

5-17 $\sigma_{BE} = 200\text{MPa}$，$\sigma_{CF} = 100\text{MPa}$

5-18 $\sigma_{上} = 10\text{MPa}$，$\sigma_{下} = -40\text{MPa}$

5-19 $\sigma = -100.5\text{MPa}$

5-20　两边支柱 $\sigma=-8\text{MPa}$，中间支柱 $\sigma=-2\text{MPa}$

第六章

6-1　$\tau^0=89.1\text{MN/m}^2$，$n=1.1$

6-2　$F=771\text{kN}$

6-3　$\tau=43.3\text{MN/m}^2$，$\sigma_{jy}=59.5\text{MPa}$

6-4　$M_e=145\text{N}\cdot\text{m}$

6-5　筒盖每边 64 个，筒壁每边 36 个

6-6　$d=50\text{mm}$，$b=100\text{mm}$

第七章

7-2　a）1-1 截面 $T_1=2\text{kN}\cdot\text{m}$，2-2 截面 $T_2=-2\text{kN}\cdot\text{m}$

b）1-1 截面 $T_1=20\text{kN}\cdot\text{m}$，2-2 截面 $T_2=-10\text{kN}\cdot\text{m}$，3-3 截面 $T_3=-5\text{kN}\cdot\text{m}$

7-5　$\tau_p=35\text{MN/m}^2$，$\tau_{max}=87.6\text{MN/m}^2$

7-6　（2）$\tau_{max}=15.3\text{MN/m}^2$，$\tau_{max}$发生在 BC 处轴表面

（3）$\varphi_{CD}=1.273\times10^{-3}\text{rad}$，$\varphi_{AD}=1.91\times10^{-3}\text{rad}$

7-7　$D_1=4.5\text{cm}$，$D_2=4.6\text{cm}$

7-8　$\dfrac{d_1}{d_2}=1.186$，$\dfrac{\varphi_1}{\varphi_2}=0.843\dfrac{l_1}{l_2}$

7-9　$\varphi_B=\dfrac{tl^2}{2GI_p}$

7-10　（1）$d_{AB}=84.6\text{mm}$，$d_{BC}=74.5\text{mm}$　（2）$d=84.6\text{mm}$

7-11　（1）$T_{max}=1273.4\text{kN}\cdot\text{m}$　（2）有利

7-12　（1）$d_1=23.7\text{mm}$，（2）$d_2=14.1\text{mm}$　（3）$P_1/P_2=1.97$

7-13　（2）$\tau_{max}=28.3<[\tau]$，$[\theta]_{max}=0.338(°)/\text{m}<[\theta]$　（3）$0.338(°)/\text{m}$

7-14　$\theta_{max}\leqslant[\theta]$，满足刚度要求

7-15　$M_A=6\text{kN}\cdot\text{m}$，$M_B=4\text{kN}\cdot\text{m}$

第八章

8-2　a）$F_{S1}=0$，$M_1=Fa$，$F_{S2}=-F$，$M_2=Fa$，$F_{S3}=0$，$M_3=0$

b）$F_{S1}=-qa$，$M_1=-\dfrac{1}{2}qa^2$，$F_{S2}=-qa$，$M_2=-\dfrac{1}{2}qa^2$，$F_{S3}=0$，$M_3=0$

c）$F_{S1}=qa$，$M_1=-qa^2$，$F_{S2}=qa$，$M_2=0$，$F_{S3}=qa$，$M_3=-qa^2$

d）$F_{S1}=\dfrac{1}{2}qa$，$M_1=\dfrac{1}{4}qa^2$，$F_{S2}=\dfrac{qa}{4}$，$M_2=\dfrac{1}{4}qa^2$，$F_{S3}=-\dfrac{3}{4}qa$，$M_3=0$

e) $F_{S1}=0$，$M_1=0$，$F_{S2}=qa$，$M_2=-\frac{1}{2}qa^2$，$F_{S3}=-\frac{1}{4}qa$，$M_3=\frac{1}{2}qa^2$

f) $F_{S1}=-10\text{kN}$，$M_1=-5\text{kN}\cdot\text{m}$，$F_{S2}=0$，$M_2=-5\text{kN}\cdot\text{m}$，$F_{S3}=0$，$M_3=-5\text{kN}\cdot\text{m}$

8-3 a) $|F_S|_{max}=F$，$|M|_{max}=Fa$ b) $|F_S|_{max}=F$，$|M|_{max}=3Fa$

c) $|F_S|_{max}=\frac{2}{3}F$，$|M|_{max}=\frac{1}{3}Fa$ d) $|F_S|_{max}=\frac{3}{5}F$，$|M|_{max}=\frac{3}{5}Fa$

e) $|F_S|_{max}=F$，$|M|_{max}=Fa$ f) $|F_S|_{max}=0$，$|M|_{max}=M$

g) $|F_S|_{max}=2qa$，$|M|_{max}=qa^2$ h) $|F_S|_{max}=qa$，$|M|_{max}=\frac{3}{2}qa^2$

i) $|F_S|_{max}=qa$，$|M|_{max}=qa^2$ j) $|F_S|_{max}=\frac{3}{2}qa$，$|M|_{max}=qa^2$

k) $|F_S|_{max}=16.67\text{kN}$，$|M|_{max}=13.89\text{kN}\cdot\text{m}$

l) $|F_S|_{max}=\frac{1}{2}qa$，$|M|_{max}=\frac{1}{2}qa^2$

8-4 a) $|F_S|_{max}=qa$，$|M|_{max}=\frac{1}{2}qa^2$

b) $|F_S|_{max}=\frac{1}{2}qa$，$|M|_{max}=\frac{1}{8}qa^2$

c) $|F_S|_{max}=2\text{kN}$，$|M|_{max}=1\text{kN}\cdot\text{m}$

d) $|F_S|_{max}=5\text{kN}$，$|M|_{max}=12.5\text{kN}\cdot\text{m}$

e) $|F_S|_{max}=qa$，$|M|_{max}=qa^2$

f) $|F_S|_{max}=3qa$，$|M|_{max}=\frac{5}{2}qa^2$

8-8 $x=0.207\ L$

8-10 $\frac{M_a}{M_b}=\sqrt{2}$

8-11 $\sigma_A=-6.04\text{MPa}$，$\sigma_B=12.94\text{MPa}$，$\sigma_C=0$，$\tau_A=0.38\text{MPa}$，$\tau_B=0$，$\tau_C=0.49\text{MPa}$

8-12 $\sigma_{max}=19.8\text{MPa}$，$\sigma_a=15.84\text{MPa}$，$\sigma_b=-15.84\text{MPa}$

8-13 $b>32.7\text{mm}$

8-15 $\sigma_{max}=67.5\text{MPa}$

8-17 (1) 竖放 $\sigma_{max}=138.8\text{MPa}<[\sigma]$，安全

(2) 横放 $\sigma_{max}=278\text{MPa}>[\sigma]$，不安全

8-18 $[F_1]=1.47\text{kN}$，$[F_2]=5.88\text{kN}$

8-19 28a 工字钢两根

8-20 $b=316\text{mm}$

8-21 最大允许轧制力 $F=910\text{kN}$

8-22　（2）选两根 8 槽钢

8-23　$F=23.8\text{kN}$

8-24　$h/b=\sqrt{2}$

8-25　（1）$\dfrac{\sigma_{1\max}}{\sigma_{2\max}}=\dfrac{1}{2}$

（2）胶合后的最大弯曲应力比胶合前减少一半

8-26　两根梁固结时的承载能力比未固结时提高一倍，$d=\sqrt{\dfrac{6Fl}{\pi h\ [\tau]}}$

第九章

9-2　a）$y_1'=\dfrac{F}{12EI}\left(3x_1^2-\dfrac{3}{4}l^2\right)\qquad\left(0\leqslant x_1\leqslant\dfrac{l}{2}\right)$

$y_2'=\dfrac{F}{12EI}\left(3x_2^2-\dfrac{3}{4}l^2\right)-\dfrac{P}{2}\left(x_2-\dfrac{l}{2}\right)^2\qquad\left(\dfrac{l}{2}\leqslant x_2\leqslant l\right)$

$y_1=-\dfrac{F_{x1}}{12EI}\left(\dfrac{3}{4}l^2-x_1^2\right)\qquad\left(0\leqslant x_1\leqslant\dfrac{l}{2}\right)$

$y_2=-\dfrac{F}{12EI}\left[-x_2^3+\dfrac{l}{6}\left(x_2-\dfrac{l}{2}\right)^3+\dfrac{3}{4}l^2x_2\right]\qquad\left(\dfrac{l}{2}\leqslant x_2\leqslant l\right)$

$\theta_A=-\theta_B=-\dfrac{Fl^2}{16EI},\ y_C=-\dfrac{Fl^3}{48EI}$

b）$y_1'=-\dfrac{F}{4EI}\left(x_1^2-\dfrac{l^2}{3}\right)\qquad(0\leqslant x_1\leqslant l)$

$y_2'=-\dfrac{F}{4EI}\left[x_2^2-3\ (x_2-l)^2-\dfrac{l^2}{3}\right]\qquad\left(l\leqslant x_2\leqslant\dfrac{3}{2}l\right)$

$y_1=-\dfrac{F_{x1}}{12EI}\ (x_1^2-l^2),\ y_2=-\dfrac{F}{4EI}\left[\dfrac{x_2^3}{3}-\ (x_2-l)^3-\dfrac{l^2}{3}x_2\right]$

$y_A'=\dfrac{Fl^2}{12EI},\ y_C=\dfrac{Fl^3}{8EI}$

c）$y_1'=\dfrac{F}{2EI}\ (x_1^2-3lx_1)\qquad\left(0\leqslant x_1\leqslant\dfrac{l}{2}\right)$

$y_2'=\dfrac{F}{2EI}\left[x_2^2-\left(x_2-\dfrac{l}{2}\right)^2-3lx_2\right]\qquad\left(\dfrac{l}{2}\leqslant x_2\leqslant l\right)$

$y_1=\dfrac{F}{12EI}\ (2x_1^3-9lx_1^2),\ y_2=\dfrac{F}{12EI}\left[2x_2^3-2\left(x_2-\dfrac{l}{2}\right)^3-9lx_2^2\right]$

$y_A'=-\dfrac{5El^2}{8EI},\ y_C=-\dfrac{29El^3}{48EI}$

d）$y_1'=-\dfrac{M_e}{2EI}\left(\dfrac{x_1^2}{l}+\dfrac{l}{9}\right)\qquad\left(0\leqslant x_1\leqslant\dfrac{l}{3}\right)$

$$y_2' = -\frac{M_e}{EI}\left[\frac{x_2^2}{2l} - \left(x_2 - \frac{l}{3}\right) + \frac{l}{18}\right] \qquad \left(\frac{l}{3} \leqslant x_2 \leqslant l\right)$$

$$y_1 = -\frac{M_e}{6EI}\left(\frac{x_1^3}{l} + \frac{l}{3}x_1\right)$$

$$y_2 = -\frac{M_e}{EI}\left[\frac{x_2^3}{6l} - \frac{1}{2}\left(x_2 - \frac{l}{3}\right)^2 + \frac{1}{18}x_2\right]$$

$$y_A' = -\frac{M_e l}{18EI},\ y_C = -\frac{2M_e l^2}{81EI}$$

9-3 a）$x_1 = 0$，$y_1 = 0$，$x_1 = x_2 = a$，$y_1' = y_2'$，$y_1 = y_2$

$x_2 = x_3 = 2a$，$y_2' = y_3'$，$y_2 = y_3$ $x_2 = 2a$，$y_2 = 0$

b）$x_1 = 0$，$y_1 = 0$，$x_1 = x_2 = a$，$y_1' = y_2'$，$y_1 = y_2$

$x_2 = 2a$，$y_2 = -\frac{qa}{4k}$

c）$x_1 = 0$，$y_1 = 0$，$y_1' = 0$，$x_1 = x_2 = \frac{l}{2}$，$y_1' = y_2'$，$y_1 = y_2$

d）$x = 0$，$y = 0$ $x = l$，$y = -\frac{ql^2}{2EA}$

9-4 $y = \frac{F\ (l-x)^2 x^2}{3EIl}$

9-5 a）$y_A = -\frac{Fl^3}{6EI}$，$\theta_B = -\frac{9Fl^2}{8EI}$

b）$y_A = -\frac{Fa}{6EI}\ (3b^2 + 6ab + 2a^2)$，$\theta_B = \frac{Fa\ (2b+a)}{2EI}$

c）$y_A = -\frac{5ql^4}{768EI}$，$\theta_B = \frac{ql^3}{384EI}$

d）$y_A = \frac{ql^4}{16EI}$，$\theta_B = \frac{ql^3}{12EI}$

9-6 a）$f = \frac{Fa}{48EI}\ (3l^2 - 16al - 16a^2)$，$\theta = \frac{F}{48EI}\ (24a^2 + 16al - 3l^2)$

b）$f = \frac{Fal^2}{24EI}\ (5l + 6a)$，$\theta = -\frac{ql^2}{24EI}\ (5l + 12a)$

c）$f_C = -\frac{5qa^4}{24EI}$，$\theta_C = -\frac{qa^3}{4EI}$

d）$f_C = -\frac{qa}{24EI}\ (3a^3 + 4a^2 l - l^3)$，$\theta_C = -\frac{q}{24EI}\ (4a^3 + 4a^2 l - l^3)$

9-7 $f_H = \frac{7Fa^3}{3EI}$（向左），$f_V = \frac{2Fa^3}{EI}$

9-8 $\theta_A = -\frac{Fl_1^2}{2EI_1} - \frac{Fl_2}{EI_2}\left(\frac{l_2}{2} + l_1\right)$，$f_A = -\frac{F}{3E}\left(\frac{l_1^3}{I_1} + \frac{l_2^3}{I_2}\right) - \frac{Fl_1 l_2}{EI_2}\ (l_1 + l_2)$

9-9　满足刚度要求

9-10　满足刚度要求

9-11　$F_{Ax}=0$，$F_{Ay}=F_B=\frac{3}{8}ql$

9-12　$F_{Ay}=F_{By}=\frac{ql}{2}$，$M_A=M_B=\frac{ql^2}{12}$

9-13　$F_1=\frac{135}{167}F$，$F_2=\frac{135}{167}F$

9-14　（1）$F_C=\frac{5}{4}P$　（2）加固后最大弯矩减少了 50%，B 点的挠度减少 39%

9-15　梁内最大正应力为 $\sigma_{max}=156\text{MPa}$，拉杆的正应力为 $\sigma=184.8\text{MPa}$

第十章

10-2　a）$\sigma_\alpha=-17.5\text{MPa}$，$\tau_\alpha=-21.7\text{MPa}$　b）$\sigma_\alpha=62.5\text{MPa}$，$\tau_\alpha=21.5\text{MPa}$

c）$\sigma_\alpha=-27.3\text{MPa}$，$\tau_\alpha=-27.3\text{MPa}$

10-3　a）$\sigma_1=57\text{MPa}$，$\sigma_3=-7\text{MPa}$　b）$\sigma_1=44.1\text{MPa}$，$\sigma_2=15.9\text{MPa}$

c）$\sigma_1=37\text{MPa}$，$\sigma_3=-27\text{MPa}$

10-4　a）$\sigma_1=80\text{MPa}$，$\sigma_2=50\text{MPa}$，$\sigma_3=-50\text{MPa}$，$\tau_{max}=65\text{MPa}$

b）$\sigma_1=130\text{MPa}$，$\sigma_2=30\text{MPa}$，$\sigma_3=-30\text{MPa}$，$\tau_{max}=80\text{MPa}$

c）$\sigma_1=57.7\text{MPa}$，$\sigma_2=50\text{MPa}$，$\sigma_3=-27.7\text{MPa}$，$\tau_{max}=42.7\text{MPa}$

10-5　$\tau=15\text{MPa}$，$\sigma_1=0$，$\sigma_2=0$，$\sigma_3=-30\text{MPa}$

10-6　（1）$\sigma_\alpha=-45.8\text{MPa}$，$\tau_\alpha=8.79\text{MPa}$

（2）$\sigma_1=108\text{MPa}$，$\sigma_3=-46.3\text{MPa}$，$\alpha_0=30°17'$

10-7　（1）$\sigma_{r3}=30\text{MPa}$，安全；$\sigma_{r2}=19.5\text{MPa}$，安全

（2）$\sigma_{r1}=29\text{MPa}$，安全；$\sigma_{r2}=35\text{MPa}$，不安全

10-8　$\sigma_{r1}=30\text{MPa}$

10-9　$\sigma_{r3}=300\text{MPa}$，$\sigma_{r4}=265\text{MPa}$

10-10　$\sigma_{r4}=86.6\text{MPa}$，安全

10-11　（1）$[F]=9.8\text{kN}$（第三强度理论），$[F]=10.3\text{kN}$（第四强度理论）

（2）$[F]=2.07\text{kN}$（第一强度理论）

10-12　$\sigma_{r3}=70\text{MPa}$，强度足够

第十一章

11-2　$d=122\text{mm}$

11-3　选择两个 18a 槽钢，虽大于 $[\sigma]$，但不超过 5%，故可用

11-5 $\sigma_{max}=34.3\text{MN/m}^2$

11-6 $\sigma_{min}=-29.6\dfrac{F}{bh}$，$\sigma_{max}=28\dfrac{F}{bh}$

11-7 $|\sigma_{min}|=20.25\text{MN/m}^2<[\sigma]$，安全

11-8 $\sigma_{r3}=89.5\text{MN/m}^2<[\sigma]$，安全

11-9 $\sigma_{r3}=44.2\text{MN/m}^2<[\sigma]$，安全

11-10 $d=79.8\text{mm}$

11-11 $\sigma_{r3}=97.5\text{MN/m}^2<[\sigma]$，安全

11-12 $\sigma_{r3}=89.3\text{MN/m}^2<[\sigma]$，安全

11-13 $d=72\text{mm}$

11-14 （3）$\sigma_{r3}=\sqrt{\left(\dfrac{F}{A}+\dfrac{ql^2}{2W}\right)^2+\left(\dfrac{M_e}{W_p}\right)^2}<[\sigma]$

第十二章

12-2 $F_{cr}=462\text{kN}$

12-3 1杆：$F_{cr}=2540\text{kN}$；2杆：$F_{cr}=4680\text{kN}$；3杆：$F_{cr}=4820\text{kN}$

12-4 $n=2.58<n_w$，不安全

12-5 $\dfrac{F_{AB}}{\varphi_A}=137.4\text{MPa}<[\sigma]$，稳定

12-6 $n=4.33>n_w$，安全

12-7 $F=509\text{kN}$

12-8 $P=25.1\text{kN}$

12-9 横梁$\sigma_{max}=163\text{MPa}$，超出$[\sigma]$的1.9%，安全；
竖杆$\varphi[\sigma]A=27\text{kN}$，安全

12-10 $\theta=\arctan\dfrac{1}{3}$，$F=\dfrac{4\sqrt{10}\pi^2EI}{3a^2}$

参 考 文 献

[1] 单辉祖，谢传锋. 工程力学：静力学与材料力学［M］. 北京：高等教育出版社，2004.

[2] 范钦珊. 材料力学Ⅰ［M］. 北京：高等教育出版社，2000.

[3] 范钦珊. 材料力学Ⅱ［M］. 北京：高等教育出版社，2000.

[4] 陈传尧. 工程力学［M］. 北京：高等教育出版社，2006.

[5] 刘鸿文. 材料力学Ⅱ［M］. 4版. 北京：高等教育出版社，2004.

[6] 王守新. 材料力学Ⅱ［M］. 3版. 大连：大连理工大学出版社，2005.